U0895214

美德政治学的历史类型与现实型构

詹世友◎著

中国社会科学出版社

图书在版编目(CIP)数据

美德政治学的历史类型与现实型构/詹世友著.—北京：中国社会科学出版社，2015.12
ISBN 978-7-5161-7099-1

Ⅰ.①美… Ⅱ.①詹… Ⅲ.①政治伦理学—研究 Ⅳ.①B82-051

中国版本图书馆 CIP 数据核字(2015)第 274543 号

出 版 人 赵剑英
责任编辑 凌金良
责任校对 王佳玉
责任印制 张雪娇

出　　版 中国社会科学出版社
社　　址 北京鼓楼西大街甲 158 号
邮　　编 100720
网　　址 http://www.csspw.cn
发 行 部 010-84083685
门 市 部 010-84029450
经　　销 新华书店及其他书店

印刷装订 北京金瀑印刷有限公司
版　　次 2015 年 12 月第 1 版
印　　次 2015 年 12 月第 1 次印刷

开　　本 710×1000 1/16
印　　张 28.75
插　　页 2
字　　数 467 千字
定　　价 105.00 元

目　　录

导论：政治与美德、权利的互动与互成

美德政治学（politics of virtue）的基本观念是：（1）美德在政治生活中是必需的，这意味着任何从事政治活动的人都应该为促进普遍的或公共的利益的欲望所驱动，而不是为他们的自我利益或私人好处所驱动。[①] 这是中西古代政治学的主流思想。（2）政治制度应该具备美德，即它应该捍卫社会的基本道德价值观念，并且按照这个社会的正义原则或仁爱原则来对待其治下的人民。（3）国家还有一个重要的政治任务，那就是要促进人们美德的成长，使人们成为一个好人，一个更好的人或有美德的人。[②] 在当代，美德政治学则要具备时代特征，那就是要在尊重和保护人们的自由和平等权利的前提下，培养一种基于权利的基准政治美德，并且在这个基础上，为人们培养各种更高的美德提供必要的资源条件和自由成长空间。

法国19世纪的著名政论家路易斯·博洛尔曾说："政治本来是一门非常高尚的、非常重要的关于管理公共事务的艺术。"[③] 他还说，"学术无良知就是灵魂的毁灭，政治无道德就是社会的毁灭"。从理想上说，政治应该秉持正确的原则，具备道德价值。政治作为人群结合的艺术，它要降低和减少人们的利益冲突，以制度安排来促进人们之间的社会合作，使个人和社会都能获得社会合作所能带来的好处；它要保障人们的生命安全，使人们的人格尊严得到尊重，保卫人们的基本自由与平等权利，采取公正

---

① Marisa Linton, *The Politics of Virtue in Enlightenment France*, New York: Palgrave, 2001, pp. 1 – 2.

② Ludivig Beckman, *The Liberal State & The Politics of Virtue*, New Brunswick（U. S. A）and London（U. K.）: Transaction Publishers, 2001, p. 1.

③ 路易斯·博洛尔：《政治的罪恶》，蒋庆等译，改革出版社1999年版，原著者序，第1页。

的利益分配原则；促使人们的各种能力得到发展，为人们获得成功提供公平的机会，并保障人们的生活前景；它要以制度设计来激发人们对他人和社会利益的关注，扩展个人的心胸，引导人们塑造自己的美德，等等。从本质上说，政治是一项致力于成就社会总体之善的事业。对政治功能进行这种表述，是美德政治学的典型特征。

但是，在现实政治生活中，提出政治应该具备道德价值的愿望是容易的，而要使这种愿望得到彻底实现则可能是非常艰难的，这主要是由政治的复杂结构如权力架构、利益诉求和善观念的多样性、决策过程、政治行为模式、民众的政治文化心理等的特殊复杂性造成的。政治过程与一般的人与人之间的关系有很大不同，它关涉确立统治与被统治的秩序、建构人群合作的模式、调整社会利益的分配方式和治理公共事务等关涉人们社会生活的重大事项。所以，权力是政治的一个重要因素，故政治中有一个本源的要素即强制。正如安东尼·德·雅赛所说：如果社会真的是一个完全一致的实体，并且“它真的有一个单一的头脑、意志和钱包，那么，它大可不必需要政府的强制作用，自己就可以找到财力来用于所希望的目的……恰恰是因为没有这样的一个实体，而只有各怀不同愿望的个人的集合体，政府才有它的作用”[①]。所以社会生活需要政府的某种强制。而且，政府在一次具体的决策过程中，也只能考虑某一部分人的利益和其他诉求，忽视另一些人的利益和其他诉求，而不可能同时兼顾到所有人。实际上，这样的政治过程本身就与道德的自愿性、友爱、仁慈等要求难以真正一致起来。

政治的确与某种强制密切相关，甚至可以说，强制是政治中必然具有的现象。同时，在社会发展的过程中，也可能积累起一些不公正的社会结构以及分配方式等，为了使社会恢复公正，可能需要进行社会利益的重大调整，较深地触及社会中一些人的既得利益。所以，就政治的最一般价值要求而言，正义从来就蕴含着对现存利益秩序的调整，具有一整套政治价值理念。总之，一定社会中的制度（人类就生活于其中），需要具备某种精神价值或品质，即制度美德，这样政治权力才能有权威，才能在进行合法强制、进行社会利益重大调整的过程中，使制度能量得到较好的发挥；

---

① 安东尼·德·雅赛：《重申自由主义》，陈茅等译，中国社会科学出版社 1997 年版，第 19 页。

对个人而言，也必定需要一定的心灵品质，才能追求到自己的好生活。在这样的理论视野中，在政治领域中，美德有其地位吗？如果有，我们应该如何考察这些美德的本质？如何考察美德在政治领域中的功能？其限度又在哪里？

一 美德概说及古代政治学的两大路向

1. 关于美德的总体观点

美德作为一种实有诸己的、优秀的、稳定的心灵品质，必定有其内在标准。换句话说，我们认为，有美德的心灵品质状态与缺德的心灵品质状态是不同的。心灵品质具有什么样的特点才是优秀的呢？通过考察，我们认为，美德性的心灵品质应该具备以下四种性质：（1）形成了正常的心灵秩序，即理智对本能性的欲望、情感的限制，并获得了对情感和欲望而言的优先性，在行动之前能够冷静地思考自己行为的普遍理由，此即能够进行理性的“选择”。亚里士多德认为，选择与美德有着紧密的联系，并且比行为更能判断一个人的品质。选择显然是针对具体处境的，并且选择那些知其为善的东西，也就是说，择取那种理性所认同的道德善。“选择这个名词就包含了逻各斯和思想，它的意思就是先于别的而选取某一事物。”[①]（2）理智、情感、欲望等心灵诸能力都得到了发展和提升，从只专注于自己的一己之私智、私情、私欲满足的粗鄙状态向普遍性的、文明性的状态提升了。（3）理智、情感、欲望相互渗透、融合和化通，形成一个和谐的整体，即获得了人格统一性。（4）有美德的人的心灵结构中具有了他人的维度，即能够有他人意识，即主体间的意识，能够平等尊重、将心比心、设身处地、以情絜情、换位思考。我们可以看出，唯有在形成了自由平等的人伦关系结构的社会中，美德的他人维度才能得到较好地实现。我们认为，具有了以上四种性质的心灵品质是优秀的，也就具备了美德，所以具有这几种性质的心灵品质是我们所努力追求的，而与之相反的心灵品质则是我们想要避免的。

同时，我们还要看到，美德的以上性质是形式性的，其具体内容还需要从社会政治生活中获得。也就是说，美德的品质内容是由我们身处其中

① 亚里士多德：《尼各马可伦理学》，廖申白译注，商务印书馆2003年版，第67页。

的环境任务确定的，比如在和平年代的勇敢美德与战争时期的勇敢美德的内容就是不同的；在等级制度和自由平等权利制度下，它们各自的正义、仁爱等美德要求的内容也不一样。美德既有基准美德，又有高阶美德。基准美德需要指向对社会制度的基本结构的认同和维护，高阶美德则是在现实的社会条件下，努力拓展自己的心胸，比如自我牺牲、慷慨慈善、全心关注公共利益，并以之为优先考虑，等等。然而，美德不管具有什么具体内容，美德之为美德，必定是一种向普遍性的、文明性的状态提升了的心灵品质，也必定是一种具有人格统一性和他人意识的心灵品质，那种粗鄙的，只能专注于追求私智、私情、私欲满足的心灵品质必定是不值得称赞的。我们认为，虽然政治美德具有许多制度性的要求，但是，它们也从根本上具备了这些性质。

2. 古代政治学的二重路向

政治道德实际上是在一定历史时期，在这个社会的政治人伦关系结构中对其应然秩序所形成的规范要求。政治人伦关系结构变化和发展了，则道德的观念也会随之而变化。从这个意义上说，我们不能一般地说政治必须具备道德价值，而是首先要弄清楚政治的人伦关系结构要求什么样的道德规范、美德观念等，只有这样，才能对现实政治进行指导，并对它抱有一种应然的期待。

按照马克思主义的观点，人类社会从原始的共产制的家户经济时代发展出来，由于生产力的发展和财富的积累，在贪欲的驱动下，私有制必然会产生，并且会把战争中的俘虏转变为奴隶，甚至把无力还债者变为债务奴隶，即采取奴隶制度。这是一种一部分人把另一部分人不当作人，而只当作工具的罪恶制度，是人类社会从原始的淳朴道德顶峰的极度堕落。所以，人类的政治文明起始采取的是政治权力为一人或少数人拥有的政治形式。在这种情况下，人们就只能处于政治权力的垂直统治之下，而不可能分享政治权力。在这种政治结构中，统治与被统治的关系通常是靠强力造成的，而为了维护这种统治，一般说来，就会采取以下两种方式：一是需要把这种关系美化为一种合乎道德的关系，如把它说成是天然合理的关系。在中国西周时期，统治者就有意识地利用自然血缘关系的纽带，把它延展为社会政治关系。西周实行立子立嫡之制，由此产生了宗法制度，分封子弟，并由此而形成“君天子臣诸侯之制”，即把政治国家以家天下的形式建构起来。于是，政治统治的关系转化为一种亲疏远近的血缘关系，从而规定了其各自的地位和义务。以此为模板，构造了洋洋大观的礼制系统，并向这种礼制中灌注一种浓浓的伦理情意，从而就如王国维所说，“合天子、诸侯、卿、大夫、士、庶民以成一道德之团体”[①]。在这种政治关系构架下，人们也就有意识地把政治关系道德化，认为政治行为的目的实际上就是要完成道德义务，统治者与被统治者之间的关系也由伦理情义维系着，并对双方都具有实质性的规范力量。因此，他们要求“君使臣以礼，臣事君以忠”，使君臣关系完全用道德来规范了。在儒家思想中，统治者的德行得到了极大重视，并特别强调其道德榜样的示范作用和感染作用；同时，儒家又把政治看作是一项道德性的事业，即化民成俗，比如孟子说，“圣人有忧之，使契为司徒，教以人伦——父子有亲，君臣有义，夫妇有别，长幼有序，朋友有信”[②]。在最高的价值选择上，着重培育人们的道德气节，所谓“孔曰成仁，孟曰取义”。对百姓而言也是如此，具有道德意识才是人禽之别的关键之点，比如孔子与子贡有一段对话就表明了孔子的这个观念：“子贡问政。子曰：‘足食，足兵，民信之矣。’子贡曰：‘必不得已而去，于斯三者何先？’曰：‘去兵。’子贡曰：‘必不得已而去，于斯二者何先？’曰：‘去食。自古皆有死，民无信不立。’”[③] 这样的政治学说所关注的必然只是一种道德目的，并要求人们恪尽自己的社会地位和义务，培养与之相应的情感欲望品质，即美德，如君德、臣德与民德。显然这些美德都是以维护这种社会的等级秩序为前提和内容的。

所以，一个其政治权力只能为部分人分享，从而需要将美德要求与政治运行直接挂钩的时代，通常是一个特权时代。这是由政治的垂直统治性质所造成的，它直接要求官员具备美德，实际上是增加政权合理性和合法性的选择，把政治道德化，这是维护这种政治统治方式的文明化的办法，特别是在通过武力征服取得政权之后，通常要采用这种办法，即所谓“偃武而修文”。

然而，在这样的政治结构中，要使政治彻底道德化是不可能的，这种

① 王国维：《观堂集林》，彭林整理，河北教育出版社 2003 年版，第 232 页。

② 《孟子·滕文公上》。

③ 《论语·颜渊》。

政治结构本身就蕴含着统治者和被统治者的尖锐对立，从而政治的稳定必须建立在暴力强制的深层结构的基础上。但是，它又必须表明是一种合理的统治，所以，在政治文化中就要用各种方式表明它是天然合理的，或者说必须声称其统治目标是合理的。于是，就会出现两种现象：（1）政治影响所及的是所有人民，但这时的政治却有着固化的统治与被统治的结构，于是，从社会的主流政治观念而言，就是要论证这种结构的合理性，然而，其背后却是暴力手段的支撑。这种实际的政治过程的强制、利益争取和保护原则，与其政治伦理的价值理念就难以相符，于是，在这个过程中就必然产生各种政治欺骗、政治伪善的现象。（2）由于政治是有具体的目标的，统治者要面对人民的期待和其他集团的政治压力，甚至统治权力要求，所以，在某些关键时刻，这种政权还会面对生死存亡的严峻问题。由于政治事关全局，统治阶级思想家就会主张：维护政权的稳固就是一切，为了达到这一政治的目的，任何手段都是可以采取的，包括各种极端的残暴手段，从而鼓吹赤裸裸的暴力的合理性。

在古代的政治结构中，这两种现象是难以避免的。因为古代政治的基础是统治阶级独占政治权力，所以，古代政治学的第一个路向，就是构造补救性的理念即政治的道德化。一是论证这种权力结构是天经地义的，是一种道德秩序；二是把政治目的看作是使人民安居乐业、化民成俗，从而要求统治者具有道德意识和道德美德。关键在于，政治权力为统治阶级所独占，而不能为人民所分享，这样，其政治的基础最多可以是尊重和保卫人民的道德资格（所谓“人皆可以为尧舜”①，“涂之人可以为禹”②），但不可能尊重和保卫人民的自由权利和平等的政治资格。为了国家的长治久安，为了政治的稳定和繁荣，采取这种结构的政治制度，只能走道德化的道路，即要求政治人伦关系道德化，比如要求臣忠君义，行仁政，勤政匪懈，仁心爱民等，这是在这种政治关系结构中所能诉诸的理想，使政治国家这艘巨轮带上伦理的压舱物，力图使政治的独占权力结构暂时隐而不彰，因此，古代的政治领域就为道德话语所笼罩着。不但中国古代儒家的政治学说是这样，古希腊的柏拉图和亚里士多德的政治学说也是这样。在政治领域中，把美德塑造看作政治的目标，同时也基于这个目标而设计政

---

① 《孟子·告子下》。

② 《荀子·性恶》。

治关系结构，提出对统治者的要求。也就是说，以使政治关系结构道德化来增加权力的合理性，尽量柔化权力的强制性，而主张在政治行为中对人民“道之以德，齐之以礼”，使之“有耻且格”。

第二个路向则是，当道德化的方式无法奏效时，就必然公开地宣示权力的强制性，直接主张暴力、绝对权力的超常使用，并致力于达到自己的狭隘目的，从而把伦理的压舱物统统抛弃。但是在具体的理论构造中，他们可能仍然会利用道德话语，为政治重奠“道德理由”：如把能达成富国强兵、获取或保卫国家政权所需要的优越素质看作美德，但这种所谓“优越素质”却可能是残忍、冷酷无情、诈术等道德上的恶行；而且，如果宣传大家日常赞同的道德对自己的统治有利时，也应该把自己的行为说成是有着道德关怀的。一句话，达到目的是唯一的考虑。

韩非就认为，儒家的那种以孝道为核心的政治道德是不利于国家的。家庭伦理与国家的政治要求是相悖的，所以，“父之孝子，君之背臣也”[①]。并说在他那个时代人的本性是自私自利的，所以，政治制度和政治操作要建立在顺应人的这个本性之上，即通过对那些为国做出贡献的人们给予名誉和财富的奖赏，满足其利益追求；并且通过严刑峻法来惩罚那些企图脱离这种政治设计轨道的人们。在韩非看来，为了君主之位和国家之利，可以践踏一切道德；不是美德，而是利益和权力的保持成为政治的内在驱动力。其理论主张是为秦国所实践了的。在古希腊，也有一些非道德的政治学说，比如，《理想国》中的色拉叙马霍斯就公开主张“不正义的事只要干得大，是比正义更如意，更气派”[②]，并希望得到不正义的一切利益，又能获得正义的好名声。

真正从理论上系统阐发政治的目的就是为维护统治权力而进行谋划，并可以采取一切手段的，是马基雅维里。他的核心观点就是“为了目的不择手段”，于是，为了维护统治权力，暗杀、放毒、阴谋迫害、政治谎言等一切不道德的手段都是允许的，这通常又是以国家的利益和公共安全的名义来进行的。所以，知道如何做这样的事情并获得成功，是有德行（virtu）的表现。正如阿克顿所说，“马基雅维里的核心观念是国家权力不受任何道德法则的约束。法律不能超越于国家之上，而是位居国家之

① 《韩非子·五蠹》。

② 柏拉图：《理想国》，郭斌和、张竹明译，商务印书馆 1986 年版，第 27 页。

下”。他敏锐地指出：这正是“一种传统的古典观念”。这真是一语中的。也就是说，阿克顿认识到马基雅维里的国家观仍然属于古典国家观，国家高于法律的政治制度不可能容纳对个人权利的尊重，“不存在财产权利、生命权利或良知权利等这些在某种程度上会干扰国家行动自由的问题”①。所以，古代的政治学说要么走向对政治的绝对权力粉饰性的道德化，要么就完全不顾任何道德法则，而采取各种不道德的手段来维护权力的稳定性。其实，马基雅维里已经认识到，在他那个时代，意大利积贫积弱，任人瓜分，此时，政治的主要任务就是达到意大利的统一与和平，但是，为了达到这个目的，流行的道德观点已经成为一种障碍，因此应该抛弃。在政局混乱时，必须采取强有力的手段维持秩序，马基雅维里就公开宣称，“一个君主如要保持自己的地位，就必须知道怎样做不良好的事情，并且必须知道视情况的需要与否使用这一手或者不使用这一手”②。也就是说，政权的获取与维持成为唯一目的，应该与道德的考虑相脱离：如果残酷能给国家带来秩序、统一、和平和忠诚，则残酷是值得的。“君主为着使自己的臣民团结一致和同心同德，对于残酷这个恶名就不应有所介意。”③至于道德之名，或道德的表象，如果对稳定政治统治有利，也是应该去追求的，这种欺骗因为有利也就证明了其正当：“如果具备这一切品质并且常常本着这些品质行事，那是有害的；可是如果显得具备这一切品质，那却是有益的。”④ 在严峻的国与国之间相互征伐、力图吞并对方，国家的生存处于内外压力之中时，则政治关系的权力结构就会高度凸显。在他看来，政治领域的规则是“争于气力、逐于智谋”，而非“竞于道德”。当然，这种观点是他观察他所处的那个时代意大利的混乱政局而得出的，他对当时政治上的不诚实在心智上做了直率的思考。其合理之处就在于他认识到了，在一种直接的统治结构中，如果国家处在危急之中时，国内正常的伦理秩序已被打乱，道德无法发挥其正常的作用，所以，就需要依照情况而使用残酷、暴行、背信弃义、欺骗等手段。他认为，这就是一种“德行”（virtu），他利用了这个词的含义的含混性，使之从道德意义还原为人的强健生命素质，即强大的身心力量（在这个意义上使用的 virtu 一

① 阿克顿：《自由与权力》，侯健等译，商务印书馆 2001 年版，第 353 页。

② 尼科洛·马基雅维里：《君主论》，潘汉典译，商务印书馆 1986 年版，第 74 页。

③ 同上书，第 79 页。

④ 同上书，第 85 页。

词，可译为“德行”，而在指道德意义上的优良品质时，可译为“美德”），即使得其原有的道德含义改变为谨慎、果敢、行动迅猛有力、精明等能力含义，从而使这个词主要是指能够维护统治的才干，而洗去了其内在道德价值的意味。

这里的问题就在于，即使目的是正当的，这也不能自动地使一切手段都具备了正当性，在目的和手段之间，不存在正当性的直接可传递性，因为采取手段就是直接诉诸行为，而这种行为完全可能是通过不经审判就残忍地羁押、迫害甚至处死受怀疑之人，通过精巧的谎言来欺骗，或采取阴谋诡计来陷害，或者制造高压的恐怖氛围等来进行的。罪恶就是罪恶，不会因为它能带来某些利益，达到某个暂时的目的就变成善的了。更为重要的是，所谓正当的目的完全可以是一种诱导和伪装，如“人民的利益就是最高法律”，“国家在危险中”等口号，都可以用来为在政治行动中采取各种极端手段作最后的挡箭牌和护身符。

在这种政治结构中，人们在权力占有方面有极大的不平衡性，所以，它只能以这样两种方式来加以平衡，即一方面是使政治关系结构道德化，以系统的方式来进行道德教化（比如古代的礼、乐、诗教，在民间则“设三老以掌教化”等），既期望居上位者修身以成德，也期望治下的人民能够形成良风美俗。这种政治关系结构的稳定性如何，端赖于这种道德教化是否有效。但另一方面，一旦社会纲纪废弛，君臣失德，则国家就会处于十分危险的状态之中，于是就会迫使当政者祭起暴力的大旗，把君王地位的维持和国家的保全作为政治行动的唯一目的，从而主张使用一切手段的合理性。然而，这种不择手段的做法也许可以使之得以苟延残喘，但终究不是长治久安之策。这是因为，权力肆无忌惮的使用，会引起民众的反抗，所以如果以加强权力的方式来维持统治者与被统治者的平衡，则这种平衡很容易被打破。

于是，历史必然要发展到这么一个阶段，那就是所有人都获得平等的道德资格和政治权利，以及基本自由，而权力则是在保障权利的基础上得以成立的，普遍的法律也是以维护公民的自由和平等权利为基础的，权力的使用必须受到法律的约束，把权力关进制度的笼子里，并使之在阳光下运行。所以，从理想上说，自由和平等权利时代的到来，就会打破权力的独占或被某些人垄断的局面，政治权力转而为所有公民所共享，实际权力的拥有者则是公民的受托者，代表人民管理社会公共事务，提供公共服务。只有这样一种制度构架，才使得权利与权力取得了一种制度结构上的平衡。这是政治结构的近代转型，它使政治从要么道德化，要么肆无忌惮地使用绝对权力的二极对立中突围出来，找到一条实现善政与善治的可能的制度化道路。

所以，本书就力图探究：必须在政治结构中楔入一个至关重要的结构性要素，这种因素一方面能制约或抗拒权力的绝对统治，为对政治道德化的主观要求提供一种刚性的、前提性的结构性制衡，使之成为基准性的政治美德的纲维，同时，这又将对在政治中执着要求人们具备高阶美德的狂热起到一种缓冲作用，而不致造成一种过高美德要求的暴力。我们认为，这个至关重要的结构性要素就是在近代以来的人类政治社会中逐渐获得观念化的一个关键概念——权利。

二　权利与政治美德的关联

到近代，权利意识进入了政治哲学和道德哲学的核心地带。权力的独占性受到了挑战，并逐渐以制度的方式加强了权力的分享性和对权力的制度性制衡。于是，人们并不是直接处于政治权力的垂直统治之下，政治权力的存在方式受到了哲学的追问，即不是一开始就以政治的高尚目标来掩盖这种政治结构是否具有合法性这一问题，而是追问政治是否具有道德基础。一句话，人们认为，如果一种政治的高尚目标只能通过侵害人们的基本自由和平等权利才能达到，那么，它就不值得追求，也无法诉诸实施。

我们认为，当代政治必须具备道德基础，表现为以下几个方面：（1）政治的道德基础就在于尊重所有人为人。自由、平等、正义原则等都要以权利观念为基础。从现实中看，“我们必须构建一个权利观念，发现权利的某种原始的规范功能”[①]。也就是说，如果我们构建起了权利观念，则这种权利就能规范人们之间的相互行为，比如要求人们把对方视为与自己一样自由平等的人，而国家则需要保护这样一种政治结构。（2）确保政治的道德基础已经成为重要的政治任务。这一点乃是启蒙运动的积极成果。权利观念系统的创制、正义制度及其监督体系的建立等就都成为重要的制度安排。也就是说，在现代社会里，每个人的人身权利都能得到

① 萨姆纳：《权利的道德基础》，李茂森译，中国人民大学出版社 2010 年版，第 16 页。

保护；每个人都有足够的自由，在自己的事务中有绝对的自主权，不受他人或社会专横的干预。社会中没有特权阶层、特权人物，也就是说不存在有些人有做某事的自由，而另一些人则没有同样的自由的情形；社会上人们的生活必需品都能得到满足，而不会因为政治运动而影响生产和分配过程，从而陷入挨饿的境地，等等，这是一个好社会的基础。（3）只有在这个基础上，我们才能创造条件进一步为人们的美德培养提供空间，并努力追求政府高效廉洁、官员为公意识强、社会和谐、人民幸福指数高、社会道德风尚良好等，这些都是政治的道德目的。但是，在当代，相对于政治的道德基础而言，这些目的是次要的，而且非常难以通过强制或单一安排去达到，我们只能在政治的道德基础得到确保的同时，尽量提供实现这些政治目的的制度通道。（4）政治措施只能及于人们的外在行为，而并不能直接进入人的内心。但是，人们的品质也会受到制度的塑造性影响，政治制度建立在确保人们的自由和平等权利的基础之上，将极大地塑造人们的人格尊严感、自由选择能力和自我责任感。

大型共同体生活是当今社会政治生活的现实，传统的“我与你”的关系不可避免地让位于现代的“我与他”的关系，在这个过程中，社会中就必然会分离出一个正规制度的维度。这种正规的制度将对个人进行同质化处理，并规定对所有人都一视同仁的普遍规则，否则社会就将纲纪废弛。所以，维护平等自由的人伦关系结构，并依照普遍的正义原则行事，必定是当今政治的首要任务。在这个意义上，我们的确不能以培养传统社会的美德为目标来设计社会正义的制度安排。

但这并不等于说，当今社会的政治设计可以与人的好生活观念和优秀品质完全分离。的确，当代政治可以先设计社会正义原则，确保个人的基本自由和平等权利，从而大家在遵循普遍的正义原则的前提下，自由地追求自己的好生活观念，塑造自己的优秀品质。但是，设计这样的社会正义原则，并构建这样的社会基本结构，目的就是为人们都能追求自己的好生活提供前提条件。而且，一个社会允许人们自由地追求自己的好生活（对个人而言，其重要性就在于，这种生活是**他们自己**选择的生活），这本身就是一种社会性的好生活。于是，这种安排对美德也有了一些自己的要求，即：（1）为了维护社会基本结构的稳定性，我们需要具备正义感或正义美德，这是当代社会中的基准政治美德，公民可以相互要求对方具有这种基准政治美德，即要求人们具备对彼此的基本自由和平等权利的尊重，以及捍卫这种社会基本结构稳定的意志品质；（2）对于国家制度而言，则需要确保公民们在社会合作体系中能够得到正义的对待，并使公民间的互惠互利成为他们的一种理性预期，这将增强公民的正义感；（3）我们可以期待，当一个社会能够保障公民的自由和平等权利时，则这个社会制度就将赢得公民的忠诚，这可以说是一个相当自然的后果，甚至能培养起公民自觉维护这种政体的决心和勇气，哪怕是冒着巨大危险；（4）至于其他各种美德，的确是与个人自己的生活志趣、能力条件等有关，对这些美德的追求，是个人自主选择的领域。但是，在一个基本自由和平等权利得到保障的社会中，我们对多样性的美德的繁盛总是能抱有一种更大的期待。

自由平等的政治关系蕴含着美德要求。我们认为，当今自由平等的人伦关系是一种历史的进步，不仅是政治上的进步，而且也是伦理上的进步。在这一点上，我们认同密尔的基本观察，即自由平等的政治关系和人伦关系有助于人们的美好品质的成型。因为美德的本质是能够使自己的利益同他人和社会的利益协调，而他认为，“每一个时代都会取得某种进步，不断地向一种社会状态前进，使得人们不可能与任何一个人始终生活在不平等的关系之中。在这种关系中，人们不可能完全不考虑他人的利益”①，也绝不能做严重有损于他人的事情；而在合作中，“他们的个人目标与别人的目标是一致的”②。这种倾向于他人福利的情感，由于同情心的传播和教育，就会被培养起来，也就是说，人们会变得有美德。换句话说，权利和美德并没有内在的冲突，而是有着内部的协调性。当然，权利结构也只是给出了塑造良好品质的前提，它证明了一点：不重视尊重和保护权利的政治结构，肯定只能给美德的塑造以限制，其根本弊病就是会造成人格不展。

我们认为，在政治领域中，美德不仅仅是工具性的，而且也是有着内在标准的。到底是什么使得一种品质成为美德？我们相信，这并不仅仅是因为它能顺利地应对环境任务，而是因为其有着特定的内在结构。我们认为，美德之为美德，肯定蕴含着人与人之间的平等对待，使心灵空间变得

---

① 约翰·穆勒：《功利主义》，徐大建译，上海世纪出版集团、上海人民出版社 2005 年版，第 31 页。

② 同上书，第 32 页。

广阔、深厚，并且心灵的各个部分能够融合化通，即获得了人格统一性，与此相反的心灵品质状态一定是缺乏美德的状态。所以，就当代政治的结构而言，自由、平等权利和正义原则，都能够促进政治美德的成型：

1. 在社会生活中，道德对人的要求是相互尊重对方的平等权利，没有尊重，就没有履行经济契约的诚信，也就没有公民政治权利的实现。制度之运行，必须以尊重情感为前提，所以，这种政治结构要求人们尊重情感。由于这种政治结构保障大家的自由和平等权利，并且人们之间彼此的要求有着相互性，所以，希望人们尊重这种政治结构并不是一种过分的要求。

2. 从政治的基础说，其使命是保护并实现公民的各项权利，并加以制度化，这是政治最大的善，是政治的道德基础；从政治的运行说，虽然政治要管理有利己之心的个人和群体，使之趋向公共利益，在这方面法律的规范和惩戒作用是巨大的，但政治的目标与美德的目标可以是正向协调的。在当代社会中，公共领域得到了有效的扩展，公共事务和公共利益也普遍增加了，要处理好这些问题，就需要培育和形成个人和群体的公共精神。这种公共精神是政治运行的美德基础。

3. 当代政治的结构使人际交往获得了互主体性的结构空间，从而使传统的政治理性走出了独白的状态，而进入到对话之中。所以，公民们应该且可以在公共论坛上对公共事务进行理性的讨论，并就自己的理由进行公共证明，从而以理服己，以理服人，通过公共讨论来决定公共利益以及公共政策，这才是公民们基本政治权利的真正实现，也体现了政治的道德本质。

4. 正义法则要求公平立场，蕴含了个人利益诉求，对自由平等权利的尊重和保护，视人如己的情感立场，主体间的平等协商和相互承认，以及对公共事务的关注和参与等。这既是美德的要求，同时，其相应的政治设置也会有利于这些美德的塑造。在此意义上，法治对人们外在行为的约束，特别是对社会上强者的制约，就是在为培养公民的公共美德提供基础和前提。政治既能阻恶，也能导善。

三　国家能否鼓励和促进美德？

可以说，美德在当代社会政治生活中必定有其地位，它不仅为社会基本制度的稳定所必需，并且也与个人在这个社会中过好生活的能力有关。但是，由于当代社会的基本结构是一个“权利的体系”，所以，个人的好生活观念在这个社会中获得了较大的自由度，也就是说，只要人们不违背正义原则，则他们对自己的好生活观念就具有最高的选择权，并可以诉诸实施。我们知道，要过上一种好生活，的确需要一定的理智、情感和意志品质，但是人们对此的判断、认同、追求却是各异的，这就给政治与美德塑造的关系提出了一个急需辨明的问题，那就是：国家能否鼓励和促进美德？或者可以鼓励和促进哪些美德？如何促进？有何限度？

在当今社会，公、私领域得到了分化，但是，社会制度的各个领域都有某种公共领域的特征，它们都受到基本政治制度的结构性引导和塑造，包括家庭制度、经济制度、各种社区组织、志愿组织和行政制度等。在这个意义上说，这种种制度都受到社会基本结构的制衡，又蕴含着政治美德的要求。在政治美德中，原则性的道德是其基本要求，也就是说，这种正义原则是抽象的、普遍的，只有发展人们的理智能力才能得到有效的推导，所以，形成正义美德的首要前提就是人们理智品质的发展；同时，基本的正义美德对每个人都有某种规范力量，比如要求人们形成与正义的普遍原则相适应的情感、欲望品质。当然，如果不塑造这种正义美德，人们就只能被动接受正义原则的约束，但是，一个没有塑造一种普遍性、主动性的品质的人，其生活肯定缺乏一种好生活的特征。所以，我们认为，美德政治学在当今时代的政治哲学思考中必定有着其不可缺少的地位。

正义作为一种制度的首要美德也只有在这个意义上才能得到确证。正义美德的确先要对一种政治制度进行要求，还要对握有公共权力的人们进行要求；同时基准政治美德是对生活于政治制度中的所有公民的期待和要求，我们认为，这是人们塑造政治品质和公共人格，从而获得作为一个公民的政治本质的必经途径。但是，这种品质要求对普通公民来说只是一种期望，政治国家可以鼓励和促进这种正义美德的塑造，但是它的强制力只能施加在政治制度的设计与改革和公共权力的持有者身上，而公民则应该在获得对正义的社会制度结构的基本共识的基础上，绝不做违背社会正义原则的事情，比如不可以通过奴役他人来追求自己的好生活，不可以不公正的方式来争取自己的利益和地位，而只能在尊重正义原则的基础上去自由地选择自己的好生活，发展自己的私人美德，选择并践履自己的信仰和生活方式。

国家所鼓励的基准政治美德并不会对个人的自由造成妨碍，培养基准政治美德，实际上是个体在扩大自我，获得更高的政治本质。当然，国家并不强行要求每个人都参与公共事务，也尊重个人自主的选择，鼓励但不强制个人的心性修养行为。

于是，在国家对于美德的鼓励和促进问题上，有以下几个方面的问题需要进行探讨：

第一，从理想的角度而言，政治对人们品行的影响十分巨大，这是因为政治结构形成了一个制度环境，在政治的运行过程中，就有一种公共政策、权力持有者的行为与公民之间的相互作用——反馈机制在起作用，从而会给公民的品质以某种塑造性的影响。所以，正如博洛尔所说，本来统治者“被赋予了权威，理应利用它去开启人们的智慧，增进人们的德行”。他认为，“政治问题正如社会问题一样，首先是一个道德问题。政治的目的是使人们变得更理智、更道德、更亲密、更幸福”。在他看来，“要促进社会的进步，靠的是直接产生于人们心灵深处的纯正无邪的情感和伟大崇高的思想，靠的是当政者为人们树立的至善的人格榜样”①。如果政治能够做到这一点，则政治过程就能有效地塑造人们的美德。但这是一种理想的观点。实际上，权力的存在，也可能会被滥用，其恶劣的表现就是采取公开的压迫、伪善、欺骗，权钱交易、权色交易，借着公共利益之名来大行中饱私囊之实等。所以，当代我国的政治文明建设，首先要树立习近平同志所阐述的“权为民所赋，权为民所用”的权力观②，要把权力关进制度的笼子里，使权力在阳光下运行，“形成不敢腐的惩戒机制、不能腐的防范机制、不易腐的保障机制”③。这就是说，制度建设在规范权力运行、防治腐败中有着根本作用，在这个方面，仅仅诉诸道德，肯定是靠不住的。制度当然有刚性的惩戒措施和惩罚力量做后盾，但是这种制度本身也要有某种道德意义和道德价值的基础，因为制度伦理的用意首先在于把权力约束在为公共利益服务的轨道上，使之不能公权私用。在这个

---

① 路易斯·博洛尔：《政治的罪恶》，蒋庆等译，改革出版社 1999 年版，原著者序，第 3 页。

② “中央党校秋季学期开学典礼 习近平出席典礼并讲话”。（http：//news. 163. com/10/0902/07/6FIENQ2I000146BC. html）

③ “习近平在十八届中央纪委第二次全会上的讲话”。（http：//www. mlr. gov. cn/jgdjw/zyjs/201301/t20130123_ 1177644. html）

基础上，国家应该鼓励和培养政治人物的心系人民的公共意识、夙夜在公的勤政精神，这对整个社会风气和民众德行将会起到很好的示范和引导作用。

第二，国家要致力于鼓励和促进与社会基本正义原则相适应的思想和情感欲望品质。正义原则的根本就是要把所有人视为自由而平等的公民，要给每个公民以平等的关注和对待。从这个意义上说，正义美德是社会可以要求于所有公民的，也是公民之间可以相互要求的。在当代社会，正义美德对社会制度和对公民而言都是一种基准美德，这种正义美德也的确是维护社会基本结构的稳定所必需的。从这个意义上说，正义美德有着工具性的价值。罗尔斯认为，美德在政治中只有工具性的价值，比如说，为了维护以自由平等权利为前提的政治结构的稳定，彼此尊重对方的自由和平等权利、诚实、合作、公民友谊（在罗尔斯看来，这些都是正义美德的实质要素）等就是必需的。合作之所以需要，是因为这种正义的社会不能一盘散沙，而是需要彼此的协同合作的；公民友谊之所以必需，是因为正义的社会制度应该对最少得利者给予惠顾，每个人都可能是那处境不利者。但是，我们也认为，正义美德又有着内在价值。比如密尔认为自由和平等是人的好生活和品质发展的内在部分，其价值的内在性可以从自由和平等与屈从和奴役的对比关系中得到反证。屈从和奴役只能造成人格不展，心灵能力得不到很好的塑造，难以培养忠诚、正直、勇敢、仁慈、大方等品质。所以，他反对妇女的屈从地位，因为这不仅损害了妇女的道德发展，对施加统治的男子的道德也是一种损害。他说，“婚姻双方的平等……是能使得人们的日常生活成为美德培养的一个学校的唯一办法”①。实际上，罗尔斯也承认社会的基本结构对我们的品质有塑造性的影响，所以他特别重视社会基本结构的正义性。从这个意义上说，罗尔斯实际上也认为，能尊重自由和平等权利的心灵品质本身就是好的。

在我们的美德理论的框架中，自由和平等意识是美德性品质的实质内容。因为只有人们之间的关系是自由和平等的，人际的情感相通才不会有制度性的障碍。而能够平等待人，就是能够习得他人意识，能够站在一个公共立场上来思考如何公平地相互对待，这就是自我的扩大，而不会导致狭隘自闭。当然，社会要使人们获得这种他人意识，在维护社会基本正义

① John Stuart Mill, *The Subjection of Women*. London: Everyman' s Liberary, 1985, p. 259.

原则的前提下，需要促进各种具有人际亲密关系、价值共享关系、利益与共关系、团结协作关系、互惠互利关系的社群的建立，只有这样，才有可能有效地培养人与人之间以正义原则相对待的思想情感，以及公共意识和公民友谊等美德。

第三，国家在鼓励和促进美德方面，会遇上以下局限：（1）并不是说社会正义原则得到了有效维护，就立即能够使所有公民都培养起正义美德，只是说，当一个国家在其政治生活中能够奉行正义原则，则为公民习得正义美德提供了一种舆论引导和制度环境。生活在一个大致正义的社会中的人们，对政府会如何形成并执行公共政策能够抱有一种理性的期待，同时也能对其他公民会如何行动抱有稳定的预期，并在相互合作中能够获得互惠的效果，于是，他们就可能对这种社会结构产生一种信赖之情。也就是说，国家只能为公民们培养正义美德提供良好的制度前提和条件。（2）还有一个原因，那就是政治必然具有某种强制性，或者说政治必定要建立在区分“我们”和“他们”的基础之上，所以，要达成一种关于公共善的最后一致同意是不可能的。这种多元的、有着不可通约性甚至是相互冲突的诉求的存在，是现代政治的一个永久特征。但是，具体的政治决策又是必须做出的，所以必定只能满足大部分人的利益诉求，而不可能兼顾到所有人。当然，我们要尽量做到为了整体的公共利益而行动，但是，完全的公共善是一种理想概念，可望而不可即。于是，社会基本正义原则也不可能得到所有公民的认同，更不能说实行这种正义原则将使每个公民获得与之相适应的正义美德了。（3）国家对公民美德的鼓励和促进应该集中在基准美德上，而不能扩展到所有美德上。基准美德可以由国家要求于所有公民，但在这个前提下，人们基于自己最亲切的人生观、价值观和好生活观念，去发展能够过这种自己所选择的好生活的各种优秀素质，就是个人自主范围内的事情了。如果国家在这方面也要强行推行自己所确定的标准，则一方面会不公正地对待其他美德，使得其他美德缺少繁盛的机会；另一方面也并不是所有人都适合于发展国家所着力促进的那些特定美德，他们必须发展与自己的性格、能力、兴趣和人生抱负和志向相适应的美德，这并不是因为这些美德本身是最好的，而是因为这些是**他们自己**的美德，只有本着这些美德，他们才能赋予自己的人生以意义。（4）我们注意到，美德作为一种内在品质，是心灵得到内在成长的结果；而国家政治行动的影响又只能及于我们的外在行为，无法直接作用于我们的内在心灵，所以，通过强制的方式灌注某些特定的精神价值和美德观念，是无法让人们形成精神成长的内在意愿的，还有可能会适得其反。因此，国家对民众的美德的促进必定不可能是直接的，而只能通过某种间接的方式来进行。比如构建合乎正义原则的基本社会结构，并使之保持稳定，为人们培养正义美德提供环境条件，也为他们发展适合于自己的各种美德提供基础和空间；也要为公民提供发展自己精神能力所需的基本物质条件，使全体公民能够过上一种大致体面的、有尊严的生活；还要大力繁荣发展社会的精神文化，为人民群众提供丰富多彩、为他们喜闻乐见的文学艺术作品以及其他各种文化产品，从而为公民的精神成长提供足够的养料，等等。

中国特色社会主义政治保障人民群众当家做主的权利，为人民群众有效行使民主权利而进行体制改革，充分体现了我国社会主义政治有着良好的道德基础；我们正在矢志不移地实现国家富强、民族振兴、人民幸福这一宏伟目标，从而也充分表明我国社会主义政治秉承了一种崇高的道德目标，所以，我们所从事的是一项伟大的政治事业，也是一项伟大的道德事业。这说明我们党和国家志存高远，心系人民，始终推动中国特色社会主义事业朝着符合人类历史文明发展方向，促进人的全面发展的正确道路上前进，并勇往直前地肩负起了这一伟大政治义务和光荣道义责任。

第一章　美德及其政治意蕴

人们普遍承认，美德与知识和快乐都属于道德上的善。美德与其他善一样，都对个体人生和社会政治有着重要的价值。美德必定是一种精神力量，有其自身的特质，同时又蕴含着现实社会的价值指引，使人们能够以优良的或足够好的方式来自处和处世。所以，揭示美德的内在结构并探究塑造美德的途径，是伦理学的本务。正因为美德是人们优秀的内在品质，同时又要以此为基础来追求个人和社会的善，所以，在政治领域中，也需要制度和个人具备某些美德。在古代，人们极为看重美德，特别是对统治者以及一般从政者的要求是很高的，却是以维护等级制度的政治人伦关系为前提的；西方从近代以来，由于权利意识进入了道德哲学和政治哲学的核心地带，于是美德就不再只是获得了内在成长和提升的心灵品质，而首先是一种以尊重、保护和实现人们的基本权利为前提的情感、欲望品质。

第一节　美德的本质及其形式特点

我们说，一个人有道德品质，就表明他有一套自洽的生活计划和实现这套生活计划的绝对欲望，所以，美德可以说是一种优秀的道德性品质。自洽的生活计划意味着我们心中的生活愿望是合乎理性的；绝对的欲望指形成了一种按照合理的生活计划而行动的性格倾向，而且它能支配我们整个的行动意志。美德还是一种行动能力，可以定义为“品质的一种良好性质，更特定地说，是以一种卓越的或足够好的方式去回应或应答在其一个领域或众多领域中的各种事项的气质”①。所谓“好的品质”“卓越的（或足够好的）方式”，都是一些价值词，表明在社会行动的领域中，出

① Christine Swanton, *Virtue Ethics: A Pluralistic View*, Oxford University Press, 2003, p. 19.

于美德的行为都必须能够实现社会健全的价值目标。于是我们要进一步追问，到底是什么性质能使一种品质成为“好的”“优秀的”？

一　美德的人伦前提及其内在价值

1. 美德有着社会的人伦前提

品质的构成既有其内在的自然的基础，也有外在的社会因素，而且从根本上说，只有外在的社会导向才能引导内在的自然基础的成长、发展、塑造成型。虽然在古希腊，柏拉图和亚里士多德在很大程度上认为，美德是臻于优秀状态的心灵品质，是心灵各个成分的功能都发挥到优秀状态并相互协调和谐的状态，似乎与社会的伦理价值指向没有关系，有着很大的独立性。但是，在他们对美德进行具体规定时，无一不援引当时社会伦理的价值标准。亚里士多德又明确认为：美德不是自然的，但也不是反乎自然的。① 也就是说，美德不是自然具有的，而是通过教化、涵养、练习才能得以成型的；但是，我们也必定有着能够发展成美德的自然潜能，所以，美德也不是反乎自然的。

从美德与制度的关系而言，我们认为，所有心灵品质的能动性、回应性都应该与社会的基本伦理价值和伦理范型的性质相适应，要吸收社会的伦理要求而形成自己精神品格的特质。这表明，美德显然有某种政治意蕴。那么，我们如何确定伦理范型的价值特点呢？

第一，自然生长的制度。有些人认为，人类的制度形式是自然生长的，也就是说它们是适应于人性的各种特点而生长起来的。由于人有天然的差别（虽然人性的结构成分是一致的），以至一部分人的智力和控制力量足够大，达到能支配他人的地步，他们把这些天然的优胜以制度的方式确定下来。亚里士多德就是这样来论证奴隶制度的天然合理性，认为有些人天生就是奴隶。与此相适应，他所向往的是美德的这样两个方面：即一方面是对外征服的勇气和技能；另一方面是心灵品质的高贵，包括气度恢宏、大度、智慧等，这是对自由公民的品德要求，而认为奴隶根本就没有美德可言。于是他特别重视美德的塑造，他认为，美德的根本特点是选择性的品质。这种“选择”，就是要促使各种能力相互融合，使非理性部分的表现合乎理智的尺度，形成一种有理智的欲望或有欲望的“奴斯”，从

① 亚里士多德：《尼各马可伦理学》，廖申白译注，商务印书馆2003年版，第36页。

而使情感和行为能够“适度”，这就是所谓的“中道”。他说，中道就是最高的善和极端的美。[①]

从内在结构上看，所谓自然生长的制度还可以是以血缘、感情和伦理团结为纽带而自然生长出来的共同体。所以，在此类政治社会中，家庭关系可以成为最好的比喻，这就是为什么中国古代社会能够采取“家国一体”扩展形式的原因，并很好地解释了臣民对君主所负有的政治忠诚义务，而所谓君权神授、受命于天，以及世袭制度，都是为了满足“千秋万世”的政治统治谱系的梦想。这就是想以自然因素来证成政治权威的正当性。在这种背景下，自然性的国家内部有着高度统一的价值态度和对好生活标准的高度认同，从而使得政治社会对人们应该具备什么样的美德有着强大的号召性和示范作用。

所以，虽然古代的伦理学一般都认为美德就是一种自身就好的善或道德价值，因为美德是过好生活的必要条件，是好生活的最重要组成部分，但是，这并不妨碍古代的美德理论有其伦理范型作为背景，因为社会的伦理价值的实现，是美德的社会行动目标。美德作为一种品质，要在行为中实现社会的价值目标，只有这样，美德之善才能真正表现出来并得到印证。

第二，人为建构的制度。当所谓自然生长的政治制度被认为是野蛮的（如主张人与人之间不平等的关系是天然合理的，这种观点就是野蛮的）时，则制度就要重新人为地建构了。这种建构通常要在极抽象的前提下来进行。他们常常继续求助于自然，却是设定一个自然状态作为环境背景，所谓自然状态是指没有任何人为的制度的人群共处状态，但这种状态是野蛮的，无法保护我们的生命权、财产权和自由权，所以要人为地建构一个政治国家，其目的在于保障人群共处的安全和秩序，这就是国家的基本正义，它是这种制度的基本善，所以，“自然主义、目的论的观点已经被打破，人们不再把国家视为永恒不变或者自然正确的存在而是人为的产物”，并且“国家更多的是作为手段和工具而不是目的被理解”[②]。于是，这种国家观念就把适应于这一制度要求的情感、欲望品质视为美德，以此为目标来重塑人的品格。比如霍布斯、洛克、卢梭等人都是如此。他们都

① 苗力田主编：《亚里士多德全集》（第 8 卷），中国人民大学出版社 1991 年版，第 36 页。

② 周濂：《现代政治的正当性基础》，生活·读书·新知三联书店 2008 年版，第 69 页。

有一个信念，那就是人人都是平等、自由的，虽然自然能力有些差别，但是这种差别不至于大到一部分人可以奴役另一部分人的地步。然而，他们认为，自然状态的自由和平等要么有自毁倾向，要么是实现起来有诸多不便之处，所以才需要建立人为的制度来加以保障和实现。在某种意义上，这种思路成为我们进行制度设置的指导思想，也成为我们塑造美德的根本要求。从那时起，平等自由的权利意识进入了政治哲学和道德哲学的核心地带。

在当代社会生活中，这种人伦前提就是基本的人权原则。艾伦·基沃斯总结了自己关于人权的道德原则：“人权具有根本的道德重要性，因为它们的目的是要平等地保护所有人都具有的一种能力：即能动性。人权之所以具有这个功能是因为它们的对象——也就是权利所指向的东西——是行动，以及一般意义上的成功行动的普遍特征与必要条件或者说必要好处；也是因为人权包括了这一点：所有人都具有平等的尊严，因为他们对于个人应该得到的这些好处具有平等的主张和权利。”① 他的目的是要在伦理普遍主义立场下为特殊主义辩护，即在人权的普遍要求之下寻求特定情况下的人权保护和实现。我们的目的则是要说明：人权原则的道德性实际上是指它是一种道德要求，对每个人都有规范力量，同时也可以成为健康道德情感的来源。说到底，在普遍意义上，人权原则就是有着自由平等权利的人们之间相互对待的原则，其消极方面是阻止人们之间相互侵犯的倾向，即消极正义；其积极方面可以导出可称赞的情感、欲望品质。

这样，伦理范型的构架性要求成了衡量美德的标准或前提性价值，成为美德性的品质的支撑性框架。我们坚信，能够构造一种保障所有人的基本平等和自由权利的制度，是人类制度得到文明发展的根本标志，同时，如果我们能够塑造与这种制度文明的根本要求相适应的情感欲望气质，就是我们的心灵得到文明化的根本标志。这种政治人伦关系框架既是维持制度秩序的纲维，同时也是我们品质的指向性结构，即大家作为有着平等的自由意志的人们之间相互对待之理。任何违背这个前提性价值的品质，不管看上去多么“卓越”，都不可能是美德。

---

① 艾伦·基沃斯：《伦理普遍主义与伦理特殊主义》，载徐向东编《美德伦理与道德要求》，江苏人民出版社2007年版，第222—223页。

2. 美德的内在价值

当然，美德也有其内在价值。所谓内在价值，是指美德自身就是目的，它本身就好，而不是相对于其他目的而言的好。达到它，是好生活内在的一部分，而不仅仅是获得生活之好的手段或工具。按照古代儒家和柏拉图、亚里士多德的观点，好的生活就意味着人的心灵得到了内在的整体的成长，获得了精神力量，所以，能够做出合乎美德的实现活动就是幸福。在这个问题上，与亚里士多德相比，柏拉图和儒家所表达的生活信念似乎与此更为接近。对亚里士多德来说，好生活还包括了外在生活的顺遂，如中等家资、身体健康、拥有朋友等，而对柏拉图和儒家来说，外在生活道路的平坦与坎坷、命运的穷达，均无损于美德的内在价值，外在的坎坷、困厄甚至对美德的内在价值还有所补益。柏拉图甚至说，“一个正义的人，无论陷入贫困、疾病，还是遭到别的什么不幸，最后都将证明，所有这些不幸对他（无论活着的时候还是死后）都是好事”[①]。张载也说：“贫贱忧戚，庸玉汝于成也。”[②] 对他们来说，所谓美德，是指灵魂的秩序与和谐，而不是欲壑难填、得陇望蜀，冲破一切合理界限。那种让欲望成为统治自己灵魂的暴君，从而使灵魂失去秩序，处于混乱状态之中的心灵品质，显然不适于过好生活。所以，从这个意义上说，美德的确有其内在价值，因为它是好生活内在的部分。如果我们在生活困顿之中仍然能够人格挺立，自得其乐，就表明我们确实拥有一种道德经验，它是通过修养之后获得的一种实有诸己的优秀的内在品质，此即美德。

美德作为一种优秀的品质，它拥有一种存在性的特点，即心灵的各种成分处于一种优良秩序之中，并能达到一种整体和谐，是一种自身就好的品质。我们可以自足地享受这种品质，并把它体验为生命意义的创造和实现。

当然，美德这种内在价值的自足性是相对的。内在品质必须通过做出能体现道德价值的社会行为才能表明它达到了优秀状态。在现实生活中，我们可以援引人伦的基础价值作为前提，我们应该尊重人们的基本自由和平等权利，尊重自己和他人的人格，将心比心，设身处地，共情想象，这既是美德自身的要求，也是行为的规范，只有这种行为的后果才能返回到

---

① 柏拉图：《理想国》，郭斌和、张竹明译，商务印书馆 1986 年版，第 416 页。

② 王夫之：《张子正蒙》，上海古籍出版社 2000 年版，第 232 页。

行为者的内心，参与组建其内在存在，涵养成内在的优秀品质，所以，美德的内在价值与社会政治伦理价值的要求并不是相互排斥的，社会政治伦理价值的要求反而应该成为美德的前提，并成为其实质性的组成部分。

二　美德的存在论性质：对美德的客观性和道德性的确证

我们认为，美德作为心灵品质的优秀状态，是一种实德，也就是说，是我们实实在在具有的。中西方许多哲人对此都表示赞同。亚里士多德就说，美德只能是以下三种情况之一，即潜能、感受和品质。而潜能尚未实现出来，感受（情感感受如高兴、痛苦等）本身并没有善恶之分，所以，美德根本就不是潜能，也不是感受，于是只能是品质。品质是通过教化而使理智、欲望、情感相互渗透、涵厚、化通而成的一种新的实实在在的素质，比如普遍性的情感性质、欲望品质等，与受到教化之前的心灵状态是不同的。儒家也认为，德者，得也，也就是说，通过六艺之教化，而使得心灵受到一种全面的涵养、塑造，从而获得了一种实有诸己的新品质。所以，美德必定有一种客观性，同时，它也必定蕴含着道德价值。没有存在论的基础，价值论将会是悬空的，有可能只是一些抽象的价值观念。我认为，由存在论进到价值论，是一种正确的思考进路。

通过我们的研究，可以对美德的存在论性质作如下分析：

1. 美德作为品质上的优秀，其基础是理智的实践应用对本能状态的欲望、情感所获得的节制，也就是说，理智能够预先思考行为的理由，这将导致一种正常的欲望秩序的建立。

2. 精神空间得到了塑造，就是心灵的三个维度即理智、情感、欲望的扩展、相互渗透、融合、涵厚、化通，这将能使精神空间涵养得更加广阔、深厚、灵慧，这是一种新的精神品质的获得，并且是获得了精神力量的证明。

3. 这样，心灵中就既有了秩序，同时心灵各成分又是融合性地整体生长的，所以，美德是一种完整的人格统一性的状态。也就是说，心灵的各成分不是相互冲突的，人格也不再是分裂着的。

4. 美德在人际中的表现就是能够有他人意识，即能够取得一个他人的视角，这样，有美德的人就能走出自我中心主义和利己主义，能够成己利人。有美德的人的心灵结构本身就具有一种外向相通于他人，与他人建立一种情理联系的维度。有美德的人能站在任何一个可能的他人的立场上来看待情感、欲望感受的正当与否，能够把他人尊敬为与自己有着同样的自由与平等权利的人。

从这些存在论性质中，我们可以判断出，美德是优秀的品质，而且是道德上善的优秀品质。因为广阔、深厚、灵慧的精神空间比狭隘、窄薄、呆板的精神空间更有价值，理智、情感、欲望等形成了正常秩序并被融合成一个整体，形成了统一人格的心灵状态，比理智、情感、欲望相互冲突、各自为战，从而导致人格分裂的心灵状态更好。这是绝对明确的。再者，从其实践应用中，能超出个人自己的褊狭、自闭的立场，而取得一种外向于他人、与他人情理相通、尊重对方的自由和平等权利的伦理维度，这也是美德作为一种品质的优秀之处；更重要的是，这也表明美德在道德上是善的。

我们必须站在道德主体的立场上，从道德素质养成的角度来阐述美德的存在论特质，人心灵的各个成分如何才能扩展、涵厚、化通，塑造起广阔、深厚、灵慧的精神空间，并充分论述美德是一种内在善，其本身就具有善的道德价值。同时，美德作为一种涵养、教化而成的心灵品质，具有一种“普遍的感觉”的性质，所以，其行为表现就是要能在具体情境中做出恰当、正当、合宜的行为。[①] 它可以解释其他学说所主张的“好”“善”，对它们所要求的美德的性质做出独立的解释。美德伦理学虽然并不以功利（自己的利益和社会的利益）的最大化为唯一目标，但是，出于美德的行为后果并不是反功利的，在正常的情况下，它能带来健康的、长远的利益的增进。比如，审慎、勇敢、节制、正义、诚信等美德，显然不是反功利的。但是它并不以功利的大小来决定行为取舍，而是有着自己的原则，那就是面对具体的情境，能够将心比心、设身处地，能够把事情做得恰当、合宜，也就是合乎情理，这样的行为不仅在行为者本人看来是好的，而且在任何一个可能的他人看来也是值得赞赏的。在这个过程中，合乎情理的做法并不一定是能带来功利量的最大化的做法。这两者虽然并不相反，但的确从属于不同的原则。也就是说，有时候，有些合乎情理的事情可能会导致功利的损失，但这并不减损其美德的光辉。

我们当然也要求遵守社会的普遍规范，但是，第一，有美德的人，其

① 参看拙著《道德教化与经济技术时代》的有关章节，特别是第249—251页，江西人民出版社2002年版。

心灵品质就是一种普遍性的存在，所以，其欲望倾向、情感特点就不会与规范的普遍性相悖，而是能更好地、合宜地、创造性地遵守道德规范，在行为中真正体现道德规范所蕴含的善的价值，而不是机械、呆板地遵守规范的条文；第二，规范的制定一方面要顺乎人情，同时又要能够涵养、教化人情，那种完全无人情甚至逆人情的僵硬规范，是不合理的，也是难以真正得到执行的。诚如麦金太尔所转述的亚里士多德的基本立场："有些人具有一些天生的气质，能够随时按照某种特殊德性的要求行事。但是，不能把这种幸运而令人愉快的天资同拥有与之相应的德性混淆起来；因为，正是由于缺乏系统训练和原则的指导，即便是这些幸运的人也会成为他们自己的情感和欲望的奴隶。"[①] 原因在于，优秀的而且善的品质并不是自然具有的，而是教化而成的。美德是情感、欲望和理智相互渗透、融合并得到提升而形成的，它是一种带有普遍性特点的感性素质。人并不是天生就成了具有美德的人，所以，人需要教化。就算人天生具有某些优美的情感，比如仁慈、同情等，但它们不经过教化与理智相互化通，也是无法成为普遍性的心灵品质的。比如，一味地不分场合、不顾情境地实施仁慈、同情，就可能不是恰当、合宜的，因为不能体现出有分寸、合尺度的"义"。所以，我们的道德情感必须体现"义"的要求，古代哲人们对此洞若观火，要求人们做到"仁"而有"义"、"同情"而合"义"、讲"公理"而合宜等。这只有经过长期的道德教化，对精神空间进行长期的涵养塑造才能达到。

三　美德与规范：内在品质和外在准则

美德伦理学之所以成立的一个平凡理由就是：道德行为是一个基于美德亦即好的品质的行为，同时道德学习的目的也是为了培养美德。但是，人们对于什么是好的品质，以及如何培养美德，却有许多不同看法。

我们认为，要理解美德，必须关注内心存在，而不只是关注行为。但由于行为是可观察的，并可以加以约束和引导，所以，伦理学首先关注外在行为规范也是有道理的。一般的规范伦理学重在为行为制定一些有约束力的规范，一是因为规则是明示的，也是我们的理性所能理解的。二是因为人们的行为不会自然而然地就符合规范，也就是说，我们不是凭自然本

---

① 麦金太尔：《德性之后》，龚群译，中国社会科学出版社 1995 年版，第 188 页。

能就可以做道德上正确的事情。其实，凭自然本能行事，合乎道德是偶然的，违背道德则是经常的。三是美德的培养过程是：通过经常以道德规范来约束自己的行为，使道德规范逐渐地内化到人们的内心之中，从而塑造人们的心灵品质。因而，规范伦理学的目的是先确定什么是道德上正确的事情。通常有两类标准，即一是以形成和维护社会的秩序为标准。二是以获得好的结果如功利量的最大化为标准，最好是同时达到这两者。但是，规范伦理学的思考是不彻底的。首先，好的秩序和功利量的最大化需要进一步思考：它们应该建立在一些更为基本的价值（比如尊重人们的基本平等自由权利）的基础之上，才能成为真正善良的东西；其次，我们是否仅仅通过遵守某些规范，就能形成令人羡慕的、良好的心灵品质？我们相信，美德作为一种优秀的或足够好的品质，在做出体现社会伦理价值的行为方面，的确能够合乎健全的道德规范，并且是出于内在美德地这样做，而不仅仅是被动地、他律地遵守这些规范；最后，在当代，美德与一般规范都应秉承一个前提，那就是维护并实现自由平等的人伦关系，这对美德来说，是其内在的结构性纲维；而对规范来说，这只是一种应然要求。这就意味着规范伦理学后于政治哲学，也低于美德伦理学。政治哲学致力于思考政治关系应该体现一种什么样的基本价值，追求一种什么样的秩序，在什么样的价值观念的指导下去追求功利，也就是说，追求这些现实目标的行为，必须获得正当性和合法性；美德伦理学则考察什么样的心灵品质本身就好，并以此为标准来引申出我们的行为规范，从而使这些规范体现出美德要求。

品质是行为之本，规范是行为之表。一个人的行为总是他内在品质的外在表现，虽然从行为的细节中也许看不出内在品质，但这也表明品质具有内在性，它构成一个人的行为动机。单从行为表现中是难以完整地检验一个人的内在品质的，从行为的后果中也不能完整地看出这一点。所以，品质与行为之间呈现出一种令人感到扑朔迷离的关系。能肯定的只有一点，那就是道德品质可以保证行为动机的善的意向，而至于结果，则受到各种因素的影响；同时，我们也可以推论，有品质之人会对没有达到善的结果的行为做出修正。在品质与行为的关系中，优秀的品质是正确的好恶情感和意志的控制能力与趋赴能力。所以，优秀的品质可以保证动机的善良。这是一种道德能力，而不仅仅是一种技术能力。从理论上说，道德美德和技术能力是两种不同的能力，可以分别加以培养。所以，优秀的品质是道德行为的价值之源。规范伦理学由于要求外在行为合乎规范，所以，它根本没有真正触及美德性的品质。因为合乎规范的行为，可以出自各种不同的动机。

就规范与行为的关系而言，我们可以深入分析其结构层次。第一，规范是直接地引导和约束行为的，它把行为约束在既定的轨道上，越出轨道就是对它的违反。如果规范论者认为，只有遵守规范的行为才是有道德价值的，则不管是出于什么动机，其行为在道德上都是正确的。第二，当然规范论者也可以希望人们在遵守道德规范的过程中，具备相应的情感、意志品质，但是，这并不是规范体系所蕴含的要求，因为规范只能是针对外在行为的。第三，更为重要的是，规范是普遍的，因而它可能会排除行为人此时此刻的道德心的判断。还有，规范必然是粗线条的，它的网眼始终太稀，不可能网住所有行为之鱼。这就是说，规范实际上并不能指导人们所有的行为实践。

规范论者受到了法律体系的影响。法律的确是针对人们的外在行为的，并有正规的约束力。但是，法律是国家意志的表现，是公共立法机构所颁布的正规规则，用于一视同仁地对待每个人。道德规范论者也想成为一个规则的制定者（rule-giver），当然同时也是规则的遵守者，这就使得他们把伦理学看作类似于法律体系的东西。

这就意味着，规范对行为之好来说，并不是充分的，原因是规范只是针对外在行为，而忽视了行为的价值内涵及其内在动机。这就暗含了一点，即认为在道德领域中，我们可以只管行为的外在方面，而对行为者的内在品质则可置之度外。有人把康德看作这方面的代表，这实际上是一个误解。其实，康德把对行为的外在要求视为法律的功能，这是法理学的范围；他把气质、品质、美德等看作是伦理学范围内的事。他认为，之所以我们需要法律规范，是因为我们要过社会生活；但我们却无法期望所有人都有道德品质，或者说，不能把对社会交往规则的维护完全信托给人们的美德。所以，法律需要由公共权威机构来执行，手段是通过惩罚和制裁的方式来执行法律，而不管人们的内在品质如何，反而应该假定人们都有违反法规，从而侵害他人的冲动和意向。道德显然不具备法律的这种效力。于是，伦理学是一种关于“气质”的学说。① 所以，从根本的意义上说，

① Immanuel Kant, *Lectures on Ethics*, Trans. Louis Infield, Indianapolis, Cambridge: Hackett Publishing Company, 1930, p. 71.

规范是后于品质的东西。

第二节 美德的内在结构及其塑造途径

为了进一步说明美德作为一种优秀品质的性质，我们还要细化对美德的内在结构的分析。

一 美德的内在结构

说到美德，人们总是以一种怀疑的态度来看待它，因为有美德的人被看作是一个道德圣人，而圣人是不可轻易望人的。实际上，美德既是一个高限概念，也是一个初限概念。如果我们认为人的心灵品质可以得到塑造、涵养，则我们就必须认为美德是一个初限概念；就心灵品质的提升和境界来说，美德才是一种理想，即所谓“义精仁熟”是也。美德作为一个初限概念，其基本要求就是要能够在心中形成一种尊重他人的平等人格、抑制非分求利的思想动机，并抵制违背普遍的道德原则的思想和情感。在当代，这是与法律的要求相互配合的，同时也与追求个人幸福是相称的，因为违法的荣誉成本和经济成本都是十分巨大的。在这个意义上，由于害怕惩罚而不做违法之事，也有其道德意义。

然而，害怕惩罚毕竟是一种消极的情感。如何获得一种积极的情感，也就是能够自觉、自愿地遵守普遍的道德法则，就是对美德的进一步要求。我们认为，消极情感的确不是精神力量的写照，但在普遍的道德原则面前，能够感到害怕，并抑制自己违背普遍法则的冲动，至少证明，人们能够认识到普遍的道德法则对维持人群交往秩序的意义，也认可正义原则的真正价值之所在。

所以，积极的情感和欲望是那种本身就符合道德原则和道德规范的情感和欲望，这就必须使之普遍化，即具备中立的立场和他人视野。那种偏私的、只顾自己的一己私欲满足的冲动，就缺乏道德性，而只有那种能够抑制自己偏私欲望的心灵品质才能是美德。

我们说自制、明智、公道、慷慨、公平、勤奋、谨慎等都是美德。但它们为什么是美德，其形式特点是什么样的？我们一提到美德，都会认为它是一种品质的优点，但到底是品质中的什么性质才使之成为优秀的即道德性的美德呢？虽然美德作为一种优秀的品质，是内在的心灵状态，无法描述或传达，从而很难成为知识的对象，在这一方面，我们还在期待着伦理学学术的进步。但是，这并不等于说，我们就不能对美德的一般形式特点做出说明。

我们认为，美德之优点当然有气质的优点作为基础。但是气质的优点表现在哪些方面呢？这就需要回到品质的结构要素及其关系之中。

从总体上看，美德总是一种能够恰当地应对环境任务的优秀的或足够好的气质或品质。这是一种实事求是的界定。在这方面，人的确不是无限的。实际上，美德的根源来自我们对生存真相的认识和勇敢面对上：（1）人是终有一死的有限存在者，我们的理智也是有限的；（2）我们的生存环境是复杂的，有时其任务是极端艰巨的。所以，我们的美德就是我们应对生存的有限性、人性的弱点和环境任务的复杂性和艰巨性的一种精神力量。认识不到这一点，就会陷入一种美德的狂妄。

美德的最根本特点，就是具备了直面这些人生问题的勇气，这包含了生存智慧和承担人的生存有限性的勇敢、毅力、明智和通达。从这个意义上说，我们是以死观生。也就是说，对我们必有一死的命运的领悟，使我们感受到了筹划、创造生存价值的紧迫性。那么，如何创造生存价值呢？我认为，那就是要恰当地涵养、塑造我们的各种心灵能力，并整体地塑造我们的精神空间。显然，德是心之德，是心灵品质获得了教化而得到提升的结果，也是我们获得了精神力量的写照。

决定气质成为美德性的品质的存在论性质有两大类：一是方向，二是力量。所谓方向，就是气质的倾向性、指向性，它包括思维定向、情感欲望倾向和意志指向；所谓力量，就是指思考的彻底性和情感的深度和厚度以及意志的坚持力和持久力。

先说方向。一种气质整体总是要与某些事物有所关联：一是有思考的对象，二是有欲求的对象，对对象的选择决定了气质的方向性。从思考来说，有三个指向：（1）美德性的心灵品质要指向人自身必有一死的命运，这是一个绝对的方向，也是一种形而上的方向。这就意味着我们要把思考和感受的方向保持在向死而在的维度上，不要在死亡面前掉头不顾，而是要勇于承担人必有一死的命运。这是我们生存的力量和价值创造之源。只有这样，我们才能真实地面对自己，产生本真的意愿，并感受到自己生存的本真价值之所在。我们知道，对死亡的恐惧，以及无所事事、得过且过、轻生等态度和行为都是与人的本真形象不相符合的。（2）美德性的心灵品质还要通过面对死亡而超越死亡，进入与宇宙大生命的沟通之上，这样才能真正找到生命价值的大本大源、源头活水。也就是说，我们把自己的生命视作宇宙大化流行的一个阶段，虽然有限，但是也天趣盎然、真性完足。宇宙的生生之德，正是人间道德价值的最高榜样，也是其源头。有了这样的心胸，则我们就能存顺而殁宁，实现我们的生存可能性，努力避免妨碍我们实现自己的生存可能性的各种因素。（3）从整体心灵的涵养来说，要形成美德性的品质，那就需要拓展、涵厚、化通我们心灵的各种能力，要形成广阔、深厚、灵慧的精神空间。这表明，人心灵的各种能力都得到了扩展，并且它们已经相互渗透、融合成了一个整体性的品质，从而塑造了我们人格的统一性。这是我们人类作为终有一死的有限存在者所能获得的精神成就。

显然，如果我们的气质只是指向当下，那么理智能力就处于未发展的状态，只能为个人的一己感受、一己私利去谋划，就成为激情的奴隶；而情感就只是局促于个人的内心感受之中，不能获得与他人相沟通的向度，其表现是对他人的冷漠，只能沉浸在自己当下的狭隘的情感感受之中；其欲望就只能专注于一己私欲的满足之中，而不能理解社会利益的相关性。所以，美德的方向性要求我们把所有人都视为与我们有着平等的自由意志的人，要求我们同样尊重自己和他人的人格以及基本权利。这是对我们当代自由平等人伦关系的道德价值的美德伦理学证明。

再说力量。人的理智、情感、欲望有了外向于他人与社会的指向，就获得了美德修养的正确方向，从这个方向进行涵养、塑造，则我们的心灵就一定能够获得力量。首先，我们的理智能力得到了很好的发展，就能洞悉事物、人生的真相，能够清楚、明晰地进行思考，进行敏锐的判断和彻底的推理。应该说，我们并不是天生就能如此，所以，我们需要进行理智的教化。其次，我们的情感变得更丰富，有敏锐的感受能力，有活跃的道德想象力，并能与他人的情感相互沟通，产生呼应和共鸣，这就是人际的情感沟通能力，应该说，这表明我们的情感得到了扩展、丰富，这是获得了情感力量的表现。最后，我们的欲求就不再只是指向自己的欲望满足，还能指向社会的公共利益。这是我们的欲望品质超出个别性的任性状态而被提升到普遍性状态的表现。

美德作为一种意志的力量，当然表现在抵制追求一己私欲的满足，产生依照普遍性的道德原则而行动的欲望的力量。这种力量的获得，一方面证明人性是软弱的，因为我们有着根深蒂固的私欲、私情需要克服；另一方面又是我们作为一个有理性的人的尊严之所在，因为我们的理性能够认识到公共利益的重要性，其相应的情感能够自尊而尊人。

我们知道，任何规范的执行都需要心灵品质的基础。从这个意义上说，美德伦理学比规范伦理学有更好的理论彻底性。机械地遵守规范的行为与出于美德的行为在性质上是不同的。有美德的人，具备了他人意识，尊重所有人为平等自由的人。所有人际交往中的行为规范都由此而来。我们在遵守道德规范时，只有秉承这种尊重情感，这些规范才是真正有道德意义的。它们不仅仅是一些机械的规条，而且融合了人情事理于其中。这类行为的主体的品质特点就是能够取得一种换位思考的立场以及能共情感受的情感。我们意志的善良性也表现在这里。我们认为，出于美德的行为的特点是有合宜性的，也就是说，这种行为会产生道德人格上的感召力量，能够引起他人的羡慕，并与他人的情感有着相互响应性。

二　美德的心理学根据及其塑造途径

美德作为一种内在品质，实际上是通过教养而塑造形成的，它能够充分认同人的平等和自由，并尊重人的基本权利，同时，使人心灵中的结构成分形成正常秩序，并能和谐协调地起作用，凝聚成一种具有内在统一性的人格，从而使心灵品质变得广阔、深厚而灵慧。在这个意义上，对美德问题的考察，离不开道德心理学的证据。

近代以来心理学的发展，有以下几个重要的成果：一是人与人之间可以产生同情，即情感本身的相互影响和呼应；二是人的行为也服从刺激—反应机制，从而使我们的动机得到修正或加强；三是需要层次理论，即在满足较低层次的需求基础上，会产生较高的需求；四是道德发展理论，即道德美德的形成需要经过一系列的发展阶段。归根到底，我们可以通过这些心理过程，来寻求美德特别是公共人格成型的根据。

我们认为，人有一种基本倾向即利己之心。这是自爱理论的基点。使人们关注整个群体的分配公正和制度公正的动因有：（1）能够形成对公共需要的意识。我们能在对公共利益的诉求中理解制度公正的必要性。在社会生活中，特别是在公共领域日益扩大的今天，我们对公共利益的需求是必不可少的。为了享受这种好处，我们就必须获得一个公共的立场。但是，公共美德难以成型的原因在于：第一，个人的利己动机与这种“非个人性的”公共立场是不一致的，换句话说，我们会有“搭便车”的动机；第二，公共权威机构的权力必须具备公共性，但是权力的拥有者也是个体，他们也有自利的动机，所以，必须警惕公权私用的危险。这就需要从个体伦理立场转变为公共伦理立场。即是说，只有非个人性的立场才与公共伦理的要求相适应。而且，这是保障公权公用、保障每个人都能享受到公共利益所能带来的总体好处的根本之点。

但实际上，从个人对自己利益的长远关注以及人们的心理感受中，我们也可发现获得非个人性立场的可能性。首先，我们有受到公正对待的需要，虽然每个人都想从不公正的分配中得到好处，但这种想法和动机不可能在所有人中通行，如果在公共领域中通行的是这类行为动机，那么，公共领域就很难存在。其次，虽然从不公正的分配中得利可以是每个人的愿望，但是，不可能每个人都能达成这种愿望。这种愿望是不公正的品质的根源。比如，社会中存在的以权谋私或通过贿赂权力来获取不正当利益的现象，都表明有些人还没有获得公正的品质。针对这种现象，当然要用正规的制度来约束、制裁。每个人都可能这样想、这样做，但是，制度就是要使得人们可想但不可做。在想和做的关系上，大概有以下几种逻辑情形：可想而不可做；不可想而可做；可想而且可做；不可想并且不可做。其中，不可想而可做在现实中是不存在的。我们认为，制度的力量在于让人们可想但不可做，美德的力量也许是要使这种想法不那么强烈，并且能够自制。

从个人和社会心理上说，如果有人受到不公正的对待的话，就会引起一种愤懑情感，通过同情共感，人们会对不公正的行为产生一种痛恨之感，即使受损害的人不是他自己，他们也能感同身受。关键是要使这种倾向在心灵中沉淀下来。

要培养相应的公正美德，就需要在这种不公正的倾向中加入另一种相反的动机，使之超越这种利己之愿望，这是我们道德教育的根本任务。其核心是要取得一种非个人的立场来看待公共利益，从而能够不偏私，做到公正。

首先，要有活跃的共情能力，也就是有道德想象力和情感感受以及呼应能力，能够将心比心，设身处地，以情絜情。这是一种普遍性的情感，是一种能够站在任何一个可能的他人的立场上进行感受的能力，这必须通过以理率情才能做到。可以说，这是一种可贵的情感品质。

其次，要利用刺激—反应机制，即社会的鼓励、赞扬和惩罚、鞭挞，它直接打击那种非分的欲望，并使之得不偿失。这样就能够改变人们的认识，鼓励公正的动机和合作的动机，并加强这种动机。这个过程是要永远进行的，因为通过这种机制可以形成人们的一种习惯。在这个问题上，制度的监督及其有效实施是不可或缺的。可以说，制度的公正性是一种最广最大的公共利益。

最后，需要层次理论也是很重要的，也就是要把价值划分为多层次的。先要解决基本需求，这样有关道德的自我成功的动机才有可能产生，并得到加强。道德发展理论，实际上特别依赖道德认识能力，或者说是理性思考能力，即认识到普遍的道德原则并以此来作为决定自己意志的动机的根据。这种动机的获得，实际上是把普遍的道德原则、正义原则与自利定向的、偏私性的准则加以对照，并使出于道德原则的动机更加有力量，压倒个人的主观性的自私动机。

我们可以从哲学上来厘清动机和意志等问题。我们看到，动机实际上是认识性的，也就是说，我们可以通过形成对对象的认识，了解它对我们的需要的关系，并且通过推理而对对象的综合益处或长远益处形成认识，所以，动机是多样性的，处于行动的出发点，但在行动的出发点处，可能会有许多个动机，它们在相互颉颃，力量上占压倒性优势的动机会表现出来。于是，我们的意志就要形成对道德原则的遵从，并以此来形成或加强那种合乎道德原则的动机。

也就是说，从实质性意义上讲，美德就是形成正确动机对其他动机决定性优势的能力。从道德教育的角度而言，这是一种心灵品质塑造的过程，是一个从心理到道德精神的过程。虽然一个正确动机的形成，是认识的结果，但是要使之取得优势，则需要进行心灵品质的整体塑造。强化正确动机的力量，需要使整体心灵品质普遍化才能达到。换句话说，品质的存在论性质对认识而言更具有一种基础性地位，主要是需要情感和欲望上升为普遍性状态，只有这样，我们的情感欲望品质才能与理性所认同的普遍道德原则或道德理由相适应。

总之，要塑造美德，就必须对我们的心灵品质进行涵养。在当代社会中，要塑造美德，首先就要使自由和平等权利意识深入人心。它既是社会生活的要求，同时也应是我们心灵中的基本道德意向的结构。它是当代道德意识的核心，是我们进行道德推理的前提；它对我们情感的要求就是要产生对权利的尊重情感；对意志的要求则是要保卫和实现这些权利。综合起来说，它对我们的美德或优秀品质的要求则是要使这三者成为一个统一的整体，达到人格统一状态，从而培养互为主体性的公共意识、审慎、对权利的尊重、对公善的热爱、公共责任、公道、公平正义、人格统一等现代美德。

第三节　政治美德的特征

在政治领域中，美德必定有其存在地位。政治有两个最大的方面关涉到美德，一是政治的基础，二是政治的目的。政治具备了道德基础，以及人们能够获得与政治的这种道德基础相适应的情感、欲望气质，就是政治美德的基本特征；而政治的目的高尚，并且政治人物能够获得一种对利己动机进行升华而有效服务公共利益的品质，整个政治制度能够有效规范权力的使用，能够引导公民有序参与，并能够促使经济发展、政治清明、文化进步、环境优良、社会和谐，更是政治制度具备了美德的标志。

一　政治美德与政治人伦秩序的同构性

在古代，政治美德首先也要表现为能自觉维护当时政治人伦秩序的品质。在古代，政治人伦秩序基本上都是等级制度，其实质是把人们的政治资格、甚至道德人格分成等级或阶级，以此来确定政治权力的分配尺度。于是，我们可以看到，在古代社会中，政治美德首先就表现在对这种等级制度的维护上。所以，他们的理论论证就集中在证明这种政治人伦结构是合理的，维护它就能给社会提供一种秩序。比如说，西周时期的分封制度就是一种秩序设计，即所谓“宗子维城”“家国一体”就是一种秩序；奴隶制度是一种秩序，封建的等级制度也是一种秩序。于是我们看到，在古代，人们的道德关怀集中于上层阶级，考察的是上层阶级的美德，并特别强调其政治功用。

在宗法制度比较完整并且有效的西周初年，最受关注的是王族的美德。这是因为社会政治结构中王族成员就是各种政治权力的主要持有者，他们构建了一个关系紧密的政治共同体，有家天下的色彩，所以，天子要求王族成员都能忠于他，并能恪尽职守，为政以德，使各诸侯国都具有稳定的政治秩序，社会和谐，人民安居乐业，具有良风美俗。所以，在这种政治结构中，王族成员之间的伦理关系最为重要，他们相应的美德就是适应于这种政治人伦关系结构要求的品质，这直接关系到王朝政治的稳定和繁荣。于是，王族成员的任用及其品德状况，对于国家的安定发展就是至关重要的因素。周武王在灭商誓师大会上，就指责商纣王听从妲己的妖言，不任用同宗的长辈和兄弟担任重要官职，而是任用四方的罪人和逃犯，他认为这是极有害的："今商王受惟妇言是用，昏弃厥肆祀弗答，昏弃厥遗王父母弟不迪，乃惟四方之多罪逋逃，是崇是长，是信是使，是以为大夫卿士，俾暴虐于百姓，以奸宄于商邑。"① 换句话说，王族的道德对工朝来说是生死攸关的，因为王朝就是这个宗族的，所以只有宗族成员会全心全意地保卫这个王朝，故西周初期对王族的品德是十分重视的，并且有着许多告诫。比如说，《尚书》中记载了许多周成王对即将分封出去的叔叔辈的交代，也是极力劝德，并要他们能够怀想他们共同的祖先文王之德和文王订下的典则。周公封小弟康叔为卫君，写成《康诰》《酒诰》《梓材》三篇，作为法则送给康叔。三篇的主旨是"敬天保民""明德慎罚"。如果有背叛或败德行为，则对亲属的惩罚也是毫不留情的，从某种意义上说，还会带有更大的悲悯，并突出其警示意义。如管叔、蔡叔对周公摄政辅佐成王不服而阴谋造反，周公就断然行王命而讨伐他们，经过三年的艰苦奋战，平定三监，诛首恶管叔，放逐了蔡叔，终于使天下平静下来。这是为了周朝的稳定和长久国运而断然采取的措施。周公此举确实是出于公心，这从六年之后，成王成年，周公即致政成王可以看出。

然而，虽然从政治结构来说，血缘亲情是第一位的，但并非凡统治者同宗族之人的品德都会是好的，所以，周朝统治者从理智上说，会认为选贤任能比只用长辈、子弟更可靠，因为统治者的长辈、子弟也有贤、不肖之分，所以，他们必定知道，与一个王朝的长治久安密切相关的因素，归根到底只有各级官员的美德，并不只是依托于是否王族成员执政，所谓"皇天无亲，惟德是辅，民心无常，唯惠之怀；为善不同，同归于治；为恶不同，同归于乱"②。

而在春秋中后期，由于礼崩乐坏，故思想家们转而以道德救世，非常重视精英阶层的美德。孔子虽然对礼治十分向往，但是也不得不面对礼已成为天下之虚文的局面。孔子为了挽救礼制，进行了巨大的理论创造，即把人道精神灌注到礼制系统之中，使礼从仪式的礼而落实为作为美德的

① 《尚书·周书·牧誓》。

② 《尚书·周书·蔡仲之命》。

礼。也就是说，在孔子那里，仁为诸德之首，礼必须灌注仁德的精神气质，才能成为人与人之间交往甚至社会治理的具有道德价值的规范。他谆谆告诫统治者要“为政以德”。而孟子把这一思想发展为“仁政”，特别注重仁德在政治中的运用。比如要求统治者以“不忍人之心行不忍人之政”“与民同乐”、制民之产等，并对那些施行暴政的统治者发出了在古代社会最强的警告，认为他们可以被诛杀，并取而代之：“闻诛一夫纣矣，未闻弑君也”[①]，等等。他所关注的也是所谓精英的美德。

在古希腊，也有类似的情形，即受到关注的是上层统治者的美德，也特别注重统治者的美德的政治功用。柏拉图要求护国者具有良好的教育，并获得节制、勇敢、智慧、正义等美德，要求最高统治者接受最完备、最高级的教育，拥有全德，并具备哲学智慧，即能够为全体人的利益进行好的谋划。到了晚年写作《法律篇》时，则向往法律治理这种第二好的国家，但同时也主张要把各种美德用一种政治艺术编织进政治体制之中。他认为最好的政体就是他设计的理想国（哲学家当王的王政）；其次是荣誉政体，重视财富和美德；而寡头政体则只重视财富；他对民主政体比较仇视，认为它唯一重视的是自由；最恶劣的是僭主政体。所以，柏拉图必定是重视上层阶级的美德的，而一般民众的心灵成长则不是他考虑的对象；亚里士多德则认为良好的国家必定要重视美德，因为美德是幸福的必要条件，幸福是合乎美德的实现活动。而美德又是自由人的精神品质获得良好生长的结果，至于那些非公民（包括奴隶、小孩、妇女等），其美德则是有局限的。在《政治学》中，他认为，伦理学是政治学的预备，搞政治的人必须懂得美德的学问，因为政治的目的是追求人们的幸福生活。但由于奴隶制的政治结构，亚里士多德要为奴隶制的合理性进行辩护，认为它是天然合理的。而这是建立在理智能力的强大与否之上，是建立在生理学基础上的，于是他所主张的是主人的道德。而美德，在亚里士多德那里，实际上是理智能力和非理性成分的培养和运用。在伦理美德中，作为理智美德之一的“明智”就是不可或缺的；而理智美德要高于伦理美德，因而它是最高幸福之所在。同时，亚里士多德十分强调美德在政治中的作用。他认为，最优良的政体将能使人们获得与自己身份相称的美德，其余的较好政体则会掺杂其他内容，比如财产、出身、自由等。他认为，最优良的政

① 《孟子·梁惠王下》。

体，应该由公民轮番为治，“所有人都共享统治权才是公正的”[①]。他反对城邦的齐一性，要求保持多样性，这样才能达到自足，同时也能发展出各种美德来。比如，有了多样性，就需要在城邦中发展出情感联结即“友爱”之德，这是“消除城邦内乱的最佳手段”，并发展出对妇女的克制和在财产方面的慷慨，[②] 等等，同时，整个政体的美德就是公正，即同时兼顾所有阶层的利益，为公共利益谋划。而那些只为某个阶层或某些阶层谋取利益的政体就是不公正的。他认为，在优良政体中，好人与好公民是同一的，因为在优良城邦中，人们既要做被统治者，又要做统治者，而统治者所独有的美德就是明智（也被译为“智谋”），所以，在统治权为某些人独占的政体中，被统治者就无法获得“明智”这种美德，因此其美德是不完整的。只有在优良政体中，公民的美德才可能成为完整的。就政治是为了使人们都能过高尚的生活、获得幸福而言，在政治生活中，人们就应该既能发展伦理美德，又能发展理智美德，只有这样，他们的生活才能自足。

而在自由平等的人伦关系成为主流的社会中，其基准美德是对每个人的要求；同时也由于政治中的统治与被统治关系的存在，对社会管理者和社会公众的美德要求当是有所不同的，但更多的是强调职业性的不同要求。现在我们认为，只有在人人自由平等的社会制度中所形成的秩序才是有道德价值的。在当代，我们已经无法为实行等级制度给出任何道德理由了，这主要是因为我们的精神价值态度受到了自由平等的人伦关系及其所蕴含的道德精神的塑造。正如前面所论证的，美德的存在论特性中就有平等自由的人际相通的维度。从美德的性质出发，我们可以推论出正常的、有道德价值的社会秩序。比如正义原则、人道主义、诚实守信等道德原则和规范，它们注目于一种社会秩序的形成和维护，体现了人们之间的相互尊重的情感品质。也就是说，这些道德原则和规范必须蕴含道德人格平等、自尊而尊人、人伦世界是有同样自由意志的人们共处的世界等美德价值观念。能够形成这样一种美德价值观念，的确是历史的文明进步，同时也是美德的真正本质的彰显。在古代，由于实行社会成员的身份等级制度，所以，古代的美德伦理学难以持一种平等的道德人格观，而是以大人、贵族、小民、奴仆等身份来限定人们的伦理地位，同时要求他们培养适合于自己的

---

① 《亚里士多德选集·政治学卷》，颜一编，中国人民大学出版社 1999 年版，第 33 页。

② 同上书，第 37 页。

伦理地位的心灵品质。诚然，他们也明白美德作为一种优秀品质，当然是精神空间广阔、深厚、灵慧的状态，有相通于他人的情理联系的维度，而不是狭隘、窄薄、呆板的状态，或只局促于一己私利、私欲、私情考虑的心灵性质。于是，古代的种种教化手段比如诗、书、易、礼、乐、春秋、数、御、射等的教化，对塑造人的心灵品质的确是有效的，也是全面的。但是，在人们之间情理相通的层面上，也许只有不同等级内部的相通，而难以推己及人到所有人身上，平等地尊重所有人的道德人格。只有在抽象的心灵层面上，才有人格平等的意识，并有推己及人至所有人的可能。如果把伦理看作是时代的客观人伦关系的应然状态，而把道德看作是人们的道德意识、道德情感、道德品质的话，那么，在古代的等级制度社会中，道德和伦理是难以统一的。而在现代，我们要在制度上实现并保障人们平等的道德人格权，可以说，这是美德自身的存在论特征所要求的，文明历史的发展逐渐实现了美德的本质要求，道德和伦理终于有望得到统一。显然，等级身份制度的存在，必然会对人们普遍的情理相通造成隔阂，从而在本质上对美德塑造造成阻碍。所以，现代自由平等的社会制度，从实质意义上说有助于美德的涵养、塑造，因为在这种社会制度中，人们应该更能够将心比心地推己及人。

美德作为实有诸己的心灵品质，是理智、欲望、情感的渗透、融合、化通，它的人际性格则是相通于他人，从而不会自私、自闭、狭隘，获得了一种将心比心、设身处地、以情絜情的情理联系，有他人意识、社会意识，甚至于与天地万物为一体的意识。这就意味着，美德是一种普遍性的情理品质。说它是理，是因为它是普遍性的，即它是人人可以共同遵行的道理，可以视人如己、推己及人而不会导致自相矛盾；而自私，在社会意义上则是自相矛盾的。① 自私无法彻底地及于所有人，而成己利人则是所

① 迈克尔·斯罗特认为，美德如果是关己（self-regarding）的，并不是说，这种美德就是只为自己谋取利益的情感、欲望、气质，而是说，行为表现方面的好、受益的对象基本上都落实在行为主体上。以此为标准，才能说明为什么自私不是一种“关己的美德”。表面上，自私毕竟能够“使得一个人为他自己做好事，并似乎与自私者的艺术的、智力的甚至政治的才能的发展相协调，只要他仅仅关心这些才能怎样影响自身：他自己的力量、知识、成就”。但自私为什么不能算是一种美德呢？至少其部分原因是自私排除了关他（other-regarding）和有利于他人的美德，因为一个自私的人，也可能偶尔为他人做一些事情，但通常是把此事作为达到自己成就的手段，而没有一种对他人的所需和自尊的基本关注。（M. Slote, *From Morality to Virtue*, Oxford: Oxford University Press, 1992, pp. 105 - 106.）

有人都可以共同遵行的；其所以是情感，是因为这种推己及人是需要以“爱人”情感为基础的，也就是说，心中必须有深厚的人情通感。没有人情通感，我们就无法把推己及人贯彻下去。因此，如果社会人伦关系是自由和平等的，则这种人情相通就更容易进行下去。在这种人伦关系中，美德的本质要求就是要自尊而尊人，即尊重自己的人格，并同样地尊重他人的人格。这里就有平等的道德人格意识。从意志的层面上说，我们认为，只有遵循这样的情理，我们的意志才是自由的，因为这样做，表明我们是把人伦世界看作是有着同样自由意志的人们共处的世界。所以，义务之源及其目的就是体现、成就美德的道德价值，义务规范的条目是从美德的人格要求的普遍性情理中引申出来的。只有这样的义务规范才是健全的，它们是因人情之共感而制定，抉发我们心中的道德情感，这是一种融合了理智的普遍性情感，所以，遵循它们，一方面能恰当合理地处理人际、社会关系，另一方面，对它们的践履又能返回到行为者自身而对其心灵起到一种涵养、塑造作用。

二　美德与政治正当性标准的相容性

美德学说很容易让人感到它无法给出大家行为的规则，但实际上，政治上的美德首先需要获得这个社会的法律规则的引导。比如，法律在亚里士多德那里是一种社会行为的纲维，他认为法律是“作为表达着某种明智与奴斯的逻各斯”，“具有强制的力量”①，它应该给人以一种预先的约束和引导。他承认，在人的心灵中，仅仅是逻各斯还不够，因为情感与逻各斯并不相应。逻各斯仅对那些热爱正确行为的青年有鼓舞作用，而对大多数青年来说，逻各斯却未必能起到作用。他们的行为取向是由恐惧确定的，而不是为了荣誉。“一般地说，情感是不听从逻各斯的，除非不得不服从。”② 这就需要首先培养人们一种亲近美德的道德感，即培养起一种爱高尚行为和恨卑劣行为的道德感。法律作为一种正确理性的刚性表达，拥有公共权威来加以强制实施。这可以引起人们的恐惧感而使之遵守，时间长了，慢慢就能形成习惯。习惯就是逐渐形成的一种稳定的思想、情感、欲望倾向。所以，从实践上说，人们要培养美德，先要受到法律的约

① 亚里士多德：《尼各马可伦理学》，廖申白译注，商务印书馆2005年版，第314页。

② 同上书，第313页。

束。他说："如果一个人不是在健全的法律下成长的，就很难使他接受正确的德性。因为多数人，尤其年轻人，都觉得过节制的、忍耐的生活不快乐。所以，青年人的哺育和教育要在法律指导下进行。这种生活一经成为习惯，便不再是痛苦的。但是，只在青年时期受到正确的哺育和训练还不够，人在成年之后还要继续这种学习并养成习惯。所以，我们也需要这方面的，总之，有关人的整个一生的法律。"①

亚里士多德的法律规范以其美德论为基础并以美德的塑造为目的，而不是相反。第一，法律本身就是表达着某种明智与奴斯的逻各斯。明智和奴斯是亚里士多德所看重的两个重要的理智德性，明智与伦理美德是密切相关的，我们的心灵情感气质中必须秉有明智才能成就伦理美德；第二，法律的存在目的正是要人们成就公正或公道美德，而不仅仅是为了维护秩序，这是亚里士多德强烈的美德关怀的体现。法律的任务实际上是要形成一个共同的制度来"正确地关心公民的成长"，使之得到高尚的哺育。②所以，法律的精神价值是由美德的性质来确定的。从美德出发的法律当然也能维护秩序，却是一种更高尚的秩序；第三，亚里士多德正确地指出，法律对人的欲望秩序的扭转，借助的是法律对追求无节制的快乐的人施加的痛苦，这样才能使其欲望情感倾向得到扭转，"所施加的痛苦必须是最相反于那些人所喜爱的快乐的"③。我们知道，这就规定了哪些快乐是违背了道德的。一个人反对人们的口味，即使他是对的，也会引起人们的反感；但法律要求人们做出公道行为却不会引起反感。所以，法律的功能最终被归结为塑造美德。

我相信，美德与政治上的正当性标准是相容的，并且能够更好地成全政治正当性。这就要求政治的正当性标准能够回指我们的内在心灵，塑造我们的美德。那种不能塑造心灵品质的"政治的正当性"标准就一定是外指而不能回归人自身的，它们只能以功利和外在秩序为价值基础。那些以功利和外在秩序为价值基础的"正当性"规范，也可能要求一些特定的品质，比如同情、仁慈、克制、勇敢等，但是如果我们分析一下这些品质的结构性质，我们就会明白，与这些品质相应的心灵状态未必是真正好

① 亚里士多德：《尼各马可伦理学》，廖申白译注，商务印书馆2005年版，第313页。

② 同上书，第314页。

③ 同上书，第313页。

的，值得我们努力追求的。比如，基于功利考虑的所谓“美德”，如仁慈、同情等，在功利量的衡量中，如果放弃自己的正当权利或自由能够带来更多的功利量，就必然要求自己完全放弃正当权利或自由，功利主义认为，这是对社会总功利的情感认同。但是，显然这不仅是对个人要求太多，在社会的意义上，也是不公正的。这一点，罗尔斯也指出过。他说：“功利主义者为什么要强调同情能力是显而易见的。那些没有从他人的更好境况中受益的人，必定和更大数量（或平均水准）的满足相一致，否则他们就不会希望遵循功利标准，因而无疑存在着利他主义倾向。然而，这些倾向远不及由三条心理学法则产生的表达为互惠原则的那些倾向强烈。而且，一种明显的情感统一的能力是极为罕见的。所以，这些情感没有给社会基本结构提供多少支持。另外，我们已经看到，实行功利主义原则会破坏失败者的自尊，尤其是当他们已经陷于不幸的时候。”① 那种基于维护外在秩序的所谓“美德”，比如节制、服从大局、忍耐等，就有可能要求个体放弃自己的基本平等权利和自由来促进社会团体的总体目标。但是，这种秩序有可能是不正义的，比如为了维护某个城市的生活秩序而对外来务工人员实行某种歧视政策，要求他们忍耐并接受这种安排；或为了维护一个单位的日常秩序，以“服从大局”或“下级服从上级”的名义，要求人们对权力持有者的不道德行为甚至不法行为保持沉默等，这样的忍耐或“服从大局”的气质，就不是美德，因为它助长了一种不正义，降低了自己的人格尊严。所以，在我们看来，真正的美德必须以尊重人的基本平等权利、促进社会正义的实现为前提。也就是说，美德必须包括正当性的考虑。说有正义美德的人会做不正义的事情，这本身就是概念上的矛盾。

使现代正义原则能够得到实现是美德的内在要求。现代正义原则既是我们理性的公共推理，也符合美德的情感、欲望特点。政治美德的基础特征是：人们彼此尊重对方平等的道德人格和政治资格。我们称之为美德的心灵品质就是在这个基础上发展起来的。公平、公正、正义等公共节操都以此为前提，所以，美德实际上蕴含着正当性的标准。缺乏这个基础，则所谓的“优秀”品质如审慎、节制、忠于职守、勤恳、责任意识和责任能力等都不能算是真正的美德。

---

① 罗尔斯：《正义论》，何怀宏等译，中国社会科学出版社 1988 年版，第 487 页。

我们现在对正义原则的一般规定是，要保障和促进公民的基本平等权利在各种制度中得到实现，如在私人领域的个人自主和自决权利，参与国家公共事务的权利，对公共政策进行公共的理性讨论的权利等，以及对弱势群体进行救济和扶持，诚实信用的要求等，都是从尊重人的基本权利这一美德的基本特征中引申出来的。美德作为一种品质，不仅包括理性的推理能力，也包括普遍性的情操和一种高尚的欲望秩序，以及致力于实现这种正义原则的坚定不移的意志力，是这些因素相互融合渗透而成的一种整体品质。单是在理智上认识到正义原则的正当性还是不够的，没有形成融理于情的整体心灵品质，我们还不能实现正义价值。许多情况下，我们不是没有认识到不正义的制度安排的不正当性，而是如果我们的情感、欲望品质仍然是褊狭的，那么就会实行一些不公正的政策措施，并且还会为这些不公正的措施找出许多借口，对此，虽然我们在心里可能会产生某种歉疚和不安之感，但仍然可能会这样做。这样，我们的理智认识与情感、欲望的性质是相互悖逆的，这正是尚未形成政治美德的表现。但是，能够形成对正义原则的理性认识，却是我们获得政治美德的前提条件。

鉴于对公民基本权利的保障和促进是公共正义的要求，它关涉政治制度能否实现其正义价值，所以，正义原则确实是现代社会的纲维，它可以化为社会的公共法律和公共管理的普遍规范，有必要获得一种强制力量。但它的目的最终却是要塑造人们的政治美德，它以惩罚的痛苦来扭转人们的偏私、狭隘的情感和欲望倾向。通过长期习惯于这种正义的法律规范和管理规范，我们将能够获得这样一种普遍的道德情操和欲望品质，即政治美德。

三 政治美德与政治实践的关联

通过实践，即总是像一个有美德的人那样采取行动，才能形成良好的行为习惯，并塑造培养一种稳定的情感、欲望气质，这样才能培养美德。美德的塑造成型就是我们所获得的实践的内在利益，所以，美德有一种内在善的价值。

实践的内在价值是指实践共同体的共同价值态度和行为形式的形成，能够形成共同体成员之间的具有指涉响应性的精神价值氛围，有美德者可以在其中得到道德尊严和荣誉。在当代，由于社会生活领域中私域与公域的分离，道德实践的环境氛围似乎被稀释化了，传统的生活共同体不再让个人产生最终的归宿感，从而使共同体中的生活实践在塑造人们美德方面的能力大幅减弱了，于是人们对生活中的行为规范的最高诉求对象是社会法律规范和社会管理规范，他们在彼此利益冲突时，不是向自己的小型生活共同体寻求保护，而是向社会公共权力机构寻求保护。所以，现在的小型生活共同体的目标对个人缺乏实质性的规范力量。因此，人们认为，那种紧密的小型共同体生活对个人美德的塑造作用已经不再明显了。但是，我们认为，这并不意味着美德塑造就不再是伦理学所关注的目标，更不意味着我们就不再需要塑造美德了。相反，这种生活方式的改变，一方面使美德的塑造成为一个更为紧迫的任务，需要社会和个人主动地创造环境条件来做到这一点；另一方面，社会公共生活领域的扩大，实际上把我们纳入到更为广阔的社会实践之中，要求我们有层次地，然而又是相互联系地培养美德。我们应该利用既有的生活共同体，如家庭、市场、社区、行业协会、自愿组织、政府组织和国家的政治生活等，培养相应的美德来获得这些实践的内在价值。我们要珍视并发挥家庭在塑造人们美德方面的基础性作用；社区的群体生活和各种行业协会、自愿组织，在培养人们之间的情理联系方面有十分重要的作用；而市场社会的独立利益主体之间的竞争与合作的公正性和诚信、信任氛围的培育等，都能塑造人们相应的美德；对国家的政治生活的参与，能够使公民个人获得一种更为广阔的公共利益视野，在具体的参与实践中获得政治美德。良好的精神价值氛围的积极培育，实际上是人们道德追求的一个重要方面。这将能使我们的实践活动成为一种道德性的实践活动，即有道德价值灌注于其中的、并能产生实践的内在利益的实践活动。

也就是说，美德的实践性是对当代社会实践的片面性的一种补充，有了这一补充，我们的实践才能成为完整的社会实践。我们认为，任何社会实践都是以人为主体的实践，所以，对人的道德素质的培养就必定是其内在目标之一，同时这也将是健全的社会实践的基础。比如，家庭生活就不只是男女结合、人口再生产的社会存在形式，它也要求家庭成员培养情感联系，要求塑造一种基本的道德情感品质，这对孩子基本道德品质的形成将起着一种培养基式的作用。这并非是对家庭的额外要求，实际上这是家庭这一共同体所蕴含的一种道德价值要求；市场制度的存在，就要求市场主体的平等，以及对彼此经济权利的尊重，要求信用纽带的存在，这就是市场制度的伦理性之所在；而公民的各种自愿组织则是公民获得其社会性本质的组织性存在，这对培养人们的社会人格是绝对必需的；而公民对公共的政治事务的参与和理性讨论，也是实现公民政治权利、获得其公共人格所必需的。可以说，我们实践于其中的社会生活共同体都有其伦理性的要求，它们能给个人以伦理教化，使人们获得公共美德。

只有其结果能够返回人自身的实践才是具有价值合理性的实践。道德实践必定是能够塑造行为者本人的道德品质的实践，这正是道德实践的价值合理性之所在。价值合理性是与工具合理性相对而言的合理性，其特点是，这类实践的结果能够返回人自身，涵养、塑造人的心灵品质，形成道德美德，这正是道德实践的内在利益，这是不能通过其他方式达到的。不能形成美德的实践只能获得一些外在利益，如物质利益、欲望满足等，而不能获得内在利益。外在利益不能返回人自身，是无有所止的。拿市场制度来说，如果仅仅把市场理解为人们相互竞争、追求物质利益的制度的话，那么，各种相互欺诈、甚至豪夺巧取的恶劣行为就会发生，它可能会让人们获得一些外在的物质利益，但是，它是基于无节制的贪欲和无约束的暴力来进行的，其结果只能败坏人的心灵，而无法涵养、塑造人们的心灵品质，形成美德。这种实践就不可能是道德实践。市场只有成为一种伦理性的制度，也就是人人平等、尊重对方的人格尊严，在这个基础上，按照市场的诚实信用原则彼此交换效用，才能既获得外在利益，又能培养人们的自立、自尊、诚实信用的美德，这就是市场实践的内在利益。这种内在利益又有一种价值合理性，因为这种品质有一种普遍性：第一，它不仅不与市场制度的伦理普遍性相悖，反而能促进市场制度的伦理价值的实现；第二，这种品质的普遍性在于，它不是只有站在自己的立场上才能存在，而是站在任何一个可能的他人的立场上也能存在，并且受人赞赏。而缺乏美德的心灵品质在现实的社会生活中，只有站在自己的立场上才能存在，而站在他人的立场上则会自我取消，受人唾弃。对美德的拥有者本身而言，美德是自我的心灵统一、充实状态，于是他可以对自己的心灵品质享有一种自我欣赏的满意情感，但这是在美德的实践使用过程中产生的，并不是有美德的行为所追求的目标。作为优秀的心灵品质的美德是一种合乎理性的有普遍性结构的内在心灵状态。

所以，在社会性的伦理制度中，我们的道德实践将能塑造我们的现实品德，使我们受到一种伦理教化。比如，美德的存在论结构要求我们能够自尊而尊人，从而我们的道德规范就要求我们关心并促进自己和他人的基本权利在各种制度中得到实现，使自己的道德意志和行为能体现出各种制度的伦理价值。随着我们社会实践的范围越来越广阔，我们也就能塑造形成越来越广阔的心灵品质，塑造起自己的公共人格，形成公平正义、诚实正直的政治美德。所以，政治美德既是优美的心灵品质，又是现实的治事之才德。

第二章　古代美德定向的政治哲学

从这一章起，我们将集中梳理古往今来政治哲学的典型类型，并试图厘清其发展脉络及其必然性。从历史发生学的角度看，一般说来，人类社会进入到文明时代，按照恩格斯的观点，是以出现私有制、奴隶制和国家为标志的，而国家通常是阶级冲突和对抗发展到势不可解的地步的产物。于是，古代国家在统治阶级独占政治权力的情况下，不可能产生所有人都拥有平等权利的意识，所以，古代政治哲学的致思路向之一就是在政治领域营造一种高调的道德幻象，一方面论证这种统治结构天然合理，另一方面特别重视统治者的美德，并把政治的任务确定为要实现政治生活的道德化，以此加强独占性统治权力的正当性。这种类型的政治学可称之为“基于美德定向的政治学”，可以说是一种比较典型的“美德政治学”（Politics of Virtue）。本章将通过深入阐述孔子、柏拉图和亚里士多德的相关政治思想，来展示古代这种类型的政治学的可能理路。

第一节　“为政以德”:孔子美德政治学的内在逻辑理路

孔子在中国古代思想史上，最早自觉地构造了一种以美德定向的政治哲学。他的政治伦理思想是在一种社会理想学说的引导下，以礼制和仁政为制度安排和政治美德的核心，展开对社会正义的追求的理论体系和现实践行，特别重视对政治治理中所需要的美德系统进行建构，所以，体现出一种较为典型的美德政治学色彩。其中的致思方式和逻辑结构，既有理想憧憬，又有现实关怀，更兼条理粲然，值得我们深入探讨。

一　“大同”：孔子对理想社会的憧憬

许多人以为孔子的社会理想是实现礼治，因为他的确对周公之礼倾心向往。但实际上，在孔子的政治伦理思想中，礼治之行，只是“小康之世”，他的最高理想是实现“大同之世”。何谓“大同”？他说：“大道之行也，与三代之英，丘未之逮也，而有志焉。大道之行也，天下为公。选贤与能，讲信修睦，故人不独亲其亲，不独子其子；使老有所终，壮有所用，幼有所长，鳏寡孤独废疾者皆有所养。男有分，女有归。货恶其弃于地也，不必藏于己；力恶其不出于身也，不必为己。是故谋闭而不兴，盗窃乱贼而不作，故外户而不闭，是谓‘大同’。”①

我们可以分析一下孔子的“大同”理想的各种要素：（1）“大同”是符合人类生存之大道的，其特征是“天下为公”；（2）在官员任用上，只有德能是唯一的标准，排斥任何财富、出身、裙带关系等因素，因为这些都会产生在公共职位选拔上的偏私。而在处理内部关系和外部关系时，要讲求诚实守信，达到人际的和平、和睦、和谐。（3）家庭关系不纯粹是私人关系，虽然家庭作为社会的基本单元是稳定的，但是，从社会的角度说，家庭关系也是公共关系，家庭的界限不能成为社会人际情感相通的樊篱，应该使所有人各遂其生，各尽其能。（4）生产和产品都是公有的，没有私产意识。这样，就不会有奸谋、盗窃乱贼之事，所以人们可以路不拾遗，夜不闭户。

这里呈现出了一种奇特的吊诡现象，即要使正义得以完满实现，就要使现实中产生正义问题的条件失效。大同之世正是描述了使正义的裁断义、强制义失去作用的条件，是正义的完整实现。孔子对“大同”是十分向往的。

但是，这在孔子是虚悬一格，认为大同之世是尧、舜、禹三代的天下至治的状态，这是把所谓的“三代之英”② 神圣化的虚构。在现实中，这种条件是不存在的。孔子明确地意识到了这一点，这充分证明了孔子的伟大。在不存在实现大同的条件的情况下，即“天下为公”变为天下为家，家庭关系的私人化，生产、产品私有，官职世袭，此时要为社会带来正义与秩序，就要制定礼义刑罚，示民有常。孔子的政治正义的伦理设计充分正视了这一点。所以，正义的公平衡量义、公正制裁义就表现出来了，能

① 《礼记·礼运》。

② 元朝陈澔在注解这句话时，认为三代之英是指尧、舜、禹，因为尧授之于舜、舜授之于禹，是天下为公的表现，因为“不以天下之大私其子孙，而与天下之贤圣公共之”。（陈澔：《新刊四书五经·礼记集说》，中国书店 1994 年版，第 185 页）

行礼义仁让于世，则可以说是禹、汤、文、武、成王、周公的“小康之世”。

而在孔子之世，却是礼崩乐坏，子弑父、兄弟相残，苛政猛于虎。所以，孔子立志要对现实政治进行道德化的规范和重建，一方面力图恢复西周的礼治秩序，另一方面也发现这是非常艰难的，所以，转而抉发人们的善心，要求所有人都具备仁爱之心，修身成德，并推广到政治治理之中，这就是孔子对“为政”的具体要求。为政是指在已有的政治结构下进行有效的政治治理的具体做法，由于它需要从政者的主体道德素质、政治权威和行政组织的架构，涉及影响政治过程的步骤及其范围，以及在为政中所牵涉的人伦关系、德化的影响、为政的效验等，从而构成了孔子政治伦理的义理规模，呈现为一种内在的逻辑结构。

二　孔子为政思想的美德政治学前提

孔子很清楚，在他那个时代已经礼崩乐坏，西周时期的那种家国一体的政治构架已经面临解体，所以，那种在政治结构中依靠基于亲情纽带而形成政治忠诚的礼治已经难以为继了，但是礼治的那种浓浓的伦理情意对孔子还有着强烈的吸引力，这是因为伦理化的政治安排不诉诸暴力，至少可以软化暴力，从而可以唤醒人们心中的道德性情感。他坚信，抉发人的道德良知，培养人们特别是统治者和广大士人的道德美德，一定是所有政治问题的最终解决之道，原因是有道德的人自愿为善，美德可以赋予人们的所有行为以道德动机和道德价值。

他认为，“为政以德”是唯一完善的政治治理模式。在孔子之世，国家政治从大的框架结构上说，仍然留存着西周时期的家国一体的模式，这是因为虽然礼制已经遭到了严重的破坏，但是并未形成一种新的社会型构足以替代原有的政治结构。也就是说，在那个时期，西周由分封制度而形成的宗子维城、家国同构的结构形态由于世代的增加，亲情已经平淡如水；更由于权力欲望和贪婪的膨胀使得子弑父、兄弟相残、大夫谋篡等现象时有出现，所以，西周所设计的那种“道德之团体”① 土崩瓦解。但是，那个时代又并没有形成新的足够强大的社会阶层而取得对国家的相对独立性，社会无法形成自主的秩序和道德规范，所以，国家对社会有着强

① 王国维：《观堂集林》，彭林整理，河北教育出版社2003年版，第232页。

大的统辖功能，于是个人直接面对着政治权力的垂直统治，二者之间没有充分发达的社会这一中介的缓冲。这样，在孔子的政治治理模式的设计中，由于原有礼乐系统已经崩坏，于是为了国家政权的稳定和发展，国君的道德素质就成了首要诉求。由此顺承下来，则要求官员、士人、众庶都应该培养道德修养，形成道德美德，使国家仍然维持为一道德的团体。于是，在孔子那里，为政的根本任务在于养仁德、行仁政。这也就是后来《大学》中所总结的："自天子以至于庶人，壹是皆以修身为本。"从社会治理的重要性来说，由于缺乏社会原则的中介，所以首先是期望君主能够为政以德，他们特别相信君主的美德能够直接地感染百姓，起到政治示范、人心归附、醇化风俗的巨大作用。孔子说："为政以德，譬如北辰，居其所而众星共之。"[①] 也就是说，施行德政能够成为一种具有巨大归化力的中心，使民心归附，抚四方，来远人。他还认为，美德有巨大的感染力量，能够迅速传递，导人们于善域。孟子曾引述孔子的话说："孔子曰：德之流行，速于置邮而传命。"[②] 近年出土的郭店楚简中的《尊德义》一篇也载孔子语："德之流，速乎置邮而传命"[③]，这足以说明孔子对美德政治的重视。

为政的总体目标建立在于三个基本判断之上：（1）政治的根本目标就是使社会关系道德化，这就是要构造礼制系统，形成君君臣臣的正常秩序。（2）使人们的一切行为都是出自自己的内在美德，父子、君臣、夫妇、朋友、兄弟等都各尽自己的义务，要求有相应的情感欲望品质，即形成自己相应的美德。（3）美德对人们有着情感性的感染力，能够感发人们的共情想象，并产生情感上的响应，无远弗届，这比任何强制措施更符合人心的特点，能够入人也深，化人也速，有助于人们在道德上成人。尊德乐义，是孔子对人们特别是居上位者的道德要求。

这一政治治理理念，是从道德化治理与刑政治理的比较优势中得出的。也就是说，在他看来，如果礼制规定了人们之间的社会地位，以及相互交往、权力分配、责任负担等方面的正义原则的话，那么，所谓道德化的治理，就是注重使人们形成与基于礼制的正义秩序和正义原则相互适应

① 《论语·为政》。

② 《孟子·公孙丑上》。

③ 李零：《郭店楚简校读记》，北京大学出版社2002年版，第139页。

的情感欲望品质，即道德品质或美德，目的在于导善；而刑政则是以正规的制裁手段使人们接受既定的礼制秩序，对违背这个秩序的行为予以严厉处罚，其目的是阻恶。相比而言，导善比阻恶是更为根本的治理方式，并且能够形成人们发自内心的遵从正义秩序的自觉性。所以，从教化民众的角度说，不是刑政，而是仁义道德才是最完善的手段。正因为如此，孔子在《论语·为政》中才会说："道之以政，齐之以刑，民免而无耻；道之以德，齐之以礼，有耻且格。"也就是说，德政比刑政有着内在的优越性，也许刑政能够为社会勉强提供一种秩序，但改变不了人的内心品德。于是，孔子认为，为政的关键是以善教人，以德化人，这样政治治理就根本不需要诉诸刑罚和政治压服，孔子由此而生发出一种政治治理的理想，那就是使诉讼绝迹。他十分向往这样一种政治状态："必也使无讼乎！"①对于具有社会政治担当意识的士人来说，其要求就是要在上则美政，在下则美俗。有人问孔子说："子奚不为政?"子曰："书云：'孝乎惟孝、友于兄弟，施于有政。'是亦为政，奚其为为政?"②也就是说，对政治秩序的促进，并不只是要直接参与政事，而是如果能够谨行孝悌之道，就会对政事产生影响，这就是在为政。

三　一个总纲："政者，正也"

孔子认为，政治治理的本质是人伦关系上的正常和道德品质上的正直可以纠正各种不正常的欲望、思想和行为，使人们的行为归于一种良好的秩序。孔子为政思想的总纲是："政者，正也。子帅以正，孰敢不正?"③

首先，孔子十分注重正常的人伦秩序的建立。这就是说，为政的首要任务是正名。正名的目的是让所有人都明白自己在人伦关系中所处的位置，形成自己的伦理义务意识。所谓正名，就是要形成"君君、臣臣、父父、子子"的秩序，即是说，君、臣、父、子均应谨守自己的人伦职分而不僭越。这是道德文明基本的、前提性的人伦框架，也是我们日常政治行为的基准。所以，孔子说："名不正，则言不顺；言不顺，则事不成；事不成，则礼乐不兴；礼乐不兴，则刑罚不中；刑罚不中，则民无所

---

① 《论语·颜渊》。

② 《论语·为政》。

③ 《论语·颜渊》。

措手足。故君子名之必可言也，言之必可行也。君子于其言，无所苟而已矣。”① 正名与言论、行事、礼乐、刑罚等政事密切相关，只有名得以正，言得以顺，事得以成，礼乐得以兴，刑罚得以中，人们的生活行为才能有秩序。不然的话，社会就只能陷入混乱之中。所以，当齐景公问政于孔子时，孔子对曰：“君君，臣臣，父父，子子。”公曰：“善哉！信如君不君，臣不臣，父不父，子不子，虽有粟，吾得而食诸?”② 这种人伦秩序的达成和维护，就是孔子心目中的社会正义秩序。后来《三字经》总结“十义”说：“父子恩，夫妇从，兄则友，弟则恭，长幼序，友与朋，君则敬，臣则忠，此十义，人所同。”在孔子思想中，所谓“义”的内容实际上也就是对处于各种人伦秩序中的人们所规定的伦理义务和道德意向与品质。只有人人尽此义务，并具备此美德，财富和责任才能得到合乎正义的分配和负担。

其次，正直的品格表现在居上者品行中正，即所谓“正身”。正身就是能够公正不偏，依照正常的人伦秩序而处理各种问题。从孔子把正名看作为政的首务来看，我们可以推知，在孔子的思想中，美德是以人伦纲常为前提的。比如，叶公告诉孔子说：“吾党有直躬者：其父攘羊，而子证之。”孔子曰：“吾党之直者异于是：父为子隐，子为父隐——直在其中矣。”③ 也就是说，虽然检举无良行为是一种正直的美德，但是必须受到人伦秩序的约束。亲亲互隐作为正直美德，并不是说攘羊行为是对的，而是说，亲子互证违背了亲情伦理，所以不是正直行为，正直的品质首先表现为不破坏亲情秩序。衡量一种品质是否为美德，先要看这种品质是否符合人伦纲常。当然，作为美德的品质还有其自身的衡量标准，如中庸、中和。从品质的角度来说，过度和不及都是不好的，因为过度和不及都是破坏品质的稳定和平衡的。而品质要达到稳定和平衡，则需要涵养教化，即要以普遍性的礼乐来塑造我们的性情。因为礼是社会的纲维，蕴含着正确的道德原则和行为规则，所以，它对我们的只顾追求一己私利满足的本能欲望和情感是一种约束和扭转，它的目的是把人们的行为引导到一种正常的秩序中来，这样我们的行为才能达到“中”的状态。而没有受到礼义

① 《论语·子路》。
② 《论语·颜渊》。
③ 《论语·子路》。

约束、引导、涵养、教化的情感欲望肯定要么是太过，要么是不及，因为它的本质是个别性的、任性的冲动。由于我们的本能性情感和欲望肯定不能天然符合礼的普遍性要求，而压服、强制又很难起到好的作用，所以，就需要以礼乐诗教的方式来使人们自然而然地变化气质，使之合乎礼的要求。因为乐、诗是人们所喜闻乐见的，能涵容、濡染性情，所以它们能化人于不知不觉之间。也正因为如此，孔子要对濡染人们的艺术环境加以净化，也就是要用中正平和、温文敦厚的音乐和诗歌来教化大众。所以，孔子才会有删诗的重大文化活动。他对诗的取舍标准就是“思无邪”，而对过度强烈或过度柔靡的音乐则主张排斥，所以才有“郑声淫”的说法，同时对韶乐的尽善尽美加以高度赞扬。品质的“正”就是中正，如宽、恭、信、敏、惠、庄、孝、慈、公等品质都是因为符合中正的标准才被称作美德的。这些品质均可用于政治治理行为。比如在季康子问如何使民能敬、忠以劝时，孔子就回答说：“临之以庄则敬，孝慈则忠，举善而教不能则劝。”① 又说：“宽则得众，信则民任焉，敏则有功，公则说。”② 孔子认为，居上位者只要身正，则必能正人，这是为政的总纲。在这个意义上说，钱穆先生的解释是准确的，他说：“就政治言，治人者于治于人者同是一人，唯职责应在治人者，不在治于人者。其位愈高，其权愈大，则其职责愈重。故治人者贵能自反自省，自求之己。”③ 所以孔子才会这样断言：“其身正，不令而行；其身不正，虽令不从。”④ “苟正其身矣，于从政乎何有？不能正其身，如正人何？”⑤

四　孔子政治伦理思想的结构层次

层次一，所有美德的基础是基于血缘亲情的孝悌。孝悌是一种自然而然的道德性情感，它有天然合理性，无须论证。它成为一切道德情感的根基，原因在于：（1）它可资凭借，非常稳实。因为自然血缘亲情是人伦情感的基本事实，所以是各种美德之根源。培德如种根，没有亲情之根，则各种所谓美德就都是无据的漂萍。后来孟子抨击墨家的“兼爱”思想，

① 《论语·为政》。

② 《论语·尧曰》。

③ 钱穆：《孔子传》，生活·读书·新知三联书店2002年版，第80页。

④ 《论语·子路》。

⑤ 同上。

就是基于这个理由。“兼爱”看起来诚然高迈，但拔除了亲情之根，从而得不到这种自然情感的灌溉，所以必定会逐渐枯萎，而成为一种纯粹概念上的美德；（2）它有一种扩展功能，使人们都父其父，子其子，而且可以通过世代繁衍而成家族，通过联姻而扩展为其他亲戚关系。所以，如果修身以孝悌，则修身必能齐家。（3）各个家族组成社会共同体，所以，在共同体中，由于共同利益，需要设身处地，共情想象，能够满足他人的齐家愿望，也许这才是“己所不欲，勿施于人”的恕道所应及之范围。如此行忠恕之道，才能敦风化俗，风俗淳则国宁。（4）从仁的品性来看，它本来就要求把爱意扩展到所有人甚至所有物身上，使一切人伦事物都浸润道德价值，达到后来孟子所说的“亲亲而仁民，仁民而爱物”①，通人我，通万物的状态。仁的根本意义就在于生意之贯通，医书所说“麻木不仁”，说的就是这个道理，身体中有一处风痹不通，就是不仁。在社会生活中，我们的情感于一人、一物有未通，就不是仁德之表现。正因为此，孔子说：“弟子入则孝，出则弟，谨而信，泛爱众，而亲仁。行有余力，则以学文。”② 所以，孔子的道德哲学以仁德为核心，并以德政效验的整幅规模为其全体大用。有子对老师的这一思路了如指掌，所以他推论道：“其为人也孝弟，而好犯上者，鲜矣；不好犯上，而好作乱者，未之有也。君子务本，本立而道生。孝弟也者，其为仁之本与！”③ 于是，政治治理目标的达成也自然就在仁德流行的规模之中。

层次二，制度的结构是礼制。在先秦时期的中国有着悠久的礼制传统，并且三代相因袭，虽然有所损益，但礼制的基本精神却是一脉相承的。在孔子之世，固然已经礼崩乐坏，但孔子对西周的政治制度——礼制仍是倾心向往的，这从他经常梦见周公，声称西周礼制“监于二代，郁郁乎文哉！吾从周”④ 的态度中看得很明显。可以想见，西周的礼制一定是孔子的现实政治制度结构的理想。现存《周礼》也许有许多理想化的成分，但是从周公的政治制度创制的核心是制礼作乐来看，真正的周礼应该也是“洋洋乎大观”的，必定也是确立了立国根本、治理理念以及行政技术的。孔子对这一点十分熟悉，并且追寻了周礼的历史承传过程。所

① 《孟子·尽心上》。
② 《论语·学而》。
③ 同上。
④ 《论语·八佾》。

以当子张问“十世可知也”时，孔子才会如此自信地回答说：“殷因于夏礼，所损益，可知也；周因于殷礼，所损益，可知也；其或继周者，虽百世可知也。”[①]

因此，遵守礼制，成为孔子政治治理的根本办法，当然，他更重视使人们具备行礼的应有心态，那就是以爱敬为本。他认为，如果以礼让治国，那么国家就一定能够治理好，因为这使居上位者为所有人都树立了榜样，并为人们的行为提供了准则和模式，从而把上下纳入一个“道德的团体”之中。所以孔子说：“能以礼让为国乎？何有？不能以礼让为国，如礼何？”[②] 也就是说，能以礼让治国，则把国家治理好是轻而易举的，如果不能以礼让治国，则百姓无所措其手足。因为百姓惦念的是乡土，所以治人的君子就应该以德化民；与百姓密切相关的是利益，治人的君子应该树立榜样，奠立规则，这样百姓在争取利益时就有所遵循，此所谓“君子怀德，小人怀土；君子怀刑，小人怀惠”[③]。

孔子对于当时的各种非礼行为进行了猛烈的抨击。当时，鲁国的政治为季氏三家所操纵。鲁国大夫季孙氏在举行乐舞时用了“八佾”的天子之礼乐，孔子对此十分痛恨：“八佾舞于庭，是可忍也，孰不可忍也？”[④] 谢上蔡对孔子的痛骂之深意一语道破：“季氏忍此矣，则虽弑父与君，亦何所惮而不为乎？”[⑤] 季氏三家在祭祀完毕后，在收拾祭品时奏《雍》乐，这本是天子进行宗庙之祭时用的礼数；并且季氏三家还以诸侯之礼祭祀泰山。这些都是僭妄之极，故孔子深非之。

另外，天子之礼首重“禘”。禘是天子郊祭祭天之礼，所以是最高权力的象征，是礼的纲领，如果能够深通其义，礼制系统就能完备建立，治理国家就易如反掌。所以当有人向孔子询问有关禘的问题，孔子回答说：“不知也。知其说者之于天下也，其如示诸斯乎！”指其掌。[⑥] 鲁国因周公旦有大功，而成王赐以禘之重祭，虽然本是非礼，但当时因有诚意，故犹有可观；到后来诚意尽失，所以，当孔子看到鲁国国君举行祭天的禘礼，

① 《论语·为政》
② 《论语·里仁》。
③ 同上。
④ 《论语·八佾》。
⑤ 朱熹：《四书章句集注》，中华书局 1983 年版，第 61 页。
⑥ 《论语·八佾》。

行礼时从第一道程序灌酒入礼器起就是混乱的，往下就更是不忍卒观时，就断定鲁国的政局是混乱不堪的。他说："禘自既灌而往者，吾不欲观之矣。"[①] 同时，这也是在抨击鲁国君主对天子之礼的僭越。

孔子认为，在政治治理中，必须让中央拥有最高的权威，同时又要求最高的领导者必须既有德又有位，这样他们才能制作礼乐，发动征伐，才能为天下法式。只有有德的统治者制作礼乐，推行礼乐制度，才能创造一个有道的天下，否则，诸侯就会僭越礼制，而自行进行礼乐征伐，这就会使政治领域中充满乱象，国家也就不可能长治久安："天下有道，则礼乐征伐自天子出；天下无道，则礼乐征伐自诸侯出。自诸侯出，盖十世希不失矣；自大夫出，五世希不失矣；陪臣执国命，三世希不失矣。天下有道，则政不在大夫。天下有道，则庶人不议。"[②]

礼制虽然严分等级尊卑秩序以及各种职分，但从其价值取向上说，却是以爱敬为本。所以，礼制的运用，目的是达到处于各种等级的人们之间的和谐。和谐不是指没有等级之分的一团和气，如果是那样的话，社会中也将没有秩序，所以需要以礼节之。此即有子所说："礼之用，和为贵。先王之道斯为美，小大由之。有所不行：知和而和，不以礼节之，亦不可行也。"[③]

层次三，政治治理以合"义"为目标导向。孔子说："有国有家者，不患寡而患不均，不患贫而患不安。盖均无贫，和无寡，安无倾。夫如是，故远人不服，则修文德以来之。既来之，则安之。"[④] 这是孔子明确地表达自己的社会正义思想的一段话，也可以看作其经济正义的纲领。也就是说，从社会的角度来说，公平正义相对于财富来说是有着优先地位的。如果财富分配制度基本公正，则财用必定会充足起来，人们也会和谐起来，并且可以安居乐业。在孔子的思想中，礼、义、利的关系是："礼以行义，义以生利，利以平民。"[⑤]

可以说，孔子对富民十分关注，他认为追求富贵是人人之所欲，同时也是稳定社会的细胞——家庭的物质基础。这就关涉国家制度的分配正义

① 《论语·里仁》。
② 《论语·季氏》。
③ 《论语·学而》。
④ 《论语·季氏》。
⑤ 《左传·成公二年》。

的尺度问题。首先要保证人民得到丰足的食物（所谓“足食”），所以，他对国家的租赋、济众政策十分关注。其次，孔子极力主张实现轻赋薄敛的政策，倡导“敛从其薄”[①]。所以，当冉有为季氏宰，季氏比当时的周公还要富裕，冉有还“为之聚敛而附益之”时，孔子十分生气，说：“非吾徒也，小子鸣鼓而攻之可也。”[②] 朱熹解释道：“周公以王室至亲，有大功，位冢宰，其富宜矣。季氏以诸侯之卿，而富过之，非攘夺其君，刻剥其民，何以得此？冉有为季氏宰，又为之急赋税以益其富，[③] 故孔子深疾之。”当时的赋税政策是建立在尊尊、贵贵的社会地位基础上的，赋税比例要符合自己的身份才是合乎正义的，也是合乎“礼”的，违背它，就是非义，同时也非礼。

层次四，政治制度的首要美德是仁爱。在孔子看来，行仁政是为政的关键。首先，从孝悌作为仁德成长的根基这一点上，我们发现，孔子重视孝悌，目的在于使民众能遵守政治秩序和尊崇政治权威。孝悌之人培养了一种尊敬和友谊的情感品质，形成了家庭伦理秩序感，所以在社会生活中不至于犯上作乱，从而能外展为社会的政治伦理秩序意识。其次，居上位者应该行仁政。仁政的根本之点在于爱人。由于政治治理牵涉对人民生命的保护，财产的获得和保障，以及育民德、醇化风俗等政治目标，所以，行仁政会包括低限的品格要求和高限的品格要求。

从低限的品格要求来说，就是要：1. 戒杀。仁为生意，天道生物，人道生民。天高地下，四时运行，云行雨施，品物流行，此即为天地生物之仁。各种生物都被赋予了包孕生意的核心，如植物的种子，其核心被称为果仁，它就是植物生意的发端处，生长过程中的生枝生叶，即是植物一体之仁的流布。对政治来说，它的目标就是生民，首先就是要尊重人的生命，然后是要善民心。所以，《论语·乡党》中记载，“厩焚。子退朝，曰：‘伤人乎？’不问马。”充分反映了孔子强烈的人道情怀。正是在这种思想的指引下，孔子在谈到为政之道时，特别强调为政者要“戒杀”，就是说，为政者不能把杀人作为手段，因为这不是维护政治秩序的根本办法，会引起民众对政治的忌惮，而不能善民心。真正的政治治理之道是以

① 《左传·哀公十一年》。
② 《论语·先进》。
③ 朱熹：《四书章句集注》，中华书局 1983 年版，第 126 页。

善导民。所以，当季康子问政于孔子时，他说："如杀无道，以就有道，何如？"孔子对曰："子为政，焉用杀？子欲善，而民善矣。君子之德风，小人之德草。草上之风，必偃。"[①] 这从消极的意义上说，是对生命的尊重；从积极的意义上，他认为，把民众导向善域，是统治者的政治责任。

2. 戒贪欲。对居上位者来说，一味地追求贪欲的满足，必定会置民众的生活于不顾，这肯定是不仁。因为居上位者掌握着赋税、徭役等聚集财富的手段，如果贪欲膨胀，就会无所不用其极，将导致天怒人怨的结果。所以在役使民力时，必须做到合理，如果一味聚敛财富，则将导致官逼民反，甚至会引发暴乱、杀人越货等社会乱象。所以，统治者必须节制自己的欲望，只有这样才能慎用民力，使民众能够正常从事物质生产，从而丰衣足食，这样，民众将能拥护现行政权，并能形成淳厚的民德和行己有耻的民风。所以，当季康子对盗窃现象十分烦恼，而问计于孔子时，孔子回答说："苟子之不欲，虽赏之不窃。"[②] 如果居上位者能够克制物欲，则百姓将不误农时，不会因为统治者的靡费而陷入生活困顿，于是百姓就将安分守己。

高限的品质要求则是：1. 关注民生，取信于民，使民以时。孔子说："道千乘之国：敬事而信，节用而爱人，使民以时。"[③] 在孔子的政治伦理思想中，信主要是指在赋税、徭役方面的合情合理，不能搜刮民财，扰乱民众的正常生产。所以，他把信提到了相当的高度。当子贡问政于孔子时，孔子说："足食。足兵。民信之矣。"子贡曰："必不得已而去，于斯三者何先？"曰："去兵。"子贡曰："必不得已而去，于斯二者何先？"曰："去食。自古皆有死，民无信不立。"[④] 立信，是获得民众信任的根本办法，信任是相互的，统治者必须通过树立信用才能赢得民众的信任。上下互信，则能社会秩序井然，并能够富国强兵。如果通过横征暴敛、使民无度的方式来获得暂时的富国强兵的效果，就必定会失信于民，最后必定是民穷国弱。

2. 从施行仁政的效验来看，政治的目的是保持族群的文化身份的认同标志，使百姓均能够安居乐业，社会和睦，民风淳厚。于是，政治最高

① 《论语·颜渊》。
② 同上。
③ 《论语·学而》。
④ 《论语·颜渊》。

的效验就是博施于民而能济众。正因为如此，孔子对具体的政治人物的评价便表现为一种看似悖论而实则有着现实关怀的情形，比如对管仲的评价就是这样。他一方面批评管仲破坏礼制，认为管仲不知礼："邦君树塞门，管氏亦树塞门；邦君为两君之好，有反坫，管氏亦有反坫。管氏而知礼，孰不知礼?"[①] 但是又认为他大大有功于民众："管仲相桓公，霸诸侯，一匡天下，民到于今受其赐。微管仲，吾其被发左衽矣。"[②] 又说："恒公九合诸侯，不以兵车，管仲之力也。如其仁，如其仁!"[③] 所以，仁政的本质是爱护民众，并能够保民生，育民德。扩而大之，如果能够博施于民而能济众，则其德业已跻入圣域。所以，当子贡问："如有博施于民而能济众，何如？可谓仁乎?"孔子回答说："何事于仁，必也圣乎！尧舜其犹病诸!"[④]

以上所论各种低限的和高限的政治美德，都是一体之仁的体现，所以，孔子的政治伦理思想有着较为分明的内在逻辑理路。

综上所述，我们认为，孔子的政治伦理思想具备了美德政治学的基本特征。他特别注重把政治治理置于道德的基础上，一方面仰赖于使政治秩序道德化，另一方面又希望人们特别是统治者具备仁爱、守礼、行义的美德。

在我们看来，孔子的"大同"理想是对一个没有强制，人人没有私有意识而有着公共道德品质的社会的向往，虽然是虚悬一格，但是这一理想对他的现实政治伦理思想有着范导作用。当时的社会，不是天下为公，而是天下为私，即"家天下"，同时这种"家天下"的秩序也处于极度混乱的状态，所以，孔子极力以高扬道德来教化人心。他特别重视使政治关系伦理化，从而极端重视自然亲情在政治治理中的作用，并认为在家躬行孝悌，一方面是能齐家，另一方面会对当政者产生影响，这本身就是为政的内容；另一方面，他也认为，孝悌之人必然会尊重政治秩序，不致犯上作乱。进而认为，为政的关键在于"正名"，即建立"君君、臣臣、父父、子子"的伦理秩序。他重视以礼治国，正是因为礼就是这种伦理秩序的体现，而礼必以爱敬为本，否则礼将成为空洞的虚文。在他看来，正

① 《论语·八佾》。
② 《论语·宪问》。
③ 同上。
④ 《论语·雍也》。

是人心中的贪婪、权力欲的泛滥造成了礼崩乐坏的局面，所以，他抉发人心中本然的善意即孝悌情感，并以此为基础而涵养成一种成己利人的总体美德，那就是“仁”，即爱人之心，从而为礼制灌注一种人道情怀。由于当时的政治治理是一种垂直的权力治理结构，所以，他十分重视君主和居上位的道德品质，重视道德的感化性、传播性，从而构造了一个“为政以德”的美德政治学系统，化政治统治为道义之治。因此，孔子的政治伦理思想有着很典型的美德政治学的色彩，并奠定了以后儒家政治伦理思想的基本立场、精神气质和品格的基础。

但是，孔子政治伦理思想的致思方向留下了一些很重大的缺漏，那就是：由于孔子政治伦理思想的最高诉求是人们良好的道德品质，这显然只是对人们的“应然”要求，所以，在遇上君主无道时，除了劝诫君主具备道德之心，行仁义之政之外，就毫无办法。在他心目中，当君主有道又有为时，臣子就应该“行己也恭”“事君也敬”“养民也惠”“使民也义”，尽自己作臣子的本分；而在乱世，则只能洁身自保。比如他赞扬南容：“邦有道，不废；邦无道，免于刑戮”[①]，又赞扬宁武子：“邦有道，则知；邦无道，则愚。其知也可及，其愚也不可及”[②]，等等。他不可能设计约束君主的合理制度，这是我们不能不看到的。

第二节　西方美德政治学的源头：柏拉图的政治哲学

中国先秦时期各诸侯国一般实现君主制，所以，儒家十分重视统治者对民众采取什么样的统治方式，要求他们为政以德，影响、感染民众，但不能发育一种基于公民政体的政治道德学说。而西方的美德政治学体系发端于古希腊，必然带有古希腊政治生活的特点。与孔子的政治思想一样，古希腊的美德政治学也特别重视使政治生活道德化，把优良政治的标准看作是合乎道德要求，对统治者的美德极端重视，并把成就人们的美德看作是政治的主要目标等。所不同者在于，由于古希腊是城邦，除了奴隶、妇女儿童，还有外邦人，拥有公民权的人并不太多，所以可以实现政治权利由公民共享的制度，于是，其政治思想特别重视培养有公民权的人们的政

① 《论语·公冶长》。

② 同上。

治美德，注重促使公民政体治理模式的道义化，等等。这些都是柏拉图和亚里士多德开展美德政治学理论探索的背景。鉴于古希腊现实的政体存在很大问题，特别是实行民主制的雅典在伯罗奔尼撒战争中为实行军国体制的斯巴达打败，更是刺激了他们去寻求优良政体，思考政治的长治久安之道。

柏拉图中年以后着力关注政治哲学，为寻求理想的政体形式，并使之获得一种善的价值指导，倾注了半生心血。以《理想国》发其端，《政治家》继其绪，《法律篇》总其成，虽经历了中年时期的理想建构，壮年时期的严密析理，晚年时期的务求其效，但有一条主线贯穿其中，那就是认为政治必须有道德的关怀，通过教化塑造人们的美德是国家的大计，统治者应有完善美德，政治之鹄的乃是导人成德，获得真正的幸福。追求以理性为纲维塑造欲望、激情品质，是德慧；为政治制度灌注生命之气息，是灵慧；始终保持向神性领域敞开和吁求，是神慧。在他的思想中，国家政治统治虽然是一种技艺，却超越于技术巧智而富有道德价值、人性尊严之关切。他认为，政治哲学应该始终关注人类群体生活所能达到的最高之善，建立良好政体及其法律，以培养人们的美德，使人们变得更好为最高目的，并强调统治者必须具备智慧和美德，所以他的政治学说始终洋溢着一种美德政治学的曲折理致。

一　价值立场："优秀善"对"有效善"的优先地位

在《理想国》中，"优秀善"是相对于"有效善"而言的。所谓"有效善"的立场，是指只要能够获得好处，对自己就是有利的，而且这种利益是越多越好，值得无止境地追求，并在价值上把这种行为和目标判断为"善"；而所谓"优秀善"的立场，正如麦金太尔所说，就是确定"人的优秀实际何在"，以及"为什么按照这一理论使有效善服从于优秀善永远是合理的"[①]。明显地，在概念层次上分析，不正义就是总要获得多于自己所应得的利益，这从"有效善"的立场上看，却有"善"的价值，故而色拉叙马霍斯明确地主张一种不正义的"善"的价值观念。从有效善的角度看，第一，色拉叙马霍斯可以这样断言："正义的人跟不正

① 麦金太尔：《谁之正义？何种合理性》，万俊人等译，当代中国出版社 1996 年版，第 98 页。

义的人相比，总是处处吃亏。先拿做生意来说吧。正义者和不正义者合伙经营，到分红的时候，从来没见过正义的人多分到一点，他总是少分到一点。再看办公事吧。交税的时候，两个人收入相等，总是正义的人交得多，不正义的人交得少。”[①] 故而不正义的人在利益上总是多得。如果我们把有效善作为自己的价值追求，则我们就应该没有任何顾虑地追求自己利益的最大化，这样一来，极端的不正义就是最有利的。他最后振振有词地说：“不正义的事只要干得大，是比正义更有力，更如意，更气派。”[②]而至于在舆论方面，你可以把这种不正义说成“正义”。即既得不正义之利，又得正义之名，真是名利双收，岂不美哉。而一般人之所以谴责不正义，是因为自己搞不了不正义，所以想到用正义来限制不正义，力求少吃一点不正义的亏。第二，他认为，因为不正义可以得利，获得生活的快乐，所以，不正义又是明智的，也就是说是一种美德。在他看来，好坏善恶的标准只有一个，那就是要看能否得利。他的这个说法，是在攻击美德的核心。

但是，色拉叙马霍斯的论点蕴含了一些本质性的矛盾：①他已经明确反对他最初关于“正义就是强者的利益”的论点，而实际上主张“不正义是强者的利益”，换言之，这是一种自相矛盾；②说不正义是明智的，是一种美德，这与正常语言是相反的；同时，他主张不正义的人既要得不正义之利益，又要得正义的好名声，则表明他的这个论点名实不符。我们可以追问一下，既然不正义是明智的，是一种美德，那为什么要追求正义的名声呢？总之，色拉叙马霍斯所遵循的逻辑是极度混乱的。

色拉叙马霍斯对道德的挑战是严重的，这给了柏拉图一个重大的理论任务：把问题置于这样一种极端处境中，即不正义的人得一切利，又能得到正义的好名声，正义的人受一切害，而且还背着不正义的恶名，在这种情况下去捍卫“正义”本身就好的内在价值。可以说，这是一个艰巨的哲学任务。他认为，正义是一种内在的美德，是心灵品质处于优秀、卓越状态的标志。正义之人比不正义之人更有力、生活更快乐，这是正义美德的长远后果。只有从优秀善的角度考察正义美德，才能使这种考察走上正确的轨道。所以，仅仅以“有效善”为出发点，则会与“优秀善”相互

① 柏拉图：《理想国》，郭斌和、张竹明译，商务印书馆 1997 版，第 26 页。

② 同上书，第 27 页。

矛盾；而从“优秀善”出发，则能够达到“有效善”的结果。而考察“优秀善”，就要回到心灵的存在成分之中，来考察这些成分是什么，以及它们通过怎样的培养、教化，才能发挥好各自的功能，并且能够和谐协调。在柏拉图看来，由于政治生活的主体是人，所以，他在人的优秀品质即美德与良好政治行为之间建立了直接的联系。

应该说，这个论证是有深度的，也是有力的。但是，为了彻底反驳“有效善”的观点，还需要进一步论证，有效善的本质是能够满足我们的感性欲望，引起我们的快乐感受的性质，它们在价值上是低的，这才能使优秀善的价值得到真正的贞立。《法律篇》中，柏拉图对此给出了最后的论证。他比较了两种生活，一种是“最正直的”，另一种是“最快乐的”。但是，哪一种生活是最受上天保佑的呢？他认为，要证明最正直的人的生活是最受保佑的，就得证明“在这种生活里会找到超越了快乐之上的什么非凡的利益”①。

因此，问题的关键在于我们心灵中有没有高尚的美德。我们可以断定，没有人愿意去追求痛苦而不追求快乐。但是，快乐有正确的和错乱的之分。柏拉图认为，只有具备了美德的正直的心灵，才能对此给予恰当的判断。于是，“从不正直和邪恶的人来看，不正直的东西显得是快乐的，相反，正直的东西则是非常不快乐的。但从正直的人来看，每种东西显得完全相反”。② 所以，只有好灵魂的判断才能是正确的。柏拉图通过确立了“好的灵魂”的优越地位，使优秀善对有效善取得了优先性。站在这个立场上看，则好的灵魂能过一种正直的生活，不但是值得赞扬的，同时也是能带来快乐的结果的；而坏的灵魂只能过一种不正直的生活，不但令人厌恶、可耻，而且事实上也是不快乐的。

于是，我们可以看出，柏拉图在考察政治美德的过程中，其基本致思路径并没有变化，那就是都聚焦于灵魂之好之上。而灵魂之好又集中表现为灵魂中各种成分的应然秩序的确立，以及这些成分如何发挥其功能，才能使心灵品质达到卓越、优秀的状态，即获得美德。由此，柏拉图在考察人们的政治生活的过程中，就集中关注以一种什么样的政治制度建构来促使人们获得美德。

① 柏拉图：《法律篇》，张智仁等译，上海人民出版社 2001 年版，第 51 页。

② 同上。

二　政体建构：以促进美德为鹄的

在《理想国》中，柏拉图有一个基本假设，那就是心灵与国家是一种异体同构的关系。所以，他在考察一个理想的国家时，也要采取“优秀善”的立场。他不采取契约论的立场，是因为契约论实际上只是对利和害的折中。比如格劳孔认为：（1）正义的起源和本质是：做不正义之事是利，遭受不正义是害；大家都既尝过干不正义的甜头，又尝过遭受不正义的苦头。于是大家成立契约，目的是不要得不正义之惠，也不要吃不正义之亏。于是人们把守法践约叫合法、正义。其本质是最好与最坏的折中：最好的是干了坏事而不受罚；最坏的是受了罪而没法报复。（2）正义并不是本身就好的东西。做正义之事非是心甘情愿，仅仅是因为没有本事作恶。假如做了不义之事而可以不受惩罚，则好人与坏人的行为就会最后趋同。这看上去很有道理，但柏拉图认为，这样的政治正义怎么能是一种自身就好的东西呢？这种正义观看上去是一种权谋，同时也不能出于人们的心甘情愿，也即不是出自对真正的好生活的支持。说到底，契约论沿袭了“有效善”的思路。于是，对柏拉图来说，弃契约论而取结构论进路，就是一种必然选择。结构论进路即是通过考察国家需要由哪些阶层组成，进一步考察每个阶层各自负有什么样的职能，应获得什么样的相应的优秀品质即美德才能发挥这些职能。这同样需要深入到人的心灵结构内部去考察其各个成分的功能及其发挥。所以，从分析国家各阶层所需美德到彰显心灵各成分的美德，这种“以大见小”的论证方法，并不纯粹是一种权宜之计，而是论题的扩展和深化之需。

柏拉图分析了国家的基本结构，认为首先需要农工商阶层，然后需要护卫者阶层，最后需要统治者。他认为，城邦各个阶层都是因为大家相互需要而存在的，他们共同组成国家这一伦理实体。这一点有别于格劳孔所说的契约的初衷是为了避免彼此的伤害。他不是把正义看作一种中间性的谋略，而是从考察一个统一的理想共同体的结构、功能、运转和秩序等上入手。获得利益不是伦理学上的最基本现象，因为在任何一种秩序下，人们都必须去获得利益，但在不同的秩序下，获利的方式却有着很大的不同，而且，人们的心态会有更大的不同。因此，制度、秩序才是政治伦理学中的最基本现象。这是一个目的论论证的基础，也就是说，如果我们要考察政治伦理上的善，可以从共同体的存在目的上来确定，这比其他的确立善的方法更加合理。所以，从一开始，柏拉图的思考立场就是正面促进大家的福利，也就是说，他认为社会存在的目的乃是人们相互需要，能够弥补个人状态之不足，因而需要使各个阶层能够在国家中彼此负起自己的责任，并因此而需要培养起相应的美德。这就是一个国家自身的功能之发挥到优秀状态的标志。

按理说，既然国家由农工商阶层、护卫者阶层和统治者组成，并且各自都负有各自的责任，所以就应该分别考察这三个阶层各自如何发挥自己的功能，即考察他们各自的美德。但柏拉图忽视农工商阶级的美德，原因大约有三个：一是因为农工商阶层在国家中的地位最低，他们只负责国家的物质生活必需品的生产和交换，故没有什么显著美德可言。而护卫者则负责保卫整个国家的安全，他们的责任事关全体人的安全和幸福，而且统治者只能出自这个阶层。二是因为在他看来，一个农人或鞋匠腐败了，其危害不至于太大，但若是护卫者腐败了，则会祸害整个国家。三是他认为，最应分配给农工商阶层的美德——节制，是每个阶层都需要具备的基本美德。另外，柏拉图认为，各种美德应该通过涵养教化才能达到相互和谐统一，而农工商阶层却无法接受完备的教育，所以，要塑造美德是困难的。但护卫者却必须获得全面的教养才能担当起其职责，因此，他就着重考察护卫者因为其重大职责而所需要的美德，并因此而可以考察如何进行完备的教育，才能使人获得完整的美德。

这就是说，在柏拉图看来，理想国的建立是为了获得所有人的公共利益，而不是为了某个阶层的利益。所以，各个阶层能够履行自己职责的心灵品质就是其各自的政治美德，国家的建构以此为基础，如果各阶层的人不恪守自己的职责，则国家不可能达到自己的目的；同时，这个国家的存在和发展又是为了促进各个阶层的人的政治美德。

显然，在这个问题上，《理想国》留下了许多值得补充和推进的问题。第一，他基本没有谈论农工商阶层的美好品质，也没有谈到国家如何安排他们的教育，这是不应该有的疏忽，比如戴维斯就注意到：在《理想国》中，“公民中非卫士者是多数，对于他们也没有做出任何规定”①；第二，在统治和被统治的政治关系上，哲学王的政治技艺没有得到考察，

① 戴维斯：《哲学的政治——亚里士多德〈政治学〉疏证》，郭振华译，华夏出版社2012年版，第41页。

只是论述了哲学王应该为全体国民的利益进行好的谋划，以及如何培养哲学王。至于应该如何谋划全体国民的利益，却语焉不详。这些遗憾，在《政治家》和《法律篇》中都得到了逐渐深化、落实的考察。

在《政治家》中，柏拉图没有再从对国家构成成分的分析出发来构造一个国家，而是考察良好政体的起源。他讲述了一个神秘的故事来说明这一点。他认为，一方面，宇宙和天体是由神掌管的，所以有了活生生的智力，这是一种永恒不变和不朽的性质；但另一方面，它们还具有肉体的性质，所以必定会朽坏，故宇宙不可能不变。至于人，则更是如此。他讲的故事实际上就是在说明这一点。

宇宙都由神所掌管，假定有一天，神放开手，太阳和其他天体升起和落下自行发生了变化，按照相反的方向运转。这样，天体运动的巨大变化就会给我们以极大的影响，我们的生长过程被逆转了，逐渐变得年轻，并最终全部消失。各种事物的性质都被改变了，比如出生不再是两性结合的产物，而是从土地中复生，对以前的生命没有记忆，没有国家或家庭，没有农业等产业，没有衣服和居所，只能以大自然的出产为生。由于宇宙反向旋转，所以会产生各种混乱，动物中就会有各种残酷和不公正的因素。宇宙在神放手后的一段时间中还能卓越地运转，但后来就逐渐疏忽了，于是宇宙就会充满各种混乱，并将达到极限。这样，宇宙中就有很多的好处和很多的坏处相混合，所以宇宙及其内部的事物就有被毁灭的危险，这时，只有神才能使之重新恢复秩序。这样的情况会反复出现，比如，一旦宇宙运转恢复目前的方向，则我们实际上会再经历一次混乱的过程。总之，神舍弃了我们，“人变得虚弱而没有防卫能力，生性对人类怀着敌意的大多数野兽日渐凶猛，人类被野兽蹂躏而在最初的年代里还没有智谋或技能”。[①] 我们只是凭借着神的礼物才获得谋生的基础，比如火、技艺、种子、农作物等。

既然宇宙天体都是变化着的，那么人类就更是如此。国王的统治技艺就是管理有着生灭变化的肉体又有着理性的人类的技艺。但由于“神的关怀舍弃了人，人类不得不自己指导自己的生活，自己管理自己，像我们始终坚持模仿的整个宇宙那样，生长在现在就依照我们现在的方式，生长

① 柏拉图：《政治家》，黄克剑译，北京广播学院出版社1994年版，第56页。

在另一时代就依照另一种方式”[①]。

换言之，国王的技艺就是为人类谋取善的价值。所以，通过考察国王的统治技艺，就顺利进入了美德价值论的场域。他从一系列二分法的推进中，得出统治技艺是：（1）一种专门的技艺；（2）管理群体的专门技艺；（3）管理非杂交繁殖的群体的专门技艺；（4）管理无角、无羽毛、二足的动物群体的技艺。这就是管理有生命的人类的技艺。但由于政治是人们之间的统治和被统治的关系，所以，我们还可分出属于人的管理技艺的两部分，即强迫的还是尊重自愿的。他称强制性的统治术为专制，而“称对具有自由意志的二足动物的尊重意愿的管理为政治”[②]。只有拥有后一种技艺的人才是真正的国王和政治家。

在这一推进过程中，其辩论方法“给予高贵者的重视并不比卑贱者更多些，而给予小角色的荣誉也并不少于大人物，只是一味依据自己的方式去求取最完美的真理”[③]。也就是说，他不再把人在道德价值上分为三六九等，也不再从职责上来进行政治美德的考量，而是要求统治者凭借自己高超的技艺把各种美德编织到国家之中，使之相互补充，共同使国家完美地发挥自己的作用。

国王应该有美德，并接受了很好的教育，但是，国王更需要把各种美德编织入国家的统治技艺。通常认为，勇敢和自我节制都是美德的一个要素，而且人们都认为它们是相互亲和的。在《理想国》中，柏拉图大致就持这种观点，即各种美德之间应该是相互协调的。他认为，护卫者需要将这两种看上去相反的品质统一在自己身上，这两种品质也是可以相互协调的。但是，在《政治家》中，柏拉图对此却没有了信心，他对此做了进一步的分析，发现它们虽然都是优秀的品质，却应该被放在对立的两类中：从活动的性质看，勇敢是指精神或肉体甚至嗓音的敏捷、有力和敏锐；而节制则是指诸多活动中的舒缓型活动，包括平缓舒慢、声音圆润沉稳或音乐的恰如其分的徐缓。但是，当我们认为美德中的这两种要素不合时宜时，我们就会责备它们，因为“无论什么，当它比必要的正当理由更激烈时，或者，当它显得太快或过于悍猛时，它会被称作‘凶暴的’

① 柏拉图：《政治家》，黄克剑译，北京广播学院出版社1994年版，第57页。

② 同上书，第61页。

③ 同上书，第44页。

或‘疯狂的’；同样，无论什么，当它太沉稳、太缓慢或过于优柔时，它会被称作‘怯懦的’或‘迟钝的’；而且我们几乎总是发现：一种节制的品质与相反种类的勇敢，就像在相互敌视中对阵的双方，在与上述品质相关的活动中不能相互融合”①。也就是说，各种美德从品质倾向上说可能是相反的，比如，勇敢是刚猛的，任其无限发展，可能会走向对所有人的暴烈侵害；节制是柔和的，任其无限发展，则会过于安静而无法做出决断的行动。而且具有这样不同品质的两类人，会相互挑剔，并发生极大的敌意。所以，作为一个指挥者的国王才需要依靠高超的技艺把这两者编织到国家之中，目的是使两者不要演变为过度或不及，这就是“中”的标准：“健全的人与有缺陷的人之间的主要差别就在于‘中’或‘过’与‘不及’……当他们保留了‘中’的标准时，他们的所有成果才会又美又好。”② 国家也是一样，如果国家中的勇敢美德和节制美德相互不能融合，则应该把它们分别作为经线和纬线，像编织衣服一样把它们完美地编织在一起，就会成为一件完美的作品。

在《法律篇》中，柏拉图也没有从分析国家的构成成分来考察不同阶层的职责，而是同在《政治家》中一样，以一个大洪水的故事来说明良好的政体的起源。他说，大洪水肆虐之后，许多人和动物都灭绝了，但有些人和动物由于在高山上而留了下来。留下来的人都是一些质朴的人，不会尔虞我诈，不会钩心斗角，当然也没有很高的道德教养。但是神差遣来的天才们，发明了各种文艺样式。再后来，出现了国家、政治制度、技术、法律、猖狂的罪行和常见的美德。当时生产技术落后，但是物质丰富，人们既不太富，也不太穷。这种状态是容易培养美德的，“因为暴力和犯罪的倾向、猜疑和妒忌的感觉都无从产生”③。从这一点出发，柏拉图可以不设计国家的构成成分，而直接讨论国家法律应该规定什么样的行为方式、教育样式、引导和惩罚方式，使人们能够形成自己的美德性的品质。在他看来，国王的统治技艺面对的是有着各种暴烈欲望和激情，同时理智也会慢慢成熟的人，应该以温情的法律来引导人们过一种正义的幸福生活，并且认为，法律统治的目的是使人们成为有美德的人。这是《法

① 柏拉图：《政治家》，黄克剑译，北京广播学院出版社 1994 年版，第 117—118 页。

② 同上书，第 74 页。

③ 柏拉图：《法律篇》，张智仁等译，上海人民出版社 2001 年版，第 74 页。

律篇》的主旨。

三　美德功用：四主德与德政之治

在《理想国》中，护卫者从其职责来说，最需要勇敢的品质。但是勇敢并不是独立的品质，而必须以心灵受到整体的教化而形成的优秀品质为基础。

对护卫者来说，其职责是保卫国家的内外安全。在抵御侵略，或侵略别的城邦时，最需要凶狠，或者说最需要勇敢，但同时，如果这种品性也用来对付城邦内部的人，那么，就会国无宁日了。所以，他们同时需要两种看上去相反的品质——“对自己人温和，对敌人凶狠”①。但是，如何能使这两个看上去相反的品质统一于同一个人身上呢？从自然的角度说，同时具有两种不同的禀赋是可能的，他举例说，家犬就可以做到这一点，对家里人温顺，对外人凶狠。但是，即使有人具备这两种看上去相反的禀赋，它们却不是能够天然统一的。要使这两种天赋能够得到恰当的成长和运用，就需要具有能够区分敌人和自己人的能力，并根据正确的区分按照相反的原则去行动，这种人一定是个天性爱学习和爱智慧的人。可以说，爱智慧、刚烈有力、温和这些品性就分别是智慧之德、勇敢之德、节制之德的雏形。而要让这些品性塑造成型，就需要教化。当然，护卫者阶层的主要美德是勇敢。

从国家整体看，一个国家是由于其护卫者阶层的勇敢而被称为有勇敢美德的，又由于其统治者的智慧而被称为有智慧美德的，由于三个阶层的节制而被称为有节制美德的；当然也由于这三个阶层各自发挥自己的功能又能和谐协调，即各个阶层各自做自己的事情，而不做别人的事，各司其职，各尽其分，而被称为有正义美德的。所以，他主张有制度的美德。这类美德的根本特性就是国家作为一个整体能够很好地发挥自己的功能，如果每个阶层都能完成自己的职责，而且各个阶层是相互协调、和谐的，从而使国家生活能够有效地达成自己的存在目的，那么就表明每个人都获得了自己所应有的美德性品质。

在《理想国》中，在关于德政之治方面，柏拉图持有三个基本观点：一是认为，通过教育，四种主要美德即节制、勇敢、智慧、正义可以统一

---

①　柏拉图：《理想国》，郭斌和、张竹明译，商务印书馆1997版，第67页。

在一个人身上，它们能够和谐协调，是可以相互亲和的；二是要使国家有各种美德，需要一个具有完备美德的哲学家来治理这个国家，他能使大家各司其职，各尽其分。但是这样的哲学家是非常难以出现的。这是一种非常理想化的构想。所以，在此之后，他必须继续探讨较为现实的途径。

在《政治家》中，柏拉图把统治国家看作是一种技艺。第一，他认为，能够把节制与勇敢等美德的不同部分或歧异部分结合起来的结合力，更多是神赐的，而不是人为的。他相信神赐的结合力是存在的，但是只能作为一个信念。我们更应该看重人类的结合力。第二，通过教育，在我们之中可以形成各种美德，但是，一个人要兼备各种美德是不现实的。他认为，在国家中，也许存在着具有不同美德的人。具有相同或相似美德的人能够相互欣赏，但是，具有不同美德的人却可能相互敌对。第三，他认为，国王的技艺就应该创造人类的结合力：（1）在婚姻制度的安排上，不能仅让具备相同或相似美德的人们结合，因为这样一来，通过许多世代，就会使同种的品质不断强化，从而会流于极端。所以，需要让具有不同美德的人们相互结合，使勇敢品质与节制品质相互掺和。国王的技艺就是要创造一种结合力，"决不允许自制的品质与勇敢分开"。这就需要使大家对这一点具备共同的信念，形成"共同的信仰、荣誉、辱耻、见解以及誓约",[①] 借此安排人们的婚姻，这样就在后代的产生问题上把不同的美德编织在一起了。这里就不再是《理想国》中那种妇女共有的笼统安排了。（2）在行政官员的选拔任用上，标准是这个官员必须具备这两种品质（这种类型的人是优秀的）；而设置一个部门，就必须由具备自制品质和具备勇敢品质的两类人组合形成。他们在行动上就可以相互补充、相互配合，从而有望使一个国家的公私事务取得成功。国王必须借助友谊和思想感情的一致来把这两类人引入共同的生活。

在《政治家》中，他特别提到，"法律的制定属于王权的专门技艺，但最好的状况不是法律当权，而是一个明智而赋有国王本性的人作为统治者"[②]。原因是，法律是普遍性的规则，而人与人是有差异的，人的行为也是有差异的，没有什么是静止不变的，于是"任何专门的技艺都拒斥对所有时间和所有事物所颁布的简单规则"，因为这样可以容纳比法律规

① 柏拉图：《政治家》，黄克剑译，北京广播学院出版社 1994 年版，第 124 页。

② 同上书，第 92 页。

则所规定的更好的东西，而"法律从来不能用来确切地判定什么对所有的人来说是最高尚和最公正的从而施予他们最好的东西"①。但是，法律是需要的，因为要为大多数人立法，这是对一般说来什么是公正的、什么是不公正的；什么是善的、什么是恶的之明示。它惩戒那种有着恶劣品行的人，对于违背法律的人，可以"处以死刑和最极端的刑罚"②。但当为着全体人的福利时，必须允许睿智的统治者把"专门技艺的权威置于法律之上"。他可以修改法律，并且在某些问题上突破自己的法律，"尽可能凭借才智和技艺施予公民以绝对的公正，从而保护他们而使他们境况更好"③。

在《法律篇》中，柏拉图的考虑就更为现实了。首先，他认为，《理想国》中所设计的财产公有，取消家庭的国家型构很难实现，应该设计一种"第二等好"的国家。所以，他在国家性质的问题上更加现实。其次，为了解决各种美德的相互冲突问题，他又认为，应该找到能够使它们相互统一的原则或精神价值。

关于第一点，他设计的第二好的国家容许财产私有。然而，在进行了财产分配之后，虽然每个人可以支配自己的财产，但是在社会中，还应该有公共部分的财产。这是对《理想国》的财产共有的修正。当然，这样一来，法律的判断就更有其必要了。由于财产权利会产生纠纷，所以，对于如何保护财产就需要有严格的法律规定。但是，在柏拉图看来，立法的根本目的是使人们变得有美德，所以，处理财产方面的法律就应注意不让巨额的财产腐蚀人的心灵。因为"美德和巨额财富是非常不相容的"④。故法律应该规定财富分配的差别不能太大；同时，又要规定公餐等制度，这当然需要公民对公共财产有所贡献，或者由国家保有某些公有财产，目的是使国家公民通过公餐或共享某些财富而相互熟悉起来。只有相互熟悉，才能产生公民友谊。

关于第二点，他认为，国家如果是为了培养人们的美德而设计和运作的，就必定有可观之处。在《法律篇》中，对话是在客人与一个克里特人和一个斯巴达人之间进行的。这种安排是有明确用意的。因为克里特人

---

① 柏拉图:《政治家》，黄克剑译，北京广播学院出版社 1994 年版，第 93 页。
② 同上书，第 99 页。
③ 同上书，第 98 页。
④ 柏拉图:《法律篇》，张智仁等译，上海人民出版社 2001 年版，第 154 页。

和斯巴达人都是注重战争的民族，重视勇敢的美德。同时，克里特人还比较重视实行“公餐”制度，当然这也是为了备战，即加强战士之间的友谊和情感联系。然而，柏拉图认为，在人类优点中，勇敢只占到第四位。仅仅注重于培养勇敢美德的政治和法律是片面的，其价值也是有限的。“所以，立法者在立法中，不能仅仅着眼于部分美德，而应着眼于美德的整体。”① 也只有这样的立法才是优良的立法。他认为，四种主要美德及其排序应该是：良好的判断力本身就是最重要的神的利益，它排在首位；其次是应用理智的灵魂和天生的自我节制；如果把这两类同勇敢结合起来，就得到了（位居第三的）正义；勇敢本身占第四位。

正如许多人所认为的那样，《法律篇》似乎主张法治。但是，这种“法治”与我们现代所理解的“法治”有相当大的区别，这一点不得不辨。实际上，在《法律篇》中，法律和美德有着这样一种关系：即培养和塑造美德是政治的目的，法律就应该为了达到这个目的而颁布，而不能有这个目的之外的其他目的。所以，他是主张以法律的作用来实现德治。从这个意义上说，柏拉图的政治哲学确实有着十分明显的美德政治学的特点。

于是，我们看到，柏拉图的法律思想有着明确的促进道德的目的。他认为，立法的技艺需要对人心的倾向有正确的认识，其精髓在于引导人们如何去正确地处理快乐和痛苦，人们应该忍受痛苦而免除恐惧，同时又应该避免不适当的快乐满足，“因为两者影响着社会和个人的性格”②。如果适当，则会幸福；如果不恰当，其生活就颇为不同。而美德是需要靠教育来塑造的，这也需要用法律来规定。法律所规定的教育应该是“从童年起所接受的一种**美德**教育，这种训练使人们产生一种强烈的、对成为一个完善公民的渴望，这个完善的公民懂得怎样依照正义的要求去进行统治和被统治”③。在这个过程中，良好的判断力起着最关键的作用，因为它是能够控制欲望的精神力量。在这种法律治理下的国家政治，其目的就是促使每个人获得自己的最高善，即成为有美德的人。

为此，他对国家政体作了一番思考。我们可以先设想两种极端的政

① 柏拉图：《法律篇》，张智仁等译，上海人民出版社 2001 年版，第 9 页。

② 同上书，第 17 页。

③ 同上书，第 27 页。

体，即一种是极端的独裁，另一种是极端的自由。在他看来，这两种政体单独采用时，都无法达到自己的目的，二者需要折中和结合，形成中等程度的独裁和中等程度的自由，只有这样，才能真正保全自由；也只有这样，人们才能获得正确的关于快乐和痛苦的品质和性格。所以，管理这个国家需要高超的技艺。

从法律的真正属性讲，它根本就不是人类所立的。“事变和灾难所发生的方式千变万化，它们才真正是通行于这个世界的立法者”[①]，所以，制定能完美应付各种变化着的具体情况、具体的人和事的法律的只有神。人类的管理技艺只是神法的辅助。于是我们对人类的立法技艺的最高希望就是：“哪里掌握最高权力的一个人把明智的判断和自制力结合起来，那里你就看到出现与法律相配合的最好的政治制度。”[②]

总的来说，法律既是对非正义的抑制和处罚，又是对正义的鼓励和培育。由于人的欲望、激情会产生各种不正常的追求，甚至会走到极度暴烈和极端的地步，所以，需要以法律来禁止。他说，“我对非正义的总的描述是这样的：忿怒、恐惧、欢乐、痛苦、妒忌和期望掌握着灵魂，不管它们是不是招致任何真正的损害。”[③] 非正义是灵魂的疾病，需要加以纠正和治疗。他坚定地认为，如果我们有了真正的善的概念，并使之控制着每个人，影响其灵魂，使其行为与这种善相一致，并且人性的任何部分都受善的控制，这样，灵魂的疾病就得到了医治，就可以管它叫“正义”。

这种善将是能够把各种美德统一起来的精神价值。我们必须认识到这种精神价值的存在。但大多数人无法认识到它，原因是面对诱惑和欲望时缺乏自制力，从而无法理解超出欲望对象之外的神圣事物。我们的心灵必须始终能够向神圣事物敞开，保持向上超拔的一维。在柏拉图看来，这种神圣事物就是灵魂。对灵魂功能的恰当理解，是找到统一各种美德的前提的关键所在。一般人认为最实在的就是各种自然存在物，而灵魂只不过是从这种物质中派生出来的。柏拉图认为，这种理解是倒因为果。实际上，灵魂是万物生长的第一原因。所有事物包括自然物、思维和情感以及欲望，包括罪恶与美德、正义与非正义，都是灵魂派生的，甚至天体的完美

① 柏拉图：《法律篇》，张智仁等译，上海人民出版社2001年版，第113页。

② 同上书，第117页。

③ 同上书，第295页。

运动都是灵魂推动的，这表明灵魂“黏着神性”，也可以说就是神性。①灵魂的本质就是理性。我们行善和作恶，都是由于我们的自由意志。当我们把灵魂与理智结合，就能行善；当我们把灵魂与非理性结合，就会作恶。于是，高明的国王的政治技艺就表现在把人们心中的各种倾向安排到适当的位置上，使善胜恶败。这表明有理性的生命灵魂应该统率整个立法。所以，好的法律对人们有极好的教化作用，有助于培养人们的美德。他说：“学习法律，只要是好的法律，在提高学生水平方面具有无可比拟的优越性。法律，作为神赐的奇妙的典章制度的名称，是如此地富有理性的启示，这决非偶然。”② 实际上，立法的每个细节都围绕着一个单一的目标即培育美德。

既然灵魂的本质是理性，所以良好的判断力这个神圣的能力就能给善恶以一个始终一贯的解释，勇敢、节制和正义以及其他任何东西都应由理性来指导，由此，所有美德就获得了一个统一的基础，而由理性指导所立之法律，能整体地、内在一贯地培养起各种美德，这就是政治统治技艺的最高境界。

所以，柏拉图的政治哲学三部曲——《理想国》《政治家》和《法律篇》，贯穿着一条主线，即如何使政治安排能够真正促进人们的美德，美德是幸福的基础。因此，政治是一种高尚的事业。从消极的方面说，政治的作用是通过惩治罪行而阻恶；从积极的方面说，政治的作用是通过培育美德而扬善。这是这三部书的共同主题。

从总体上说，柏拉图的政治哲学具有鲜明的美德政治学性质，他没有为政治设想除了促使人们变成有美德的人之外的其他目的，更没有设想政治和美德的分离。或许，柏拉图的美德政治学的完美设计只是一种理论上的梦幻，但是，这种梦幻所体现的政治学的高尚目标、政治与美德的原初联结，却值得后人时时倾心回望，能让我们在历史与现实交错变幻的时空中，细心追究美德政治学的实质功能及其内在限度。

第三节　善政、美德与好生活：亚里士多德的政治哲学

亚里士多德面对自己从学 20 年的老师柏拉图的政治哲学遗产，进行

① 柏拉图：《法律篇》，张智仁等译，上海人民出版社 2001 年版，第 336 页。

② 同上书，第 411 页。

了细致的反刍，也进行了很大的改铸。他认为柏拉图政治思想中的美德定向是正确的，但是由于其抽象的、与个体分离的理念论的影响，其政治哲学的建构是理想性的，注重对政治的“应然”状态的悬想，而对政治的现实可行性关注不够。亚里士多德的政治思想更多地体现出现实主义的关怀，对现实中的各种政体如何保持，在此基础上如何加以完善，倾注了更多的关心。但是，他与柏拉图一样认为，“政治学考察高尚［高贵］与公正的行为”[①]，政治应以良好品质即美德为基础，国家也应以培养公民的美德（但更多关注人们平常可以获得的美德，如适中），使人们能过一种好生活，以获得幸福为目的。

一　目的论与优良政体的求善功能

亚里士多德把柏拉图的理念论转为一种目的论，即认为人类的一切行为、人类的一切共同体都是为了某种目的，而这种目的就是某种善。城邦是一种最高的并且包含了其他一切共同体的共同体，即政治共同体，其目的一定是“追求最高的善”，因为它能成就最广最大的善业。

亚里士多德在城邦的构成上与柏拉图持相当不同的观点。他坚定地主张城邦的多样性，城邦不应该是整齐划一的。凡事只有具备多样性才能成其为大，那么城邦能够成为最高的共同体，必定也是多样性的统一。他认为，这主要是人的本性使然，因为人的性别、出身、职业、性格、德业等都是不同的，所以他一方面主张城邦的目的是要人们生活得更美好，追求至善，即能达到自足或大致自足；另一方面又反对柏拉图所谓整个城邦最大限度地齐一就最为优良的观点，而认为这是把城邦倒退为家庭，或者个人，这是城邦的毁灭。既然如此，则城邦的组成就应具有多样性，因为它是由多人、不同种类的人组成的，“种类相同就不可能产生出来一个城邦”[②]。在他看来，实际上，城邦只有具备了多样性，人们才能培养出多种多样的美德；同时，也需要用教育来培养某种一致性，比如要求人们服从某些普遍性的法律或正义原则。但总的说来，城邦中人们的生活，只有较少的齐一性、较大程度的多样性，才能达到自足。

---

① 亚里士多德：《尼各马可伦理学》，廖申白译注，商务印书馆2003年版，第6—7页。

② 亚里士多德：《亚里士多德选集·政治学》，颜一编，中国人民大学出版社1999年版，第32页。

所谓高尚生活，就不只是过活，而且是要生活得美好。这就要求人们追求高于一般动物的生活。他认为，这与人的本性是相关的：人天生是政治的动物，而这种本性可以通过塑造以成就美德。人不仅仅有感觉，更有语言，所以，我们能表达出我们的苦乐感觉、利弊、善恶、公正与不公正，并且能够相互传达，相互影响。他的这个说法极有提示性，因为他的伦理学就是讨论人如何能获得正确的苦乐感，选择善、舍弃恶，且行为公正，而能做到这些的人，就是有优秀品质即美德的人；他的政治学就是讨论如何进行政治治理，使人们能过一种高尚的生活，即使得人们处于一种良好政治制度环境中，凭借制度的力量，使人们较为顺利地获得较为完整的美德，以及必要的外在善，如友谊和中等的财富等。

亚里士多德认为，如果我们只是追求活着，那么有家庭就够了，因为家庭制度能够解决人的情感需求和物质欲望需求，所以获得生活必需品的方法就是家庭内部的合理技术，比如生产和以物易物，就是必要的、自然的养家技术。但是，当交易扩大后，出现贩卖、货币，甚至高利贷，这在亚里士多德看来就是不自然的。也就是说，人不应该在这方面无限追求，因为如果这样发展下去，则人的政治本性就被淹没而不是发展起来了。“在一个把家庭（oikia）理解作完备的人类共同体的世界中，人类会被理解为财产（ktemata），政治成了经济，不可能再有真正的人类生活。”①他认为，组成城邦是为了生活，而且是为了活得高尚或者过上美好的生活。活着有物质生活资料即可，但是对物质财产的无限追求是一种恶的无限，这种行为的后果返回来会败坏人的品格。所有的有用物有两种用途：一是就其本身而发挥其使用价值，比如鞋子直接是为了穿的，这是自然的；二是间接地、通过中介来相互流转，其真正的使用价值反而成为偶然的。比如生产鞋子是为了交换粮食，这就是不自然的。而精神事物如美德，也有两种用途：一是有些人把依照美德而行动作为塑造自己品格的过程，比如“勇敢并不是为了赚钱，而是为了鼓励人们的自信”②。因为具有美德即是具备了精神力量的证明，所以这是合乎自然的。二是有些人只把它作为获得物质财富的工具，这是不自然的，因为美德的作用在于使灵

① 戴维斯：《哲学的政治——亚里士多德〈政治学〉疏证》，郭振华译，华夏出版社2012年版，第16页。

② 亚里士多德：《亚里士多德选集·政治学》，颜一编，中国人民大学出版社1999年版，第22页。

魂处于良好状态。

所以，我们的生活应该有一个使命和目的，那就是要追求成为一个优秀的人，而优秀的人就是其本性得到完善的人。而完善的人，就是心灵品质得到良好塑造并能够发挥其功能的人，也即获得了各种美德的人，而幸福“在于合德性的实现活动”①，所以培养了完整美德的人将能过上优美而高尚的生活。而我们研究政治学，就是为了给人们如何获得好生活提供指导，于是，“希望自己有能力学习高尚［高贵］公正即学习政治学的人，必须有一个良好的道德品性”②。

对人而言，要想知道人怎样才能达到完善，就“必须了解在最完善状态下既具有肉体又具有灵魂的人”，对他们而言，是“灵魂统治肉体”③。因为灵魂本性上就是统治者，而肉体本性上就是被统治者。这个论断，导致他得出有人是天生的奴隶、“奴役不仅有益而且公正”④ 的结论，这是由亚里士多德政治思想的时代和阶级局限所致。但是，关于灵魂应该支配肉体的观点，就个人的健全生活而言是正确的，只是不应该把它作为论证奴隶制的天然合理性的论据。亚里士多德还认为，本性得到完善的人，就是使灵魂得到高度发展，能够支配自己的肉体，并且灵魂内部能实现良好治理的人。人的灵魂有四种，即营养灵魂、感觉灵魂、有限理性灵魂和无限理性灵魂。灵魂对肉体的统治是专制的，而灵魂内部的统治则是政治的统治。换句话说，理性灵魂应该统治非理性灵魂，却是为着整个灵魂的利益的，比如理性对情感、欲望的引导，并且与情感、欲望融合，就使得灵魂的非理性部分获得了理性成分，并听从理性的指导，这样的灵魂就处于良好状态，就有了伦理美德。

而获得了知识和美德的人，就可以出色地运用其天生就具备的武器（即各种素质），而美德一旦武装起来就能形成极强的能力；如果人们的品德败坏了，比如极其邪恶和残暴，无比放荡和贪婪，就会把我们天生的武器用于做极恶劣的事情。“不公正被武装起来将会是莫大的祸害。”⑤ 善

① 亚里士多德：《尼各马可伦理学》，廖申白译注，商务印书馆 2003 年版，第 305 页。

② 同上书，第 10 页。

③ 亚里士多德：《亚里士多德选集·政治学》，颜一编，中国人民大学出版社 1999 年版，第 11 页。

④ 同上书，第 13 页。

⑤ 同上书，第 7 页。

德与恶行对于个人和团体生活的影响十分巨大，所以，政治的作用就是要采取优良政体，或者促使时下的各种政体能够得到改善，其标准就是：有效地安排各种善，并使美德的价值优先；同时政体的安排要有助于公民获得美德，并且可以按照政体能在多大程度培养公民的完整美德来衡量其优良程度。

二 政体须引导公民美德生长

我们应该遵照我们本性的意愿而生活，即应该追求过一种优美而高尚的生活，要能做到这一点，就是要促使自己的内在灵魂合乎自然地生长起来。但是，人是不能靠自己孤独的生活而促使内在灵魂的生长的，“在本性上而非偶然地脱离城邦的人，他要么是一位超人，要么是一个恶人……这种人就仿佛棋盘中的孤子”①。只有在政治共同体的活动中，人们才具有了过好生活的最终可能性。

城邦是从自然的生活共同体（家庭、村落）中产生的，目的是为了满足更多样的生活需要，特别是为了生活得美好才结成这样一个完全的共同体，人们在此中能够自足或近于自足。城邦是最高级的共同体。所谓自足，就是同时能够满足人类物质生活和精神生活的需要。为了达到自足或近于自足，城邦中应该有多样性，比如具有财产制度、多样的人群、公民能够分享统治权等。所有这些制度，都是为了能够使人们的精神能力、美德发展起来，这与家庭共同体是为了满足自然情欲和物质欲望是不同的。

多样性是城邦达到自足的基本条件。亚里士多德告诉我们，尊重多样性实际上就是尊重个人生命品质的独特性，注重公民个人的灵魂的内在成长。他批评柏拉图关于护卫者阶层应该公妻共子，而且没有个人财产的主张，认为柏拉图的设计是希望所有公民能够把所有孩子都能说成“我的”孩子，这样人伦关系就整齐划一了，但是，亚里士多德认为，这并不能带来和谐，而只能是一团混乱。本来柏拉图是希望通过这种办法去除护卫者的私心，而使之一心公忠为国，但是，这是违背人性的，所以也并不能真正培养出美德来。这种做法，会使人们无法注意避免真正的至亲之间的犯罪行为；而且，如果公民共有妻室儿女，则他们之间的友爱（这里指

① 亚里士多德：《亚里士多德选集·政治学》，颜一编，中国人民大学出版社 1999 年版，第 6 页。

"亲爱"）就会减弱，因为这会使亲情平淡如水，无法培养父母对子女、兄弟发自内心的关心之情，所以，按柏拉图这种主张去做，根本无法培养友爱之德。而亚里士多德恰恰认为，"友爱乃是城邦最高的善，而且是消除城邦内乱的最佳手段"①。

关于财产制度，亚里士多德主张，人心的自然倾向就是最关心自己的东西，"一件事物为最多的人所共有则人们对它的关心便最少。任何人最主要考虑的是私有的东西，对于公共的东西则甚少顾及，如果顾及那也是与他个人有关"②。于是，采取财产私有，同时又有一部分公共享用的东西的制度是最好的，即兼顾私有制和公有制各自的好处。具体情形可以是："所有的人都有自己的财产，但他会将有些东西交由其朋友支配，同时他还会和另外一些人共同使用财物。"③ 城邦的立法就是要造就这样的人：一方面各自的利益分得较为清楚，阻断了财产纠纷，并且人们最热切地关心自己的财产；同时，为了获得友爱的美德，"在使用（财物）方面，正如一句谚语所说的，'朋友将共同拥有一切'"④。这对增强公民们的情感联系和公民友谊有很大好处。另外，实行财产私有制度，能让公民拥有自己的东西从而得到快乐，即可培养人们的自爱情感；但又因为在某些方面共同使用财物，所以又可减弱自私的品质。采取个体家庭和财产私有制度，还可以在城邦中培养两种美德：即对妇女的克制和在财产方面的慷慨。而在柏拉图构想的那种整齐划一的城邦中，这些美德都难以存在。亚里士多德认为，财产的使用，应该有一个限度，即应该让一个人不仅能有节制地而且能慷慨地生活，这样的生活才是在使用财物中的美好生活。这两种美德要同时培养，而不能使之分开，一分开，则要么慷慨就会流于奢侈，要么节制就会流于辛苦。⑤

关于统治权，亚里士多德也批评了柏拉图的哲学王的制度。他认为，只有哲学家做统治者，那么就只是一个人或少数人拥有统治权，其他公民都只能是被统治者。这一点，是不符合公民天生平等的理由的。按照这一

---

① 亚里士多德：《亚里士多德选集·政治学》，颜一编，中国人民大学出版社1999年版，第37页。

② 同上书，第35页。

③ 同上书，第39页。

④ 同上。

⑤ 同上书，第45页。

理由，最合理的应该是所有公民按时间或顺序轮番为治，因为只有“所有人都共享统治权才是公正的”①。换句话说，这种轮番为治的制度，一方面尊重所有的公民为平等者，而没有人为制造在统治权上的不平等；另一方面，这样做将使每个公民既能获得统治者的美德即“明智”（一译为“智谋”），又能获得作为被统治者的各种美德。在《尼各马可伦理学》中，亚里士多德认为明智是一种理智美德，但是，其作用主要是参与到灵魂的非理性部分即情感、欲望之中，并对之进行指导，使之成就伦理美德。离开明智，即无伦理美德。于是，明智虽是一种理智美德，却是统治者独具的政治性品质：“明智是一种同善恶相关的，合乎逻各斯的、求真的实践品质”，有明智之德的人“能分辨出那些自身就是善、就对于人类是善的事物”，他们可以被“看作是管理家室和国家的专家”②。于是，为了让所有公民都能获得较为完整的美德，就只有采用轮番为治的制度，这样才能使每个公民最终都能培养明智美德，由此才使得大家又都能获得伦理美德。如果只有某些人是统治者，而其他人只能是被统治者，则绝大多数人就无法获得明智之德，从而也就无法真正获得伦理美德，所以，这种制度设计对公民完整美德的塑造关联甚大。轮番为治的理由还在于：“公民政治根据的是平等或同等的原则，公民们认为也应该由大家轮番进行统治。其更为基本的根据是，大家轮番为治更加符合自然。”③ 居官本是为了大家的好处而工作，这是为官的本务，但现实政治生活却告诉我们，居官者却可能侵占公财，博取各种好处，于是就有许多人设法居官不下，从而违背设置官职的本来目的。采取轮番为治的制度，就能够抑制这种不自然的统治方式。

另外，既然城邦的特点就是多样性，所以，人们在财产、美德、名位等方面就都是不同的，甚至是不同种类的。这些东西对人的生活而言都是善，而其中财产、名位由于是外在的善，更容易为人们所追求。会在一般人中引起纠纷的多是财产，而会在有才能的人中引起争执的则是名位的平等。而美德却只有有着真实意愿的人才会追求，一般的人未必会去竞相追

① 亚里士多德：《亚里士多德选集·政治学》，颜一编，中国人民大学出版社1999年版，第33页。

② 亚里士多德：《尼各马可伦理学》，廖申白译注，商务印书馆2003年版，第173页。

③ 亚里士多德：《亚里士多德选集·政治学》，颜一编，中国人民大学出版社1999年版，第87页。

求美德。针对以上情况，在财产方面，城邦要做的就是给予大众以适当的财产和职业，这样就能满足大众的生活所需，而且从事职业、治理产业对人的贪婪无度也是一种抑制；而至于名位问题，城邦法律应该能培养有才能之士的节制的习性，使之能获得适当的名誉和地位，而不致过度追求。可以说，在美好生活中，外在的善也是不可缺少的，既要使公民都能追求得到，又必须使之不至于过度。

然而，优良的城邦应该尽可能设计得能够激发公民们的本真愿望，即灵魂的内在成长或达到心灵的完善，获得完满的美德。他以此来评判各种政体的优劣，并对柏拉图的某些看法有所推进。比如，柏拉图在《法律篇》中曾经指责斯巴达的立法制度，认为它只涉及了美德的一部分，即勇敢——战士的美德，而不兼顾其他美德，所以，斯巴达人只有在战时才能保持自己的强大，但对和平时期的治理术则一窍不通。亚里士多德同意柏拉图这一看法，但更推进了一步，即认为，“尽管他们（斯巴达人）认为人所企求的善事产生于德性而不是邪恶，这一点没错，但他们却错误地宁愿选取善的事物更甚于德性”[①]。也就是说，斯巴达人对美德的真正功能并没有确切的把握。美德诚然是一种善，但它们是内在善，本来应该用来操持整个的生活过程，使生活过得优美和高尚。但是，斯巴达人则把勇敢美德工具化了，即认为勇敢之所以值得选取，是因为它有利于征战，目的是为了弥补空虚的国库，从而实际上贬低了美德的地位，这才是他们为什么特别提倡勇敢美德而不顾及其他美德的真正原因。

于是，真正优秀的政体必定关心完整美德。那么，什么是完整美德呢，如何以政体安排来引导公民们达到完整美德呢？所谓完整美德，在政治领域中，就是公民们要既能获得统治者的美德，又能获得被统治者的美德。他说：“公民的德性即在于既能出色地统治，又能体面地受治于人。”[②] 而统治者特有的美德就是明智，其他的美德则能为统治者和被统治者同样拥有。所以，公民们若既能明智，又有其他美德，就能获得完整的美德。公民们只有在公民政体中才能获得这种完整美德，而在其他政体中所能获得的美德就都有所偏颇。同时，从概念上来讲，一个善良之人，

① 亚里士多德：《亚里士多德选集·政治学》，颜一编，中国人民大学出版社1999年版，第63页。

② 同上书，第82页。

也应该获得这两方面的美德，也就是说，在公民政体中，好人和好公民是可以合一的。这个说法，尤其凸显了政治学的道德关怀，他认为，一个优良的政体，不是要造就只顾物质利益追求的人，也不是要造就只有片面美德的人，而是要造就真正善良之人，即有完整美德之人。

三　政治制度的美德：公正

城邦不但是一种人群共同体，而且是让人们能自足，过上美好生活的最高共同体。这就需要先说明一下城邦与一般人群共同体的区别：（1）一般的人群共同体可以是一种联盟，即为了共同的物质利益而进行的群体之间的联合，比如为了完成抵御共同敌人的任务而结成的联盟；或者是因为要进行物质利益的交易，而在群体之间形成的贸易共同体，等等。这些共同体都还不是城邦，它们因利而合，也会利尽而散；而且这种共同体所服从的是利己原则，而没有引导公民们美德成长方面的考虑。（2）这些共同体也可能抵制某些不公正行为，如交易联盟就能够要求交易者遵守交易公正的原则，而对违背交易公正原则的行为进行惩罚，比如“他们间还有法律防止在相互往来中的侵害行为”①，但是，仅仅是这样，而没有别的原则和价值追求，则这样的联盟还不是城邦共同体。其根本原因在于，这样的共同体的存在目的只是为了人们共同生活，而不能追求高尚而自足的生活。

所以，城邦的使命是让公民们过上美好生活，为此，就必须培育公民们的完整美德。理论上说，城邦可以追求美德最大化，但是，在现实政治生活中，由于历史、民情、风俗等原因，有些城邦并不能致力于这一点，各城邦也必须处理物质财产的分配、名位的分配，还要应付战争环境、各阶层之间的冲突和斗争等，所以，各城邦采取的政体就会是多种多样的。于是，理想的政体只能作为一个模型，用于同各种现存政体进行比较，使之在促进公民们的优良生活、尽量培育公民们的完整美德这种价值方向上加以完善。

亚里士多德为真正的城邦奠定了制度美德基础。他认为，“胸怀优良法制这一目标的人不得不考虑政治上的德性和邪恶的问题。要真正配得上

---

① 亚里士多德：《亚里士多德选集·政治学》，颜一编，中国人民大学出版社 1999 年版，第 93 页。

城邦这一名称而非徒有其名，就必须关心德性问题，这是毋庸置疑的”[①]。因此，对于各种政体而言，城邦都需要确立公正，公正是政治的基准。换句话说，公正是政体的制度美德。公正在亚里士多德那里，有两个主要标准，即守法和平等。其中守法（包括习俗和法规）最为重要，因为守法是一个人生活在城邦共同体中，并成为一个好公民的必要条件，人一旦脱离了法律和公正就会变成最恶劣的动物。

亚里士多德十分关注守法所会塑造成的心灵品质。从政治的目的来说，由于法律对人们的行为而言是一种最普遍而又最正规的约束和引导，所以，立法精神就显得十分重要，不能容许不公正的行为和邪恶的意图。即是说，城邦法律应该引导人们行事公正，并且关注人们美德的成长。所谓公正，就是指人们在城邦中，能够“各自按照自己应得的一份享有美好的生活”[②]。

公正的精神实质是平等，其最终指向是公共利益。所谓公共利益就是组成城邦的所有人的利益。比如，从治权来说，如果公正即是为了公共利益的话，则所有公民都应轮流为治，在这方面所有公民有相同机会和资格，这叫做算术公正。现任统治者若不肯与其他公民共享治权，就是不公正的；社会财富的分配则应该按照应得的资格来分配，如按照社会地位、财产和美德等的不同按比例进行分配，这叫作比例公正；在亚里士多德看来，由于奴隶不具备正常的理智，仅仅能够感应别人的理智，于是他们就自然而然应该成为奴隶，即自由人的工具，这种人格和政治资格上的不平等，实际上也是比例公正，因为自由人比奴隶的理智能力高出很多，故自由人拥有政治权力，而奴隶则完全无权，这似乎也是建立在应得基础之上的公正；而且，这样一来，主人和奴隶就各自能够发挥自己的能力，并各自获得自己应享的生活，这就能够造成主奴和谐的局面；同时，因为自由人奴役奴隶，也是在实现公共利益，所以这是公正的。要制定法律，就需要体现这种立法精神；而个人的公正品质，就是能自觉遵守这种公正之法。

遵守法律，是塑造我们公正品质的最好途径。亚里士多德从个人的性

① 亚里士多德：《亚里士多德选集·政治学》，颜一编，中国人民大学出版社1999年版，第93页。

② 同上书，第86页。

情和认识的局限性来分析为什么我们个人容易偏离公正。第一，人的性情容易受到自己主观偏好的影响，而形成某些偏颇的激情。这种偏颇的激情较为强烈地影响我们的思想和行动，即极易从自己的个别利益出发想问题，办事情。他说，“公正是对某些人或事而言的……公正即是按事物间和人之间相同的比例进行分配，人们在事物方面一致主张平等，但涉及人时就发生了分歧……人们在自己的事情上是最糟糕的判断者。”[①] 第二，一般人的认识都可能局限在自己的利益相关的范围内，却又认为自己的公正原则是纯正的，而不能从中立者的、超越各派利益的角度来思考真正的公正原则是怎样的。比如，“那些人在某一方面（譬如财富）与他人不平等时，便认为自己在总的方面都与众不同或不平等；而在某一方面（譬如自由）与人平等时，便认为自己在总的方面也与人平等”[②]。这也是造成各种政体在公正方面的偏颇的原因。

所以，从政体的制度美德而言，城邦的政治统治者应该遵循普遍的法则，而不能受激情的支配。这样的统治者“总的来说比易于感情用事的统治者要强。而法律绝不会听任激情支配，但一切人的灵魂或心灵难免会受到激情的影响”[③]。这就是说，由于人们易受到激情的影响，所以，法治模式要好于人治模式。实现法治，人们也更就有可能获得公正的美德。

人治模式中最好的一种就是由美德超群者来做统治者，但这只是某种例外的情况。如果城邦中真的出现了美德远超众人者，从公正的角度而言，就“既不能驱逐或流放这类人，又不能将其纳为臣民……唯一的办法就是，顺应自然的意旨，所有人都心悦诚服地跟从这类人，从而他们就成为各城邦的永久君王”[④]。但是，这类统治方式有以下局限性：第一，才德远超众人的人毕竟罕见，所以，这种政体形式难以广泛采取；第二，根据公民同等或平等的原则，这种政体形式会使得绝大多数公民无法成为统治者，也就无法获得统治者独有的美德——明智，这不符合公正中的算术公正原则；第三，实际上，虽然大多数公民的才德并不出众，但“城

① 亚里士多德：《亚里士多德选集·政治学》，颜一编，中国人民大学出版社 1999 年版，第 91 页。

② 同上书，第 92 页。

③ 同上书，第 111 页。

④ 同上书，第 107 页。

邦原本是由众多的公民构成……在许多事情上众人的判断要优于一人的判断"[①]。所以，由多数公民共同执政要胜过少数人执政，也就是说，多数人聚合起来，只要他们不是过于卑弱的话，集中多数人的智慧就能进行明智而公正的治理。显然，不能让这些多数公民单独为官，因为他们单个人的才德并不出众，故不应获得统治权。在这个意义上说，只有多数人执政的政体才能更好地实现所谓轮番为治的公正理想，因为在这种政体中，每一段时间参与统治的人数较多，故可以在有限的时间里轮流统治其他人，同时又能轮流受治于人。

所以，良好的法律一定要根据不同政体来制定，因为不同的政体有着不同的公正。但是，我们思考统治与被统治的关系的正当状态时，也能发现上面讲的公正理念是合适的，各种政体都要能够吸收其要素，比如轮流为治的理念、按价值分配的公正理念、法治的理念等。在形成了适合自己政体的法律之后，"恰当的法律可以拥有最高的权力。单一官员或某一些官员只是在法律无法详细涉及的事情上起裁决作用，因为任何普遍的论述都难以囊括所有的事实细节"[②]。这的确是近代法律理论中官员自由裁量权的先声，其实也是法治理论的题中应有之义。

四　现实中的优良政体及"适中"美德的获得

如果有一个人才德很出众，就可以实行君主政体；如果有某个家族的人们才德很出众，就可实行贵族政体。总之，这两个政体的根本原则是美德。但是，在现实生活中，才德远超众人的人不容易出现，所以，这两类政体在现实中不太容易采用。而且，就君主一人统治而言，君主政体中的君主既才德超群，同时又能遵循法律；然而，一旦君主流于邪恶，而且听凭自己的私意独裁专制，就是暴君制。由于暴君们只从自己的私利出发，完全不顾及全体公民的利益，并且统治了比他更有才德的人，所以最终得不到大家的拥护，必定会灭亡。

现实政治生活中有两种因素是必然的，它们可以作为划分政体的根据，即自由和财富。由此，现实的政体可以分为两大类，一是自由人当

---

① 亚里士多德：《亚里士多德选集·政治学》，颜一编，中国人民大学出版社 1999 年版，第 112 页。

② 同上书，第 99 页。

政，此即平民政体；一是富人当政，此即寡头政体。并不能以当政的人数多寡来划分政体，比如，说大多数人当政即是平民政体，少数人当政即是寡头政体，就是不准确的。划分政体的根据不是人数的多少，而是根据不同的原则。亚里士多德认为，在这两种政体中，都可以通过恰当的教育培养出美德来，显然这样培养出来的美德与政体的性质有相当大的对应关系。

自由和财富原则应该得到综合，也就是说，对于生活在城邦中的公民而言，一是他们都是平等者或同等者，所以有自由；二是在公民中必然有穷人和富人。所以，现实中真正优良的政体就应综合这两个原则所能带来的好处，避免它们各自走向极端。这种政体可名之为“公民政体”。比如，平民政体的优点是：它最符合平等原则；对平民的财产有一定的要求，但门槛较低；公民们都能参与行政管理。但它所能引起的最大弊端就在于群众有可能代替了法律而行使权力，这就会造成极大混乱，而且也会造成不公平，比如会劫掠富人。而寡头政体则有以下特点：它对官员有极高的财富要求，如果官位空缺，只由财富合乎要求的公民去填补；实行世袭制度但有法律。最大的可能害处就是实行世袭制度却侵凌法律。因此，公民政体就应该综合它们的优点，并避免它们的可能弊端。这就需要把它们二者混合起来，最好是混合得“天衣无缝”①。也就是说，在日常的政治事务中，既有平民制的成分，又有寡头制的成分，而且无法区分开来。比如他提到斯巴达的政治制度就是这样：穷人和富人的孩子都受到同样的抚养，接受同样的教育，吃穿都差不多，最高行政长官由民众选举，但平民也参与或分享统治权，这些像是平民制的；同时，又有许多成分像是寡头制的，比如所有官职要通过选举而不是抽签决定，但是，杀人或者放逐的权力则掌握在少数人手中等。这种安排，的确是很有智慧的：如果所有官职通过抽签决定（平民制就是这样），就会有许多具有恶劣品质的人或缺乏才能的人担任官职，于公共事务的管理很不利；如果杀人或者放逐的决定由所有公民投票来做出，则优秀者很可能会遭到滥杀或放逐。而如果富人和穷人在抚养、教育孩子、日常生活方面差别很大，就会激起穷人的怨恨；如果平民不能参与或分享统治权（寡头制就是这样），则相当一部

① 亚里士多德：《亚里士多德选集·政治学》，颜一编，中国人民大学出版社 1999 年版，第 141 页。

分公民就无法获得明智的美德。所以，从这些方面看，单纯实行平民制或寡头制，都会导致不公正；而综合二者的优点，避免二者的缺点，就能使政体保持大致的公正。一般的政体都可以进行这种混合。

我们必须面对现实的政治生活，所以我们就应该探究一下大多数城邦所能采取的最优良的政体，以及大多数人都能达到的优良生活。这两个"大多数"，充分表达了亚里士多德的现实关怀。也就是说，他既要探讨城邦治理的平常可行之理，又要探讨人们的寻常可获之德。

如果我们回到一般城邦的具体人员构成上，就会发现，在寡头制和平民制中，穷人阶层和富人阶层可以得到很好的混合，即形成一个人数较多的中产阶层，他们既不太穷，又不太富，而是拥有中等家资。这是贫富混合得适中、恰到好处的一个阶层。如果他们执政，则可以兼得平民制和寡头制的好处，能服务于所有公民；同时，这种财富状况对于他们的政治美德培养是一个极好的基础，因为他们"最容易听从理性"①，可以避免人的两种极端的性格与品质。这样的城邦就是尽可能地由平等或同等的人所组成，他们之间就能坦荡地交往，并且产生出公民友谊，所以，这样的城邦就将是现实中最优良的城邦，能得到最出色的治理。

极富之人因为其出身、财富等都高人一等，可能养成根深蒂固的优越感，遇上利益和冲突时，就易于表现出骄横、暴虐。这种人在各种政府机构中工作，就难以服从法律，容易极大地破坏公平，对城邦造成极大的危险，易犯重罪。同时他们也不愿意受治于人，只想专横统治别人，所以，连法律都不能约束他们；极贫之人则因为出身低微，财富匮乏，难以养成恢宏大度、气宇轩昂的品质，而是显得卑弱、阴暗，容易嫉妒，甚至觊觎富人的财富，故容易犯一些小罪过。他们从来就不曾有统治的经验，只是盲从于人，甘受他人统治。如果一个城邦充满着这样的人，那么，这个城邦就没有自由了，只是由主人和奴隶组成的城邦。更为重要的是，在这样的城邦中，至关重要的友爱和交往已经见不到了。因此，这样的城邦中的人们就难以获得完整的美德，也不可能过优美而高尚的生活。

在中产阶层执政的城邦中，中产阶层的力量必须要么强大到超过另外两个阶层的力量之和，至少要强大到超出其中一个，这样中产阶级就可以

① 亚里士多德：《亚里士多德选集·政治学》，颜一编，中国人民大学出版社1999年版，第144页。

联合其他任一阶层，而牢牢掌握住政权，使之表现出中产阶层的公民政体的特点，而防止它滑向纯粹的平民政体或纯粹的寡头政体这样两个极端。所以，中产阶层执政的政体是一个适中的政体，是“最优秀的政体”①。

在平民得势或富裕者得势的政体中，公民们容易结党，因为这两个阶层的人是相互反对的，所以，相同阶层的人会联合起来以反对另一个阶层；而在具有庞大人数的中产阶层的城邦中，公民之间则少有党争；还有一点，优秀的立法者都来自中产阶层，因为他们可以在两个对立的集团之间保持中立，故可以做到公正不偏，同时也最能从城邦的公共利益出发来立法。“旁观的仲裁者在一切事情上都能得到双方最大的依赖，而中产阶层便是这样的一个仲裁者。”②

中产阶级执政是现实政体中的最优良政体。如果一个城邦内中产阶级人数众多的话，就能比较顺利地采用这种政体。但是中产阶级人数众多的城邦毕竟不太多，所以，对现有的城邦而言，要能使自己的政体有所改良的话，一个重要任务就是培植中产阶级。这是一个优秀的政治家或立法者所应该采取的措施。比如亚里士多德所推崇的梭伦就曾发布“减负令”，使许多深陷债务的公民脱离极贫状态；当然还可以从极富阶层征税或要他们负责一些公共开支。政治就是要调节不同人群的收入，使中产阶级壮大。这实际上也是可行的，是大多数城邦都能做得到的。当然，任何一个城邦都有三个阶层，即极贫阶层、极富阶层和中产阶层，于是，要在现有的平民政体和寡头政体的基础上进行改善，其具体途径就是立法者应该把中产阶级纳入政体之中，不管立法者制定出寡头政体的法律还是平民政体的法律，都一定得顾及中产阶级的利益和要求。他曾经提到，平民政体更接近于中产阶级执政的公民政体，因为平民政体执政人数较多，崇尚自由，担任官职只有较低的财产门槛，与中产阶级天然接近，所以，平民政体就“应该借助这些法律把中产阶层拉拢到政体中来”③。当中产阶级壮大到超过极贫者和极富者之和，或者两者之一时，政体都可以保持稳定，因为极贫者和极富者不可能联合起来反对中产阶层的执政者，同时这种中产阶层政权正是他们双方都能接受的。而且，中产阶层执政的政体中，人

① 亚里士多德：《亚里士多德选集·政治学》，颜一编，中国人民大学出版社1999年版，第146页。

② 同上书，第149页。

③ 同上书，第148页。

们最可能获得平常、适中的美德，因为生活于这种政体中的人们免除了极贫和极富给他们的品质所可能带来的腐蚀性影响和危害，从而能更平正而有公心，更能听从理性，所以，更有可能使大多数人培养起那种平凡可获的美德。这种城邦中人们能够平和地生活，不需要相互阴谋觊觎，所以可以无忧无虑，过幸福的生活。根据《尼各马可伦理学》，美德就是情感欲望品质合乎中道原理，即达到所谓适中，于是，“适中的生活必然就是最优良的生活——人人都有可能达到的这种适中”[①]。这是政体建设之大道，而不是权谋之术。亚里士多德分析了许多平民政体和寡头政体对人们的欺骗之术，认为它们可能得逞于一时，但最终都难逃覆灭之命运。

在明确了平常可行的优良政体，并知道在这种政体中的人们能够培养出各种过良好生活的应有美德之后，我们就可以讨论一下美德对于良好生活的意义及其与政治的关系。

一般说来，政治的目的在于使人们能过上良好的生活。但是构成良好生活的大约有以下三种善：“外在诸善，身体中的善和灵魂中的诸善，而至福之人拥有全部这些善。”[②] 在《修辞术》中，他也列举了这三种善：“内在自身的诸善一是灵魂方面的善，一是身体之中的善；外在诸善是指高贵的出身、朋友、钱财和荣誉。”[③] 可见，这三种善的划分在亚里士多德那里基本上是一种定论。那么，这三种善在良好生活中所占地位如何呢？第一，亚里士多德对身体中的善没有过多说明，但联系柏拉图在《理想国》中所说，大概有以下两种情况：一是训练身体的目的是为了完善灵魂，比如常规锻炼身体可以培养纪律意识；二是在恶劣环境下锻炼身体是为了培养那种经万难，履险如夷的品质和精神；但是过分关注身体则是不名誉的。[④] 第二，外在诸善是必要的，但是以适中为好，并非越多越好。当然，希望财富、名位多多益善的人所在多有；至于美德，则有许多人不加措意。事实上，外在诸善只是良好生活的工具，任何工具性的东西都有其阈限，超过这个限度，就对其拥有者有害。另外，我们的确需要拥

① 亚里士多德：《亚里士多德选集·政治学》，颜一编，中国人民大学出版社 1999 年版，第 143 页。

② 同上书，第 235 页。

③ 亚里士多德：《修辞术·亚历山大修辞学·论诗》，颜一等译，中国人民大学出版社 2003 年版，第 22 页。

④ 柏拉图：《理想国》，郭斌和、张竹明译，商务印书馆 1986 年版，第 112—116 页。

有外在诸善，如一定的财富，才能展示自己的节制和慷慨大度的美德。第三，美德越多越好，没有阈限，因为它是一种目的性的善，具有内在价值，“不仅高尚而且有用”[①]。

正如麦金太尔所评论的，“古希腊人追求特殊类型的物质性优秀和理智型优秀的特殊类型活动……当时最为突显的是为优秀善和美德辩护，尤其是为那种按照这些善来理解的正义辩护”[②]。此言的确不虚。柏拉图曾经为作为总德的正义进行了十分深刻的哲学追寻，认为它是心灵中的各个部分如欲望、激情、理智都发挥自己的功能到卓越状态，同时又能和谐协调，即正义美德统辖了节制、勇敢、智慧等美德，也认为正义本身即是善，同时结果也是善的。但柏拉图考察各种政体似乎是为了印证正义美德的整全性，而并不认为城邦政治结构本身对于个人的正义美德的塑造有什么重要意义。亚里士多德在这个方面与柏拉图的确有相当大的不同。柏拉图之后，“不仅亚里士多德，所有有教养的希腊人都认为，只有制度化了的城邦形式才能提供这样一种整合的生活形式”[③]。所以，亚里士多德认为，城邦的政体对于人们所能成就的美德有绝大的、塑造性的影响，这也就是说，我们的最高美德也是在政治生活中形成的。

于是，这种思路与古希腊的另一个传统就处于相互冲突之中，即认为只有哲学即思辨活动是最高幸福，理智美德中的智慧美德也是最高的美德。但是，按照定义，政治生活中所能形成的美德应该只是伦理美德，而非理智美德。亚里士多德所推崇的在政治生活中极端重要的美德——明智，虽然是一种理智美德，但这种理智美德的主要作用是融合在人的非理性能力之中去塑造伦理美德。从作用上看，明智是沟通伦理美德和理智美德之间的桥梁，它还不能与最高的理智美德“智慧”相提并论。而柏拉图在《理想国》中，则主张要让具有最高智慧美德的哲学家成为国王，这样才能使政治达到理想状态。从逻辑上说，柏拉图的思路要更加自洽一些，因为他本来就主张美德应该在独立于政治活动的纯粹教育中获得，所以，通过最良好的教育就可以获得最高美德。但在亚里士多德这里，问题

① 亚里士多德：《亚里士多德选集·政治学》，颜一编，中国人民大学出版社1999年版，第236页。

② 麦金太尔：《谁之正义，何种合理性》，万俊人等译，当代中国出版社1996年版，第128页。

③ 同上。

就比较模糊：在良好政体中，人们是追求具有政治性的伦理美德呢，还是应该从事哲学思辨而获得永恒的、最为自足的幸福？他的自足概念也是相互冲突的：在《政治学》中，他认为只有在城邦中人们的生活才能自足，而在《尼各马可伦理学》中，则认为只有哲学思辨是最高的实践，是最为自足的生活，因为它不需要借助于任何外在的东西即可满足。亚里士多德自己也意识到这两个问题，他只能说，我们应该可以追求政治性的伦理美德和最高的理智美德，但无法同时追求这两者，而是应该分时期来追求。比如我们在政治生活中，当然就没有闲暇，我们需要通过政治参与而获得政治共同体的普遍本质；但我们从事政治活动，最终目的是为了余暇，是为了能够培养我们最高的理智美德，即智慧之德，也就是要能进行哲学思辨，获得最高幸福。换言之，我们的闲暇也是充分的政治生活所提供的。汉娜·阿伦特曾经评论道：在亚里士多德看来，“政治不过是为了达到目的的一种手段，其本身不具有目的。不仅不具有目的，政治原本的目的在某种意义上是正好相反的，即不参与政治事宜、作为哲学的条件的余暇，或者是消磨余暇的生活，却正是政治的本来目的”①。但是，我们毕竟要在认真、积极地从事政治活动之后，才能为自己提供这样的余暇。总之，政治是我们终究要做好的日常之事，也是我们能够拥有平常可获的美德的活动场域。

古希腊是一种热衷于美德的时代，所以，人们热衷于思考以什么样的教育方式才能最好地促使人们获得美德。美德，是人们使自己成为一个好人，获得心灵品质的提升，从而能过一种好生活的主体素质，也体现了古希腊人对人的应然形象（当然主要是理想的希腊人）的一种理解。亚里士多德对这种理解提供了一个最为完整、最为实际的思路，他把苏格拉底式的独立于政治的知识精英姿态调整为与政治密切合作的立场，从而既可以基于实践理性来思考什么样的政体能够使人们既成为一个好公民又成为一个好人，又可以思考我们应该如何使各种现实政体得以完善，使之发挥塑造人们的完整美德的作用，从而使人们能过上一种大多数人可以平凡拥有的好生活。

---

①　汉娜·阿伦特：《马克思与西方政治思想传统》，孙传钊译，江苏人民出版社 2007 年版，第 47 页。

第三章　权力定向的政治哲学的可能路径

古代美德政治学通常致力于对统治阶级独占政权这样一种政治事实进行道德化，一般聚焦于以下几点：一是特别强调政治的道德目的，即把政治的目的看作是使整个政治过程道德化，促使人们成为有德之人，促使社会风俗淳厚；二是对统治者应该具有高尚的美德，并且在政治过程中体现这种美德的价值抱有很高期望；三是认为一种良好的政体应该能够使公民获得较为完整的美德，从而能过上幸福生活。事实上，这种美德政治学采取的是一种“应然”思维模式，这与统治阶级独占政权，实行奴隶制或等级制这么一个现实政治人伦结构是不能真正协调的。所以，为了能够达到社会和平、和谐的目标，就只能强调居上位者应该具有美德，能够行仁政，为政以德；或者构想一种理想的国家制度，要求其政治结构合乎道德要求，其统治者是最智慧、最有美德的；或者对现实的政体灌注一种道德精神，要求统治者能够抑制贪欲，使之能够符合中道；或者主张统治阶层内部分享政权，使他们都能够培养较为完整的美德，等。他们言之谆谆，细心论证，注重现实的思想家会承认天下为家、财产私有等制度的合理性，并以此为基础来设计道德教育措施，使人们能够尽忠为国，获得各自的美德；而对现实政治感到失望的思想家，则会向往那种天下为公的理想，希望打破小家庭的限制和私有财产制度。这两种方式都注目于政治的应然状态，而不能直面这种统治结构的残酷真相。

于是，在各国争战、力图富国强兵以成霸业的时期，或在本民族国家四分五裂而渴望统一的时期，必定会有人直面这种政治统治结构的残酷真相，必定能够体认到，现实政治不能光是竞于道德，而是逐于智谋，争于气力的。但是，他们都面对着各种滔滔雄辩的美德政治学的论说，所以，他们必须对其所背负的美德政治学传统进行解构，并重置道德的基础。这种新的道德基础必须能够容纳蓄意夺取政权、勇敢尚武、谋略深远、谨慎果决、残酷无情、智虑周巧等品质及权谋，即夺取政权和保持政权所需要的一切品质和手段，而不介意于它们是否符合流俗的道德标准，故这类思想家所建构的就是一种“权力定向的政治学”。本章选取两个这方面的代表人物，即韩非和马基雅维里的政治伦理思想进行深入研究，力图再现其各自思想的曲折理致，并在政治伦理思想史的语境中尽可能呈现其思想的必然性和合理性，也试图准确地揭示其内在的缺陷。

第一节　韩非“德”论的权力逻辑结构

以往我国多数学者认为，韩非是一个“非道德主义者”，因为他明确地宣称过“不务德而务法”[①]，并且强调以定法、处势、用术来治理国家，等等，根本没有德治的影子。但是，近年来，学术界关于韩非之“德”论的研究多了起来，有些学者认为韩非归根到底是重德的，其德论针对的是当时社会重大变局中道德的重建，甚至认为他有德治思想。[②] 这些研究结论，大多能够言之成理，持之有故，不得作刻意求异之论视之。按说，对同一研究对象的完全相反之判断显然无并立之理，但我们认为，它们之所以出现，必定有其各自的根据。这也显示了韩非政治思想的复杂性及其丰富的可阐述性。为了深入揭示出现这两种彼此相反之论的根由，我们必须深入到韩非之“德”论的内在逻辑结构之中，来证成这两种相反观点的合理性及各自的局限，并获得关于韩非之“德”论的尽量合乎其思想实际的理解。

一　德的本质、先秦儒家的德论与韩非的批评

1. 德的本质内涵

从根本上说，德是指处于优秀状态或足够好的状态的心灵品质。这里的关键词有两个，即“心灵品质”和“优秀状态”。所谓心灵品质，就是

---

① 《韩非子·显学》。本文所引《韩非子》原文全部采自张觉译注的《韩非子全译》（贵州人民出版社 1992 年版，下同）。

② 近来学术界认为韩非政治学说中有德治思想的较有代表性的论文有：夏伟东的《法家重法和法治但不排斥德和德治的一些论证》（《齐鲁学刊》2004 年第 5 期），唐亚武的《法家学派之德治思想探微》（《湖南师范大学社会科学学报》2003 年第 4 期）和杨卫军的《韩非的德治思想及当代价值》（《理论导刊》2010 年第 3 期），等等。这些观点都有文本依据，但我认为，上述学者没有特别注意到韩非对“德”的理解与儒家有很大不同。

指心灵中的各种成分如理智、情感、欲望能力在现实社会生活中表现出来的善恶特征。它是从人的先天气质中发展出来的。按照亚里士多德的说法，德是什么，有三种可能，即感情、能力和品质。感情指的是伴随着快乐和痛苦的爱、恨、愿望、怜悯、嫉妒等，就它们本身而言，无所谓善恶，所以感情本身不是德；能力是指使我们面对能够产生这些感情的东西而产生感情的能力，是自然赋予的，我们也并不因为有产生某些感情的能力而被称为有德性或恶的。于是，德性就只能是品质了。而品质是“我们同这些感情的好的或坏的关系”①，比如我们对某些东西能够喜怒适当，就是有德；不能喜怒适当，就是失德。品质是先天气质受到后天教育、培养而达到的一种新的心灵状态，它表现为对一件事情的好恶情感是否正确。正确的好恶情感就是好的品质，而不正确的好恶情感则是坏的品质。所以“优秀状态”，是指心灵的诸成分被引导、教育、培养，使之能够发挥各自的功能，并且它们之间能够彼此协调和谐，共同作出一个本身就好的行为，或者能够完成一个善的目的。

于是，作为“处于优秀状态的心灵品质”的德，一方面可以说具有内在的价值，即自身就有的价值，其标准是能够达到“适度”或“中庸”，这种状态是人心中的非理性因素和理性因素相互融合渗透所达到的状态，如情感、欲望受到理性的指导，并且其情感特征和欲望追求都被提高到了与理性所认同的好的理由相适应的高度，而理智也融合了情感和欲望的感性特征，形成了“欲求的奴斯”和“理智的欲求”，② 这样就去除了本能状态下的情感、欲望的个别性，而形成了一种普遍性的感性品质，从而就能够避免“过”和“不及”的两个极端。所以，心灵品质之好有一种适度或中庸的内在标准。亚里士多德说：“在适当的时间，适当的场合，对于适当的人，出于适当的原因，以适当的方式感受这些感情，就既是适度的又是最好的。这也就是德性的品质。”③ 孔子也说：“中庸之为德也，其至矣乎！民鲜久矣。”④ 另一方面，为了保证这种品质的发用能够使行为具有道德价值，就必须受到社会的正当性的法则的引导。比如社会制度和社会交往的正义原则，就是我们的理智所首先要理解、情感所首先

① 亚里士多德：《尼各马可伦理学》，廖申白译注，商务印书馆 2003 年版，第 44 页。

② 同上书，第 169 页。

③ 同上书，第 47 页。

④ 《论语·雍也》。

应赞同、欲望所首先应趋赴的。无此，则所谓合乎适度或中庸的内在品质就未必是善的。所以，这种普遍的社会正义原则就是使我们的心灵品质成为德的基础性因素。比如，罗尔斯认为，德是“那些按照基本的正当原则去行动的强烈的、通常有效的欲望”[①]。这表明，德应该以社会基本的正当原则作为其前提性的纲维。

通过整合以上两个方面而理解的德，是比较完整的。但是各种道德哲学和政治哲学理论体系却会由于自己的理论目标，而采取一些特定的角度来理解德，从而出现对德的非常不同的，乃至相反的理解，先秦儒家和韩非的德论就是这样。

2. 先秦儒家之德论

大致说来，先秦儒家偏重于从第一方面的内涵来界定德，因而注重人的情感、欲望品质的涵养和塑造，认为这种心灵品质的涵养本身就有独立的价值，即使在现实的社会生活中无法行得通，也无损于德的光辉。先秦儒家的德论，是一种情感本位论，他们的确认为，德之根底是自然血缘亲情即孝悌情感，这种情感一开始就处于人与人之间的关系之中，是相互之间天然的一种善意的表达，如父慈子孝、兄友弟恭等。以此为基础，加以涵养推扩，至于他人甚至他物，就能形成仁爱大德，此所谓“亲亲而仁民，仁民而爱物”[②]。而且孔子认为，只要在家孝于父母，友于兄弟，就不至于犯上作乱。同时，政治的最根本基础就是为政者的德，这种德包括仁、义、礼、智、勇、宽、恭、信、敏、惠、温、良、俭、让等，仁为诸德之首。可以说，在儒家看来，无情感即无德。当然，他们也认为，爱有差等，那是符合天然秩序的，是天下之通义。从一种普遍主义的角度来说，这种爱有差等的思想，的确是有所偏颇的，而不能公正地、一视同仁地对待所有人。儒家也可能是认为，虽然爱有差等是有所偏颇的，但这是人本有的、不假外求的情感，所以，我们在修养自己的德时，首先能够依赖的就是这种天然的情感。对此加以推扩和涵养，将能达到“老吾老，以及人之老；幼吾幼，以及人之幼”[③] 的仁爱大德境界。而那种不建立在这种天然情感基础之上的所谓“兼爱”，是根本没有生长基础的，故而不

---

① Rawls, *A Theory of Justice* (revised edition), The Belknap Press of Harvard University, 1999, p. 382.

② 《孟子·尽心上》。

③ 《孟子·梁惠王上》。

可能达成；同时，这种思想也是无视父子伦理关系的。这是儒家反对墨家兼爱思想的根本理由。当然，像杨子那样把人的自爱倾向看作是首要的、根深蒂固的，从而认为人就应该只是全生保真、遗世独立，也是儒家从根本上加以反对的，因为这是在遗弃君臣等政治伦理关系，因此，这种从自爱出发而发展成的全生保真的品质，也不可能是真正的德。

儒家也认为，养德，应有一个原则维度，那就是礼，它是关于各等级的人们如何相互交往、对待的规矩，欲养德，就应践履礼义。但是，儒家同样认为，礼不是一套纯粹的理性规则，而是应该以爱敬情感为本，否则，礼就成了无用的虚文。

至于人的自利本性，儒家并不是不知道，相反，他们非常清楚地认识到了这一点。孔子云："富而可求也，虽执鞭之士，吾亦为之。"[①] 追求富贵利得，的确可以看作是人的一种心理倾向，但他们坚持认为，应该以义求利，即要以仁义之道来求取或分配利益，否则，即使能够得到利益也不屑于去做。这就高扬了道义的优先性地位。这种道义，在先秦儒家看来，就是仁爱的道德原则和仁政的政治原则。在孔子就是"仁者爱人"，在孟子就是要抉发人们的不忍人之心，即应以不忍人之心行不忍人之政，也就是说，他们都诉诸情感原则。孟子虽然讲四端，即"恻隐之心，仁之端也；羞恶之心，义之端也；辞让之心，礼之端也；是非之心，智之端也"[②]，即认为人们心中都普遍拥有德之根芽，这些根芽就是一种情感性的因素。但他同时又点出了仁义之德的血缘情感基础："亲亲，仁也；敬长，义也"[③]，"仁之实，事亲是也；义之实，从兄是也；智之实，知斯二者弗去是也；礼之实，节文斯二者是也"[④]。由于儒家之德论以情感为本位，所以，他们特别注重德的感化性和仿效性，"为政以德，譬如北辰，居其所而众星拱之"[⑤]，"孔子曰：德之流行，速于置邮而传命"。[⑥] 所以，儒家对道德教化的效果，有一种乐观主义信念，并在这一信念的鼓舞下开展自己的理论活动和实践活动。虽然孔子和孟子终其一生，也未能看到德

---

① 《论语·述而》。
② 《孟子·公孙丑上》。
③ 《孟子·尽心上》。
④ 《孟子·离娄上》。
⑤ 《论语·为政》。
⑥ 《孟子·公孙丑上》。

政大行于天下，但是他们却始终知其不可为而为之，他们所要争的不是一时的效验，而是万代的楷模。

3. **韩非对儒家之德论的批评**

儒家从伦理关系上说，的确是给予了亲情以优先地位，如主张爱有差等。这种观点在韩非看来，一方面显然不具备普遍性，必然有所偏向，所以，人们很容易为亲情所迷而无法做出公正的判断，这就不能虚静而烛理；另一方面，偏向于亲情，就会赏罚不当，也会滋长亲戚们的特权思想，从而不利于严明法纪，而危害国家的公利。

总的来说，韩非认为，情感是偏，与治理国家之公共道理不能相应。所以，为了立德，首先要确定客观的道、理、法这些普遍原则。君主也是人，也有自己的情感、欲望、偏好。但君主的这些情感、欲望、偏好也是个别性的，会追求即时的满足，这就是君主之私。如果君主表现出种种偏好，就会吸引臣子千方百计来满足它而从君主那里得到好处，其方法有伪装自己以要君欲、虚言高论以获君誉、曲意逢迎以阿君好等。如此，上以偏示下，下以偏迎上，上下就都陷入了相互计算之中，从而没有一种普遍的原则来严格约束君臣的行为，只有私利、私情的计较，这就必将败坏国家公利，使君危国削。实际上，臣子的最根本愿望就是要获得自己的利益，在君之偏与臣之偏的相互对待中，人们就会无所归向，政治局面就会陷入混乱。

他对儒家德论的批评，从基础上说，就是认为儒家严重依赖亲情，而无虚静之境界，故不依道，因而其德即为虚德，是一厢情愿的妄想。因为人的欲利之心是最强大的，可能出现讲亲情也是为了自己的利益，把亲爱之情当作手段的情况。从效验上论，儒家学说对仁、义、礼等德的最高诉求具有明显的理想性质，在现实生活中很难普遍获得，更不能把它们作为政治行为的驱动力量和保障条件。所以，儒家学说根本难以达到国家大治，甚至会使君主身危国削。

为了矫治儒家的德论之偏，韩非提出的药方是杀伐决断、尺度分明的法。故而他认为，必须首先确立法之准绳，而这种法又是直接针对人的利欲之心的，使之不能矫饰以蔽主、曲言以便私，而只能忠诚于君主和国家公利，以此来获得正当的利益和地位。

当然，韩非也认为亲情忠爱是好的，他也盼望父母慈爱、子女孝顺、兄弟和睦、夫妇亲爱，但是他们只能是私人之德。这种原则不能延展到公共政治领域，因为公共政治领域所关涉的是整个国家的安危、盛衰、强弱。而国君的所有行为都有公共的政治意义，所以，亲情忠爱在这里是不可凭借的，因为政治服从于一种客观的、无情感的理智规则，这就是法。从实质意义上说，韩非认为儒家德论的根本谬误之处在于把私人之德的原则与政治之德的原则相混同，或者总是从私人之德的原则中借用政治之德的原则。

韩非所注重的当然是政治之德。政治之德要求心虚静而能烛理，从而对是非之实、治乱之情予以审察，所导向的功效必定是社会秩序井然，国富兵强，此即国家之公利。所以他说："圣人者，审于是非之实，察于治乱之情也。故其治国也，正明法，陈严刑，将以救群生之乱，去天下之祸，使强不凌弱，众不暴寡，耆老得遂，幼孤得长，边境不侵，君臣相亲，父子相保，而无死亡系虏之患，此亦功之至厚者也。"[①] 这种理想当然也是儒家所追求的，但是韩非认为，依照儒家以亲情为基础的德的原则，则根本无法实现这种政治理想。所以，他主张治国以"正明法，陈严刑"为先，而非以"道之以德，齐之以礼"为先。实际上，韩非是主张，明法陈于前，成德只能随于后，只有尽心守法才是政治的首要之德。他正是在这个基础上来展开对儒家政治道德的批评。

第一，韩非认为，儒家所赞扬的德，实际上是对远古时代的德的沿袭。但古今异情，所以不能用于当今之时。韩非追寻了远古之德的实际情形：远古的情况是人民少，而自然资源丰富，人们尽可取之而自给，即不事力而养足，人民少而财有余，故民不争，因而不需要厚赏、重罚。但是，当今之世，人民众而货财寡，故民争，即使是厚赏重罚也不免乎乱。所以，"古之易财，非仁也，财多也；今之争夺，非鄙也，财寡也；轻辞天子，非高也，势薄也；争土橐[②]，非下也，权重也。"[③]当财物众而人民寡的时候，人们就不会因为财物的稀缺而起争夺，所以彼此可以亲爱、和睦，但这并不意味着那时的人们有多高的德。而在财物稀缺的时候，则必然有争夺，但这显然并不表示人们的道德变坏了。由于财物是排他性占有的，它对个人来说是刚性的需要，所以人们会尽心尽力、想方设法去追

① 《韩非子·奸劫弑臣》。

② 王先慎曰："土"当作"士"，形近而误，"士"与"仕"同；"橐"与"托"通。"土橐"应指"仕托"。仕，即为做官；托，即为依托权贵（见王先慎《诸子集成·〈韩非子〉集解》，上海书店1986年版，第341页）。张觉认为，此解较准确（张觉：《韩非子全译》，贵州人民出版社1992年版，第1031页）。

③ 《韩非子·五蠹》。

求。在这种情况下，就个体而言，人最本原的情感欲望是自爱和追求个人私利。在这种情况下，如果仍然诉诸情感上的仁爱宽厚、体谅礼让等德，就是不可行的，即使有些人有这样的德，也是不足恃的。

韩非有时也赞颂尧舜的德，但这是基于他们是处于那种远古时代的缘故。尧舜之世被后人特别是儒家描述为至德至治之世，而实际上，那时人们的淳朴与和谐并不是基于什么美好的品质而达到的，而是因为他们的财物足以取用，故不生争心。偶有争执，则示以德行宽怀，也能使之归心。他也承认，文王行仁义而得天下：“古者文王处丰、镐之间，地方百里，行仁义而怀西戎，遂王天下。”① 但是仁义只能用于古时，而不能用于今日，因为当今的人们都在为了求自己的私利而以力相搏。他总结说，“上古竞于道德，中世逐于智谋，当今争于气力”②。于是，在当今之世，就不能再期望以宽仁之德行政，因为宽仁的情感品德无法真正感动人的善心，不能使由于资源的稀缺而引起的争利之心得到缓和，所以，仁义慈惠之德并不能如孔孟所夸张地宣传的有那样直接、快速的功效。于是，只能以法为教，以吏为师，以赏罚为二柄，把人们的争利之心扭转到通过服务国家公利而获得满足的轨道上。

第二，亲情不可凭借，会因嗜欲偏好而见弃。国君也有亲子之爱，却也并不是不可撼动的。也正因为父子有亲爱之情，所以，臣子有可能利用君主之子谋其远利，避其远祸，从而可能导致离间君主父子的结果。他在总结历史经验教训时说：“为人主而大信其子，则奸臣得乘于子以成其私，故李兑傅赵王而饿主父。”③ 一个国君，也不能因为爱子而过分相信他，因为如果这样做的话，则臣下就有机会借助于国君之子而谋取私利。比如赵武灵王赵雍因为宠爱孟姚而偏爱他们的孩子赵何，废掉太子赵章，传位给赵何，即赵惠文王，自己称主父。后太子赵章叛乱，赵惠文王的大臣李兑在平定原太子章叛乱的过程中，围困了太子章所躲藏的地方，即他父亲的行营——沙丘宫，杀了太子章后，因担心主父治罪，故而把主父活活饿死了。实际上，正是赵惠文王下令让李兑围困沙丘宫饿死了其父。这就是一个因过分爱子而生乱的鲜活例子。父子之亲情尚且不可绝对信任，

---

① 《韩非子·五蠹》。

② 同上。

③ 《韩非子·备内》。

“则其余无可信者矣”[①]。君主只要把政策和措施建立在情感基础上，就必定会政败而身危。由此推之，父子之亲情都无法绝对凭借，何况君臣之间还没有父子之亲，因此，更不能对臣下行宽仁慈惠。为了应对这种情况，国君实在是需要去除个人好恶，而不为私情所蔽。

另外，他认为，在现实生活中，私人之德与政治之德时常处于冲突之中，儒家在此冲突中宁可保全私人之德，而牺牲政治之德。这显然源于儒家政治之德的原则是建立在亲情联系纽带之上的，认为家庭的伦理价值是绝对需要得到珍视的。韩非对这种原则持明确的反对态度。在《五蠹》中，他连续举了两个例子来说明其理由：其一是，“楚之有直躬，其父窃羊，而谒之吏，令尹曰：‘杀之!’以为直于君而曲于父，报而罪之。以是观之，夫君之直臣，父之暴子也”。这是直接拿《论语》的例子来加以反驳，孔子认为，在这种情况下，正直的做法应该是“子为父隐，父为子隐”，而韩非的立场则是国家法令要绝对地高于家庭亲情。也就是说，为了能成为“君之直臣”，宁愿成为“父之暴子”。其二是，“鲁人从君战，三战三北，仲尼问其故，对曰：‘吾有老父，身死莫之养也。’仲尼以为孝，举而上之。以是观之，夫父之孝子，君之背臣也”。孔子认为，这个鲁人的行为表现了孝亲情感，值得大力褒奖；而韩非则认为，重视亲子之爱，是百姓的行为，绝非君主之所应有。上下之利不同如此，所以，如果按照儒家的教导，则必然出现“仲尼赏而鲁民易降北”的局面。的确，所有人都有亲情，但是君主存在的目的是为了求致社稷之福，故而必须把百姓们重视家庭亲情的私爱扭转到为国家公利做贡献上来。

第三，仁义惠爱不可施，因为这会淆乱法听。法由君出，赏罚之柄由君主所操。这就需要君主具备冷峻、客观地以臣下的行为是否为国家公利做出了贡献为唯一标准来行赏罚，从而使众人知所趋避。臣下可以有仁义、不忍人之心，但是，君主为国家安危之所系，如果君主行仁义惠爱，就无有法断，而施行法外之恩以及法外之赏。在他眼中，“夫施与贫困者，此世之所谓仁义；哀怜百姓，不忍诛罚者，此世之所谓惠爱也。夫有施与贫困，则无功者得赏；不忍诛罚，则暴乱者不止。国有无功得赏者，则民不外务当敌斩首，内不急力田疾作，皆欲行货财事富贵，为私善立名

① 《韩非子·备内》。

誉以取尊官厚俸。故奸私之臣愈众，而暴乱之徒愈胜，不亡何待！”[①] 也就是说，国家对贫困者给予照顾，并不问他们是否为国家做出了贡献，这就是人们所认为的“仁义”；而对犯了法的百姓，也不忍心加以诛伐，从而法外施恩，这就是人们所认为的“惠爱”。如果君主施行仁义惠爱，一方面，臣下即使不力斩外敌，不力耕田亩，也能得到照顾；另一方面，犯了法也能得到宽免。于是，人民就无所趋避，从而致力于营私之举，暴乱之行，这样就必然有亡国的危险。所以，必须行严法重刑，才可以把国家治理好。他认为，这是以利益相互算计的人群治理之道，是一种客观道理和逻辑，即所谓“治强之数”。

他以一则秦襄王的故事来总结为什么不能以仁义、惠爱治国的道理。

> 阎遏、公孙衍谓王曰：“前时臣窃以王为过尧、舜，非直敢谀也。尧、舜病，且其民未至为之祷也；今王病，而民以牛祷；病愈，杀牛塞祷。今乃訾其里正与伍老屯二甲，臣窃怪之。”王曰：“子何故不知于此？彼民之所以为我用者，非以吾爱之为我用者也，以吾势之为我用者也。吾释势与民相收，若是，吾适不爱，而民因不为我用也，故遂绝爱道也。”（《韩非子·外储说右下》）

看上去秦襄王的行为是如此不近人情，但是秦襄王对君民关系作了一个深度剖析，认为“爱”并不是君民相互对待之客观道理，民众杀牛为君主病愈而祈祷，虽然表示他们爱君主，却违法了。他们实际上并不是因为我爱他们而为我所用，而是因为我有权势才不得不为我所用。明乎此，君主治国，就必须“绝爱道”。虽然臣民爱君是好事，但是治国之客观的道理却是不能依靠、信赖这种忠爱之情，而应该在君主不仁义、臣下不忠爱的最低标准之下，来考虑如何治国。过于相信忠爱之情，则有可能被蒙蔽或被利用，韩非一句“公不忍彼，彼将忍公”[②]，深刻地揭示了在君臣以计利相待的局面下，君主行宽仁、慈惠可能导致的逻辑结局。

第四，人情难化，德不可遍求，如果以情感性之德作为治国之大计，则是把理想状态看作是已然的前提。儒家实际上是认为，只要爱民如父

---

① 《韩非子·奸劫弑臣》。

② 《韩非子·内储说下》。

母，就能达到天下大治。但据前面的分析，我们已经明白，“人之情性，莫先于父母，皆见爱而未必治也”[①]，那么，君主行仁义，最多不过爱民如父母，但是即使是父母的爱都难以使不才之子变心易虑，使之向善，那么，君主再能行仁义，又怎么能使百姓转变狭隘偏私之心而臻于善域呢?

另外，我们也不能使大多数人普遍地变得有美德。以孔子的大才，倡仁义于天下，但是真正跟随他的不过七十余人，这说明“贵仁者寡，能义者难”。所以，儒家的美德政治学说的宣传说教，其“说人主也，不乘必胜之势，而务行仁义则可以王，是求人主之必及仲尼，而以世之凡民皆如列徒，此必不得之数也”[②]。这实在是望人太高，故而不可行。当然，如果大家都能够具备如儒家所说的那种基于情感的仁义之德，则社会肯定能够有秩序并且非常和谐。但是在韩非看来，这种政治局面是难以出现的。儒家认为应该为政以德，实际上是把理想状态当成了已然的前提。然而，前提既然不存在，理想的德治状态又从何谈起呢?

所以，从必然能够产生效果计，则应该“一法而不求智，固术而不慕信”[③]，一以法断。韩非认为，对人性不能有过高的期望，在人各自私、人各自利的现实局面中，对人们所表现出来的所谓德不能凭信，因为在这些德的表面下，可能都潜藏着那个牢固的利己之心。这就需要树立法律的权威，使法一而固，使民广泛知晓；赏应该厚而信，使民以之为利；罚应重而必，使民恐惧之。这样一来，所有人都会归利于君主，尽力为国。他说，那些父母之爱、乡人之劝、师长之教都不能改变其分毫的人，只有遇上“州部之吏操官兵、推公法而求索奸人，然后恐惧，变其节，易其行矣。故父母之爱不足以教子，必待州部之严刑者，民固骄于爱，听于威矣”[④]。从人的性情而言，人心并不能为温情、宽仁、慈惠所改变，只有直接打击他的狂妄非分之情欲，使之产生恐惧，才能使之真的得到转变。也就是说，道德仁义的教化只能对极少数人有效果，而严峻的法、严明的赏罚则能对所有人有效果。真正有德的人，自然就会为国家的公利服务，而对一般人，就必须以法来矫正其追求私欲、私利之心。而那些根本就不从法之利、不畏罚之威的人，就应该使之消失，这是韩非政治措施中的最

① 《韩非子·五蠹》。
② 同上。
③ 同上。
④ 同上。

后一招，也是最残暴的一招。

二　韩非之德论

韩非严刑峻法的主张，并不是直接颂扬暴政，而是有着治国安邦、富国强兵的现实目的。他也必然要考虑，为了有效地达到这种现实目标，人们需要什么样的心灵品质。在他看来，既然所有情感均有所偏，甚至最亲密的父子亲情都不可信赖，那么，他必须为德另寻基础。他通过吸收、改造《老子》的思想，奠定了自己道德和政治思想的哲学基础。在现存的《韩非子》中，有《解老》和《喻老》两篇直接通过解释和引申《老子》的有关思想而为其德论奠基，并以道、理、法为准绳，重新界定了各种美德。

1. 对上德、上仁、上义、上礼的界定

在《解老》中，他认为品德是在内的，而利得是从外部获取的，所以有最好品德的人并不追求外在的利得，否则就会使内在之神游于其外。神不游于外，此身就能保全。即是说，德必内固，故应无为、无欲、不思、不用。韩非认为，人的内在品德是整全的，一旦追求外在的个别性的物欲，就会神游于外，所以我们应该虚静。虚静从外部说，就是不为个别性的物欲所诱，不偏倚于任何个别性的事物；从内部说，就是要无为无思，即不作对象性的思维，甚至不能执着于虚的念头，因为如果“其意常不忘虚”，就是把虚当作一种对象而加以思考和把捉，这样就不是真的虚静。精神执着于虚，就会为这种念头所制约。真正的“虚静”是指其精神根本不受任何制约。他认为，老子贵无，所贵即为无为、无思，这才是盛德之容。因此，真正的德，必定是内心完整的品质，此所谓“上德”，而不是任何特定的德，故“上德不德，是以有德”。

在韩非看来，儒家不识真正的道德，因为儒家所谓仁、义、礼等美德都是以人们的自然血缘情感为基础的。实际上，仁、义、礼等德是真正虚静的上德的现实化，虚静的上德需要表现出来，可以表现为仁、义、礼等具体的德。当然这些具体的德只有成为虚静的上德的全体表现，才是真正的德，这就是所谓“上仁”“上义”“上礼”等。所以，韩非认为，老子思想更具有对德的本源性观照：道虚无，故能应万事；德虚静，故能全身。而儒家则从片面的情感角度来理解仁、义、礼。许多人认为，韩非对仁、义、礼等德目的解释，与儒家大致相同。比如他说：“仁者，谓其中心欣然爱人也，其喜人之有福，而恶人之有祸也，生心之所不能已也，非求其报

也。故曰：‘上仁为之而无以为也。’义者，君臣上下之事，父子贵贱之差也，知交朋友之接也，亲疏内外之分也。臣事君宜，下怀上、子事父宜，众敬贵宜，知交友朋之相助也宜，亲者内而疏者外宜。义者，谓其宜也，宜而为之。故曰：‘上义为之而有以为也。’”实际上，如果虚静是真正的盛德之容，那么作为施爱而不求回报的仁，就是所谓“上仁”，即爱意上的完整无缺性，而不是一些偏颇的惠爱。由于“上仁”不求回报，故可说是“无以为也”。而关于义的解释，的确是转述儒家的一般观点，但并不表示他完全赞同儒家的“义”德。他注重的“义”德是指虚静、无思、无为的上德表现在处理人伦关系上，能够使人伦关系秩序达到合宜，所以是“有以为也”。显然，法家也需要一种严整的人伦关系秩序，禁止贵贱逾等，名分紊乱，只不过对于君臣、父子等的职分以及如何维持这种秩序的看法与儒家有不同：儒家认为是守礼制，而韩非则认为是缘道理、守法。所谓“礼”，就是“所以貌情也，群义之文章也，君臣父子之交也，贵贱贤不肖之所以别也。中心怀而不谕，其疾趋卑拜而明之；实心爱而不知，故好言繁辞以信之。礼者，外节之所以谕内也。故曰：礼以貌情也”。这是说，仁义的品质要表现在外貌上。如果德的本义是神不游于外，保全此身之完，则“君子之为礼，以为其身；以为其身，故神之为上礼”。即是说，上礼是自己内在的完整品质的外现，从这个意义上说，就是“为其身”，也就是内外合一，即所谓“神”。这种“礼”才是“上礼”，才真正是德。而一般的人则把礼外在化，只注重外在的礼貌，甚至无其情而饰以貌，故而裂情实与礼貌为二，因此众人无法与真正的“上礼”相应。① 我们认为，只有在理

① 本书对《解老》中关于“仁、义、礼”的说法作了与流行的看法不同的解释。清人陈澧认为，《韩非子》解仁、义、礼，是纯乎儒家之言，精邃无比；梁启雄也认为，这些解释合乎儒家思想，与其思想体系不合，郭沫若也赞同他们的观点，认为韩非这些解释与儒家思想太接近，如此，我们大概可以有把握说《解老》是伪作。宋洪兵教授也认同这些看法（见宋洪兵《韩非子政治思想再研究》，中国人民大学出版社 2010 年版，第 85—86 页）。当代《韩非子》研究专家陈奇猷先生则已经发觉了陈澧看法的差谬之处，并说，认同陈澧的说法是他的《〈韩非子〉集释》的最大错误，从而激发了他作《〈韩非子〉新校注》。他在注释《解老》中的这一段时，借助于法来解说“仁、义、礼”，并处处突出儒、法的根本对立（见陈奇猷《〈韩非子〉新校注》，上海古籍出版社 2000 年版，第 374—387 页各条注释）。其解说方向是对的，但是韩非子在吸收老子思想的过程中，实际上遵循着道—理—法这样一种逻辑递进层次，而不是直接以法为准绳来解说诸德。在论述“上仁、上义、上礼”之义时，韩非并不直接借助于法，而是以道的虚无特点为依据，来阐述真正的德的性质。另外，我认为，陈奇猷先生的新见“韩非之思想实是据老子‘小国寡民’之社会理想引导出其法治之理想社会，借《老子》之文发挥其法治思想”（陈奇猷：《〈韩非子〉新校注》，上海古籍出版社 2000 年版，“前言”，第 2 页），其实只是后半句说对了，而前半句则未必是对的。我认为，韩非子根本不会同意老子“小国寡民”的主张，但是《老子》的“道”论，的确可以导入到韩非关于法的思想中。

解了韩非以上对真正的德的论述之后，我们才能理解他所说的道、德、仁、义、礼之间为什么有如下关系："道有积而德（当作'积'）有功；德者，道之功。功有实而实有光；仁者，德之光。光有泽而泽有事；义者，仁之事也。事有礼而礼有文；礼者，义之文也。"

韩非聚焦于论述德的内在性和整全性，并以这种眼光来看待"上仁、上义、上礼"。在这三个德中，礼作为外在的貌情之德，最容易与内在的品质相悖，所以，他特别指出，真正的有德君子要"取情而去貌"，也就是说，君子要重视内在的情实而非外在的貌饰："夫恃貌而论情者，其情恶也；须饰而论质者，其质衰也。"由于礼有内外，即情实为内，礼貌在外，故情厚而礼薄，礼繁则实衰。只有在作了这样的解释之后，才能较好地理解老子所说的"失道而后失德，失德而后失仁，失仁而后失义，失义而后失礼"的真实含义。[①] 老子的意思是说，没有体道、虚静的盛德之容，就不可能有其他真正的德。比如，若无虚静的盛德之容，则爱的情感表现就不是基于道的整全的爱，而是基于私情的惠爱，此所谓"失仁"；若是行基于私情的惠爱，则不可能真正使人伦关系达到合宜的状态，此所谓"失义"；若是去情实而重礼貌，人们只相责以外在的礼貌，而不重内在的情实，就必然会产生冲突、怨恨，并且生乱，此所谓失礼。因此，如果失仁、失义、失礼，也就无法真正做到忠、信。我们认为，只有对"仁、义、礼"作这样两个层次的理解，才能顺利地解释老子所说的"夫礼者，忠信之薄也，而乱之首乎"。（本节所引均据《韩非子·解老》）

2. 韩非政治学说中的君德与臣德

韩非政治思想中并不是没有对德的关怀，相反，他通过解释《老子》而探索了德的根源，从而对其他学派特别是儒家学派关于德的看法进行了检验，对其不能基于客观道理、思虑虚静、指向身之保全和事之成功的德论进行了批评。他认为，所有的情感都是一偏，所以，他所指的德实际上是一种无情的"缘道理"而从事的虚静的心灵状态、高超的见解和行为，具体归结为依法来治理国家。他认为，这种德是具备了普遍性、无偏颇性的客观冷峻的理智品质，而非情感品质。

---

① 我们认为，《老子》中的此段文字原本似乎应是《韩非子》如上所引。而在今天流行的《老子》中，此段文字是："失道而后德，失德而后仁，失仁而后义，失义而后礼"，这是不符合老子原意的，也难以确解。

从上面的论述可以看出，韩非有着自己心目中的德，他对他那个时代的德目如仁、义、礼、忠、信等的实际意义作了自己的界定，关键就是这些品质必须依赖于公法之准绳、国家公利之效验。对君主而言，其德表现在：第一，因循大道，虚静执一。他应能不任私智，而能依道，握万物之枢纽。无见其所欲，无显其所好，即要“任理去欲”[①]。但是，这并不是主张君主应该是愚昧混沌的，而是主张他应有大智慧。大智慧就是能够超越私智，能够洞察事物的实情和发展趋势，所以他说：“凡智能明通，有以则行，无以则止。”[②] 韩非所谓君主之德，实际上是一种虚静、冷峻、客观的理智品质。第二，去私曲而就公法。因为君主之真利即是国家公利，所以，君主本质上没有自己的私利。法的目的就是要把所有人的欲求扭转到为国家公利做贡献上来，此所谓“公法”。他认为，法对君主和其他所有人都有约束作用：“矫上之失，诘下之邪，治乱决缪，绌羡齐非，一民之轨，莫如法。”[③] 君主释法用私，就背弃了君主之位所要求的德。所以，只有正明法，陈严刑，才可能有真道德。第三，赏罚分明，不以私情而使赏罚失度：“明君无偷赏，无赦罚。赏偷，则功臣坠其业；赦罚，则奸臣易为非。是故诚有功，则虽疏贱必赏；诚有过，则虽近爱必诛。疏贱必赏，近爱必诛，则疏贱者不怠，而近爱者不骄也。”[④] 当然，行赏也可以是表示亲爱，但是一定是依法赏赐有功之人。所以说：“爱人不独利也，待誉而后利之；憎人不独害也，待非而后害之。”[⑤] 君主之真正的仁德，应该是这种表现。也就是说，即使是要表达情感，也应一律以公法和公利为准；君主之真正的信德，也是这样，一是有法之准绳，二是赏罚必信，无偷赏，无过予，这样才能取信于民。所以，韩非所说的信德，并非出于私人情感对亲近之人的偏信，这种偏信必定会被人利用，而是指施行严明法律，示民有常，从而获得人们的信任。这是一种有客观之准的信。所以，在治理民众方面，他要求“有信而无诈”[⑥]，因为“以诈遇民，偷取一时，后必无复”[⑦]。只有这样，才能树立君主的威信，即“名号诚信，

① 《韩非子·南面》。
② 《韩非子·饰邪》。
③ 《韩非子·有度》。
④ 《韩非子·主道》。
⑤ 《韩非子·三守》。
⑥ 《韩非子·安危》。
⑦ 《韩非子·难一》。

所以通威也”[①]。

对君主而言，欲养德，必须事天，即缘道理。道至虚，理先在，不是私智所能把握的，只有虚静之心才能合道察理。所以，养德的方法就是“啬”：“圣人之用神也静，静则少费，少费之谓啬。”[②] 即要省思虑之费，不极聪明之力，不尽智识之任。通过这种返本的修养功夫，就能达到虚静，虚静即能积德。所以一方面要思虑静，这样就能养德于中；另一方面要孔窍虚，这样才能和气日入。积德深厚，才能烛理，才能产生真正的智虑、远见、计谋，此为德之用。也就是说，养德要以体道为本，这是君主之德的根底，此为盛德生生之意的源头。“体道，则其智深；其智深，则其会远；其会远，众人莫能见其所极。”[③] 以这种方法进行修养，就能形成真正的智德、仁德、信德等。

养成美德的目的就是要治国。在韩非看来，能虚静体道，不受外物之引诱而乱其精神，才能获得高出众人的幽深智慧，才能烛察众理，进而宰制万事万物。这是超出个人私情、私欲的客观的道理，从而可以以此为根据而制定普遍的法，用于规范所有人的行为，扭转其欲求方式。

对臣下而言，其德的本质要求就是完全服从君主，忠心一志。韩非说：“贤者之为人臣，北面委质，无有二心。朝廷不敢辞贱，军旅不敢辞难；顺上之为，从主之法，虚心以待令，而无是非也。故有口不以私言，有目不以私视，而上尽制之。”[④] 所谓廉、忠、仁、义诸德，都要在完全尊君主、听法令、利国家的前提下才能谈到。那种“轻爵禄，易去亡，以择其主”的人，并没有“廉”德；那种“诈说逆法，倍主强谏”的人，也没有“忠”德；那种“行惠施利，收下为名”的人，也没有“仁”德；那种“离俗隐居，而以诈非上”的人，也没有“义”德；那种“卑主之名以显其身，毁国之厚以利其家”的人，也没有“智”德。[⑤] 由于他们都背主逆法，所以，这些看上去高洁或聪明的行为，实际上并不是有德的表现，反而是一种恶行。另外，忠有大忠、小忠之分。如楚共王的大将司马子反在战斗中口渴了，竖谷阳拿酒给他喝，虽然解了渴，却使之烂醉

① 《韩非子·诡使》。
② 《韩非子·解老》。
③ 同上。
④ 《韩非子·有度》
⑤ 同上。

如泥，当共王召唤时却无法再战，愤怒之余共王斩了子反。韩非说：“故竖阳之进酒，不以仇子反也，其心忠爱之而适足以杀之。故曰：行小忠，则大忠之贼也。”还有那种在君主死了之后冒死报仇的行为，在韩非看来也不是大忠，因为这是于事无补的。[①] 真正的忠就是要从国家大利出发，全心为君主着想，即使冒着被处死的危险也在所不辞。如齐景公游于海而乐不思归，并下令说，“言归者死”。但颜涿聚从君主如长期不在都城，则将有人谋篡君主之位，并危及国家公利出发，冒死进谏，坚决要求景公回朝，之后伸长脖子等着挨宰。景公感其忠心而听从了他的建议，回到朝廷。回来三天后，就听说国内真的有人图谋不让景公进入都城。韩非感叹道：“齐景公所以遂有齐国者，颜涿聚之力也。”[②] 这才是大忠。所以，忠不只是忠心爱主而已，而是要依法和为了国家公利而爱主；义也不是顺人情而同俗，而是要顺于道德，依法矫治人情，逆世异俗，使之共趋公利。总之，“人臣虽有智能，不得背法而专制；虽有贤行，不得逾功而先劳；虽有忠信，不得释法而不禁”[③]。也就是说，韩非也认为臣子应该成为好人，但是，这些好的品质都必须在遵守所谓“明法”的基础上才能是真正的德。忠，必须是忠于法；信，必须是信于法，等等。

三　对韩非德论的逻辑结构的梳理

从以上所阐明的可以看出，韩非子的德目与儒家差不多，即仁、义、礼、忠、信等，却清洗了儒家这些基本德目中的情感基础，而作了依照法这一客观法则和国家公利这一客观效验的解释。另外，儒家的其他德目如宽、惠、不忍之心等，因为它们纯粹基于情感而必然有偏颇，所以不可能在韩非的德目中出现。由于韩非的德目不以情感为基础，于是他必须为德另奠基础，其德论有着自身独特的逻辑结构。

第一层次：由道而理而法，这是韩非德论的客观法则前提，是心灵品质所必须依附的原则纲维。其道论来自《老子》，道是指宇宙万物的总规律，它本身是虚无，无形无状，超出万物而又在万物之中运行。既然道超出万物，是万物得以产生的总根源，即万物之自然，所以，道是无私意计

---

① 《韩非子・十过》。

② 同上。

③ 《韩非子・南面》。

度、造作的，它是一种整全的、普遍的、客观的存在本身。比如万物都要经历产生、发展、灭亡的过程，所有生物都有欲望追求，都有自保的需要等，就是道的体现。他认为，“道者，万物之所然也，万理之所稽也。理者，成物之文也；道者，万物之所以成也”[①]。道就是万物之所以如此这般存在的根据，理就是已成之物的脉络。他没有对老子关于“道”的特征的种种具有神秘色彩的描述进行解释，而是直接指出道即是作为万物之所以成的总根据。这与韩非积极追求功用效验的态度有关，况且，老子思想的归结点也是“无为而无不为”，所以，韩非的这种解释策略也不为无据。在韩非看来，道“功成天地，和化雷霆；宇内之物，恃之以成。凡道之情：不制不形，柔弱随时，与理相应。万物得之以死，得之以生；万事得之以败，得之以成”[②]。依道即能成德，有德的目的还在于用世，即要主宰万物，并能驾驭群臣，从而达成国家安宁强盛的目的。

韩非不同于老子之处，在于他还突出强调了“理”。由“道”而“理”，是为了对万物进行有针对性的宰制和治理。当然，即便是老子，他领悟道，也是为了治理国家，效法道之“无为”，目的却是“无不为”。老子认识到道的虚无、至柔的性格，进而认为人们应该效法道而无为、不争、不贵难得之货，返璞归真，柔弱守雌。而韩非从治理国家、追求国家利益出发，必须考虑对具体的事物如何进行治理。从这个意义上说，韩非要表现出一种刚健有为的精神来，这是对老子“贵无”、“抱柔守雌”的处世思想的一种转折。在韩非看来，所谓“理”，实际上就是指万物在依照其自然而然的规律存在和发展的过程中表现出的具体的脉络，“凡理者，方圆、短长、粗靡、坚脆之分也，故理定而后可得道也”[③]。万物各异理，相互有区别，故我们可以通过把握其理而宰制万物。我们在处理万物时，不得不依其理而有所变化。理就是万物之所以存亡、生死、兴衰的本性、趋势。因为理是道在万物中的表现，所以道无形，至于天地消散也不死不生，故是“常”；理则有异，就表现在万物的生死、存亡、盛衰之中，故无“常”。把握万物各异之理，并按照其理而促使其朝好的方面发展，就是体道、依理而应事，应事而有功，此所谓“缘道理以从事者，无

---

① 《韩非子·解老》

② 同上。

③ 同上。

不能成”①。

为了依道、理而治物，就必须有一套严格的规矩，此即韩非所谓“法”。比如，人惧怕有祸，是必然的。这是法、赏罚之术、威势所能加以其上的基础。它能使人去私行而就公义，这就是端直，就能正确思考事之理。如此一来，就能获得成功而得以保全。但有福也未必是好事。如有祸在前，人知畏惧，故能端直、思虑，进而能知理，从而缘理而获得成功。福气是人们所追求的，然而人们并不都知道所以求之之道。福祸转换之几深且广，“人莫不欲富贵全寿，而未有能免于贫贱死夭之祸也。心欲富贵全寿，而今贫贱死夭，是不能至于其所欲至也”②。这些都是由于不能缘道理所致，轻弃道理就易于妄举妄动。

法当然要针对人们主要的心理欲求倾向。他说人性好利，并不表示他主张人性恶这样一种普遍的人性论，或者主张一味求利是人们最基本、最根深蒂固的本能倾向。在这个问题上，许多学者都进行了争论，但是在我看来，韩非实际上是认为在“财物寡而人民众”的情况下，人们必须去求利自为，这是“当今之世”客观必然的情势。既然“法”必须应世而作，“法”就必须利用当时人们这种不得不然的欲望趋向，这就是当时人们生活的特定之理，所以，必须缘理而定法。

因为法具有全整性、普遍性，所以必须公开，让人们广为知晓，从而知所趋避。“法者，编著之图籍、设之于官府而布之于百姓者也。”“故法莫如显。”③ 法是对所有人，包括君主的欲望倾向的刚性约束。对君主要求有一种客观冷静的理智品质，从而去除自己的私情、私意，而能理解法的冷峻的客观性和普遍性，一切皆以法断；对臣下则要求一种绝对的服从，只能从服从于法中得到自己的名利。这是君德和臣德的根本维度。此处一失，则任何形式的心灵品质都不可能是德。

第二层次：德必须依是否有利于国家公利这一效验而定。如果说，第一层次是奠定德的原则性纲维的话，则这第二层次就是德的检验标准。这首先是因为，法的指向和实行以法治理的目的就是获得国家公利。在韩非那里，这种公利的性质是特定的，专指国富兵强；其次，由于君主之真利

① 《韩非子・解老》。

② 同上。

③ 《韩非子・难三》。

与国家公利是一致的，故君主之位的稳固也是国家之利，于是，臣下是否能够维护君主之尊位，也是衡量臣子有否大忠之德的标准。如果臣子为了保证君主不失位，使国家不至陷入混乱，即使违背了某些特定的法律规定，而违抗了君主之命，也是大忠。在这一点上，韩非也是以国家公利作为衡量臣子是否真正有德的标准。再次，守法的意图是一种动机，而动机是内在的，故而不可能得到清楚无误的甄别，有可能存在口奉公法而心存便私的情形。既然臣子的言论、所标榜的德都无法采信，就只有把他们行为的实际功效作为客观的衡量标准。最后，一般来说，严格守法的行为动机能够带来有利于国家公利的结果，但是有时也可能与国家公利相悖。在这种情况下，人们并不能以自己的行为是出自守法动机来进行辩解。所以，在守法的前提下，加上对行为结果的检验就是十分必要的。

对行为结果的检验具有相对的独立性，于是就应该以结果为中心来设计对人们行为的约束手段。这就是由法而定名，由名而出言，由言而责事，由事而验功，从理想上说，就是要做到名言相应、言事相应、事功相应，任何一个环节不相应，就都是悖法。这表现在要求臣子的言行与效果必须严格相符，以此为标准来行赏罚。“为人臣者陈而言，君以其言授之事，专以其事责其功。功当其事，事当其言，则赏；功不当其事，事不当其言，则罚。”[①] 言论指向事，而事指向功效，功效是衡量是非的唯一检验标准，必须准确相当，不但言大功小要罚，就是言小功大也要罚，因为功大之利比不上妄言之害。只有这样，才能使无能者不敢过其辞，有能者不敢不致其力。因为这些都是客观的结构，所以必须加以维护，维护得好，则秩序井然；不能维护，则各种私意横行，竟至于无可约束，无所归向。必须以职任人责事，任何越职行为，哪怕是好意，也要加以惩罚。其目的还是要使臣下守业其官，而不相越职，从而也使之无法朋党相为。“昔者韩昭侯醉而寝，典冠者见君之寒也，故加衣于君之上，觉寝而说，问左右曰：‘谁加衣者?’左右对曰：‘典冠。’君因兼罪典衣与典冠。其罪典衣，以为失其事也；其罪典冠，以为越其职也。非不恶寒也，以为侵官之害甚于寒。故明主之畜臣，臣不得越官而有功，不得陈言而不当。越官则死，不当则罪。”[②] 韩昭侯虽多有诈术，但这次兼罪典衣与典冠，却

① 《韩非子·二柄》。

② 同上。

体现了罚必当其事、当其职的法家精神。

这就是行法、行赏罚的终极目的，此外无他，其余的都无关乎德，应予以剪除，即使是忠君之爱，若是危害了国家公利，也不是德。

以上两个层次是韩非判断德和非德的绝对的、客观的标准。

第三层次：在财物相对稀缺而人民众多的情况下，韩非认为，人们最根深的愿望就是自利。其实，这无关善恶，因为它是一种必然的欲望趋向。比如，“医善吮人之伤，含人之血，非骨肉之亲也，利所加也。故舆人成舆，则欲人之富贵；匠人成棺，则欲人之夭死也。非舆人仁而匠人贼也，人不贵，则舆不售；人不死，则棺不买。情非憎人也，利在人之死也”[①]。但是，这种自利倾向相对于国家公利而言，却表现为一种根深蒂固的私性。于是，要使人们能够成德，就必须利用人们的欲利本性，但是必须扭转其方向。法必立，应该成为一民之轨，规范人们的行为；赏罚必用，可示民以真利之所在。违法而害事，则以严刑来直接打击其非分之利欲；遵法而有功，则予之庆赏之利。

法的本质是对一己之私欲的矫正，而使之为国家之公利服务。它的目的是主尊国富，所以，人们只能以遵法并有实功而获赏，得遂其欲，这是以法求富贵，而非违法以侥幸便私。法所蕴含的是公义，而非以私利为目的。这是法的实际生命之所在。

所以，对韩非而言，成德的实际基础是对人们的欲望进行改变。在他看来，人的求利本性并不能被改变，只能以法为原则，以赏罚为手段来进行扭转和引导。但是，对于韩非而言，人的永趋私利的欲望在何种情势下以及在何种程度上可以得到改塑，也是一个极为重要的问题。第一，如果社会财物处于一种极度贫乏的状态下，人民甚至都不怕死，那么，赏罚就很难起到作用，只有在基本生活需求得到满足之后，人们才会看重赏罚：“凡人之取重赏罚，固已足之之后也。”[②] 这是基础条件。基本需求满足之后，才会去追求名利。人皆爱身、爱利，故赏罚可用。第二，在这种条件下，如果赏罚信必，则人乐意守法立功而获赏，也会尽力守法而避祸。在韩非看来，这至少是一种能产生使人们守法为国的客观效果的措施，而不是像儒家那样，把人们的欲望趋向的转变诉诸道德教化这样一种主观的途

① 《韩非子·备内》。

② 《韩非子·六反》。

径。儒家始终认为，立德在先，而且立德绝对不能使用利益诱导和惩罚的方法，因为采用这种方法，也许能使人们不违法，却不能改变其内在的心灵品质，此所谓“民免而无耻”；必须激发人们的善心，以道德义理涵养教化人们的情感欲望品质，只有这样，人们才能真正获得德，能够行己有耻，品行端正，此所谓“有耻且格”。韩非则不相信道德教化有这么大的功效，即使有，也不能凭借，主要原因是道德教化的方式是主观的，而非客观之理。他认为，一种满足欲望的方式只能被另一些欲望满足的方式所改变，这才是赏罚可用的目的。第三，他希望以这样的方式能够使得君臣以计相待变成上下相得，君臣同心。这当然是最理想的状态。第四，韩非也知道这种方式并不是普遍有效的。有些人追求欲望满足的方式是难以扭转的，甚至有些人根本就愿意过一种自由自在的生活，而不听从赏之诱、罚之威。对于这些人，就应该清除掉。“赏之誉之不劝，罚之毁之不畏，四者加焉不变，则除之。”①

韩非把能够按照法律原则而行动的欲望品质看作德，但这种德是通过依法进行赏罚，使原来只顾一己私利满足的欲望冲动转变为依法求利的欲望品质。不管欲望的性质是否有变化，但其追求欲望满足的方式却有了变化。但是，我们认为，从培养稳定的德而言，这种方法困难不小，因为这种方法完全依赖于外在的赏罚措施，从而是完全他律的，难以转化成自律的品质。

第四层次：在德的情感层面上，韩非只能强求产生爱的情感。在韩非看来，没有任何自然的情感可以用作德的生长基础。他认为，情感必须依赖于法而得到表达，对君主来说，不能依亲疏远近的自然关系而表达出来，更不能表现出自己的私人偏爱，还不能相信并依赖臣子的忠君之爱。信赖这种爱君之情，而不问这种爱有否客观的根据，则将会受到蒙蔽，进而危及其身。如果说，臣子之德有着情感维度的话，则这种情感只能是依法行赏罚而强迫他们产生的爱君之情。所以，他说：“圣人之治国也，固有使人不得不爱我之道，而不恃人之以爱为我也。恃人之以爱为我者危矣，恃吾不可不为者安矣。”② 但是，我们知道，爱这种情感必须生自内心，所谓“不得不爱我”的情感是否能成为真爱，那

① 《韩非子·外储说右上》。

② 《韩非子·奸劫弑臣》。

是无法指望的。实际上，强迫愈甚，真爱就愈难求。而没有真感情的心灵品质是否是稳定的品质，则是大有疑问的。在这个问题上，由于韩非放弃了德成长的亲情根基，实际上也使德的情感维度悬空了。这是韩非之德论的又一软肋。

由以上分析可以看出，韩非之德论的逻辑结构的第三、第四层次，是难以与其理论意图相互洽合的。因为要培养德，就必须形成某种自律性的意志品质，并且形成稳定的情感品质，而恰恰在这两个紧要的问题上，韩非之德论的逻辑结构中有着内在的不自洽性。

四　韩非德论之评议

因为韩非子有如此系统的德论，其逻辑结构是完整的，并且均是在政治领域中加以申说的，也的确有运用法治使人们变得更好、变得有德的政治意图，所以有的学者说韩非有德治思想，似乎是有道理的。但是，在进一步的研究中，我们发现，这种看法只是在有限的范围内才能成立，如果考虑到德治的更深层含义，则这种观点就失之无据了。

第一，韩非的政治理论对德作了与儒家不同的理解，其逻辑结构是由道而理，由理而法，注重法的整全性、严格性、公平性，以此作为德的原则性的刚维，合之则是，背之则非；以有利于国家公利为其最终的检验标准，并且把国家公利限定在富国强兵的范围内，所以是以物质性的利益作为政治行为的唯一目的，从而使公共道义从属于物质利益。真正的德治主义则高标道义对利益的优先性，认为道义有其独立于利益的来源，所以，孟子会在梁惠王问他“将何以利吾国”时，会回答说“王何必曰利，亦有仁义而已矣”[①]。并且认为，德来自于人先天具有的、源初的指向他人的善意的意向结构，此即所谓“四端”。实际上，只有像儒家那样高标道义的独立性和优先性，才可能有真正的德治思想。所以，儒家心目中的德都有独立于物质利益的来源。只有从这种观念出发，才会去设计一种德治的政治体制。而韩非的德论则没有这样的出发点，所以，韩非不太可能有正规的德治理想。

第二，在韩非的政治思想中，虽然有大量关于德的论述，但是他所说的德与一般而言的德有着不同的实质内容。韩非心目中的德，具有一种冷

---

① 《孟子·梁惠王上》。

峻、客观、普遍性的理智品质特征，但是其中所关联着的实质内容却是实际的利益。在韩非那里，德的教育和塑造是通过以法为教、以吏为师来进行的，主要是依法论功过而行赏罚，是转变人们追求欲望满足的方式，而非对专注于一己私利满足的欲望气质进行涵养教化。由于在韩非那里，德并没有一些自然的情感之根，所以，德所要求的情感维度，就必须通过强迫来要求，而实际上这是难以奏效的。这表明，即使韩非的政治思想中有想通过政治措施而使人们的品质变得更好这样一种德治的理论和实践意图，但其德论的逻辑结构的内部不自洽性，也使得这种意图难以实现。实际上，在君主专制的政治结构中，由于政权并不为所有人民所分享，统治与被统治关系的建立也未经过人民的同意，于是，为了获得美德性的情感品质成长的基础，像儒家那样诉诸血缘亲情之根，也许是一条较为切近的途径。而韩非排除血缘亲情这样的自然基础，所以，他根本难以找到使人们对现存政体的价值产生忠诚情感的根基，于是只能通过严格的法律约束和物质利益的赏罚。在这种思路中，韩非所描述的君臣异道、君臣异心、君臣异利那种紧张局面并非夸张。

第三，对韩非来说，在政治治理的过程中，不但儒家所说的德不可凭恃，其实他也明白，他所说的德也不可凭恃。他的“不任德而任法”的政治纲领，并不是偶然之论，而是其理论的逻辑使然。主张韩非有德治思想的学者，对这一理论的前提所蕴含的政治的绝对强制性认识严重不足。诚然，如果韩非所说的那种以法为教、以吏为师的方法，能够较为顺利地塑造人们的德，形成对忠诚于法和忠诚于君主的品格，那么，韩非是可以放心地主张实现德治的。但是，韩非对此显然没有信心。首先，他所向往的那种能够虚静而观大道，能摈绝一切私情、私欲、私意，能洞察臣子的奸情，并力行公法的君主是难得一见的。其次，他所说的那种北面委质、忠心一志、动无非法的君子也是难找的。关键还在于，这种品质的培养成型是难以把握的。

第四，虽然在韩非的心目中，法治有向上一途的目标，即形成人们依法行事的情感欲望品质即德，但仅仅是一种希望，他的政治主张绝对不依赖于此。所以，韩非强调，只有法的严格约束才是治理国家的客观的、可以凭借的力量，法治的根本目的是“禁奸止非”。具体的政治措施只能走向下一途，即处势、用术。

所谓“处势”，是从君臣关系而言的。他说：“君执柄以处势，故令行禁止。柄者，杀生之制也：势者，胜众之资也。”[①] 君主必居上位，必操权柄，必驭臣下，有了势，才能在“上下一日百战”中稳操胜券。在他看来，这是政治关系的正常结构，也只有这样，才能君安国治。所以，君臣关系即为上下关系，君主必须确保主体地位，应有法以制臣下，并使臣下无以凌君上。为此，君主不能与臣子太亲近，也不能让臣子太显贵，因为臣子也无时不在觊觎君位，如果君主与之太亲近，则无主势之隆；如果大臣太显贵，则无主威之重。故须有防臣之心。总之，“万物莫如身之至贵也，位之至尊也，主威之重，主势之隆也”[②]。

首先，要严上下之别。为此，君主要以法治百官。显然，人的智力、精力都是有限的，为人主者也无力细致准确地审察百官的所为和意图，其耳目、思虑都不能遍察臣下之奸伪。所以，只能“舍己能而因法数，审赏罚”。君主能守要，就会使法令简单而不会遭到违背，能持此而驭下，就能获得势。此即“治不足而日有余，上之任势使然之”[③]。君主以法治理天下，就如同匠人执绳墨度量以治木器。法令无事，待明主而用之，用必严峻：“峻法，所以凌过游外私也；严刑，所以遂令惩下也。”[④] 严刑峻法，是指法律严格，不得侵凌，而且在执法上必须一律平等：“故以法治国，举措而已矣。法不阿贵，绳不挠曲。法之所加，智者弗能辞，勇者弗敢争。刑过不辟大臣，赏善不遗匹夫。”[⑤] 如果君主释法用私，他又怎么能有别于臣子呢？一是无法执势，二是无法断是非、行赏罚，这样就会君不君，臣不臣。

其次，君主必须独操刑、德二柄，而不能让此二柄旁落大臣。法必得待刑德而后行。刑就是操生杀大权而行诛罚，德就是能够厚赏赐。因为人们都自然而然地“畏诛罚而利庆赏”[⑥]，所以，可以用刑、德来使这种倾向归其利于君主。因刑赏是行法之资，故必为君主所独用。宋君由于把刑戮之权让予子罕，而只掌庆赏，故裂权而失去主位。简公则相反，也失去了主位。所以，君主必须独掌此全权，方能立势。

① 《韩非子·八经》。
② 《韩非子·爱臣》。
③ 《韩非子·有度》。
④ 同上。
⑤ 同上。
⑥ 《韩非子·二柄》。

当然君主独操刑、德二柄，也必须赏罚得当。这就需要把客观的利益与主观的情感严格区分开来。利益超越一切情感。利益是目的，而情感可能只是工具。所以，君主应该始终不为情所迷。信任亲爱之人，也足以适祸。把情感与利欲分离开来，并把利欲作为人们行为的最高驱动，是韩非政治思想的客观主义和现实主义性格的典型表现。他甚至认为，“后妃、夫人、太子之党成而欲君之死也，君不死，则势不重。情非憎君也，利在君之死也。故人主不可以不加心于利己死者”①。如果君主任由自己的喜好、憎恶而行赏罚，而不“按法以治众，众端以参观”，则必有所偏，就会被亲近的人利用，从而结成党与而势重。臣下势重则君势轻。所以，君主必须完全依法而行赏罚，所爱者必须按功行赏，所憎者也必须视其非而行罚。只有这样，君主才能处势。处势，也并不是靠那种喜怒无常、使人无法捉摸的滥施淫威，这是无法处势的，他明确地指出：“释法制而妄怒，虽杀戮而奸人不恐。”所以，君主需要一切均依照简单明了的法令来行裁断，这样就将能达到“上无私威之毒，而下无愚拙之诛。故上居明而少怒，下尽忠而少罪”② 的效果。

所谓“用术”，实际上是补法治的不足，为此，君主必须常常有出其不意之举。韩非在一定程度上改变了申不害的“术治”理论中那种阴险狡诈的特点，而是以效法道的虚静、无为为起点，关键在于不能表现出自己的喜好和偏向，从而让臣下无法加以揣测捉摸；也不能以君主的私智来妄加作为，若不然，君主一人就无法胜过群臣的蒙蔽和永无休止的觊觎和算计。所以韩非说：“物众而智寡，寡不胜众，智不足以遍知物，故则因物以治物。下众而上寡，寡不胜众者，言君不足以遍知臣也，故因人以知人。是以形体不劳，而事治；智虑不用，而奸得。”③ 同时，用术的根本目的也是为了行法。他批评申不害“用术于上”，但“未擅其法”。所以，他说，“明主之行制也天，其用人也鬼”④。意思是颁行法制要如天一样光明浩荡，以术驭人，则应像鬼神一样高深莫测。显然，这种用术，并不能仅凭君主的私智，而是要用心若虚，不示人以明确意图或个人偏好，而要用法来周全、严格地治理一切。以这种方法对臣下“探其怀，夺之威。

① 《韩非子·备内》。

② 《韩非子·用人》。

③ 《韩非子·难三》。

④ 《韩非子·八经》。

主上用之，若电若雷”[1]。但是，韩非也明白，“术”属于秘不示人的权谋之术：“术者，藏之于胸中，以偶众端而潜御群臣者也”，故“术不欲见”[2]，目的是观察臣下能否为法所驱使以用事，通常是设计一种情境来观察臣下的反应，而衡量臣下的忠心或士气是否能从事另一件大事。当然，这种“术”用得太过，的确会流于惨礉寡恩或阴谋权术。

综上所述，我们可以得出如下结论：韩非的政治思想中虽然有对德的独特理解，并且主张在依法治理国家的过程中，有可能使君主、臣子获得相应的德，但是他对这向上的一途只是抱有一种期望；另外，其德论的逻辑结构中有着内在的不自洽性。所以，韩非更多地走向下一途，即主张立势、用术，这是法治的具体手段。因此，认为韩非的政治学说中有德治思想，是学者们对其文本进行了过度诠释的结果；而主张韩非是彻底的非道德主义者的人们，的确看到了韩非政治思想的根本宗旨是在财物稀缺而人民众多，人们竞相争利的时代，德治无法奏效，故必须构造一套由“法、术、势”组成的、有客观之准绳以及实在之效验的治国理念和政治措施，却忽视了韩非实际上提供了一套独特的德论，并容留了希望法治能塑造人们的政治之德的向上一途。

第二节　马基雅维里的“德行”(virtu)观念奥义

古希腊的柏拉图、亚里士多德，古罗马的西塞罗、马可·奥勒留等人都构造了一套美德政治学理论，特别重视美德在政治中的作用，认为政治的主要目的是塑造美德，这些思想成为西方古代政治思潮的主流。但是，马基雅维里对这些古代政治哲学的实质却做了深入的剖析，认为这些思想家只是沉湎于对理想政治的应然想象，而没有直接面对政治的真实。在他看来，政治的真实是：政治的目的不是使政治道德化，而是获取和保持政治权力，为了达到这个目的，就无法一味地以善待人（因为君主生活于不善的人们之中），有时需要诉诸残酷的暴行、杀戮、欺骗、阴谋等恶行才能奏效，故对这些必要的恶行不需要介意。所以，长期以来，一方面，马基雅维里被人们称作“邪恶的导师”，其《君主论》则被称作“魔鬼教

① 《韩非子·扬榷》。
② 《韩非子·难三》。

科书”，“政治罪恶的渊薮”，人们把以一切邪恶手段取得政治利益的做法称之为马基雅维里主义等；另一方面，《君主论》又被称为世界上富含永恒的处世智慧的三本书之一①，人们认为它是政治领域中的科学探究，第一次把政治学与伦理学分离开来，开始用人的眼光来观察政治生活等。这两方面的评价虽然褒贬不一，但有一点是相同的，即主张马基雅维里的观点是：政治学说可以独立于道德。这是人们从其名著《君主论》中得出的评价。然而，人们又认为他的《论李维》（写作时间大约与《君主论》同时）十分重视公共美德，也就是说，他又认为政治与道德密切相关。于是，这种情况值得深入研究。本书拟从对马基雅维里使用的“德行”（virtu）一词的复杂意义进行解析入手，探究其政治哲学对道德美德的真实态度，以及这两部书的内在一致性，并揭明马基雅维里政治学说作为西方政治科学从古代到近代转型的枢纽地位。

一　政权的获取与维持应摆脱道德考量

传统政治学认为，政治哲学的首要任务是考察如何实现最优良的政体，因为最优良的政体最能实现我们的公共善，即能够促使大家获得完满的美德，过上自足的好生活。所以，传统的政治哲学通常都是伦理学的附庸或延伸，政治行为受到道德的严格考量。马基雅维里认为，这种政治理想可以存在于政治哲学的理论建构中，用于指导现实的政治生活则毫无用途。于是，他采取了一个与传统政治哲学大异其趣的出发点，即认为政权的获取和维持是现实政治的基本前提，也是其高于一切的任务。没有统一的国家政权，民族则会处于极端的水深火热之中。在他所处的时代，他的祖国意大利就四分五裂，被列强反复侵凌、蹂躏，民族自由荡然无存，残酷的压迫甚至残暴的屠杀时有发生，人们的生命朝不保夕，所以，他深深感到，最差的国家统一状态也比国家四分五裂好。

那么，如何获得国家政权呢？马基雅维里不像柏拉图那样在阿卡德米学院中从容推敲怎样组建最理想的国家，并假定只要具备这些可能的理想条件和要素，理想的国家即可以实现；或者如亚里士多德那样认为，在现

① 西方学者认为，世界上永恒的处世智慧包含在以下三本书中，即马基雅维里的《君主论》《孙子兵法》和《智慧书》（作者为西班牙著名作家巴尔塔沙·葛拉西安（Baltasar Gracian，1601—1658）。参见于野等编《马基雅维里：我就是教你恶》，新世界出版社 2005 年版，第 8 页。

存的政体中进行某些合乎政治伦理价值的改良，如把寡头政体和平民政体的因素混合、公民轮番为治、中产阶级执政等，就能达到政治上的善，并使人们都能培养某种美德。马基雅维里则认为，人们都应该在一种比较稳定的政体下生活，才能获得最基本的安全和发展机会。这也就是最为基本的共同利益。因为他自己就是想要“探究我深信有益于众人之共同利益的事情”[①]。对他而言，政治的首要任务即是立国。

于是，他首先要考虑如何获取一个国家。在这种情况下，我们还能考虑如何以合乎一般道德准则的方式去取得政权吗？显然，没有强烈的获取欲望、坚定的意志、迅捷有力的手段、精明周密而又有远见的头脑，是不可能带来新的秩序和组织的。所以，对君主国本身的来历可以不问其道德性质，只需考察其如何获得并且得到保护。比如武力夺取君主国的统治者有点像僭主，但这样的获取在道德上也没有什么难为情的。如果为道德上的考虑所牵累，则不太可能进行这种获取。的确，亚里士多德在《政治学》中，曾与僭主讨论如何才能保有僭主的政权，但其主要目的还是劝告僭主为善。他认为，不合法的僭主为保持自己的政权，“是不惜采取任何恶劣手段的”，其要旨大致有三：“（一）在臣民间散播并培养不睦与疑忌；（二）使臣民无能为力，以及（三）摧毁臣民的精神。”[②] 但他更希望僭主能采取合法的手段维持自己的政权，比如关心公库，公布自己的开支，让人们觉得自己是国内的一个管家；示人威重，使人敬畏；克己自持，不纵情声色，特别是不能霸人妻女等。[③] 但正如阿尔瓦热兹所说，马基雅维里却不讨论僭主是合法的还是非法的，他只“把能力等同于依靠自己的军队夺取权力。结果，若是有人就这样夺得政权而又把它维持下来，他们便是有德之人，或者说，僭主坐得稳当就是有德。马基雅维利不仅把僭政身上的污迹洗涮干净，也让传统的道德秩序天翻地覆了，这就宣告大家认为恶的东西其实就是美德”[④]。这话虽然说得过分，却触及了马基雅维里的一个核心思想，即如果能够夺取国家，则无论善恶，什么手段都可以采取。这就是有能力，或者说是有“德行”（virtu）的表现。通观

① 马基雅维里：《论李维》，冯克利译，上海世纪出版集团 2005 年版，第 43 页。

② 亚里士多德：《政治学》，吴寿彭译，商务印书馆 1981 年版，第 295 页。

③ 同上书，第 296—297 页。

④ 德·阿尔瓦热兹：《马基雅维利的事业》，贺志刚译，华东师范大学出版社 2009 年版，第 14 页。

马基雅维里的著述，他的确没有把采取恶劣手段获取和保有国家的能力看作是道德美德，而是看作有“德行”（阿尔瓦热兹显然混淆了这两者）。所以，下文就集中于辨明德行与道德美德的关系。

马基雅维里研究古代伟大人物的政治行为的目的，就是鼓舞一种进取的精神，使用一切手段获取权力。这个目的本身就超越了善恶，所以，有才干的人应该不问善恶（流俗的善恶观念）地获取君主地位，因为这种权力的获取和牢牢掌握，对国家来说是一种绝对的利益。在马基雅维里的心目中，国家政权的统一就是最高的善，就是最高目的。但是，从实际结果看，一个大家都认为是善的行为或恶的行为，都既可能有利于也可能有害于这种目的的达成。所以，真正的大智大勇之人就应该不顾物议汹汹，以获取和保有国家政权为唯一目的，而决断地使用善的或恶的手段。从这个意义上说，一个能够很稳当地获取政体并保有政权的人，必定是一个有勇气、有计谋、果敢的人，哪怕他行事采取了极端残暴、欺骗、高压强制的手段。在施特劳斯看来，马基雅维里实际上是说：“一个暴戾恣睢、十恶不赦的统治者，绝不能被期待丝毫会以共同福祉为念，然而，他的实际行动仍然可能有助于共同福祉，并且因而赢得永恒的荣耀。”这可以诱导我们得出结论：“仁民爱物的公益德行与惟利是图的个人野心之间的首要界限，其实并不重要，因为最为广阔的意义上的个人野心，只有通过树德务滋，通过致使千百万人获得裨益的行动，才可能得到满足。”① 我认为，这个说法非常准确地揭示了马基雅维里的相关理论的深藏不露的基础，眼光十分独到：即获取国家政权，就君主而言，哪怕只是满足其个人野心，从客观上说却有利于千百万人。而且，在那种人伦纲纪废弛、人心腐败，急需建立秩序的社会，采取君主制的绝对统治就是必要的。在《论李维》中，马基雅维里说：“腐败透顶的地方，法律也不足以让她守规矩，为整饬风纪计，就要辅之以更大的暴力——帝王般的铁腕，以绝对的、超常的权力，制止权贵的勃勃野心与腐败。”② 在这种情况下使用超强暴力，即使是为了满足君主的个人野心，也必须通过运用超强权力建立起公共秩序、抑制人心腐败才能达到。

① 利奥·斯特劳斯：《关于马基雅维里的思考》，申彤译，译林出版社 2003 年版，第 50—51 页。

② 马基雅维里：《论李维》，冯克利译，上海世纪出版集团 2005 年版，第 187 页。

对这个问题，古典的政治伦理学是如何处理的呢？柏拉图在《理想国》中，曾指出有人对成为无恶不作、为所欲为的僭主抱有一种向往，然而，整部《理想国》有一个核心主题，那就是论证僭主的心灵品质是最不正义的，因为他的欲望无所节制，任其疯长，从而使激情和理性处于受压制而变得猥琐、无力的状态，是心灵诸成分的极端混乱无序，从而是极其不幸的。这样的人如果统治国家，则国家中的各个等级就无法各安其分，各守其职，同样是极端混乱失序，这样的国家中的人们只是追求花样翻新的欲望满足，最终必然是身丧国灭。这就启示我们，当我们讨论心灵的内在品质怎样才是好的时，我们就是在探讨美德的内在价值，即美德是我们获得幸福的本质条件。所以，不要把政权的获取看作最高目标，而是要从把人培养成具有良好品德的人出发，这样才能既造就最好的人来充任国家的统治者，同时，其治下的人们也能够获得自己各自的美德，并使整个社会和谐有序。柏拉图告诫青年人不要关注政治，而应该先尽力去关注如何“使人格更善”，“如果他最关心的是这个，那么他是不会愿意参与政治的”[①]。然而，马基雅维里却劝说人们做相反的事情，因为一个统一的政治国家是我们生活的前提，所以，政治是我们首先需要关心的大事。

我相信，马基雅维里不想首先论述一种理想的政治体制、运行方式及其对人们道德美德的要求，而是首先认为，在有着统一政权的国家中生活，人们才能活得像一个人。政体无非有两种，即君主国和共和国，在这两种政体下人们都要生活，而且采用哪一种政体，并不依赖于我们的主观意念，而是要视这个社会的民情而定。所以，它们二者本身的价值并不受道德哲学的审核。同时他也认为，在一个已有政体中生活，保持政体的稳定和发展对所有人而言是国家的公共利益，它需要秩序和法律，逃避混乱和暴虐。于是，对于政治人物而言，如果秩序受到威胁，就需要用各种手段去恢复秩序。

当然，这并不等于说马基雅维里对于各种政体的优劣没有进行比较，他显然认为，共和政体要优于君主政体。他在《佛罗伦萨史》中说，“我也不太愿意一直生活在这样一个个人意志高高凌驾于法律之上的城市，因

---

① 柏拉图：《理想国》，郭斌和、张竹明译，商务印书馆1986年版，第386页。

为那样一个祖国才是值得期望的：人们在那里安静祥和地享有财产和友情”[①]。但是，这种比较无关道德，而是关乎两种政体的实际性质。人们必须在某一种政体下才能有值得称道的政治生活，所以，马基雅维里用了两本书分别研究了君主国和共和国。在《君主论》中，他首先列举了君主国的各种类型，并探究了它们的获取方式。君主国这一政体之所以值得重视，是因为在当时的西方世界中，不仅有各种共和国，还存在着许多君主国。就马基雅维里急切关注的意大利政治而言，当时，意大利分裂为5个小国，彼此争斗，兵连祸结，民不聊生，但谁也没有能力统一整个意大利。马基雅维里认为，就当时的政局看，如果能统一国家，采取君主国的政体应较为适宜。实际上，直到1520年，他在接受关于最适合佛罗伦萨的政体问题的咨询，为教皇利奥十世（焦瓦尼·德·梅迪奇）撰写《论洛伦佐死后佛罗伦萨事务》意见书时，还认为对于佛罗伦萨说来，现在已没有一个强有力的君主，很难建立梅迪奇家族早先的真正的君主政制。所以，为着国家的统一，首先必须呼唤一个强有力的君主的出现。

君主制与共和制可以在以下意义上进行比较：第一，君主制和共和制的采用要依社会上的平等状况而定。他说：“有平等的地方，难以建立君主国，没有平等的地方，难以建立共和国。”[②] 也就是说，在社会中如果人们享受着较大的自由，则这样的地方宜于建立共和国；如果一个社会中人们习惯于受奴役，则这样的地方就只能建立君主国。如果强求一律，在所有社会中建立起同样的政体，则是非常危险的，即使建立起来了，也难以保持。所以他说：“想过奴役生活的人民，你却要给他们自由；喜欢自由生活的人民，你却要奴役他们，这都是既困难又危险的事情。”[③]

第二，君主的安定和存续时间系于君主一人的德行，故很难持久，“君主终有寿限，他的德行一消失，王国旋即衰败”[④]。他希望君主国也建立好的制度，从而使其安全不完全系于君主一人的精明。人寿有限，制度则可垂之久远。还有，君主国延续下来时，由于世袭等原因，君主必定会有软弱的，如果采取君主国的方法，则国家一定会有衰亡的时候。而共和

① 《马基雅维利全集·佛罗伦萨史》，王永忠译，吉林出版集团有限责任公司2011年版，第201页。

② 马基雅维里：《论李维》，冯克利译，上海世纪出版集团2005年版，第185页。

③ 同上书，第344页。

④ 同上书，第80页。

国则通过选举的办法，选出有德行的执政官，而废黜了国王，所以“便消除了必须忍受软弱或恶劣君主上台后可能带来的风险”①。因为选举可以有较大可能保证选出有杰出德行的执政官。

第三，与君主国相比，共和国的活力更强盛，兴旺时间更长。主要原因是，崇尚自由的社会有利于更多样的能力和德行的生长，有着多种多样的人才，能够应对社会的变化和多变的时局。而君主国中由于人们习惯受到奴役，从而使社会中充斥着同样的顺从性格的人们。所以，对于君主国而言，“只用一种方式做事的人，绝不会改弦易辙；如果时局已变，他的方式不再适用，它也就覆灭了”②。所以他在《佛罗伦萨史》中总结道：“所有那些著名的人物都出自于共和国，而不是君主国，因为共和国养育富有德行之人，君主国却剪除他们。共和国受惠于他人的德行，而君主国害怕他人的德行。”③ 同时，在君主国中，由于人们习惯于被统治，而没有自由，所以，他们并不在意是谁在统治他们，“往往不在乎换一个主人——其实他们经常乐于换主子”④。

第四，君主国只会从君主的私利出发来进行活动，以致会采取削弱民众的举措。即使碰巧某个君主还有某些德行，他具有勇气，并且也能整顿军备，其目的却只是有利于其自身，而不是有利于国家。“对于他用专制手段加以统治的德才兼备的公民，他不能予以奖挹，因为他不想引起他们的猜忌。”⑤ 所以，君主国无法得到很大发展。马基雅维里在李维的《罗马史》中观察到，罗马人在摆脱了国王之后，取得了十分辉煌的成就。只有共和国才能够形成社会的共同利益，而“成就城邦之丰功伟业者，不是个人的利益，而是共同的利益”⑥。这种共同利益完全是为公众而存在的，只有共和国才会尊重这种共同利益。当然，它也可能会伤害某些个人，但是，受益的人却是绝大多数，从而共和政体能够得到多数人的拥护。

古罗马是马基雅维里心目中从君主国转变为共和国后就变得非常强盛

① 马基雅维里：《论李维》，冯克利译，上海世纪出版集团2005年版，第105页。

② 同上书，第346页。

③ 《马基雅维利全集·佛罗伦萨史》，王永忠译，吉林出版集团有限责任公司2011年版，第344页。

④ 马基雅维里：《论李维》，冯克利译，上海世纪出版集团2005年版，第355页。

⑤ 同上书，第213页。

⑥ 同上。

的国家的楷模。他认为，这是拜罗马共和国的创立者罗慕路斯的巨大德行所赐。在他心目中，罗马“数百年维持如此强盛刚健的品格于不坠”①，罗马之建城，不由任何外力，而完全是自由所为，同时，罗慕路斯、努马所创立的法律之精明完备，谋略深远，使得其“物产之丰，海路之便，不绝如缕的凯旋，帝国的威名，数百年亦不能败坏其品质；令其他城市或共和国熠熠生辉的德行，被他们悉数保留给了罗马”②。他认为，罗马品格的强盛源于：（1）它综合了君主制、贵族制和平民制三种统治形态，使之各得其所：先是驱逐了国王，其权力由两个执政官来取代，并赋予有名望才德的贵族以立法权，于是共和国就有了执政官和元老院；同时由于贵族身处高位，感觉甚好，认为高人一等，对平民傲慢，甚至欺凌平民，所以，罗马后来又设立了护民官，对贵族予以抑制，对平民予以保护。“在这一混合体制下，它创建了一个完美的共和国。此完美境界肇始于平民与元老院的不和。”③ 它能够纠正某种单独政体的偏差，又能吸收各种政体的益处，从而使得每一部分人都必须彼此认真对待对方的利益诉求。（2）为有些史学家多所诟病的罗马贵族与平民的不和，却成为贵族和平民必须遵守普遍法律的平衡性力量，这促进了共和国的自由与强大。因为这样一来，各方都能保持自由，所以大家都没有危害自由的欲望，于是，我们可以看到，在从塔尔昆到格拉古的300多年中，这种不和“并未造成有损于公益的流放与暴力，却导致了有益于公共自由的法律和秩序”④。这种用意如此深远的制度设置和法律创制，的确反映了罗马共和国首领们的精明、谨慎、深谋远虑，以及以维护共和国的自由和共同利益为鹄的宏大志向、广阔心胸和气度，这是一种十分深厚的德行。

君主制和共和制是两种可能的政体，这两种政体的获取和维持都需要人来进行，虽然运道很重要，但是，人力也是很重要的，甚至可以说是更重要的，我们要利用自己的意志来掌握命运、抗击命运，从这个意义上说，国家的命运，人是可以至少掌握一半的。可以说，这是一种强烈的主宰国家命运的志向。这两种政体不管在价值上如何不同，性质上如何相异，都是要因社会民情的不同而分别加以采取的。它们的获取和保持，都

① 马基雅维里：《论李维》，冯克利译，上海世纪出版集团2005年版，第45页。
② 同上书，第47页。
③ 同上书，第52页。
④ 同上书，第56页。

需要以主事者强大的精神素质为基础。这种精神素质是综合性的，它以国家政权的获取能否成功及其保有能否长久为验证；如果举事屡遭失败，或国祚短促，那么，即使其具有某一方面杰出的素质，那么，举事者总体的精神素质还是有缺陷的。所以，对这种精神素质的细致考察，就是马基雅维里相关理论的核心内容。在这方面，他的确提出了许多卓然不同于流俗的观点，做出了许多惊世骇俗的论述。

二　德行超越并运转善恶

马基雅维里广泛使用的“德行”（virtu）一词是意大利文，它保留了其相应的拉丁文 virtus 的词根 vir -（意思是“男子气的”），这个词是指身心的力量，如利用机会，忍受逆境，迎接、避开危险的能力，它是“借以达到特定成果的手段”。根据昆廷·斯金纳的梳理，马基雅维里所使用的 virtu 一词是指：（1）为了达到保护自由、广大城邦这些成就所必需的人类品质，也就是能力、天赋、才具等；（2）将领和军队能够击败敌人、赢得伟大胜利的品质也是 virtu；（3）在民政事务方面，virtu 是指开拓城邦、加强有序统治、制止内乱、避免腐败、保持果敢的领导力量以及支持一切和平努力所必需的天赋等。[①] 也有人说，virtu 指“英勇”，“这种英勇意味着一个人击败自己的敌人和在政治环境的广阔范围里达到自己的目标的能力”[②]。我们需要在与运道（fortune）相联系的领域中来考察德行，即德行也是能够抗拒运道取得胜利的能力。概括地说，virtu 就是指为达到特定成果（这个限定很重要）所必需的能力、技能、力量、智谋或勇气等。我们在一般情况下把它译为“德行”，而在具有道德意义的场合，则译为“美德”。

这样的身心力量与道德没有直接关系。但此词在伦理学中被用于专指道德意义上的美德，如勇敢、节制、智慧、正义等，主要是指一个人的品质中有普遍法律规则意识、正义原则意识，并且具有公共精神、他人意识以及和善、容让、厚道、大气等品质。道德美德的核心在于，你要达到你所选择的正确目标，必须采用正当的手段。换句话说，道德美德要求：宁

① 昆廷·斯金纳：《消极自由观的哲学和历史透视》，载达巍等编《消极自由有什么错》，文化艺术出版社 2001 年版，第 117 页。

② Niccolo Machiavelli, *History*, *Power*, and *Virtue*, edited by Leonidas Donskis, New York Amsterdam, 2011, p. 6.

愿达不成好的目标，也不能选择不正当的手段。

可以说，人们对行为的善恶都会有着某种共识：即选择有损于他人或社会的手段的行为就是恶劣的，而选择有利于他人和社会的手段的行为就是善良的。从这个意义上说，人们对行为的善恶之判断，主要是依照其所采取的手段，因为手段贯穿于行为的整个过程之中，故而能为人们所直观地感受到。从理想的角度而言，能以正当手段达成好的目标，就体现了行为的全体之善；而以不正当的手段达成好的目标，会被人指责为恶劣的，但是其恶劣程度的确会因为其好的结果而得到减轻；以正当手段达成了坏的结果，似乎不太会受到指责，有些时候还会受到赞扬；而以不正当的手段达到坏的结果，则是道德谴责的主要对象。在现实生活中，这四种现象都是存在的。

许多学者认为，马基雅维里对 virtu 这个词的用法有含混之处。实际上，在我看来，他是在有意识地利用这个词本身的含混之处，不这样做，则他整个的政治教导就会显得更加邪恶，而缺少任何可以称赞的因素。所以，马基雅维里十分清楚 virtu 表示的身心力量的含义与道德上的美德的含义之间的差异。比如一个人通过阴谋诡计、残暴手段夺取了国家的统治权力，虽然表明他的身心力量十分出色，但是因为其行为不符合道德美德的标准，所以，他不可能得到道德上的光荣，因为这包含了杀戮同胞、背叛朋友以及抛弃信仰、怜悯和宗教等恶行。如西西里人阿加托克雷从陶工之子成为锡拉库萨国王，中间经历了无数艰难困苦，不依靠任何幸运，但是他一辈子都在使用道德上十分恶劣的手段，如屠杀市民，出卖朋友，缺乏信用，毫无恻隐之心，没有宗教信仰等，所以“是不能够称作有能力的”①。这里的能力一词，即为 virtu，似乎可以指道义上的优越性。马基雅维里认为他根本不能跻身于伟大人物之列，原因是“以这样的方法只是可以赢得统治权，但是不能赢得光荣”②。在《论李维》中他同样说：“对于背信弃义、违反条约的欺诈，我不认为有何荣耀，即使像前面说过的那样，你以此篡夺了国家或王位，它也不会给你带来任何荣耀。”③

由此，马基雅维里实现了政治哲学中的一个重大转折，即质疑在实

① 马基雅维里：《君主论》，潘汉典译，商务印书馆 1985 年版，第 40 页。

② 同上书，第 41 页。

③ 马基雅维里：《论李维》，冯克利译，上海世纪出版集团 2005 年版，第 427 页。

现政治目标时的道德手段的考量。这是因为道德手段与政治目的是不相配的，政治的目的是得国和治国，必须靠人力建立和维持、改造的新秩序，这就必须直接面对那些不会自动放弃权力的力量和需要被整合成新秩序的分散的、目标多样的力量，所以，要成为君主者，其能力十分重要，并且在一些特定时候进行残杀、欺骗、下毒、强制等都是必要的。也就是说，政治领域是一种必然性的领域，是以力量、能力相互抗衡的领域，而不是以善心相待的领域（这必须建立在大家都以善心相待的前提下）。在马基雅维里看来，想靠善心的感化来吸引别人归附，显然是一厢情愿的事情；柏拉图、亚里士多德设计理想的政体，使人们都能发展自己的美德，从而获得美好生活，这首先就没有直面现实政治的残酷性、必然性。亚里士多德在《政治学》中主要考虑如何让各种政体展示出其道德美德，并让人们能够在政体中培养道德美德，几乎没有考虑过如何获得一个国家。

于是，在马基雅维里那里，我们看到了一个新的开端，那就是如何获取一个国家。这种理论出发点显然会使自己直接面对政治的残酷。于是他必须为 virtu 的多种含义分别找到它们合适的位置，使之不要相互纠缠、相互削弱，而应该让它们各安其位，各自发挥自己应有的作用。我认为，只有从这样的角度出发，才能把他的德行思想梳理得较为清楚。

1. 他揭明了其德行学说的背景框架，即认为命运在冥冥之中支配着我们，但是我们又有着自由意志，能够认识到事物的必要性，并以智谋来建立组织有序的力量对抗命运，以德行来掌控命运。命运不是一个人能够自己完全把握的，而是有着某种偶然性；但是，我们又不会任由这种偶然性摆布，而想尽量把握自己的命运。这时，我们发现，积极进取的观念就在他的学说中凸显出来了。积极进取，就是要运用我们的自由意志，他认为，“不能把我们的自由意志消灭掉”，“正确的是：命运是我们半个行动的主宰，但是它留下其余一半或者几乎一半归我们支配”①。而运用我们的自由意志，就是要去认识事物的必要性，并合乎必要性地运用我们的身心力量，交替地使用我们的善行和恶行，目的就是要获得和保持统治权，或为了保卫自由和共同利益。获得了这样的认识，我们就将有智谋，并能够以智谋对抗命运。“运道得以展现力量的条件是，人类缺乏组织有序的

① 马基雅维里：《君主论》，潘汉典译，商务印书馆 1985 年版，第 117 页。

力量抵制她。”[①] 即是说，如果我们不能组织起有序的力量，则我们就只能听从命运的摆布。这种组织有序的力量就是马基雅维里所要全力去建立起来的东西，比如健全的法律、强大的军队以及垂范的古代先例。建立并效法它们，是政治的本务。从个人而言，要能驾驭自己的命运，就要具备强大的身心力量，即德行，“因为只要人的德行不足，命运女神就会展示其巨大的威力”[②]。而具备了强大的德行，我们就将能在一定程度上掌控自己的命运。“迅猛胜于小心谨慎，因为命运之神是一个女子，你想要压倒她，就必须打她，冲击她。”[③]

2. 从获得国家而言，君主国的获取可能更需要经过刀光剑影、阴谋夺取。一个有足够智谋、远虑、勇气、果敢精神的君主，他夺取国家即使是为了自己个人的私利，但是他所追求的国家政权的统一却是全社会前提性的共同利益。所以，为了这个共同利益能够持续，维持政权的存续和强盛也就成了君主的使命，考验着君主的智慧、才能。在这个巨大的事业中，君主国的命运也处在必然性的把玩之中，时时会有一些力量来挑战既有的秩序，在这个过程中，君主必须审时度势，运用各种方式，无论善恶，只要能够维持政权统一即可。

关于这方面，马基雅维里明确指出，他必须破除人们习见的一些错误见解。他提出著名的“真实情况”与“想象方面”之间的差别。这表明他是在哲学高度来辨明这个问题的。他认为，我们应该探索事物的“真是”，而不能沉湎于对“应是”的想象之中，如果这样做，则我们就会受到必然性的支配而陷于毁灭。他说：“人们实际上怎样生活同人们应当怎样生活，其距离是如此之大，以至一个人要是为了应该怎样办而把实际上是怎么回事置诸脑后，那么他不但不能保存自己，反而会导致自我毁灭。因为一个人如果在一切事情上都想发誓以善良自持，那么，他厕身于许多不善良的人当中定会遭到毁灭。所以，一个君主如要保持自己的地位，就必须知道怎样做不良好的事情，并且必须知道视情况的需要与否使用这一手或者不使用这一手。”[④] 这的确是一种谆谆教诲，而不是一味地教人恶。

---

① 德·阿尔瓦热兹：《马基雅维利的事业》，贺志刚译，华东师范大学出版社2009年版，第216页。

② 马基雅维里：《论李维》，冯克利译，上海世纪出版集团2005年版，第298页。

③ 马基雅维里：《君主论》，潘汉典译，商务印书馆1985年版，第120页。

④ 同上书，第73—74页。

从应然的角度说，人们都应该是善良的，都应该爱人如己，相互礼让，和谐一致，但是，马基雅维里却告诉大家，真实情况却是，君主是在许多不善良的人当中生活着的，故不可能永远都善良忠厚，而必须知道如何去做恶劣的事情，才能抵御他人的恶行对他们的侵袭。

3．在共和国的获取之初，情况要更加复杂一些。共和国的根本使命就是要让民众都能享受到政治权力，国家中应该有共同利益，而不是君主的一己之私。从这个意义上看，共和国的性质使得其创立者需要更为广阔、崇高的道德情怀。当然，在共和国中，统治者们仍然面对着各种相互对立的利益要求和各种获取的欲望，弄不好统治者也会身首异处或被放逐。就古罗马的情况而言，建城之初，由于平民和元老院不和而引起种种事变，迫使罗马初期的统治者（如罗慕路斯）来处理和引导，并制定了许多有利于自由的良好法律。他们开始的目的是建立王国而非共和国，但由于后来的变故，废黜了国王。机缘巧合，他们又设置了两个执政官来取代国王，后来又设立保民官，从而混合了君主制、贵族制和平民制，“在这一混合体制下，它创建了一个完美的共和国”①。从这个意义上说，罗慕路斯等人虽然最早想建立君主国，但是其举措实际上有利于共和国的建立。

共和国的价值核心是维护自由和有益于共同利益。人的德行因享有自由而得以养成，因保卫自由而得以展现。倘若夺去其自由，则人们就无法培养这种精神和品质；而要对共同利益有贡献，就需要有对法律的遵守和对祖国的热爱，把公共利益放在优先于私人利益之上。这样的要求的确符合道德美德标准。但是，这样的美德并不是一开始就会有的，而是需要靠制度设置的引导和领导者的垂范。所以，共和国与君主国相比，的确更加重视统治者的道德美德的榜样，也更加信任民众，并努力保护他们的自由。他认为，“共和国表现出的完美，就是因为某个人的德行，或是因为制度的优越。就后者而言，使罗马共和国回到其源头的制度，是平民护民官、监察官以及防范人们的野心和傲慢的所有法律。这些制度需要一个杰出的公民为其注入活力，他面对那些违法乱纪者的势力，也能果敢地予以处决”②。这样一个杰出的公民就是具有高迈德行的人，他必须为了祖国

① 马基雅维里：《论李维》，冯克利译，上海世纪出版集团 2005 年版，第 52 页。

② 同上书，第 310 页。

的安宁，为了大众的共同利益而使用各种手段，包括残暴地使用其超常权力，绝不姑息养奸："如果面对正不压邪的局面，他绝不应当因为敬重正义而姑息养奸。他的劳作和用心必须根据目的加以评判，……他的所作所为是为了祖国的安宁，而不是为了他个人的野心。"[①]

所以，德行超越了流俗的善恶，但同时，有德行之人应该明白如何视情势需要而分别运用善行或恶行，从这个意义上说，善行和恶行都是德行的手段。君主国的首领和共和国的首领都需要有高超的德行，但在马基雅维里心目中，他们的德行有一点区别，那就是君主国首领之德行体现在为了满足个人野心的过程中成就了公共之善，而共和国首领之德行则表现在为了公共之善而超越个人野心之上；但二者也有共同点，即德行的基础是一种强大的身心力量，必要时可以使用一切手段，甚至包括反人道的恶行。

三　德行的新结构

当我们深入到马基雅维里的德行观的结构内部来进行剖析时，我们可以发现，他的"德行"学说呈现出一种新的结构。

首先，在他那里，德行（virtu）是政治哲学中最本源的概念，为国家政权的获取和保持所必需。德行的基础含义是身心力量的强大，包括艰苦坚卓、掌控全局、心思缜密、谋略深远、随机应变，关键时刻可以不择手段，把残暴使用到极致等。可以说，这个意义上的德行处于最高层次。德行可以超出日常流俗的善恶观念，并且充当行为取舍的最高标准。也就是说，流俗意义上的道德美德和恶行，是有德行的杰出人物视政治情势的需要而分别加以运用的，而不受道德良心的约束。这种观点与古代著述家的观点有很大不同：在马基雅维里这里，君主所应关心的事情就是获取和维持国家，其他的事情都处于次要地位。由于世间的事情太过纷繁复杂，有时又在一些紧急关头，故不容人们只顾为善。获取和维持国家所面临的必要性或采取行动的紧要性，都会使人们所做的事情无法从善或恶的角度去评判。阿尔瓦热兹在解释这个问题时，所言可谓切中要害："必要性提出的要求越高，国家和政治的需要越大，给予人的善的品质的考量则越少。

① 马基雅维里：《论李维》，冯克利译，上海世纪出版集团2005年版，第317页。

君主行为处世应当符合看似邪恶的原则。”[①] 总之，“获取领土的欲望确实是很自然的人之常情。人们在他们的能力允许的范围内这样做时，总会为此受到赞扬而不会受到非难。但是，如果他们的能力有所不及，却千方百计硬是要这样干的话，那么，这就是错误而且要受到非难”[②]。这种能力包括自己的审慎、勇气以及能够适应必要性的客观要求。从这个意义上说，这种所谓德行的性质是科学事实性的分析结果，而非道德上的评价。

其次，所谓流俗意义上的道德美德或恶行，是指人们习惯于认定的对一个人的品质是否优良的判断。人们一般都能判断出那些煌煌之词所指称的品质一定是道德美德。一般而言，在流俗的使用中，品质是成对出现的：如慷慨与吝啬；乐善好施与贪得无厌；慈悲为怀与残忍成性；言而有信与食言而肥；勇猛强悍与软弱怯懦；和蔼可亲与矜傲不逊；纯洁自持与淫荡好色；诚恳与狡猾；容易相处与脾气僵硬；稳重与轻浮；虔诚之士与无信仰之徒等[③]，我们通常认为这些成对品质的前者是优良品质，而后者则是恶劣品质。在《君主论》中，他说，“我知道每一个人都同意：君主如果表现出上述那些被认为优良的品质，就是值得表扬的”[④]。他把这些品质成对列出，就是表明流俗的道德观念具有以下特点：优良品质本身就好，是心灵获得良好教育涵养的结果，即使是在重大事件面前或紧急关头，出于这种种品质的行为会带来不利的后果，也不能贬损这种品质的高尚性；恶劣品质本身就不好，是心灵诸能力没有形成正常秩序的结果，是心灵品质败坏的表现，即使是在重大事件面前或紧急关头，按照这种恶劣品质去做会带来好的结果，也不能去除这种种品质的恶劣性。古代的著述家都希望君主们具有一切优良的品质，哪怕是这些品质会导致君主们亡国，他们在这个问题上也不松口。而马基雅维里在这个问题上则认为，现实政治的残酷性，使得我们无法把道德上的善良坚持到底，所以，对品质还需要从目的和结果来进行取舍。

再次，政治教育就是要把关于德行的真相传授给大家，特别是君主国和共和国的治国者们。他认为，我们应该了解事情的真相，而不应仅仅沉

① 德·阿尔瓦热兹：《马基雅维利的事业》，贺志刚译，华东师范大学出版社2009年版，第129页。

② 马基雅维里：《君主论》，潘汉典译，商务印书馆1985年版，第15页。

③ 同上书，第74页。

④ 同上。

浸在对“应然”的想象之中。君主难以拥有这些完备的优良品质，即使拥有，也无法保持；而且“人类的条件不允许这样”，我们不能光实行道德，而是必须考虑必要性。所以要摆脱道德敏感，在事情的必要性要求我们做出某些恶行才能保全国家或共同利益和自由时，则必须这么做。他说：“如果没有那些恶行，就难以挽救自己的国家的话，那么他也不必要因为对这些恶行的责备而感到不安，因为如果好好地考虑一下每一件事情，就会察觉某些事情看来好像是好事，可是如果君主照着办就会自取灭亡，而另一些事情看来是恶行，可是如果照办了却会给他带来安全与福祉”①。这就是说，善德未必带来好的结果，而恶行也可能带来安全与福祉。在《论李维》中他仍然持这种观点，“恶行自有其伟大之处，亦可显示慷慨大度，他们却昧于如何做到”②。所以他认为政治的考虑以自身和国家的安全为目的，道德与此目的并不能完全相应，因此，在政治中，道德成为纯粹的工具，有利则用，无利则弃；而恶行如果对获取和保持政权有利，就是必需的。

最后，德行的真正基础是身心力量的强大，它不为流俗的道德观念所限，最突出的表现是智谋。智谋表现在以下几点：（1）智谋并不考虑各种品质是否符合流俗的道德观念，它的最终指向是国家的保全或共同利益。（2）但人们都赞扬流俗意义上的优良品质，所以，应该做到：即使没有这些品质也须要装作有这些品质。这同样是因为这样做对统治有利。（3）要能洞察到，从最终意义上说，善恶是会转化的，一味求善，将会导致其反面的出现。他举了三个例子来说明这一点：①慷慨是美德，但是慷慨需要花费大量钱财，以致会加重人民的负担，而且这种慷慨会损害许多人利益，因为受惠者只是少数人，这将会引起人民的仇恨；而当他变得拮据时，则会丧失人民的敬重；如他不再慷慨，则会转化为吝啬，而这种转变会引起人民的鄙视。于是，对统治者而言，吝啬就好过慷慨，因为当政者吝啬，就能在平时节省，到战时就可以主要用自己的财力来从事征战。②仁慈和残酷各有用途，也会相互转化，应兼顾运用。仁慈与残酷可以同样有力量。他说，“充满仁爱的友善举动，有时比残暴的行为更能震撼人的心灵；军队、武器和任何人类暴力都无法攻克的城市和地区，经常

① 马基雅维里：《君主论》，潘汉典译，商务印书馆1985年版，第75页。

② 马基雅维里：《论李维》，冯克利译，上海世纪出版集团2005年版，第118页。

能够因仁慈友善的榜样而不攻自破"[①]。但是，相反的品质也能赢得赫赫威名。对此，他的解释是因为人们喜新厌旧，从而会欲求不同品质的统治者；同时，人们内在的驱策力有两种，即爱和恐惧，"因此，凡是能赢得爱戴或令人畏惧者，都能发号施令"[②]。但根据他在《君主论》中所说，令人畏惧比受人爱戴要可靠得多，所以，"与赢得爱戴者相比，令人畏惧的人，更能得到人的追随和服从"[③]。仁慈不能过度，如果过于仁慈，而无法给城邦以良好纪律和秩序，则国家就会受到很大损害；而如果需要诉诸残忍才能带来城邦的和平与忠诚，那么，残忍的手段体现的就是仁慈之心，这可以说是以雷霆手段显菩萨心肠。当然，残酷也不能过度。需要注意的是，这两种品质都不能一味使用，而应相互补充。③在关于守信的问题上，他认为，虽然人们都希望君主信义著于四海，立身行事，守信不渝，但是，现实政治生活的经验则揭示了相反的事实："那些曾经建立丰功伟绩的君主们却不重视守信，而是懂得怎样运用诡计，使人们晕头转向，并且终于把那些一本信义的人们征服了。"[④] 在这里，他亮出了他的哲学底牌，即认为，人本身即是人性与兽性的结合，故一个统治者的卓越德行就表现为人性的强大和兽性的完备。他认为，君主的斗争方法不能仅仅凭借特定的人的方法即法律的方法，同时要用野兽的方法才能使之得到补足，单用哪一种都不能奏效。而后一种方法也必须周全，即既要效法狐狸的狡猾以便识别陷阱，又要效法狮子的勇猛以便使豺狼惊骇。因为人身上都有兽性，所以不可能指望他们能够守信，于是，"当遵守信义反而对自己不利的时候，或者原来使自己作出诺言的理由现在不复存在的时候，一位英明的统治者绝不能够，也不应当遵守信义"[⑤]。君主面对的人们是恶劣的，为了保有政权，并统治人们，就不可能对他们只以善相待；同时人们又是短视的，受到当前的需要所支配，故君主应示之以德容，欺之以利益，同时又用暴烈的手段震慑其心，使其恐惧，只有这样，君主才能稳握统治的主动权。所以，君主要保持其国家，"常常不得不背信弃义，不讲仁慈，悖乎人道，违反神道"。显然，这都是因为政治事务的必要性所

① 马基雅维里：《论李维》，冯克利译，上海世纪出版集团2005年版，第374页。
② 同上书，第377页。
③ 同上。
④ 马基雅维里：《君主论》，潘汉典译，商务印书馆1985年版，第83页。
⑤ 同上书，第84页。

要求的。（4）道德在政治中也是一种力量，治国者们应该能够善用之，恶行是不得已而用之的手段。在政治中没有使用恶行的必要性的逼迫，也就是说，以善良之道即能治国时，那么“他还是不要背离善良之道”①。

从以上的阐述来看，我们认为，马基雅维里在鼓吹道德上恶的手段的有效性时，也是有所节制的，那种把马基雅维里相关学说的宗旨归纳为“我就是教你恶”② 的说法，并把各种政治上的邪恶行径统称为“马基雅维里主义”的观点，确实有言过其实之处。但是，这种观点流传甚广，所以我们认为需要认真分析，并以确凿的证据和严密的论证加以纠正，不能再只是孤立引证并无限放大马基雅维里的某些言论，从而使之蒙上令人们避之唯恐不及的恶名。

四　马基雅维里：西方近代政治哲学转向之起点

1. 马基雅维里在其著述中大量谈论了德行、美德，可是为什么人们把他看作邪恶的教师？又有人说他使政治学从伦理学中分离出来了，这是在什么意义上说的？我认为，要回答这两个问题，需要理解以下几点：（1）他把德行问题从流俗的道德观念中往前还原到人的身心力量，这种力量不能由伦理学上的善恶来评价。（2）他把这种力量与得国和保国这样的最大政治事务直接关联起来了，而这种政治事务又是受着必要性支配的，所以，在这些事情中，我们不能只顾为善，否则就可能会导致身丧国亡。于是，在某些时候，需要采取邪恶的手段才能获取或保住国家。（3）善在他那里的确是工具性的，只是因为善有利于政治任务才需要采取，如果不利，则可以违背。（4）他对道德上的善也给予了某种意义上的致敬，即认为，采取邪恶的手段获得政权或成为统治者，虽然他们成功了，但是不能得到荣耀。言下之意是说，只有以正当的手段获得政权，才既能成功，又能得到荣耀，跻身于伟大人物之列。

在我看来，马基雅维里的确教导了某种邪恶，但绝不是为了恶而恶，只是因为在特定情况下，在紧急关头，必须不择手段才能获得国家，或保卫国家的安全、自由和共同利益。在这种情况下实施了残暴、背义、毁

① 马基雅维里：《君主论》，潘汉典译，商务印书馆 1985 年版，第 85 页。

② 于野、李强等编著了一部介绍、研究马基雅维里政治思想的著作，书名即为《马基雅维里：我就是教你恶》（新世界出版社 2005 年版）。

约、阴谋等恶行，才是可以原谅的。

于是，作为文艺复兴时期的重要思想家，马基雅维里思考政治问题的立足点不再仅仅是道德，而是前推到前道德的生命素质的强大。从这个意义上说，他的确使政治学与伦理学相脱离了，从而不再把政治的目标看作是使各种美德在优良政体中得到实现，并使人们变得更好、更有道德，而是把政治的目的看作是获取国家，长久地保有国家，为此目的，君主国和共和国的领导者都需要有高超的德行，并制定各种谋略深远的制度。在他看来，共和制国家是一种更为可取的政治制度，因为生活在这样的制度下，人们才能享受自由给自己的生活带来的好处，国家也能得到扩张和繁荣。有人说，《君主论》的主旨是教人以恶，而《论李维》则十分重视在共和国中道德美德的作用，根据我们的探析，这种说法是比较表面的。我们认为，这两部著作的主旨是一致的，那就是对以往的政治学的致思方向实行一个转变，即不再把政治的目的看作是道德的达成，而是看作国家的获取和保持，于是道德就只成了其手段或工具，同时道德的作用在君主国和共和国中的地位和作用不大一样：在《君主论》中，他很少提及道德的美德，这是因为君主国的获取和保持本质上是君主个人的私利，所以，更需要残暴、阴谋、高压强制等。而如果人们对君主应有美德还抱有幻想的话，则君主即使没有美德也应装作有美德；在《论李维》中，他提到了许多美德，也充分褒扬美德的作用，这是因为共和国的原则是自由和共同利益，为了达到这个目的，碰巧需要的是各种公民美德，即为了保有自由，人们应该具备谋略、谨慎、勇气、纪律和为国服务的奉献精神，全力尽自己作为一个国民的义务，并以此为光荣。这种品质，在流俗的观点看来，也是道德美德。但是，由于政治事务的重大性，面对的是具有各种恶劣性向的民众，所以，即使是在共和国内，在紧要关头，也应毫不犹豫地进行残杀、迫害、欺骗等。所以，美德在《论李维》中仍然纯粹是工具性的。起关键作用的还是德行，即身心的力量，只是在共和国中，这种身心的力量更多地表现为领导者的深谋远虑、热爱自由和共同利益等美德善行；而在君主国中，则更多地表现为君主各种极端的恶行，当然，这并不妨碍君主在平时应该表现出某些道德美德，或者没有美德也装作有美德。

2. 马基雅维里继承了西塞罗对各种美德的看法，如十分重视审慎、勇敢、节制，但正如斯金纳所观察到的，马基雅维里没有推崇正义之德，原因是他必须鼓吹在政治事务中，在特定时期必须坚决、迅猛地做出种种恶行，如残杀、背信弃义、阴谋等，这些行为都与正义相违背。当然，这并不是说马基雅维里绝口不提“正义”的字眼，相反，他也屡次提及“正义”，比如在《君主论》最后一章“奉劝将意大利从蛮族手中解放出来”中，就曾热烈呼吁“请你的显赫的王室，以人们从事正义事业所具有的那种精神和希望，去担当这个重任”①。正义，在马基雅维里那里，就是国家的统一，就是摆脱外族统治，是一个被视为当然的政治目标，能坚持不懈地为实现这个目标而奋斗，当然也是有正义美德的表现。但这个意义上的正义美德不能成为一种独立的美德，因为它可能需要表现为一系列的残酷的暴行。而根据西塞罗的看法，“正义只有一个，它约束着人类社会，并且以一个唯一的法为根据，这个法就是运用于指令与禁令的正确理性（思想）。谁不认识这个法或不尊重这个法，谁就没有正义，而不管这个法是否被记录在什么地方”②。根据斯多亚学派的基本观点，这种正确理性就是自然法则，顺从自然法则而生活就是正义，如果我们的法律是依照自然法则或正确的理性而制定的，则正义就表现在法律之中。那么，马基雅维里怎么看待自然法则呢？他认为，自然法则似乎不能直接决定人的行为选择，它表现为“命运”而对人的生活起到某种支配作用，但是，人不能放弃自己的意志，我们的意志也要能主宰我们人的事务的一半；而人的意志发挥作用，就是要认识政治事务中的必要性，并依照这种必要性而决定自己选择什么手段，包括采取各种恶行。能够这样做，就体现了一种政治智谋和身心的力量。这样的德行，虽然也有西塞罗的正确理性的思想痕迹，但是已经很难再把它命名为“正义”了。这就是他不能推崇“正义”美德的原因。

3. 我认为，马基雅维里扭转了传统政治学的致思方向和立论基础，但只能为近代政治学的出现开辟道路，他自己并没有提出近代政治学的根本原则。他的政治学和德行论观点，摆脱了政治道德化的倾向，使政治学获得了一个现实的政治目标，从而直接面对政治的残酷真相，而不是沉湎于对政治的应然状态的想象；他不但要追问如何保持一种政体，而且特别关注如何创立一个政体，这是古代政治学中所没有的致思方向；同时，在政治与道德的关系上，道德美德在事实上被变成了实现政治目标的工具，

① 马基雅维里：《君主论》，潘汉典译，商务印书馆1985年版，第125页。

② 西塞罗：《法律篇》，苏力译，商务印书馆2004年版，第170页。

而不再是政治安排的目的（在古代则是）。但是，他有意利用德行（virtu）一词的含混之处，即一方面能表示“卓越的身心力量”这样一种生命素质，另一方面又较为自然地指称道德上的美德，但这两者显然并不是同一的，有时某些令人发指的恶行才能表现“卓越的身心力量”。在这个问题上，我同意 Joseph V. Femia 的观点：我们既不能“把马基雅维里视为一个邪恶天才，仅仅视为一个小气的、无情的政治利益的计算者”，但同时，“与其相反的阐释也同样是误导性的”①。我认为，马基雅维里给后世以强烈的启发，即政治学的确需要有独立的原则，要面对现实政治，并赋予政治生活以正常秩序，形成组织有序的力量。但是，马基雅维里却由于主要针对意大利国家统一的紧迫性，而局限于论证君主要获取国家所需要的强大精神素质，从而恶行与道德美德一样都可以成为政治的正当手段。我们认为，以这种方式来行事，显然不是社会的长治久安之道。于是，他为后人留下了难题：政治与道德是什么关系？在特定情势下通过恶行来达到政治目的是正当的吗？如何统一理解德行（virtu）的双重含义？

传统的路径已经被扭转，就等新里程碑的奠立者出现了。这个新的里程碑式的人物必须利用马基雅维里对自由的热衷，即那种平民们想要安心地积累财产，按自己喜欢的方式生活的平等和自由，以此为前提，来设想人们如何和平地组织政权；还必须澄清马基雅维里的“德行”一词的含混性。这个人就是霍布斯，他处理了这些问题，所以成为西方近代政治学的开山祖。他首先把个人自由看作是天赋权利（这是突出的创造，是对马基雅维里政治学死结的破解。马基雅维里尚无权利意识），论证每个人是天然平等的，这是通过“自然状态”的假设做到的；马基雅维里对政权夺取过程的赤裸裸的残酷暴力的描写，一定让霍布斯印象十分深刻，他转而认为可以构造一种和平地组成政权的方式，并且得到所有臣民的同意。于是他诉诸人的这一本性，即无休止地追求欲望的满足和权势（这也与马基雅维里一脉相承），利用契约论这样一种理论设置来推演自由平等的人们之间如何因为要避免相互伤害，而把自己的所有权利让渡给第三方，使之获得全权或绝对主权，让他（他们）来保护大家的安全。另外，在这样一种理论框架下，美德问题完全被工具化，它们只是因为有利于和

---

① Joseph V. Femia, *Machiavelli Revisited*, Cardiff: University of Wales Press. 2004, its preface, p. viii.

平和安全而得到认可的："和平是善，因而达成和平的方式或手段，如我在前面所说的正义、感恩、谦谨、公道、仁慈以及其他自然法也是善；换句话说，它们都是美德，而其反面的恶行则是恶。"① 由于这些美德的目的是和平和安全，所以，这些美德没有了马基雅维里的德行那样的紧张、暴戾之气，从而恢复了美德的那种日常意义。

其实，霍布斯的政治美德理论在某种意义上是一种摆设，他只是说，如果大家都能够有这些美德，如做到"己所不欲，勿施于人"，则人们即使是在自然状态下也能获得和平与安全，但霍布斯对我们在政治社会中应有什么美德却没有论述。实际上，此后西方政治哲学的发展表明了，政治美德应该建立在权利的基础上，使之成为"基于权利"的美德，这样才能使政治美德理论获得一个全新的方向，因为权利本身就具有一种道德基础，能尊重并保护权利的精神品质就是我们的基准政治美德。

① 霍布斯：《利维坦》，黎思复等译，商务印书馆1986年版，第121页。

第四章　西方近代政治哲学的转向

西方古代主流政治哲学有一个十分明确的思路，即认为道德和政治所追求的最高目标都是善，同时，政治的善是由道德善来规定的，换句话说，政治学只是伦理学的延伸，或者是伦理学在政治领域中的应用。这样一来，政治上的正当性就由政治体制和政治措施是否能达到道德上善的目标来判定，因而，正当与善在古代是一致的；而且，在古代，政治哲学主要思考政治的道德目的，而不太注重政治的道德基础，因为他们认为那时的政治国家是自然生长的，所以有天然的合理性；马基雅维里的政治哲学对古代政治哲学进行了一种初步的转型，即对以上两个方面都进行了某种改变。他认为，政治的善不同于道德的善，政治上的善首先就表现为得国与保国，为了达到这个目的，可能需要采取道德上恶劣的手段。他以政治上的善的目的来证明采取任何手段都是正当的。同时，由于他把政治独立于道德，所以，他既不考虑政治的道德目的，也不考虑政治的道德基础。因此，他的政治学说虽然仍有着古代政治哲学的特质（即把个人完全服从于国家目的），却又成为西方政治哲学近代转型的起点，即把政治和道德分离开，启发人们把自由和平等权利作为近代政治的道德基础。沿着这一思路，西方近代政治哲学首先确立了个人权利，同时使正当与善进行了某种分离，即对善的追求必须在尊重个人自由和平等权利的基础上来进行，只有这样，追求善的行为才有正当性。所以，正当性是前提词、条件词，而善则是目的词、结果词。而且，西方近代政治哲学还首先以个人权利的确立和保护来为政治奠定道德基础。这是启蒙运动在政治领域内的积极成果。

第一节　西方近代正当与善的分离及其伦理学后果

伦理学以善为研究对象，这一点似乎是无可置疑的。在古代，由于不能抽象出基本的平等自由权利作为正义的社会结构的前提，所以，制度和人的行为的正当性就只能由各种善的价值来证明。美德是人们的灵魂的善，所以，正义在古代也是灵魂的美德之一，甚至是总德，这样，正义与美德实际上是统一的；在西方近代，人们认识到，善的争取需要一些前提性价值，那就是正当，这种正当价值被认为是对人们抽象的自由平等权利的保护，这就是社会正义。我们必须在正当的即保护人们的平等自由权利的条件或制度安排中，才能追求我们所认为的善。这样一来，美德作为灵魂的优秀品质，就变成了依赖于正义原则的欲望情感品质，而没有独立的标准。

所以，在道德思考的过程中，正当与善的关系处于一种非常复杂的情形中：要么以善来规定正当，要么以正当来规定善。这两种思路，代表了非常不同的伦理学理路，也代表了两种不同的道德精神。一般来说，古代伦理学比较偏重前者，循此理路，善就蕴含着正当，正义与美德就会统一在一起；近代伦理学比较偏重后者，循此理路，正当就会取得对善的优先地位，正义与美德就会逐渐分离。

一　古代以善蕴含正当的伦理学特征

古代伦理学有一个基本特征，那就是把伦理学看作是对人生行为的指导，也就是说，看作是在追求各种善的过程中的理论向导，即作为一种实践哲学。在这个过程中，有关善的定义就是伦理学的关键之点。总的来说，希腊人对善的思考有两个路径：第一，思想“善本身”或“至善”，即认为，必须存在着一种“至善”，其他事物和行为只有在这种至善的规整下才有善的价值。这一方向以柏拉图和亚里士多德为代表。第二，认为善就是对人生有益的具体事物。凡是有利于我们的感官快乐和灵魂宁静的事物、行为、情感，就是善的。这一方向以伊壁鸠鲁为代表。这两种思考路径，都以善的目标的实现来证明我们行为的正当性。

第一种思路表现为如下情形：虽然柏拉图和亚里士多德的伦理思想有着诸多的差异甚至对立，但是在以至善来保证具体事物的善，并证明行为的正当性方面，却是一致的。柏拉图在这个问题上遵循以下思路：

（1）最高的善是一种与个别事物不同系列的善理念，即善本身。他认为，善理念居于理智世界的顶端，其特征是完全的可理解性，于是，相应于善理念的认识形式就是辩证法。他以“阳喻”来说明这一点。太阳不是存在物中的一物，却能够看护万物，长养万物；而从价值属性来讲，各种知识和真理都是善的，但是它们却不是善本身，而是各种各样的善。那么善理念与各种善的关系如何呢？柏拉图认为这类似于太阳与可见世界的事物的关系，即善理念并不是理智世界中的一个，而是使之获得可理解性、真理性、善的价值的源头。这就说明善理念要更美、更可敬得多。一句话，善本身是真理与知识的源泉，在价值上是最高的。最后，他抖出了这个比喻的真正含义：“知识的对象不仅从‘善’得到它们的可知性，并且从善得到它们自己的存在和本质，而善自己却不是本质，而是超越本质的东西，比本质更尊严、更强大。”①

这种最高的善理念在伦理学上的重要性表现在如下两个方面：第一，伦理学探讨人怎样才能行为优良，过一种“好生活”，这就必须探索一种本身就“好”（善）的价值理念，而人的日常生活行为必须体现出价值关切，这些价值应该与善理念相似，只有这样才能保证日常行为的善的价值和意义；第二，善理念是“整一”，它在性质上是多种善中的“一”，因而它是最普遍的，所以只有理性能够探索它，在善理念的光线的照耀下，具体的真理和知识才能为人所知，是它使得人的理智的功能得以发挥，并得以提升为理性。所以，善理念的设定，就意味着要让人们行为善良，就应该使人们的灵魂得以转向，即是说从专注于生灭事物转到专注于永恒事物。这当然是智慧之德。同时，勇敢、节制之德都必须在理性的统辖下，才有善的价值。而正义则是心灵中的理智、激情、欲望三者各自发挥自己的功能并能相互和谐统一的状态。所以，正义是灵魂的总体德性，是灵魂处于总体良好的状态。只有能达到以上的善，我们的行为才是正当的。

（2）善理念学说，还能规定社会制度的正当性。柏拉图认为，社会制度的正义性，就表现在能够实现社会秩序的优良性。在他看来，社会存在的结构功能应该发挥得优良，即达到善的状态，由此就规定城邦应该由三个阶层即统治者、护卫者、农工商人组成，这三个阶层各自发挥自己的

① 柏拉图：《理想国》，郭斌和、张竹明译，商务印书馆1986年版，第261页。

功能，又能和谐统一，就是城邦的正义。需要注意的是，这同样是从理性的至上地位中引申出来的。他要求统治者具有智慧之德，能够明确认识到城邦的整体利益。统治者应该是“哲学王”，护卫者、农工商人都为着哲学王所认识的整体利益而工作，这样的城邦才是正义的。

亚里士多德则持一种目的论立场，首先肯定人的任何行为都有着自己的目的。但是目的有一种高低的秩序，为了不至陷入无穷追溯，必须有一个自身即是目的，而不以其他任何东西为目的的绝对好的东西，那就是“至善”。人生活的目的就是为了达到生活的整体之好，我们不能设想在生活之外还有什么其他目的，而生活的整体之好就是幸福，于是幸福就是“至善”。所以，其伦理学是人生论，其哲学特征是有机论。他也把能服务于善的思想、情感、行为看作是正当，并把能实现至善的制度看作是正义的制度。

于是，我们看到，在亚里士多德那里，也是由善来规定正当的。由于幸福就是人心灵各种功能得到培育和发挥到优秀状态（这是“美德”一词的本意），这样人的生命就像花朵一样绽放，达到了兴盛状态，于是人就能够自我体验自己的生命力量，特别是精神力量，达到了一个完满的自我证实，这就是“幸福”（eudaimoniea，英译为 happiness 是不太恰当的，而应译为 human flourishing）。所以，他把一切能够培养人的美德，达到幸福的行为看作是正当的，而把妨碍美德的塑造培养、达到幸福的行为看作是不正当的。比如说，行为能遵循“中道”，就表明人的品质是普遍性的、有教养的，而过度与不及就表明人的品质是狭隘的、粗野的。亚里士多德认为，美德，本质上是“使灵魂的状况良好，运用沉静而有序的运动，使它的一切部分都和谐”①。心灵的最大祸害就是各种心灵能力的不和谐或相互冲突，只有心灵和谐有序，我们才能做得恰到好处，这样的行为才会受到称赞。正是在这个意义上，无止境地追求物质财富的行为，就表明其心灵品质是一种过度——“贪婪”，它会妨碍我们的幸福，所以是不正当的。

第二种思路是伊壁鸠鲁的快乐主义。他以具体的情感的快适和不快来定义善恶。于是，伊壁鸠鲁把所有能够最后达到肉体的快乐和灵魂的无纷

---

① 《亚里士多德全集》（第 8 卷），苗力田主编，中国人民大学出版社 1992 年版，第 464 页。

扰的行为看作是正当的，理性的功能就是要谨慎地选择如何才能获得最多量的快乐，只有这样的行为选择、思想情感、生活样式，才是正当的。

本来，德谟克利特—伊壁鸠鲁的原子论，实际上也把个体的人看作独立的存在，德谟克利特也的确把社会联系看作是由契约来组成的，但他却没有进一步思考人群合作的前提性价值，所以，抽象的自由平等权利思想没有形成，伊壁鸠鲁也没有形成这一类的思想。

总的来说，古希腊的伦理思想主流就是以善来证明正当，也就是说，正当从属于善，正当没有独立的标准。古希腊的思想家没有思考人群合作的前提，而是以人群合作的目标即追求善来立论。所以，他们不会把人抽象为独立的、自由平等的量化的个体性存在，并把这些前提性价值看作需要加以保护和促进的。

从以上可以看出，古代伦理学有着正当与善相统一的特征，主要原因有以下几点：①伦理学是为人生的各种善服务的，所以，善的目标可以证明服务于善的行为是正当的。②其生活背景是小型共同体，其城邦的存在是为了实现人的更高善而存在的。③持一种有机论、目的论的哲学观点，因为这种哲学观点会认为善就在于生命的各种功能发挥得好，并且认为，各种功能是相互关联着的，并且表现为一种等级性的目的序列，最后就会推论到一个最高的善即“至善”的存在。

显然，一个使正当与善相互分离，让正当取得前提地位的时代，其伦理学的背景一定不具备以上三种特点。

二　近代正当与善相互分离的学理依据

近代社会的根本特点是每个人都成了独立的利益主体，个人的自由选择成了人们必须承担的命运。于是社会成了个人追求自己目的的公共空间，追求自己事业的成功、生活的幸福成为个人自主、自由的领域。人们所要求于社会的就是提供法律秩序，抵御外敌，即保障内外安全。人群的离散，也使得人们的价值观念变得多元化，从而很难有统一的善观念。于是，人们对制度本身只有一种要求，那就是保卫人们的自由平等地位，并给人们平等、和平竞利以一种体系性的规则供给。所以，善成为人们自由选择的对象，而制度的正当性则要求取得前提性地位。对善，不要求制度去操心，只要求制度为人们自主追求自己所认定的善提供自由空间。

这个时代占统治地位的是机械论的哲学观，同时要以逻辑推演来构筑知识体系。这一方面抛弃了传统的有机论和目的论，同时又要凸显理性先天地构造观念的能力。如果说，机械论的哲学观是对人们的自由独立平等地位的隐喻性解释的话，那么，理性的先天构造能力则能够构造出人们和平共处的一些基本的、普遍的规则，他们把这看作是制度的正当性之所在。

由于这两个方面的原因，近代思想家致力于思考一个制度的正当性这一前提性价值。相比之下，古代思想家认为，美德有其独立的标准，以对心灵品质之好（善）的思考为前提，来设计正义的社会制度。在柏拉图那里，一个不正义的制度中也可能会有好人，因为好人的美德有独立的标准，比如是心灵中三种成分即理智、激情、欲望功能发挥到优秀状态，并且它们是协调和谐地起作用的，它本身就好，苏格拉底就是在腐败的雅典城邦民主体制下的一个品行高尚的人。但是，柏拉图希望从心灵成长的要求出发，来设计一种正义的城邦制度，这种制度与心灵的正义之德是相应的，它负有教导美德的责任。亚里士多德也认为，美德有一种独立的标准，是心灵品质的优秀状态，而城邦的正义性就在于服务公共利益，而且也负有培养公民美德的责任。

近代思想家则认为应该首先思考社会制度的正义性的基础条件。于是，正当性就被设定为一种初始的、第一位的价值。这种正当性就体现在制度要建立在一个大家都能接受的一些前提性价值的基础上，是这些前提性价值使得制度获得了一个能够不断扩展其秩序的框架，包括人们的基本欲望追求、个人幸福的求取、人群的相互需要的方式等。由于正义制度结构有着刚性性质及前提性地位，所以，美德就被下降为制度要求人们应具有的适应、认同这种前提性价值的情感欲望品质。

这一思路的转换，需要做许多理智方面的工作，那就是首先对人进行一种还原，即把个人抽象为一种无差别的原子式的数量性存在，其特点是大家都是平等自由的。在西方近代早期，是通过设定一个“自然状态”来获得这个起点条件的，目的是想进行一种思想实验，要解决人们为什么要联合以及什么样的联合形式具有正义性的问题，并且以此来规定人们应该具有的道德品行。这些道德品行不再是有独立地位的、本身就好的东西，而是所设计的正义制度所要求于人们的；另外，近代的道德品行与古代相同名称的道德品行所指称的心灵状态是不一样的；再者，由于新制度的内在要求，近代也出现了一些古代所没有的美德德目，比如没有止境的求利努力就是新制度所容纳的，甚至是鼓励的，但在古希腊，这种努力实际上是“贪婪”，是一种道德上的恶，因为它没有止境。在他们看来，无所止的追求就是恶。近代新教伦理却致力于为这种冲动提供道德上的神圣理由。

由此我们可以看出，近代西方的伦理学是从属于政治学的，政治学为社会制度提供一种基础的、前提性的价值框架，并规定所鼓励的道德规范和道德美德；而古希腊的伦理学则是政治学的基础，即从美德本身的要求出发来设计政治制度，政治制度必须为培养美德服务，或者如亚里士多德所认为的，政治应追求成就个体公民的更高的善。这表现出二者之间的巨大差异。

近代思想家选择契约论为理论工具，并以“自然状态”作为理论起点，这正是近代正义的特点所要求的。我们看到，对自然状态下人们的存在状态的设想，实际上是为以后建构的社会制度的正义性价值所导引的。这种设想无非有以下三种情形：第一，设想在“自然状态”下每个人都是平等、自由的，每个人对周围的财物都有同等的权利，但由于当时并没有产权制度，也没有公共法律和公共权威机构，而财物有限，并且其占有有排他性，所以，必然会引起争夺，处于“人对人像狼”的状态。为了使人们自我保存的本性能得到满足，所以需要把大家的所有权利都让渡给一个代表人，即君主或一个会议，并组建国家机构，维护秩序。由于君主是全权，所以，需要以武力作为后盾。第二，设想在“自然状态”下人与人之间有完美的平等和自由，但是由于让个人来作为自己案件的裁判者有许多不方便，所以，大家订立契约，让渡部分权利给公共权力机构，但这要以维护个人所拥有的三种基本权利——即生命权、财产权、自由权为前提。第三，设想在“自然状态”下，人都有美好的本性，也是自由和平等的，但是，在社会状态下，人们的本性被败坏了，所以，需要人们让渡所有权利给公共机构，重构正义的国家，大家在这种国家中又能完整地行使自己的权利。在这里，我们感兴趣的是，近代契约伦理观都假定人们在“自然状态”下拥有抽象的自由和平等权利，并以此为前提来设计社会制度的正义性结构。这三种可能的设想在霍布斯、洛克、卢梭三人那里分别得到了合乎逻辑的展现。

如果说，在自然状态下，人都是抽象的人（这是他们必须做的理智抽象工作，目的是为了获得一个最初的起点），那么，在社会状态下，制度就必须是特定的制度，人也要通过活动而成为一个特定的人。实际上，制度和人的特定化的方式是多种多样的。但是，抽象的权利却是他们设计社会制度的正义性结构的前提，也就是说，制度的正义性就体现在保护和实现这种基本权利的安排之中。这一点，正是从人的最自然、最基本的欲求即自我保全中推论出来的。正如列奥·施特劳斯所揭示的：在霍布斯那里，“如果自然法必须得从自我保全的欲求中推演出来，如果，换句话说，自我保全的欲求乃是一切正义和道德的唯一根源，那么，基本的道德事实就不是一桩义务，而是一项权利；所有的义务都是从根本的和不可离弃的自我保全的权利中派生出来的”①。正因为如此，霍布斯能够把权利看作一个基本的道德事实。同时，在他看来，最原初的善，就是权利的实现，那就是追求自我保存和欲望的满足，其他的善要么作为实现欲望满足的环境条件，比如和平和安全；要么作为实现欲望满足的手段而获得善的价值，比如各种道德品质。他是这样说的：“善与恶是人们加在事物上表明欲望或反感的名称……理性告诉人们，和平是善的，同样地，为和平而采取的所有必要措施也是善的，因此，谦逊、公正、守信、善良和怜悯（我们前面已经证明这些是和平所必不可少的东西）都是善的生活方式（mores）或习惯，也即善的德性。”② 所以，美德只是因为作为和平的手段，而不是作为其自身而得到注意和赞扬的。在这个意义上，他突出强调了正当对善的优先性。

而这些社会制度的正义秩序对所有个人来说，是提供追求自己的幸福或世俗成功的一个框架性结构，这种结构是刚性的、正规的。在这种思潮中，个人的心灵品质的培养、美德的追求就至少不是社会的正义结构所关注的。他们关注的是个人及社会的福利，以及人们的政治权利，而不是关注人们的心灵。这种普遍性的正义原则或规则，并不能得到人们的自然而然的遵守，所以，法律的强制就是一种必然选择；当然，在正义原则的指导下，他们也可以要求人们具有相应的心灵品质，这样，正义原则就能得到低成本的遵守。于是，他们所要求的人们的心灵品质，不是古代自成目的的美德涵养的实践，即不是自身就好的东西，而是要求人们认同这种社

① 列奥·施特劳斯：《自然权利与历史》，彭刚译，生活·读书·新知三联书店2003年版，第185页。

② 霍布斯：《论公民》，应星等译，贵州人民出版社2003年版，第39页。

会结构的普遍性特点，并使自己的情感、欲望品质陶冶得适合于这种普遍的结构，这就是他们所要求的经济、政治美德。

理论上说，由于他们的思想方式是抽象的理智方法，所以，一方面他们对人们的丰富人性进行了抽象，把人抽象成数量式的、孤独的、同质的个体；另一方面，他们所构造的社会治理的原则、个人行为规则等就有一种不顾及历史文化特点的普适性质。在这种框架中，衡量个人人生意义的就是经济事务方面的成功、政治权利的行使，而至于人是否塑造了广阔、深厚、灵慧的精神空间，能否过一种“合乎美德的现实生活”，即获得亚里士多德意义上的“幸福”，就不是近代国家所应关注的事情，而是公民个人的私事。所以，“国家的职能并非创造或促进一种有德性的生活，而是要保护每个人的自然权利。国家的权力是在自然权利而不是别的道德事实中看到其不可逾越的界限的”①。于是，近代理论家认为，没有美德，我们也可以过正义的社会生活，因为国家有其正当性，同时又有周全的法律，并垄断了最终合法使用暴力的权力。普遍性的正义，本身就不是个温文尔雅的词语，它与强制、暴力、秩序紧密相连。近代国家的自豪就在于：它努力实现了人们的首项关注目标，即关注起点的平等、机会的平等、对努力的尊重、对产权的保护等。政治权利和金钱数量并不问其拥有者有德还是无德，它所要求的只是不违反法律。

当然，这并不是说，近代思想家一点都不关心美德。相反，他们大多都有自己的美德理论。但是，他们的理论都有一个共同的特点，那就是对权利的考虑获得了对一般善的考虑的优先性地位，于是，他们在肯定法律治理的绝对必要性和先在性地位之后，要求人们认同这种正义秩序，并培养相应的情感、欲望品质。这是对政治性美德的要求，这集中表现于洛克关于公民教育的论述，以及卢梭相对于所设计的社会正义所要求人们应具备的公共人格和公共美德之中。如果说，这些美德是一种善的话，那么，对正当的考虑要优先于它们，而且，这些善要依赖于作为社会纲维的前提性价值的正当。它既不是相对于个人的幸福而言的善，也不是相应于心灵品质之好的善，而是追求各种善的前提性条件。也就是说，只有在尊重和保护正当的价值即自然的自由平等权利的前提下，我们才能追求各种善。

① 列奥·施特劳斯：《自然权利与历史》，彭刚译，生活·读书·新知三联书店2003年版，第185页。

反过来，单纯以对善的追求为前提，就有可能会损害人们的基本自由平等权利这些前提性价值，从而是不正当的。比如，我们不能采取奴隶劳动的方式来追求社会利益和个人利益，不能买卖婚姻，不能买卖政治选票等；同时，在个人生活中，对美德的要求也就不仅仅是行为勇敢、举止高雅等等，而是首先集中于要求人们具有能行使和担当自由平等的公民权利以及公共责任的情感欲望品质和能力。这与古代美德有诸多不同之处。

这样一种思路，明显地把个人先抽象为无道德、无价值的存在者，从而需要以社会制度的正义目标的实现来赋予其价值和道德性。卢梭虽然把自然状态下的个人看作是有道德尊严和道德本性的存在者，但并没有把这当作自己理论的前提，而只把它看作一种倾情回望的对象，并把现实社会看作是一种只有负的价值的状态，从而要求彻底改造人性。康德受到卢梭的启发，认为对社会正义的设计可以以个人的道德人格和理性尊严作为前提，并以此来推出文明状态的人的权利。在他看来，权利是文明的成果，而不是所谓自然状态下的人们通过契约所赋予的。但是，康德是在契约论内部来质疑自然状态学说，而对契约论进行辩护和改进，其抽象性质并未改变。因为在康德看来，人的尊严在于人是一个理性者，要证实这种尊严，就应该让对理性规律的表象来决定意志的动机，要求我们的主观准则能够同时作为普遍的道德法则。道德在他那里，更加绝对地强调了其普适性、非个人性。因此，政治世界实际上就是有道德尊严、自由意志的人们相互对待的世界，由此确定了人伦世界中的私人权利和公共权利，契约的目的在于保护并实现这些权利。这就是制度的正义价值之所在。

所以，在近代伦理思维中，正义与美德的分离是必然的，这种分离表现在：（1）建构具有正义性价值的制度成为一项首要任务，它不通过参照美德、福利和其他的善而独立地制定。（2）这主要是通过对人的存在本质进行理智抽象来达到的。因而，其先在的立场是一种非个人（impersonal）立场。（3）赋予人们以抽象的基本权利。（4）所关注的美德是与所设计的政治制度相适应的情感、欲望品质。个人美德成为次要的关注对象，并受到基本的政治性的前提价值的审核。（5）正义原则是独立的，美德则是依附于正义原则的。

三　近代正义与美德分离的精神气质背景

在学术层面上，近代思想让政治哲学取得了对道德哲学的优先地位，但其精神气质的背景则是对经济利益的无限追求。其经济制度则是市场经济，其驱动力是鼓励个人的追求私人利益的冲动。经济利益是一种量的性质的存在，其增长是无止境的。这一点，在古代思想家看来，是一种恶。而在近代，对经济利益的无限追求却是社会上最优秀的头脑所热衷的，而且与国家的强盛关联起来了，从而获得了增进国民财富这一公共善的价值辩护。细究起来，这种利益冲动就是古希腊哲学家所鄙视的“贪婪”，亚里士多德的所谓“中道”在这里是没有地位的。15 世纪意大利的思想家波焦·布拉乔利尼（Poggio Bracciolini，1380—1459）在其著名的论文“论贪婪”中，为人的无限追求财富的冲动作了出色的辩护。他说，“贪婪”或“占有”是人的本性，追求财富是合乎人性的行为，“金钱对于公共福利和市民生活都是非常有益的……如果你谴责人对金钱的欲望，你也是在谴责自然赋予人类的其他欲望……贪婪没有违背天性……既然自然促使人们遵从这种欲望，贪婪当然不应受到谴责”[①]。他认为，人的本性中就有对财富的无限追求的倾向，对金钱的追求有利于社会公共福利和市民生活，这两点可以用来论证“贪婪”的道德性。

但是，这种利益追求是需要以制度来给予结构性的指引的，那就是市场本身的规则。这就要求政治、法律上的保护。由于市场经济是一种能够不断扩展其秩序的经济活动体系，是一种高度量化的体系，所以，它本身就有一种抽象的性质。这就要求：第一，每个人都是独立、自由、平等的主体，在经济竞争和合作的前提下说，这种个人必须是量化的、原子式的，抽象掉了品质、才能、素养等具体性质的个人；第二，这种前提是追求利益的前提，而不是追求美德的前提。这正是近代社会最为本质的特征。由于市场经济是一个广大的、不断扩展规模的、以契约为联系纽带的利益交换的体系，所以，其外部性的、正规的、普遍性的、对人们都一视同仁的规则就是绝对必要的。这种规则是任何个人都无法提供的，因而对公共政治制度的需求就是十分迫切的。因此，近代思想家都首先致力于政治正义的思考就是自然而然的事情。关于这一点，洪堡有十分敏锐的观察。在他看来，古代国家关心人作为人本身的力量和教育，其典型是古希腊和古罗马。因为古代国家规模很小，而且实行奴隶制，即那种为了小部

① *The Earthly Republic: the Italian Humanist on Government and Society*, edited by Benjamin Kohl and Ronald Witt, University of Pennsylvania Press, 1978, pp. 258 - 259.

分人的力量、心灵的训练和所谓高尚、自由的活动的完成而牺牲一大部分人的人格，而使之完全处于工具地位的制度，这样，占人口总数的少数的自由民才有全面塑造自己的各种素质和才能，涵养心灵而获得高度的教养的机会和使命；同时，为了维护这种特权地位，他们也把参加政治活动和国家事务看作自由的事业。从这个意义来说，古代国家对自由的限制更加咄咄逼人、危害更大，一方面是因为它们以大部分人（奴隶）完全无权为代价，另一方面，政权的这种阶级压迫的本质，要求统治阶级内部对政权的性质有充分的共识，并自觉维护它，承担起这种政治责任和义务。这样，自由民阶层的共同体性质特别明显，故古代国家在统治阶级内部特别注意进行一种集体主义教育，并有意安排公民的共同生活。它们侵犯的恰恰是构成人固有本质的东西，从而侵犯到了他内在的生存自由。在这种政治安排中，国家特别注重培养公民的美德。但应该注意，这种美德是与古代的统治秩序相适应的。

而“近代国家关心人的福利，他的财产及其从事职业工作的能力”①。其背景其实是近代社会中的社会成员基本上都成了独立的利益主体，都要在市场和社会中寻求到职业以养活自己，在这个过程中，国民的财富能得到较快增长，当然，这是通过和平的竞利方式来进行的，而不是像古代国家那样靠掠夺他邦的财富、无偿地剥夺奴隶劳动来获得公民们从事精神教化和自由事业的物质财富基础。古代国家所感觉到的障碍是人的障碍，因为他们征战掠夺时要遭到其他城邦的抵抗，在国内压迫奴隶也会遭到奴隶的反抗。这就能理解为什么在古代国家中特别重视美德（arete），即优秀、杰出的能力，如智慧、勇敢、身体的强健灵活等都在被歌颂之列。而近代国家的目标是和平地追求财富和福利，特别在意“人拥有什么”，而不太执着于“人是什么”这样的问题，于是，近代人对古代国家所推崇的美德不是特别重视，而是认为需要保卫自己的权利和自由。所以，他说，“近代的国家追求幸福快乐”②。他们所感觉的限制就不再是人本身的限制，而是他们周围的事物对人来说显示出一种束缚人的形式，他们要征服自然物，了解、把握它们，迫使它们交出自己的有用性。

---

① 威廉·冯洪堡：《论国家的作用》，林荣远等译，中国社会科学出版社 1998 年版，第 27 页。

② 同上。

洪堡关于“近代人所遇上的障碍是物”这一判断是正确的，但他也遗忘了一点，那就是近代社会人的障碍也是很大的，或许是更为根本的。正因为如此，有关社会正义秩序的构建、对契约的公平性及其遵守才是近代社会政治所着重关注的问题。因为人的平等、自由会受到经济竞争的盲目性的扭曲，契约规则也会遭到各种各样的破坏。所以，首先应该进行政治制度的架构，确立正义这一制度性的前提价值。他们认为，政治制度只需要保护人们的基本平等和自由权利，维护交换的外部秩序，而不对经济过程进行实质干预，这样，个人追求财富的冲动就能获得一个无限广阔的空间。这就要求对剥夺他人、通过欺诈而牟利的恶劣冲动进行限制。正义在这个方面是一个消极的约束。

市场经济是个人发挥自己的自主性、分散决策的领域，它要求的是个人的勤劳、能力、对潜在的获利机会的敏感。从道德上说，它只要求尊重他人的平等自由权利，以及尊重契约规则，这就是对正义的追求，因为它关系到市场经济的前提和外部规则，国家对这方面的道德可以有硬性的要求；而至于个人是否有其他美德，与经济方面的成功与否并没有直接的关联，国家也不能致力于对这些个人美德进行系统培养，即使它们对个人成长和精神幸福有着重要意义。这是近代以来的美德与正义相分离的内在原因。

在这种精神背景下，伦理学家致力于论证个人的自利活动可以增进社会公共财富，就是为这种经济活动本身的道德性作辩护。自利动机不再被看作道德上的恶，只要遵守经济正义的要求，自利就是有道德意义的。斯密认为，市场经济能增进社会财富的秘密在于市场这只“看不见的手”。他认为这一个自然无为的过程，任何人为措施的参与都可能妨碍这个目标的达成。至于具体的美德，只有在长期从事交易实践中才能形成，比如诚信美德的塑造，就是在人的情感和欲望受到交易结构的刚性制衡的过程中逐渐形成的，因为当交易经常化、长期化时，一次背信就足以毁坏自己的信誉，就会被甩出交易体系，而只有高度尊重诚信义务，才能正常地获得自己的利益。所以，自利之心会受到各种客观的制约，这是对人与人之间关系的任性的一种琢磨，从而能形成一种普遍的品质。当然，这种美德显然是正义所要求的。也就是说，培养美德，可能不是个人的自觉追求，而是社会正义的客观要求。培养这种美德，对社会来说，能有效地维护正义，对个人来说，在经济上也是合算的。所以，在近代社会中，基本的政治美德是受到正义原则指导的。

正是因为这种分离，从总体上说，近代伦理学对道德价值的论证和辩护表现为麦金太尔所说的“一连串的失败”①。由于把抽象的自由、平等看作是前提性价值，而在具体的社会生活中如何实现平等和自由，又众说纷纭，所以，近代社会无法形成对善的共识。把平等和自由看作是组成社会的前提，就会走向“自然权利论”的契约伦理；把自由和平等仅仅看作经济交易的前提，就会走向功利主义伦理。由于近代社会是一个经济社会，所以功利主义在近代有很大的影响。但把最大多数人的最大利益作为衡量行为有否道德价值的标准，却有可能侵犯人的本原的平等和自由，这是功利主义的理论立场所必然蕴含的逻辑路向；而把自由看作是本体性的存在，或理性的本质，就会走向康德主义；如果把自由和平等看作是结果上的绝对平等和自由，并要求在社会生活中得到完满的实现，就会走向无政府主义。这些思潮，在近代思想中一个个得到了展示，并能言之成理、持之有故，但是，它们在学术上是无法统一的。这一切都源于自由的抽象性，所以对自由的实现就会采取多种多样的形式。

这就是西方伦理学近代转型的根本特点及其理论形态。我们认为，这一转型，是西方伦理学取得重大进步的标志，也反映了时代的精神气质，那就是市场价值成了这个时代的中心价值，个人自由得到了高度的珍视，以及确立了个人在行使政治、经济、社会自由的过程中的普遍规则意识。

四　正义和美德相互分离的伦理学后果

西方伦理学发展到近代，抉发出了“正当”这一前提性价值，从此政治哲学取得了优先于伦理学的位置，由于它也关涉个人的道德人格的平等和尊严，所以，也可以看作政治伦理思想，其实质是正当（权利）优

① 麦金太尔认为，由于在近代人们生活的小型共同体破裂了，人们的行为动机主要是由个人追求自己的快乐和利益的冲动来决定的，于是，道德的理论根据就是个人的情感。但是个人的情感又无法导向追求公共利益或利他行为（这在人们看来是有道德价值的），于是，学者们又乞灵于所谓“同情”，而休谟和斯密所谓的“同情”又“不过是一种哲学上的虚构而已”。休谟在哲学上证明在理性上确立道德是不可能的，康德力图在纯粹理性上确立道德，克尔恺郭尔则否认这两种可能性，而把道德建立在无标准的基本选择上。这表明，近代以来的道德“缺乏任何公共性，为人们所共有的合理性或可证明性”。所以，近代文化“为道德提供合理性证明的运动决定性地失败了”。参见麦金太尔《德性之后》，龚群等译，中国社会科学出版社 1995 年版，第 63—65 页。

先于善。顺着这一理路，正义与美德也在相互分离，它会产生如下伦理学后果：

第一，西方近代早期的契约论思想中的个人在某种意义上是被抽象掉了道德性的数量化的个人，其自然倾向就是自我保存和寻求安全。保卫和促进个人在社会状态下的自由和平等权利，是政治正义的前提性架构。而道德之所以必需，是因为大家在共处的时候，如果相互侵犯对方的生命、财富和自由安全，则个人最自然的愿望就得不到实现，所以，需要个人之间能够“不伤害”，这是最基本的道德要求。要求己所不欲，勿施于人，要求保证和平。即使人们没有尊重别人之心，为了大家的和平共处，也需要强制人们不能有伤害别人的行为。这是一种消极的要求。从这一点出发，近代社会特别要求以刚性的法律来维护社会秩序，法律成为社会的纲维。由于法律既明示了人们的行为界限，又由国家垄断了对违法行为的惩罚力量，所以，国家在维护社会的秩序外观不致委顿瓦解方面的作用不可或缺。这一点足以证明在近代社会中法律要优先于道德。

由于进入契约联系状态的个人是非道德性的个人，所以，建构并保卫社会正义就有了前提性价值。也就是说，没有美德或道德意识、道德追求，我们还可以生活在有秩序的社会之中，而没有正义，则社会无秩序可言。所以，在近代早期社会中，哲人的思想聚焦在：一方面确定自由平等这一组成社会的价值前提，另一方面又从形成和维护社会秩序这一目标来确定善的内容。他们的致思方向集中在以社会秩序的形成和保卫来提供追求各种“善”的制度框架，这就使正当彻底地优先于善，特别是心灵品质之善也即“美德”。

如此构建的社会生活秩序当然是一个开放性的社会秩序，它的核心是尊重和激发人们的求利动机，对个人来说，获取越来越多的财富当然是他们所追求的善，而这种社会秩序能为他们的这种追求提供一种保护性框架。个人最无力保护的就是他们的自由和平等权利，所以需要社会公共权威机构来保护。如果说，近代社会要求个人追求美德的话，那么首先就要求人们能认识、认同这种正义秩序的普遍性和刚性，并在这种秩序框架中活动。个人对此要求的遵守哪怕是出自害怕受到惩罚也好，虽然这并不是心灵品质处于美德状态的标志。可以说，这只是对美德的消极要求。

第二，从对美德的积极性要求来说，那就是以正义原则为前提，要求人们培养与这种普遍性正义秩序相互适应的情感、欲望品质。洛克要求一种自由的教育和绅士教育，也是认为自由的心灵是一种基本教养，这种教养目标来自社会秩序的正义价值的要求。对美德的积极要求，就是要人们不仅认识、认同这种社会秩序，而且要在情感上赞同、欲望上追求这种秩序。他们的基本想法是，美德的要求是由社会生活的正义秩序所规定的，也就是说，美德的要求是历史性的，是随着时代的正义价值的变化而不断变化的，至于美德本身是否有内在的独立的标准，则不是他们思考的范围。这样，近代伦理学就只有正义原则和规范下的美德理论，而没有美德伦理学。

第三，由于近代西方是一个经济时代，市场价值成了这个时代的中心价值，所以，善的标准也会从社会功利量的最大化来确定。能维护和促进这种最大功利量的获得的制度是正义的，能带来最大功利量的行为和思想情感品质就是美德的表现。所以，美德同样没有自身的心灵品质之好的标准，而是参照一种外在标准而得到甄别的。这样一来，即使是大家公认的美德，如果不能带来功利量的最大化，也不能被视为美德。即使是休谟这样的情感主义者，在对人们的心灵结构成分及其倾向的分析中，也不能自主地确立作为美德的心灵品质的标准，而只能从社会公共利益的角度来衡量。休谟举例说，对乞丐给予赠助的个别行为立刻体现出仁慈；但从社会行为体系来看，这种行为却可能纵容乞丐的懒惰和放荡的恶习，从而有损于社会利益，因而并非是正义的。“自然的德与正义的惟一差别只在于这一点，就是：由前者所得来的福利，是由每一单独的行为发生的，并且是某种自然情感的对象；至于单独一个正义行为，如果就其本身来考虑，则往往可以是违反公益的；只有人们在一个总的行为体系或制度中的协作才是有利的。”① 勤俭也只是因为能积累财富而被称许的。

第四，它对伦理学理论的发展所造成的深层影响就是：使美德问题淡出了伦理学的中心，正当占据了伦理学的核心部位。其具体后果可以分多个层次来论述：（1）出现了许多与近代社会的中心价值相对应的德目，有些德目即使沿用古代的名称，但其实质含义已经发生了变化。（2）美德伦理学彻底失去了其独立地位。近代伦理学并不以“好生活”作为目标，而是以“正义秩序”为前提。他们认为，“好生活”是个人自由判断、自由选择的领域，“正义秩序”给大家选择“好生活”以足够大的空

① 休谟：《人性论》，关文运译，商务印书馆 1980 年版，第 621 页。

间，因此，“好生活”不是伦理学思考的对象，教导大家追求“好生活”，那是伦理学的越俎代庖。伦理学的本务是确定社会正义秩序的前提性价值，并思考维护和促进这种秩序的外在条件和美德要求。（3）古代伦理学以善来规导正当，能够为个人的心灵品质之好进行整体的辩护，因为在各种善的相互颉颃中，作为心灵品质之好（“善”）的美德必定有前提地位，因为它关涉主体的道德素质。但近代以来以正当来规定善，则使人们的整体的心灵品质受到割裂，只有与社会正义秩序相适应的品质得到鼓励，而其他的品质则被视为可有可无。对此，昂罗娜·奥尼尔曾概括地指出：关注正义的作者一般都认为，“一个正义的社会或国家在其公民所可能坚持的各种各样的善概念之间要保持中立。一些作者讨论善的概念而不是善，他们所可能强调的关于正义的仅有的少数几种美德，就是那些能成为他们希望建立的正义理论的前提的美德，比如公民美德、宽容和自律”①。

所有这些后果，都有其历史的必然性，并且也是伦理学理论的逻辑展开和深化。它一方面会引起哲学方法论的变革，如康德、黑格尔的伦理学理论的发展；同时，也启示现代伦理学对正义与美德的关系进行深入思考，那就是：在确认正当对善的优先性的前提下，如何统一理解正义和美德？

第二节　从政治的道德目的到政治的道德基础

在政治哲学的发展过程中，政治与道德的关系呈现一种令人感到扑朔迷离的局面。通常的思路是，使政治措施能够在全社会实现合乎道德的目标，肯定是政治的一种追求，因为政治也是一种行为，与人的其他行为会去追求善的目标一样，政治行为应在更高的层次上实现善的目标。但是也会有人认为，政治的目标独立于道德的目标，以合乎道德的方式去进行政治治理，会使政治落败。这是对政治的道德目的论的一种反拨。但是，政治作为最高、最正规的人群治理形式，人们有必要追问其基础，比如政治是建立在对所有人的平等尊重的基础之上，还是建立在认为人天生就有等级性，有些人天生就是统治者，另一些人天生就是被统治者的基础之上。实际上，这是在界定政治的人伦关系结构，而不同的人伦关系所蕴含的道

① Onora O' neill, *Towards Justice and Virtue*, Cambridge University Press, 1995, pp. 16 – 17.

德基础的性质是不一样的。政治人伦关系结构的道德性质就是政治的道德基础。因此，对政治的道德基础的界定，在政治哲学中理应成为一个前提。从根本上说，政治的道德目的论进路实际上也会以某种道德基础作为背景，不过他们认为这些基础是天然合理的，而不是人为建构的，如认为奴隶制和等级制是合乎自然的，所以，对这些基础是否合乎道德的探究不但不是他们的政治哲学的重点，而且会遮蔽对政治人伦关系结构的道德性的追问；而政治的道德基础论则认为，由于政治共同体是大家为了获得共同生活的益处而进行的人为设置，所以，对政治的道德基础的界定就成了政治哲学的起始任务，此处一差，就会导致政治丧失其正当性。可以说，从古代到近代，西方政治哲学的论证重心经历了一个从政治的道德目的到政治的道德基础的转换。详细分析这一转换的理论和实践的意图，对于我们准确把握当代政治哲学的本真使命有着重要的指引意义。

一　政治的道德目的论的诸种类型

政治的道德目的论的根本特征就是认为政治的目标是要达成某种道德性的善，并认为政治的任务就是采取合适的政治制度及其运行机制来实现这种善。对这个问题的处理，通常还会以一些所谓自然的条件作为基础，承诺并论证一些基于自然秩序的人伦关系条件。从自然性的关系而言，人们所能设想的政治人伦关系结构可以有如下两种类型：

第一种类型：以自然血缘关系为主轴设计政治关系结构，建立一种“亲亲—贵贵”的家天下的政治等级秩序。这里隐含了一个前提，那就是政治统治权力是由暴力取得的，至于这种取得政权的方式是否正当或合法，则是另外一个问题。对此能诉诸的只是一种道德的理由，而不是强者为王的逻辑。但这种道德的理由只能从统治者的品质的角度着眼，而不能从整个政治关系如何才能有道德上的恰当性的角度着眼。如周取代商以后，周人所给出的理由就是商人是由于政治腐败、无道失德而丧失政权的。周人则因为秉承了一种道德的目的，即“敬德保民”，所以周人取得政权是民心所向。武王伐殷时，就说：“今商王受无道，暴殄天物，害虐烝民，为天下逋逃主，萃渊薮。予小子既获仁人，敢祗承上帝，以遏乱略。”[①] 周公辅弼成王时作《召诰》，也说：商朝“惟不敬厥德，乃早坠

① 《尚书·周书·武成》。

厥命”。这是说，以有道伐无道，是正义的战争。而在取得了政权之后，周朝统治者也特别重视修德。箕子向武王建议治理国家的九件要事：“初一曰五行，次二曰敬用五事，次三曰农用八政，次四曰协用五纪，次五曰建用皇极，次六曰乂用三德，次七曰明用稽疑，次八曰念用庶征，次九曰向用五福，威用六极。”① 这些主要是一些道德的内容。在为自己取得政权做了这种道德辩护之后，周朝才开始了重构政治关系结构的工作。在这方面，他们所依赖的原则又只是一种自然性的原则，即自然的血缘纽带原则。

问题是，这样来型构社会有什么理由？我们认为，诉诸自然的原则，一开始就使得政治关系成为特殊主义的，因为重视血缘关系，实际上就是要做到亲疏有别，统治权只能依照血缘上的亲疏远近来分配，至于对立国有功之臣的封赏和任命，是承认取得政权并不能靠一家之力，所以要容许异姓功臣分享某种权力。但异姓王与同姓王同天子的关系还是有差别的。这可以解释为对血缘的偏爱，是与有血缘关系的人共享富贵的自然愿望的体现。另外，从统治的便利来说，也是想借助于自然亲情的因素来加强政治统治权的稳定性和延续性，因为相对于其他情感而言，自然亲情有着天然的亲密性和可靠性，其合理性也无须论证，只是需要使具有血缘亲情关系的人们形成一个利益共同体，并使之形成一个道德共同体。

但是，这种政治设计，由于其政治关系的型构是基于自然因素的，所以必然会受到自然因素的影响。第一个因素是自然的世代递嬗，经过若干代，原来的亲缘关系也会变得平淡如水。第二个因素是人们自然的权力欲望和利益欲望，它们的过度膨胀，也会使自然亲情纽带不堪一击。有周一代，子弑父、弟杀兄而代之的现象屡有发生，而且在以后的时代中，这种现象也不鲜见，就证明了这一点。这说明，基于自然因素而进行政治设计的理念本质上是一种权宜之计，而难以成为长治久安之道。

第二种类型：认为人有天然的差别，这种差别可以大到有些人是天生的统治者，有些人是天生的被统治者的地步。柏拉图和亚里士多德都持有这样的立场。柏拉图在《理想国》中，就认为人有这种差别。有些人天性特正，通过良好的教育能够达到品德的完美，这种人应该被挑选出来，培养成哲学家，并使之成为统治者，由他来为全城邦的人的利益进行好的

① 《尚书·周书·洪范》。

谋划；而天性较好的人，则应挑选出来加以培养，成为护国者；还有一些人天性愚钝，只能从事农业、手工业或商业工作，为城邦提供生活必需品。他转述了一个神秘的金银铜铁的等级论，认为有些人（金银阶层）天生就是高贵的，有些人（铜铁阶层）天生就是低贱的。虽然他认为，由于自然的出生过程，可能会出现种族的金银铜铁混杂的情况，也就是金银阶层可能会生出混有铜铁成分的后代，而铜铁阶层也可能会生出混有金银成分的后代，这时就应打破阶层的限制，统治和被统治的秩序完全以人的天性品质为标准来确定。① 实际上，这仍然是以自然的天性素质为标尺来确定统治者和被统治者。而亚里士多德虽然在许多问题上与柏拉图的意见相左，但在是否有天生的统治者和被统治者这个问题上，却与柏拉图高度一致，并做了进一步的“论证”：（1）有些人天生就体格匀称俊美，这是自由人的特征；而有些人天生骨骼粗大，这是奴隶的特征。（2）人在身体上尚有如此的差异，在精神上就更是如此：有些人天生就理性强大，他们应该成为主人；有些人天生虽然有理性，但是不成熟，仅能感应别人的理性，这种人就应该成为奴隶。（3）在政治共同体中，人们必须协同活动，方能达到政治的目标。人的行为要达到目标，就必须有工具。自由人就应该从事政治、哲学等自由活动，所以他们必须有可以使用的工具，奴隶就应该作为工具，为自由人从事这种自由活动而提供生活必需品和照料自由人的生活。他得意扬扬地说：“倘若织梭能自动织布，琴拨能自动拨弦，那么工匠就不需要帮手了，主人也就不需要奴隶了。”② 亚里士多德进一步认为，主人和奴隶都做了各自分内的事情，从而能共同创造一种好生活，这样一来，主人与奴隶的关系就是和谐与朋友式的关系。

孟子也属于这种类型。他认为，万物天生是不平等的，这是实情，所谓“物之不齐，物之情也”。从这里可以推出，人与人之间也是不平等的，其程度也可大到形成统治和被统治的关系：“劳心者治人，劳力者治于人。治于人者食人，治人者食于人，天下之通义也。”③ 虽然这是从社会分工的角度而言的，但是在当时的社会环境中，这种分工不可能是基于平等而自由的公民关系之上的社会分工，而是对当时的等级制度的一种辩

① 柏拉图：《理想国》，郭斌和、张竹明译，商务印书馆1986年版，第128—129页。

② 亚里士多德：《亚里士多德选集·政治学》，颜一编，中国人民大学出版社1999年版，第9页。

③ 《孟子·滕文公上》。

护。但是，孟子提出了一种比较有震撼性的思想：衡量一个统治者的权力是否正当，有德与否是其标准，极端无道的政权，以暴力推翻之就具有了政治上的正当性。齐宣王问曰："汤放桀，武王伐纣，有诸?"孟子对曰："于传有之。"曰："臣弑其君，可乎?"曰："贼仁者谓之'贼'，贼义者谓之'残'。残贼之人谓之'一夫'。闻诛一夫纣矣，未闻弑君也。"[①] 从而撼动了君权神授和家天下的世袭权力的合法性根基。这的确是政治思想的重大进步，但后世的统治者是不能认同这一点的，例如朱元璋取得政权之后，就下令把《孟子》中的这段话给删除。

以上两种类型的政治学说，其重点并不是考察政治的道德基础，而是想把社会的等级结构说成是有自然基础的，是天然合理的，认为在这个问题上，我们是不能与自然争辩的。但这实际上使得这种关于政治基础的论说流于独断，所以，这种对等级制度具有自然合理性的论证，其力量是相当薄弱的。于是，对政治的道德目的的论证就成为他们的重大任务。这是因为，一方面这种对等级制度的自然论证只是对统治阶层有利，并不表示被统治阶层能够真的心悦诚服，所以，他们必须重点证明这种基于自然因素的政治秩序的好处；另一方面，在这种思路下的政治之善的论证，就需要证明这种政治能完成一切道德目标，比如提供秩序、和谐、富足，并化民成俗，促人以德业，导人于善域，使人们获得自己的幸福等。他们在确立政治的道德目的的过程中，大致会遵循以下两种路径：

1．突出强化政治关系的伦理情意联系，构造一种道德的团体。周朝的统治者认为以血缘关系为纽带而扩展为政治关系，能达成一种重要的道德目的，即让政治关系以血缘的亲疏远近而得到型构，形成亲亲—贵贵的社会秩序。型构这种政治关系的目的，就是为了使得国家成为家天下，使国事成为家事。由于有血缘关系的人们之间能够比较自然地产生关爱对方的情感，从而使他们的关系可以表现为一种道德性的温情。以此为基础，构造洋洋大观的礼制系统，强调礼以爱敬为本，以礼作为约束人们行为的规范体系，并要求人们践行礼义，而培养塑造其美德，使人们在礼制秩序中能够感到和顺、和乐、和亲。这就是一种使政治伦理化的努力。

这种政治设计并不着重于考察政治的道德基础，而是以自然血缘关系为基础来构造一种具有道德意味的政治共同体。他们认为，这种政治构造

---

① 《孟子·梁惠王下》。

可以达到这种道德目的，从而认为这种政治结构就有着道德上的正当性。盛赞周礼的孔子，正是在这个意义上对周公表示了崇高的敬意。但我们已经看到，这种基于自然血缘关系的政治构造的稳定性会遭到自然因素（比如随着世代的推移，亲情会变得平淡如水；人的贪欲和权力欲也会给亲情纽带以致命的一击）的强烈冲击，它所期望的道德目的也难以真正得到实现。

2. 期望从政者有很高的道德品质，并突出强调政治的道德目的。在中国古代，由于统治者的美德是其统治权力的正当性的重要根据之一，所以，为了达到政治的道德目的，就特别强调从政者应具有美德。这种信念的形成，有着以下理由：第一，义先于利。单纯求利，最后必然会导致利益的冲突，所以应该以义率利。义的含义就是适当、合理地求利，并且合乎礼义地分配利益，也即在争取利益和分配利益过程中应受到道德价值的指导，所以应该“以义为利”，而不能以利为利，唯利之所见。而从政者作为政策的制定者和执行者，必须具备仁爱、信义的道德精神。所以，孔子说，“君子义以为上”①，孟子也说：“何必曰利，亦有仁义而已矣。”②有了仁义，则利益就会成为合乎道德的利益，就能在利益的争取和分配上合乎道德目的。第二，从政者的美德有着示范性和感染性，能够行德政，睦人际，美风俗。所以，孔子强调：“君子之德风，小人之德草，草上之风必偃。”③ 德礼治理与刑政治理相比，有着极大的优越性，因为施行德礼的教化，可以改善人的内心，使人们明耻知礼，从而使政治关系道德化；而刑政治理也许能够通过刑罚和严苛的管理措施，使人们免于犯罪，却只是诉诸人们的恐惧感，并不能改善人们的内心品质。所以，教化大行，化民成俗，当然也包括解决民生的努力，就是政治的道德目的。比如孟子主张制民之产，教以人伦，要求君主行仁政，以不忍人之心行不忍人之政，使人们都能达情遂欲，等等，这些都是政治的道德目的。所以，重视从政者的道德品质，目的是为了达到善的政治效果。第三，在古希腊，柏拉图和亚里士多德都极端重视美德，尤其是从政者的美德，并以培养公民的美德作为治理国家的根本办法，因为幸福就是合乎美德的现实活动，

---

① 《论语·阳货》。

② 《孟子·梁惠王上》。

③ 《论语·颜渊》。

所以，使人们能够过一种幸福而高尚的生活就是政治的道德目的。柏拉图认为，统治者应该是知识精英和道德精英，只有这样才能为整个城邦的利益进行好的谋划，并使人们都获得其所处阶层所需要的美德。他甚至认为，政治的统治艺术就是要把各种美德编织进社会之中，从而使得国家能够顺利地达到其道德目的。亚里士多德则明确地从目的论出发，认为“所有共同体都是为着某种善而建立的（因为人的一切行为都是为着他们所认为的善）”，所以，“所有共同体中最高的并且包含了一切其他共同体的共同体，所追求的就一定是最高的善。那就是所谓的城邦或政治共同体”①。国家政治存在的目的就是要让人们能够过一种优良的生活即获得幸福，而幸福就是合乎美德的实现活动，所以，他就可以要求公民们应在政治生活中获得其所需要的美德。在他看来，只有在最优良的政体中，好人与好公民才能合一。优良政体的设计包括轮番为治、中产阶级执政等，都是以能够培养人们的完整美德为目的的。但是，他所说的政治的统治只是对平等的有公民资格的人的治理方式，却容留了奴隶制和对没有公民权的人们的歧视。

也就是说，由于不能有效论证政体的道德基础，所以，就只能以从政者的道德品质和国家所能达成的道德目的来加强政治的正当性，从而使政治的道德基础问题受到了长期的遮蔽。从现在的眼光看，这种方式的最大问题在于：（1）没有平等尊重所有人的人格尊严。由于他们认为等级制度是源于自然的秩序，所以，他们最多只能够平等尊重同一等级中的人们的人格尊严，但这种在特定领域的人们的平等，实际上是整个社会的不平等。（2）他们以政治的道德目的来回避政治的道德基础问题，以目的的正当性来说明整个政治制度的正当性，但至于这种政治制度是否真的可以实现其道德的目的，则是有疑问的。比如儒家认为应该实现仁政，应该对统治者提出很高的道德要求，并关注民生，教化民众，但是，在中国古代历史中，这种政治治理的理想却从来难以实现。他们有时也能轻徭薄赋，但这并不表明他们对下层百姓有真正的仁爱之心，而是希望百姓能休养生息，便于统治。（3）以这种方式构建的政治制度，并不能得到所有人的真心拥护，人们也并不会诚心诚意地维护这种政体的价值。所以，在古代

---

①　亚里士多德：《亚里士多德选集·政治学》，颜一编，中国人民大学出版社1999年版，第3页。

政治哲学中，虽然充满着对政治的道德目的的论述，但由于受到等级制度所含有的内在歧视的阻隔，因而所谓兴天下之利、化民成俗等道德目标从根本上说难以实现。

从以上论证可以看出，政治的正当性问题并不仅仅是一种所谓“发生论”进路，从民族国家形成的过程和政权的取得来看，都可能存在着暴力夺取（包括宫廷政变）的问题，因而发生论进路从来就无法证成政治的正当性。实际上，要使政治具有正当性，必须首先探究政治人伦关系结构的合理性和正当性，它必须去除所谓自然基础的进路，而认为政治共同体必须是人为的设置，从而使得政治必须立于平等自由的人伦关系的基础之上，并进一步要求：政治共同体的权力应为所有人所共享，这种政治共同体应平等尊重所有人的人格，保障甚至实现所有人的自由和平等权利等。

二　政治的道德基础之审理

我们认为，政治理论发展史中有一种从着重于政治的道德目的论证到着重于政治的道德基础论证的转型。西方从近代以来，人的自由和平等权利意识的出现，使得整个政治观念系统和政治哲学的致思方向发生了重大改变。自由和平等权利问题在政治领域中高度突出，同时也成为道德哲学的一个基础问题。政治要获得正当性，就必须具备道德基础，或者说，政治结构必须具备道德上的合理性和适当性。所以，政治的道德基础问题，实际上就是自由和平等权利的道德性质问题。

比较奇怪的是，西方近代思想界在确定政治的道德基础的过程中，开始还是诉诸所谓“自然”。在此，对自然权利和自然法的不同看法纠缠在一起。但是，他们对自然权利和自然法的看法，在实质意义上都摆脱了传统的政治有机论和自然等级论的樊篱，因为这种自然权利与自然法是一种抽象，而不是一种历史事实。他们认为，在自然状态，所有人实际上都是自由和平等的，摆脱了现实政治的等级网络，从而使政治的道德基础问题得以豁显。政治的正当性，在价值层次上是指合道德性，在政治制度的层面上是指合法性。本章只着重考察政治的正当性的价值层次，它包括客观的和主观的两个维度。

1．政治的道德基础的客观维度。客观维度又由两个方面组成，一是自然权利，一是自然法。

首先，我们需要思考自然权利的性质。进行这种思考，“自然状态”概念的确是一种合适的理论设置。在这种设置中，人们不再考虑他们与生俱来的差别性，而是考虑人们基本的、普遍的满足自己生存需要的趋向，对这一点，必须在个人与自然物品的抽象关系中，而不是在人际关系中加以考察。但古代关于自然的看法却是从人们不平等的自然素质的比较中得来。作为对照，我们可以看看在柏拉图的对话《高尔吉亚篇》中加里克里斯所主张的“自然”说。在他看来，只有自然的规则是永恒的。道德上的公正，要由自然力量的规则来制定，也就是说，优秀的比劣等的就应该多得，较强者比较弱者也应该多得，这都是公正的。自然界的生存法则就昭示了这一点，植物是如此，动物也是如此，即强者统治弱者。但是，人为的法律则与此相反，反映的是弱者的利益，即限制强者，求得平等。法律作为契约关系，订立契约的双方必须是平等的，而弱者知道自己的缺点，所以喜欢平等，“从约定言，求比多数人更富有，乃是可耻的、不公正的，并称此为不公正”①。换句话说，他认为，人为约定的道德的基础其实是弱者的那种阴暗心理，是反自然的，所以，它在根本上是不道德的。平等的法律是用来驯化我们同伴中的强者和优者，使他们赞成平等的，其实都是一些鬼话和欺骗。他期待着有“一位具有充足强力的人，他要把我们的一切规则、鬼话和欺骗，以及一切与自然相反的法律都加以践踏；从奴属地位，一反而为主人站在我们头上，这时，自然的公正便又光临大地了”②。这种说法，与主张奴隶制和等级制度天然合理的看法如出一辙。

所以，西方近代的思想家必须把人的自然素质上的不平等看作对政治关系的结构而言的无关紧要的现象。霍布斯就认为，虽然人与人之间的自然素质有相当大的差别，但是绝没有大到可以让一些人自然而然地统治其他人的地步。比如，那些最柔弱的人联合起来也足以杀死最强壮的人。他在论证人是天生平等的时，使用的论据是：不管人们之间的自然差别有多大，但是面对他人时，都会相互恐惧。原因是不管我们的身体多么孔武有力，智力多么高超，但是肉体是很容易受到伤害的，所以，“无论你对自己的力量有什么样的信心，你都无法完全相信你天生比其他人强……因

① 《西方伦理学名著选辑》（上卷），周辅成编，商务印书馆1964年版，第29页。
② 同上书，第30页。

此，所有人天生彼此平等”①。人们自然素质的不平等从社会的观点来看是微不足道的，所以，人们在自然状态下可以被看作是平等而自由的。在他看来，我们不能从自然素质的不同出发，认为有人可以拥有支配他人的权力，而只能从人对自然物品的关系中来考察自然状态中的人的权利。自然权利就是人们自由地、平等地追求对自己而言的好（善）的资格，而没有任何人为制度的约束和调整。洛克也是从这个角度来思考人们在自然状态中的自由和平等权利的。洛克把这种状态描述为完美的平等、自由状态，因为没有一个人能强迫他人服从自己，或把自己的意志强加于他人。但是，在这种状态中的自由必然造成相互冲突。在霍布斯，这种冲突的产生是由于每个人都对所有物品有同等的主张权，由于物品的占有是排他性的，所以，必然会产生冲突，从而这种状态也就是人对人像狼的战争状态。洛克则认为，虽然在物品的占有方面，人们通过对对象物加入自己的劳动而改变了其自然形态，就获得了所有权，但是由于没有正规的法律来加以确认，也由于人有私情私欲，所以有可能遭到他人的侵占，甚至生命权利和自由权利也会受到侵害。当自由权利受到侵害而使自己的生命处于别人的控制之下时，也就进入了战争状态，这时，个人有权成为自己案件的裁断人。但是，个人行使这样的权利是不方便的，这就有了通过订立契约而进入政治国家的必要。

所以，自然权利不是指人们的自然素质，自然权利观念把自然素质的不同作为偶然性的东西而排除在考虑之外，它们对人们进入政治状态而言不是必须加以考虑的因素。它的道德性表现在：第一，自然权利实际上是指人们对自然物品自由的欲求关系。如果我们说，这种自由的追求反映了自由意志抉择的话，那么，我们就可以说，这种自然权利有着道德性，因为自然权利即是人在自然状态下自由地追求自己的好（善）的资格。第二，这种自由追求在人际关系中必然会造成冲突，所以这种好（善）必须在人际关系中加以调整、约束才能得以保全和提升。为达此目的，自然权利概念就可以保证政治契约的道德基础，因为订约者必须是自由而平等的，那种在武力胁迫下，或者人格上不平等之人所订契约根本就不是契约。也就是说，所订之约是订约者真实意思的表示，即建立在大家一致同意的基础上。虽然订约是通过让渡自己的某些自由来进行的，但是这种让

① 霍布斯：《论公民》，应星等译，贵州人民出版社2003年版，第6页。

渡是为了使大家的意志自由都能够在一种公认的法律体系中并存。于是，近代契约论者对这种自然权利作为政治的道德基础是十分珍视的，因为政治性的善不过是通过正规的法律来限制这种追求，使之不致相互妨害。

当然，关于自然权利的性质，不同思想家有着自己的看法。霍布斯认为，自然权利就是在自然状态下所有人对所有自然物品都有同等的主张权，而且人们对物品的欲求是无止境的欲望，欲壑难填。从这一点推论，则在自然状态下，人们必然会相互争夺，处于人对人像狼的“丛林规则”的支配之下。从道德学的角度分析，本来自然权利是人们自由地追求自己的益品（也就是对自己而言的“善”）的资格，但是在群体生活的背景下，这种善就无法安全地达成，反而变成对所有人的恶，因为我们的生存欲望和安全都处于无所不在的危险之中。正是通过对自然状态这种极端处境的描绘，霍布斯逻辑地推论道，为了追求自己的安全和群体的和平，我们必须通过让渡自己所有的自然权利给一个第三方（个人或会议），由他（或他们）掌握全权，制定并执行约束大家的法律，并垄断惩罚破坏法律的行为的制裁力量，这就是政治的正义。然而，这样一来，产生了两大弊病：第一，虽然可以以正规的政治力量来保卫大家的和平，但由于人们完全让渡了自然权利，所以，就造成了自然权利的毁灭。第二，主权者也是人，怎么能避免他们对臣民行使其任性意志，对他们进行任意的侵害、凌辱甚至杀戮？如果说，政府是一种谋求和平的工具的话，那这种工具可能会有十分明显的异化性质。即是说，霍布斯的设计无法保证自然权利的善的性质能够在社会政治状态中得到真正的实现。

这正是洛克所要加以改进的。洛克虽然也认为，“自然权利以我们对一个东西的自由使用之事实为根据”[①]，即自然权利从理论可能性来说是对所有物品的同等占有权，但并非在事实中人们都会去占有所有物品。实际上，自然物品要成为人们的生活必需品，还需要通过加入劳动，使之脱离自然形态。这就是他著名的劳动创造所有权的观点。他认为，我们对自然物加入劳动，使之脱离自然形态，我们就对它们取得了所有权，但是要以满足自己的生活为度，而不是无限占有。也就是说，在自然状态下，所有权问题并不会直接引起争夺，而且由于所有权的取得需要通过劳动，所以，财产所有权的基础是道德性的。只是由于人们有着私情和私欲，才会

---

① *Locke' s Political Essays*, edited by Mark Goldie, Cambridge University Press, 1997, p. 82.

引起相互侵害，甚至会导致有人想把对方置于自己的支配之下，这才进入战争状态。在这种状态下，个人必须担负起作为自己案件的裁判的责任，这也是天赋的权利。虽然是由个人自己承担，但同时也是代表全人类来承担这种责任。然而这有许多不便之处，所以才需要人们放弃这种裁判权，把它们交给一个政府。契约的目的即在于此。在这种契约中，人们并没有放弃天赋的生命权、财产权和自由权，而是通过订立契约，成立政府以保护自己的这些自然权利。

卢梭对霍布斯和洛克的自然权利观均不满意，认为他们实际上是把文明状态下人的特点错认作自然状态下人的特点，没有考察人类学的证据和形而上学的理据。人类学的证据表明，自然状态下的人是孤独的，需求很少，只有一些与自己的需求相适应的简单观念，也就是说，既不像霍布斯所说自然人有无限欲望，有对死亡的恐惧，也不像洛克所说的人们有财产所有权的观念。这些都是复杂观念，根本不能为自然人所拥有。另外，人有着自爱和怜悯之心，从而人在自然状态下就有着质朴的道德素质；形而上学的理据则是：人有一种自我完善的潜能，或者说是原初的自由。“在一切动物之中，区别人的主要特点的，与其说是人的悟性，不如说是人的自由主动者的资格。”① 这是人之有别于其他动物的基本资格。卢梭不像霍布斯和洛克那样把这种自由看作是任性自由，而是把它看作人之为人的本质。但是由于生产量的增加，生产对象的扩展及其阻力的增加，人们逐渐发展了自己的理智能力，形成了复杂观念，并发现了占有别人劳动成果的好处，从而出现了私有制。这样个人的发展就造成了人类的堕落，占据有利地位的人们把这说成合乎正义的，而实际上这正是文明状态的腐败。于是，需要通过订立社会契约组成一种新的政治体制来避免这种罪恶，在新的高度上保障人们的道德权利。

其次，对自然法的要求。法律当然是对人们相互侵害行为的禁止条款。在霍布斯那里，自然法就是在自然状态下，人们要避免相互伤害所应该遵守的自然规则，因此，它们对自然人而言，只是一种应然的要求。它们都缺乏一种正规的执行力量。这主要是因为他把自然人之间的关系描述成全面的、没有任何回旋余地的冲突状态所致，所以只能诉诸纯粹主观上的应然期望。但对霍布斯来说，自然法也是政治状态下要以政治权力来推

① 卢梭：《论人类不平等的起源和基础》，李常山译，商务印书馆1962年版，第83页。

行的，他显然认为，以政治的手段来推行自然法，比如遵守契约、服从仲裁者和调停人，是政治稳固的道德基础。但是他却使主权者置身事外，因为他们就是通过契约而产生的契约执行者、仲裁者和调停人。这一点使得臣民们的主观意志在政治事务中不能发挥作用，也使主权者的主观意志处于不受约束的状态。而洛克则强调自然法实际上是上帝意志的表现，是最高的、客观的对人的任性意志的约束。人虽然不能完全认识自然法，但是，人的有限才具可以理解到自然法，并以此为衡尺，来制定实证法。洛克早年曾有关于自然法的著作，而在《人类理解论》和《政府论》第二篇中，却直接认为自然法就是要尊重并保护人们的生命权、财产权和自由权，政治行为要服从于公共利益。洛克的朋友蒂勒尔认为，洛克在《政府论》中对自然法的性质语焉不详，建议其拿其早期所著的自然法著作来打发。但洛克本人对此未予以理睬。[①] 洛克对组成政府的原则、对财产权的保护、分权机制、对主权者的约束等，都是以自然法为衡量标准的。卢梭则认为，自然法可以从人类道德本性上得到显露，比如人的自由本性、自然的自爱、怜悯之心等应该得到引导和发挥，而应阻止社会文明对它们的窒灭。所以，社会契约的目的就是要能够组成一个新的政治状态，转让一切自然权利而形成一个人人都能行使同等权利的公民团体，即一个道德的集体。在这样的道德的集体中，人们能够拥有与自然状态同样多的权利和自由，并且这种权利和自由也已经被转化为政治权利和政治自由。

可以说，在近代契约论者那里，自然权利有着道德性质，在其实质意义上是个人的道德资格的基础，因为它们可以要求所有人都同等的尊重，从而避免制度性的歧视。而制度性的歧视是反道德的。自然法是道德律，通过制止人们的相互侵害，而使人们的自然权利和自由得到制度性的保护。契约论者都有着以政治关系来保护人们的权利的意图。从这个意义来说，政治有着客观的道德基础，而保护权利的具体措施也反映了政治的合道德性追求。

2. 政治的道德基础的主观维度。由于政治要形成统治和被统治的关系，所以，这种关系的形成和稳定，需要得到被统治者的主观同意和认可，经过主观同意和认可，就表明政治关系的形成建立在尊重人们的意志

---

① 见彼得·拉斯莱特《洛克〈政府论〉导论》，冯克利译，生活·读书·新知三联书店2007年版，第105页。

自由之上，从而具有道德价值。而那种通过暴力或者强力压服而形成的政治关系，则缺乏这种道德价值。首先，契约本身就是一种基于大家同意的安排，不同意就无法签订契约。所以，最初的社会契约应该是本着大家的一致同意而订立的契约，是建立在为了和平、为了大家的人格得到制度化的尊重和保护等最基本的愿望基础之上的。所以说，社会契约论有着相当的抽象水平。其次，在契约所涉及的具体项目上，需要得到被统治者的同意。比如谁有资格获得统治权，政府如何构成，权力如何分立以及如何受到制约，政府能做什么、不能做什么，如何作出公共决策，等等，就需要广大公民的同意。当然，在这类具体问题上，也许人们的一致同意是难以达到的，但是必须给公民以自由表达自己意见的平等机会和平台。虽然在具体的选举、对公共政策的投票上，人们的意见表达含有自己的主观偏好和个人利益的色彩，但意见的自由表达却是表示同意的一种直接手段，虽然结果并非能如所有人所愿，但他们必须认可多数票的结果，并且还可以在将来继续表达自己的意见。当然，这种认可规则还要受到更高一级的公共规则如宪法规则和其他基本规则的约束。霍布斯的契约学说中关于政府的成立问题，就包含了订立契约者们的一致同意，但对于如何约束掌握全权的主权者的权力，却没有进一步地容纳被统治者的同意的空间。洛克则把同意问题作为一个重要问题加以探索，这表明他意识到政治的道德基础的主观维度是十分关键的。他考察了公开同意和默示同意。这种同意当然不是完全任意的，而是依系于客观规则和国家对他们所提供的保护之上的。卢梭认为，应该通过契约而成立一个道德的集体和公共的大我，也表明政治关系的形成完全依赖于人们的一致同意。

政治道德基础的主观维度一经开拓出来，就在近代政治哲学中扮演了一种十分重要的角色。这特别突出了政治国家的人为性，而不是如古代思想家那样认为国家是合乎自然的产物。这是近代政治哲学探索所获得的一个重要成果。

所以，西方近代契约论政治学说为政治重新奠定了其道德基础，即自然权利和自然法。自然权利本质上就是一个人的道德资格。但是，这些自然权利本质上是指人们的任意自由。这种任意自由在群体生活中必然会产生冲突，所以，才需要将自然权利转化为政治权利，将自然自由转化为政治自由。这一点，在霍布斯那里，本来已经有这种趋向，但他对绝对主权者的设想使这种趋向受到了阻碍；在洛克那里，个人的自然权利在政治社会中能够得到保障，从而也可以转化为政治权利。但是在卢梭那里，因为要以改造人性的方式来建立一个新的道德的集体，一个公共的大我，从而使自然权利被转化为不同质的政治权利，以致他认为，对于那些只能专注于自己个人意志的人，众人可以强迫他自由；而自然法又有着神学信仰的背景，所以有着独断论的色彩。显然，在进一步的思考中，为了论证政治的道德基础的客观维度，不可能只像洛克所声称的那样，认为存在着作为上帝的意志的表现的自然法。于是，卢梭把法律看作是公意的体现，他的确想抛弃自然法这个赘物，而诉诸“公意”概念，既获得政治的道德基础的主观维度即同意，又获得其客观维度，即认为公意是不可能错的。但是，卢梭并没有规定“公意”的哲学基础，所以无法真正指明公意的存在方式。

康德需要克服传统契约论的这两大缺陷。他在理论上的巨大创造，就表现在为权利奠定一个确定的、永恒的、普遍的道德基础，贬抑了自然法传统。为此，他一方面抛弃了各种自然善论，也不想从“人性”中找到任何道德价值的根源，而是认为只有在理性中，在人作为一个有理性者的尊严即人格尊严中才能找到。理性的规律优先于任何道德上的善，从而在伦理学上说，只有善良的意志才是最高的善、绝对的善（但不是唯一的善），它是纯粹依照由对理性规律进行表象而形成的观念即道德法则来决定自己的行为动机，而不掺杂任何来自感性好恶的动机的意志，从而摆脱了感性好恶、情感等的偶然性、易变性，使得道德不再只是一些权宜之计，而成为一种有普遍效准的道德法则。所以，他认为，道德美德就是人们的以来自理性规律的动机对抗来自感性好恶的动机的意志力量。在他看来，道德的本质是善良意志之间的相互对待，政治则是在适当法律秩序下使人们的意志自由能够并处的制度设置。这种法律秩序也是来自于理性规律的，不过它不是如道德律令那样针对人们的内在意志，而是针对着人们的外在行为。另一方面，康德把所谓自然权利规定为意志的任意自由，只有在社会的法治状态下，人们才能获得自己的政治权利和政治自由。人们的意志自由在正确的法律下能够并处的条件就是权利，也就是人们平等对待、相互约束的条件，这构成政治的基础框架。所以，政治的最基本功能就是对人们相互侵害对方的法定权利的禁止，它只要求人们的政治行为合法，并不要求有美德。由于政治要求一种法治状态，所以，政治需要建立在理性规律或其表象即道德法则的基础上，按照康德的想法，这种道德基础有着客观性维度，因为所谓客观性，就是普遍有效性。

至于政治的道德基础的主观性维度，从理想上说，就是要求每个都具备道德美德，即每个人都能表现自己的善良意志，表现着善良意志的人们当然能够达到一致同意，于是政治的措施就会得到人们的自觉实践。但是，他对政治上的至善只有着一种憧憬，认为人的本性是非社会的社会性，不可能在现实世界中达到这种至善状态。但他认为，虽然人们有着恶劣的本性，然而，他认为，"建立国家这个问题不管听起来多么艰难，即使是一个魔鬼的民族也能解决的（只要他们有此理智）"①。原因是，人们的理性告诉他们，要保存自己而在一起生活，就会要求普遍的法律。但他们又都有着自私之心，希望法律只约束别人，而自己则想例外。然而，只要在一起生活，则他们虽然心存私念，心愿彼此相反，但这种相互冲突又在彼此抑制着对方只顾一己私利的行为，从而他们行动的结果却又恰好像他们并没有任何恶劣的心愿一样。大自然的意旨就是利用人们的自利之心，促使人们通过历史的无尽过程，逐渐达到道德。在历史上人们每每因为彼此的私利和野心而相互冲突，却使我们达到了逐渐迈向道德的效果。这种抑扬互证，充分证明了康德政治学说的道德关切。

所以，西方近代的权利论作为政治的道德基础的真意，至康德而始获得了明晰性。

三　政治的道德基础之哲理阐述

诚然，一般的人群共处都需要某种强制，比如贸易团体、民间团体等，都可以形成一些共同的、有某种强制性的规则，并形成某种有效的执行机制。但是，这种种执行机制的有效性是非常有限的，并且如果让它们各自拥有最高的、正规的惩罚手段，就会形成国中之国，造成极大的混乱。所以，对于人群生活而言，不仅强制性是必要的，而且形成一种统一的政治强制性权力更是必要的。其理由如下：（1）只有让国家作为一个统一的政治体，才能成为针对国民的政治行为的最高边界。国家不是专业性的或领域性的团体，不只是负责共同的专业事务。国家是一种最抽象、普遍的共同体，它是一个容纳各种差异性活动和诉求以及个人自由追求的伦理性实体。所以，其强制性规则就不是针对某种职业、某个领域的特殊

① 康德：《历史理性批判文集》，何兆武译，商务印书馆 1996 年版，第 125 页。

行为的规定，而是必须抽象到如何让人们的自由意志能够共处之上。这就是为什么在国家政治中，个人自由和平等权利是其核心议题。（2）必须抽象出一个先验的人的意志的共处的领域，在此，人的自由和平等权利是不带任何环境性因素的，也不指向具体的目标。比如生命权，就只是指每个人的生命都应得到保护（这里还不牵涉人们是否犯了应被合法剥夺其生命的罪行）；而财产权，也只是指人们应该拥有自己所能支配的财物才能维持生存（并不牵涉财产的获取或分配问题）；至于自由权，也只是说人人都有自主选择的能力和资格（尚不牵涉我们应如何获得政治自由，如何行使自由权利等）。这种先验领域中的抽象权利就是制定国家法律的前提。只是由于这些抽象权利的任性行使，必定会使人们处于不安全的状态，甚至会在相互冲突中完全丧失，所以，从理性逻辑来看，人们必须放弃原初的自由或权利，这种放弃之所以有合理性，就在于这样做能有利于所有人。于是，国家法律必须在这个层次上获得强制性，保证人人能够作出这种放弃。（3）国家要能保证人们在放弃自由之后能够获得政治自由和权利，并对侵害他人政治自由和权利的行为进行制止和惩罚。正因为这是建立一种以在最抽象的先验领域中的自由和权利为基础的强制权力，所以它在层次上是最高的，也是最正规的，并且能合法地拥有使用暴力的政治权力，它不像其他公民团体那样可以因为兴趣的改变或任务的完成而解散，而是必须始终存在并加以维持的。其目的就是制止人们原初层次上的任性自由之间的相互侵害，从而这种强制权力的存在是有利于所有人的，所以是正义的。由此，我们可以看出，国家的政治强制力的存在是必需的，并且优于一般的社会团体的强制，其存在的目的就是为了保护人们的基本自由和平等权利，这就是政治的道德基础。

也就是说，假如说政治的道德基础就是政治能够实现一个国家内部的人们的和平、满足人们的各种生活需要，使各种合乎理性的生活方式获得广阔的空间，并获得繁荣的基础条件，那么，我们就可以说，这种基础条件一定得包括以下基本因素：（1）它必须把所有人都尊重为自由而平等的公民。而这一点又要求必须使国家的政治制度建立在平等尊重所有人的人格尊严，并尊重和鼓励人们形成、追求和修正自己的善观念之上。这告诉我们，奴隶制和等级制度是缺乏道德基础的。当然，人类政治的发展要经历许多历史阶段，但我们看到，人类政治正是朝着这个方向前进的。（2）政治必须遵循一些非个人性的、普遍的正义原则，也就是说，要遵循一些能够被人们评价为正当的原则。其可以包括两大类：一是消极性的规则，即某种禁止性的规则，这来源于人们原初的相互放弃自由而获得和平的道德行动之中，它要求人们必须放弃侵害他人的生命、财产和自由权利的企图，同时也就产生了要放弃彼此侵害的企图之义务。这种放弃行为是相互性的。而政治制度就是保障这种相互放弃自由的具有正规的强制性的力量。二是积极性的规则。因为政治国家作为一种最大的公共权力机构，也有提供公共利益和公共服务的本真使命。它必须平等地分配人们获得财富和地位的机会，同时给每个人提供能够实现自己的自尊的基本生活条件。这意味着政府一方面要保证机会的平等开放性，另一方面也要通过税收来调节财富的二次分配，因为在经济竞争中的失败者可能会失去维持其有尊严生活的基本条件。这是政治的正当性的客观方面。（3）必须保障公民的政治参与权利，行使政治参与权才使人们获得了作为一个积极公民的资格。这是因为所有人都会成为政治决策的后果承受者，所以必须尊重公民自己的意愿，政府必须与公民一道来确定公共政策。这主要是要通过关于公共事务的理性讨论，并通过民主程序来达成。这是政治的正当性的主观面向，即通过公民们的同意和认可。从这个意义上说，政治决策就不会偏袒任何公民个人或公民团体，这就是政治的公道性之所在。（4）在维护社会的基本正义原则的前提下，或者说这种基本正义原则本身，就为公民们自己的生活志向、善观念留下足够的自主追求的空间。因为真实的具体生活是要靠公民们自己去过的，他们一方面会在正义原则和相应的政治制度的引导下而塑造了自己的政治意识，这当然需要让自己的志向与正义原则保持距离，以便形成按照正义原则行事的基本欲望，这就是政治美德。另一方面，他们的个性、兴趣、价值观、才能都可能是不同的，所以，过一种适合于其基本素质和人生观的生活就是个体自主性的突出表现。而抑制个体的自主性选择的政治，也就贬低了个体作为道德主体的资格。

以上四个因素就是政治的道德基础。但是，为什么政治必须具备这些道德基础呢？我们认为，没有这些道德基础的政治，诚然也是政治，却是不能发挥其制度的应有能量的政治。我们在下两章将看到，霍布斯、洛克、卢梭和康德等政治哲学家都或多或少地涉及构成政治的道德基础的四个因素。霍布斯、洛克、卢梭共同认为，在自然状态下人们都是自由而平等的个人，他们都不把人天赋上的差别看作是组成等级制社会的基础，而是认为这种差别在组成政府时是需要忽略的，康德则更是认为，人们之所以是自由和平等的，是因为人是有理性的，有着超越经验界的本体世界的人格尊严；他们也认为，具有自由和平等权利的人们通过契约组成政府，就需要制定能够对所有人都有同等约束力的、阻止人们相互侵害对方权利的普遍法律体系，这是政治的道德基础的客观维度；契约本身要通过人们之间的相互同意才能订立，这是政治的道德基础的主观维度，也是近代政治哲学比较重视的一个维度；最后，霍布斯的逻辑使得个人在政治状态下让渡了所有权利，只能受到主权者或仁慈或残暴的意志的摆布。而洛克纠正了他，认为政府应该有保障公民生命权、财产权、自由权的法定职责，同时，在遵守社会法律的前提下，个人有追求自己的幸福生活、人生志向和目标的选择自由。但卢梭又以公意可以“强迫他人自由”的著名命题，使个人的选择自由丧失殆尽，后来，这一反常见解为康德所纠正。康德认为，真正的道德自由是本体界的意志的自由，但是，在政治制度中，在普遍的法治状态下，要求的是每个人的自由意志可以并存的条件，即互相不侵犯对方的基本权利，在这个范围里，每个人都可以按照自己的志向、偏好而行使自己的任性自由，此即一般而言的选择自由。

第五章　近代权利定向的政治哲学

近代政治哲学的运思与构建是以对自然状态、自然法、自然权利等概念的阐述开启其漫长历程的，其中权利概念至关重要，而政治契约论则是它们重要的理论工具，目标是指向政治正义，即一种政治国家统治的正当性。

近代思想家为了论证权利的存在，一般都利用“自然状态”的理论设置。这是还原法，即想象一个前政府、前文明的状态。在那里，只有没有任何文化承载但秉有基本人性的个人在自然中生存和交往。于是，就有一个问题，在这种状态下，在人与人之间的关系中，个人拥有什么？个人所拥有的心身能力并不是权利，而是人性素质；只有个人能如何使用、在什么范围里使用自己的心身能力，以及对自然物品的占有和使用资格等才是权利。近代思想家都认为，人们在自然状态下都拥有同等的自由和平等权利，但是其论证却含有曲折的理致。

他们的政治思想是以权利为基础的，换句话说，他们所构想的政治国家的目的是要保卫和实现人们基本的自由和平等权利，即实现其政治正义价值。但是，如果理论设置不适当，所成立的是全权国家，个人的权利被完全让渡，则个人就把自己的命运完全交给了一个全能者掌握了，从而最后是个人权利的失落，在这方面霍布斯和卢梭的相关理论都是一个教训；只有通过权利的有限让渡而形成的有限政府，才能做到以下两点：一方面政府的成立要经过人们的主观同意；另一方面政府的权力被限制在提供内外安全，保护人们的基本权利上。洛克在这方面的缜密思考到现在还有某些积极意义；至于美德，在契约论传统中，一方面成为工具，如霍布斯和洛克都非常重视政治权力结构的设计，而所谓美德，只有在它们能够有利于维护这种政治结构才是可称赞的；另一方面在卢梭那里，美德却成为设计政治权力结构的基础，同时美德的培养成型也是新的政治国家的目标，因为在个人权利与国家权力完全融合的政治体制中，美德的本质就在于获得一种公共人格，并能够永远让公意优先于自己的个人愿望，于是，以权利为前提却造成了对古代美德政治学的复归。这样，权利定向的政治学似乎走了一个圆圈，到卢梭以美德为目标而重新闭锁。到康德，通过重置美德与权利的形而上学基础，使之摆脱了经验的限制，使美德与权利在人作为一个有理性者的尊严、意志自由的形上层次上得到了确证。康德通过对政治权利的大力阐扬，使得近代政治学的这种转型的深层命意得以揭明。这种理论的发展和演化，其中的逻辑必然性的确值得我们深长思之。

第一节　霍布斯的权利与美德思想

霍布斯是对西方道德哲学和政治哲学进行近代转型的关键人物。他首先使人性的自然倾向比如无限追求欲望的满足的冲动在道德上中立化，认为这种倾向在人群共处的状态下会造成恶劣的后果，从而在最后、最高意义上，确定对死于暴力的恐惧的激情作为道德哲学和政治哲学的基础。他认为，自然权利就是人对自己的生命的权利以及自由、平等地对自然物拥有占有资格，而自然法就是把人们的自然权利约束在不会彼此冲突的范围内的自然规则。在政治状态下，则是以全权政府的形式来使人们能够免除对暴力横死的恐惧。所以，其思路就是把权利作为道德的核心内容之一，并使道德受到政治合法性的严格牵制。这为西方近代的道德哲学和政治哲学确立了以下根本特征：（1）不再把无限的自利追求看作是道德上的恶，而是看作人性中根深蒂固的欲望，于是，道德教育的任务就是抉发出人性中的理性因素，用于范导激情，并加以制度性的巩固。（2）从人的权利中导出善的价值，比如从对免除暴力死亡的恐惧中可以导出最基本的善就是和平的结论，这就是基本的正义。我们认为，这其实确立了“权利（正当）优先于善”的基本立场。（3）美德不再是心灵品质的成长及其功能发挥到优秀状态，他不认可美德的自然根基，而是认为美德是适应于人为正义的情感欲望品质，是因为它对维护和平有利才值得称赞，所以，这种美德是工具性的。这正是近代西方美德论的根本特征。虽然近代西方各种伦理——政治哲学的学说有诸多差别，但总体上看，都体现了以上三种基本特征。

一　霍布斯正义理论的逻辑起点：自然状态

这种近代转型在霍布斯那里必须采取自然状态的假设以及契约论的论证方式。这当然是在做一个思想实验，也有些历史事实的影子。毋庸置疑，人类社会存在过一种无政府（注意：不是无社会）的状态。他在进行理论抽象的时候，目的不是设想一般性的合群所需要的前提，而是设想构成具有统治和被统治的政治关系的国家的前提。一般的合群可以是自然性的合群，但国家则是政治性的，即是一种有正义价值的秩序。由于这个目标，霍布斯所设想的自然状态有如下特点：（1）人的本性（自然）是无限制的贪婪，并会诉诸无限制的追求；但还需要说明，人的本性中也有理性成分；（2）自然状态是无法律的状态，极而言之，人们对所有事物有同等的主张权利，但因为没有区分“你的”“我的”，显然，这种共同占有的情形不能维持，必定会导致战争状态，或人对人像狼的状态。但这种人对人像狼的状态在历史上一定不能长久存在，不然的话，人类就将不会存续下来。

霍布斯设想这么一个自然状态，意欲何为？他之所以这样进行极度抽象，目的是获得一个逻辑的起点，来说明人类为什么会进行财物的私人占有和转让。正如他在《论公民》的献词中说，他的思考源于以下的困惑：“我们怎么会声称某物归他自己而非别人所有？”这是因为，在自然状态下，所有物品归所有人所有，但是我们却倾向于对某物能够排他性地占有，这是社会运动的起点，没有这一点，人类群体就会永远停留在原始的公共占有状态之中。所以，人类的贪婪本性是一个促使社会运动的原则。接下来是第二个困惑：正义不是自然的（在自然状态达不到正义），而是起源于人们的认同或协议，但是，为什么“当一切人属于一切人的时候，人们却更愿意每个人拥有只属于他自己的东西，这究竟是为了什么好处，这有何必要？”① 这里的逻辑必然性是：人们出于天性必然要避免由于对物的共同占有所注定会引起的战争和灾难。因为人有自然理性，所以人能理解这种逻辑。他认为，这正是教育所要做的事情，即要人们能够使用自己的理性。

从逻辑上来说，我们要补充两种情况，那就是（1）当自然物品极大

① 霍布斯：《论公民》，应星等译，贵州人民出版社 2003 年版，第 4 页。

丰富，人们不太费力就能得到，人数也不多时，人们声称某些物品由自己占有，就没有必要。霍布斯没有设想这种状态。（2）如果人们都无限慷慨和仁慈，不会互相侵犯，那么也就不需要契约或正义法则的强制。当然，就他的论证目的来说，也不必考虑这两种状况。这两种情况，后来休谟提出来了，并认为，人为的正义就是起源于应付资源相对稀缺，人们又只有有限的慷慨这两种情况。

另外，设定人们是自然平等的，是必需的，因为只有平等的人之间才会有真实的契约。所以，他一再说，一个羸弱的人也足以置一个强壮的人于死地。人类个体在体能、智力上有差异，但是这种差异还不至于大到一个人能对他人形成绝对的支配力的地步，借助工具，被迫害的人们联合起来就足以消灭强者。所以，在自然状态下人人都是平等的。这一点对人类的契约行为也是十分重要的因素。

在自然状态下，没有人为的法律制度，也没有任何文明的性质。如果自然状态有自然正义的话，也只能是针对自然状态的人们交往的应然规则，即“自然法”。记住这一点是有益的，那就是自然状态下人们没有任何客观刚性的手段能行使自然法，自然法只是一些主观应然的要求。霍布斯要赋予人们从自然状态中走向文明状态的起点性条件，就是自然法赋予人以权利，但它的约束不够刚性。他认为，自然法是“一种恒久不变的，赋予每个人以权利的意志”①。就这一点来说，自然是公平的。因为它赋予人们以平等，这是指追求自我保存的意志的平等，同时也包括人的力量的大致平等，从这个意义上说，对霍布斯来说，是自然法赋予了每个人以权利。

于是，自然正义的核心就在于：人人都有自保的平等意志和权利。但自然正义的悖论在于：由于每个人都有激情，会冲破自然理性的限制，所以，自保的平等意志和权利在自然状态下会导致自我毁灭。所以，走出自然状态就是必需的。但是，如何走出自然状态呢？他认为要通过政治契约行为，人们才能走出自然状态。但是，他的契约学说有一个人们尚未充分关注的一个突出特点，即两个阶段的契约理论。一是自然法的契约行为，这是说明为了避免自然状态的自毁可能性，人们如果自愿订立契约，一致同意遵守自然法，则人们就可和平、安全地生活于自然状态；但是这是一

① 霍布斯：《论公民》，应星等译，贵州人民出版社2003年版，第4页。

种主观的应然要求，没有任何客观的制约力量，故不可靠。所以，需要通过二次契约行为来成立政治国家。

二　初阶契约：作为应然规则和主观美德要求的自然法

他认为，我们可以确定两条关于人性的绝对肯定的假设：一是人类贪婪的假设，它使人人都极力把公共财物据为己有；二是关于自然理性的假设，它使人人都把死于暴力作为自然中的至恶加以避免。[①] 这里的关键是第二条，对此我们要认真加以体会：（1）理性是自然理性，它是自然状态的一部分，并不是一个新的元素，也就是说，他从人的本性（自然）中发掘出了一个可以走出自然状态的因素；（2）它指向对死于暴力的威胁的避免，并认之为至恶。这就是说，自然理性为人所固有，所以，人走向文明状态有一个自然的凭借。既然它的作用是避免暴力横死这一至恶，故自然理性就是一种行为选择的原则，即可以导致行动。

以此为基础，霍布斯提出自然法的概念，目的是说明，从纯粹应该的角度来说，人们在自然状态下如何能避免死亡这一至恶。所以，他说，自然法是正确理性的指令，因为正确的理性与人的其他天赋如心灵激情都一样是本性的一部分，所以，正确的理性也是自然的，指向对生命的最持久的保存，以此为目的而对人们的行为产生了规范力量。自然法的首要法则就是追求和平，在和平不可得时，则在战争中寻求救助。其余各条都是从这一基础上推论出来的。大致可以分为以下三类。

第一类，自然法的契约行为。

必须转让或放弃自然权利，而不去行使对所有东西的权利。逻辑上说，我转让权利，则我的生命在自然法中就牵涉订约者双方的关系，在这种契约成立以后，它就不应被干预。也就是说，在自然状态下，转让权利就需要双方都同意接受，这就牵涉到了意志的认可问题。理论上说，意志的特点是自愿，并且要经过深思熟虑，所以，经过意志认可的东西就应该对双方都有约束力。双方都给予对方以信任而承诺履约，此时“不兑现的自由已经失去了”[②]，即成了义务。

由于在自然状态下，订立契约是当事人双方的事情，而没有超出利益

① 霍布斯：《论公民》，应星等译，贵州人民出版社2003年版，第4页。

② 同上书，第19页。

攸关的第三方来主持契约的履行，所以，人们实际上会利用对方的信任而谋取自己的不当利益，于是，契约对双方的约束力就是脆弱的，遵守它，只是应然要求。但是，它没有任何其他力量能免除双方对对方会违约的担忧。

还有一种情况需要考虑，由于契约是在立约者的意志的基础上成立的，所以，也有可能有出于恐惧而订约的情况。在这种情况下，协议是否有约束力也是一个问题。他认为，在自然状态下，由于一对一的恐惧关系而订立的契约是无效的，比如一个人屈从于另一个人的淫威，由于恐惧另一个人对自己的加害，而被迫同意对方的协议条款，这种协议就是无效的，因为这种契约是基于双方的不平等。但他马上说，这并不表明，所有出于恐惧的契约都是无效的。关键在于，无效的契约是指出于一对一的恐惧的契约；而人们出于相互恐惧而立约把自己的权利转让给一种正规的掌握最高的惩罚手段的公共机构即国家的契约则是有效的，因为国家可以免除大家的恐惧。霍布斯作这一对比，目的是要豁显国家的必要性。

协议的目的是免除死亡的威胁，但是，在自然状态，如果如此立约后，人们仍然不能免死、伤或其他身体伤害的威胁，则这种协议就是没有约束力的。如果不能免死，就只有诉诸战争了。这是自然状态协议的根本缺陷。

进一步说，如果一个协议会导致自己的生活恶化，也没有约束力。我们没有义务去指控自己的父母或自己赖以为生的人，也没有义务去指控自己。

从以上可以看出，自然法的自然正义性就在于；（1）订约的目的在于和平。和平对大家都有同等的好处，这是公平的。此为等利交换。（2）若和平不可得，从自保的角度说，就只能诉诸战争，此为等害交换。（3）权利转让应该是对等的，而且是深思熟虑之举。（4）订约在利益相关方之间来进行，追求对等，并有一个最高限制，那就是免除对暴力横死的恐惧。这是从人们的平等意志之间相互对待中推论出来的。它的最大问题在于：它的约束力得不到保证。所以，自然正义是不稳固的，主要原因是其履行依靠的是双方主观性的意志、激情以及其他易变性的天赋，它所需要的信任和义务纽带很容易断裂。而且，根据他的假设，人的贪婪本性正会指向对自然法的违背。因此，虽然履行自然正义在自然状态是一个客观必需，但是其所依靠的力量却是主观偶然的，所以，自然正义实际上处于一种无保护的状态。霍布斯虽然坚信人的理性是能够认识自然法的，但是个人理性绝对敌不过自己的贪婪本性。在此，应然并不能保证其能成为实然。

第二类：诉诸主观性的美德要求或良心的呼声，这也是自然法的主观要求。

1. 要信守协议。订立协议就意味着遵守，而存心不去遵守，则是自相矛盾，当然也就是不正义的。

2. 由于人软弱的性格倾向，所以，我们要把激情导向正义。要使自然正义得以实现，我们可以激发人们的善意。善意对正义的实现是一种润滑剂。这当然也是自然正义的要求，比如仁爱和相互帮助。如果有人施惠于你，你就必须保证自己良好的信誉，不要让施惠者感到后悔。施惠虽然超出正义，但也有平等的追求，因为你也会施惠于他人。

对于被损害的人，则要求体谅。如果被损害的人按正义的要求可以得到超出自己需求的东西，而损害者又会因此而陷入悲惨的境地，这时就要求体谅，而不应心硬如铁，否则就会导致他人的反抗，那种不体谅正是这场战争爆发的起因。所以，体谅也是公正的要求。

3. 我们要认清不正义的激情。比如宽恕也是必需的，如果一个人对过去的事感到歉意，并要求宽恕，保证不再犯，就要宽恕他，宽恕能导向和平。但如果一个人对冒犯他人的行为不认错，并想卷土重来，则宽恕是不正义的，因为这会导致后面的战争；至于报复或惩罚，我们要考虑的是未来的益处，而非过去的恶行，报复和惩罚的目的是和平；所以，基于人的本性，正义要求不能憎恨和蔑视别人。因为憎恨和蔑视别人是傲慢无礼的，这是违背自然法的，它是不公正的“侮辱”；骄傲也是必须避免的，骄傲是过高估计自己的价值的自负，这是违背自然法的，因为在自然状态中，人人都是平等的。

从以上不正义的激情中，我们可以反推一些正义的激情，其要求是尊重权利的平等，即“无论个人声称自己有什么权利，他都必须允许别人也同样有权如此”[①]。这是正义的。从这一点可以推论出以下三种主观品德：（1）谦逊。谦逊的本质是尊重他人的平等权利，违背它就是狂妄。（2）一视同仁。要禁止声称自己拥有比别人更多的权利，否则就会对别人造成伤害，这就是歧视。（3）自然法就是正确的理性，所以，在自然状态下，为了和平，避免战争状态，人们就应该发挥自己的理智，任何惑乱自己理智的行为都应该禁止，如酗酒。

① 霍布斯：《论公民》，应星等译，贵州人民出版社2003年版，第33页。

第三类：自然法要求有和平的斡旋者和“公断人”。

这些人的出现虽然是一种必需，但并没有正规的、刚性的权力。在自然法的范围内，只能要求人们主观的尊重。

1. 和平的斡旋者应该享有豁免权。因为斡旋者在具体的纠纷中，不是利益有关方，所以他享有豁免权是公正的。

2. 应该有一个“公断人”。由于人们的意见多歧，所以应该由第三方来充当“公断人”。这一条是从人的本性中推论出来的。公断人能超然地认真尊重自然法所规定的平等，当然要排除一点，即如果他能从某方胜出中得到更大的利益，他就不应做公断人。也就是说，要维护公断人的独立性。

总之，这三大类的自然法对人们的主观要求就是“己所不欲，勿施于人”。这当然要求大家都能做到，否则那些实践着理性所指令的法则的人在这种情况下就会吃亏，接着也就不会这样做了。也就是说，自然法是正确的理性，所以就是人的内在法庭的声音，即良心的呼声。正因为如此，霍布斯把自然法看作美德。在《利维坦》中，他明白地表达了这个意思：“和平是善，因而达成和平的方式或手段，如我在前面所说的正义、感恩、谦谨、公道、仁慈以及其他自然法也是善；换句话说，它们都是美德，而其反面的恶行则是恶。由于研究美德与恶行的科学是道德哲学，所以有关自然法的真正学说便是真正的道德哲学。道德哲学方面的著作家虽然也承认同样的美德与恶行，但由于他们没有看到这些美德的善何在，也没有看到它们是作为取得和平、友善和舒适的生活的手段而被称誉的，于是便认为美德在于激情的适度。意思好像是说：毅勇不在于勇敢无畏的动机，而在其程度；慷慨大度不在于馈赠的动机，而在于赠物的数量一样。”①

他对自然法的解释有以下几点值得注意：（1）自然法是人们在自然

① 霍布斯：《利维坦》，黎思复等译，商务印书馆1986年版，第121—122页。古代伦理学特别是亚里士多德的美德伦理学，一般是以个人的“好生活”为目标的，认为美德就是个人心灵能力的成长和相互融合，并培养一种有着广阔、深厚和灵慧的精神空间，这表明人的精神生命得到了成长，这样我们就达到了精神生命的兴盛状态，而这正是“好生活”或幸福的根本特点。在亚里士多德看来，使一种品质成为美德的是理智领导着非理性成分，从而心灵就会有秩序，同时，理智成分融合进了非理性成分之中，于是，就将培养一种有理智的欲望和有欲望的“奴斯”，这样非理性成分就去除了其个别性的盲目冲动性，即过度与不及，而能够达到中道。这就是亚里士多德“伦理美德”的本质特征。霍布斯反对这种美德观。他认为，古代和现代使用的美德的名称可能是相同的，但美德的善的价值之根据却是不同的。在他看来，美德之善的价值根本不在于激情的适度，而在于这些品质能够成为遵守契约、达成和平的手段。这就把美德手段化了，从而失去了美德作为内在善的性质。但是，霍布斯把古代美德的性质说成是“程度”，也就是把美德的性质误解为一种量的规定，这是不对的。

状态下，如果想得到和平和安全就需要遵守的应然法则，由于没有一个独立的正规机构的强制力量存在，所以，自然法完全要靠自然状态下的人自觉遵守，这种能自觉遵守自然法的主观品质即是美德。从这个意义上说，这种美德是工具性的，因为它们只是由于有利于人们在自然状态下的和平和安全而得到赞扬的。他反对古代所认为的美德有其自身的价值的观点，并对这种观点加以了某种漫画式的讽刺，如亚里士多德关于伦理美德即在于合乎中道、适度的观点，就被他理解为是一种量的规定。他认为他自己的美德观点则能够落实到动机的善上，因为美德的目的即是取得和平、友善和舒适的生活。（2）自然法是在自然状态下的人们要和平共处所应该遵循的应然法则，也就是说，人们在自然状态下要避免战争的话，就必须遵循这些法则。但是人们能否遵循，则是另一回事。（3）所谓和平的斡旋者和公断人，是在自然状态下人们要解决纠纷所需要的，但是，他们却只处理个人与个人之间或有限的群体之间的冲突；同时，他们的出现，虽然必需，却并无正规的制度加以保障。也就是说，胁迫甚至杀害和平的斡旋者，通过收买公断人以产生对己有利的结果的情况是可能发生的。

总之，自然法是道德性的要求，缺乏客观的约束力，也不能出现受法律保护的公共裁断人和拥有合法权力的统治者。而这又是大规模的社会生活所必需的，这就导致了政治国家的出现。

三　二阶契约：政治国家的必要性及其特点

在自然状态中，根本没有正规的、持久的保护力量来实现自然法，这才使对所有订立契约者有足够强制力的正规机构的出现成为一种必需。正义是刚性的，它刚性的约束力量不可能是主观的善意，而是一种客观的、所有契约者不能反抗或使之解体的正规力量，这就是政治国家的目的。

1. 权利的实现需要国家的出现

“权利”的确切含义是“每个人都按照正确的理性去运用他的自然力量的自由”①。能实现这种权利就是正义价值的实现。然而，这种权利的实现却要受到个人意志特点的制约。霍布斯要在如何使权利得到实现这个问题上，发现一种必然的因素，而不是偶然的或主观的因素。这类似于数学或形式逻辑的必然，而不是或然。他认为，人从本性上并不适合于社会

① 霍布斯：《论公民》，应星等译，贵州人民出版社2003年版，第7页。

生活，但是人又是必须过社会生活的，否则就不可能有任何文明了。所以，从前提上说，他断定人没有过社会生活的自然本性因素，这方面说得越彻底，就表明要过社会生活越需要人为的制度安排。这是必然的。

于是，他极力否定古人所说的人天生适合社会生活的说法，比如亚里士多德说人天生是政治的动物，说人可以由于友爱而结合成社会。在霍布斯看来，这实际上是只看到了一些偶然因素，并把它们夸大了所致。古人们远没有探究到人要组成社会的客观必然的原因。他说，人组成社会，不是因为相互友爱，而是由于相互恐惧。恐惧是更为根深蒂固的，人们之间的相互侵犯的倾向是人的意志的本性使然。说到友爱，霍布斯认为，人对自己的爱，显然与对他人的爱不同。自爱是根本，对他人的爱的目的实际上还在于追求荣誉和益处，而不是寻求朋友；在生意上，人们追求的是盈利，而非友谊；小团体的存在也是为了取乐，而不是友善；在大型社会中，人们追求的是益处。同理，推至极端，人们要结成政治关系，那是因为恐惧（这是由于人性的特点而必然普遍存在的激情），而非由于彼此的爱。

在最深的层次上，霍布斯的分析不为无见，他分析出了人们最必然的愿望，所以他的推论和设计很有力量。霍布斯的目标不是寻求一般的社会合作的原因，而是寻求联合成政治关系的国家的原因。在这个意义上说，他的根本任务是发现政治正义。他总的观点是：组成社会当然有加强个人力量的意义，但是从前提上说，摆脱相互恐惧则是其最基本的目标。如果说权利的尺度是利益的话，摆脱相互恐惧则是前提性的利益。所以，国家的出现，是实现人们基本权利的必然性需求。

2. 国家意志的逻辑

在霍布斯看来，国家必须有足够多的人数，这主要是因为在人数太少的情况下，如果其中有一部分人倒向不正义，则正义就无法维持；如果人数足够多，则即使其中有些人倒向敌人，也不致给他带来对获胜极为有利的机会。[①] 但即使人数足够多，如果人们就行动的最终方式达不成一致，各行其是，那也无济于事；即使有一致行动，但对获益上的差别也会因为竞争和妒忌而产生分歧，这时就不能相互支援并维持和平。这就需要一种让他们都感到恐惧的力量来迫使他们这样做。所以，国家的出现，源自大

① 霍布斯：《论公民》，应星等译，贵州人民出版社2003年版，第54页。

家的相互恐惧，终乎一种更高的政治恐惧力量，只有后一种恐惧发挥强制作用，才能使人们免于前一种恐惧。

拥有这种强制力量的国家的细节如何呢？国家的出现对于自然状态来说，的确是一种新生力量。它不是出于自然的倾向，而是出于人为的设计。这种设计的每一步都有着必然性。它其实就是意志的逻辑，即如何整合每个人的个别性的意志，而产生一种普遍的意志。

第一，霍布斯认为："人的行动出于他们的意志，而他们的意志出于他们的希望和恐惧。"① 个人的意志都是个别性的，有着自己的目的和打算，很难达到一致，但是这些个别性的意志在关乎自我保存的愿望方面却有一种抽象的一致性，即有希望和恐惧，也即自我保存的希望与对暴力造成的死亡的恐惧。这种抽象的一致性，使得我们在共同生活中需要一种作为政治实体所必须具有的普遍意志。这种意志必须拥有最终的暴力惩罚权力。

第二，与动物不同，人是有理性的，能够订立契约和服从统治。人的意志的情况十分复杂，会因为各种因素而引起争斗：（1）为荣誉和尊严而发生争斗，因为憎恨和嫉妒而发生争斗等，这些都是有理性同时又有激情者由于相互比较而产生的情绪反应。人们在追求目标时，即使是同一种利益，也总是追求胜过他人；（2）人因为有理性，就对会别人做的事情评头品足，并总是认为别人做的事情有缺陷，比如对公共管理事务人们抱怨尤多，并想加以改变，这也会引起争执和战争；（3）人有语言，会言过其实地褒贬事实，并会煽动骚乱。总之，侵袭他人是人的本性倾向，而不仅仅是做错事。加上人有理性，能算计，能持久地注意，所以，人们之间相互侵袭的倾向始终存在，这并不像动物那样，一到空闲时就不会提防同伴，人在空闲时对同伴来说是最麻烦的时候。总之，这表明人并不能天然达到一致，而且因为人有理性，能够预见、想象、比较，故而会出现各种破坏和平的激情和计谋。于是，"人与人之间的一致仅仅是基于协议，也即它是人为的"②。一句话，对人来说，在同一目标上，若干意志的联合不足以维护和平和稳固的自卫，这样就需要一个单一的意志（una voluntas）。这只能通过这样来产生：每个人都使自己的意志服从某个单一的

① 霍布斯：《论公民》，应星等译，贵州人民出版社2003年版，第53页。

② 同上书，第56页。

意志（hominis）或会议（concilium）。这个单一意志必须拥有这些权力：（1）在共同和平所必不可少的事情上，无论这个人或会议的意志是什么，都会被看作所有人（omnes et singuli）的意志。当然这个单一意志的任务主要是判断对所有人的公共利益来说，什么是该做的，什么是不该做的。（2）人们通过契约向这个人或会议转让运用各种力量和资源的权利。只有这样，这种意志才有现实的能力。既然成立国家的目的是通过免除人们相互的恐惧而将所有个人的意志联合成整体，而不仅仅是聚合起来的人群（聚合起来的人群即使有共同目标也不会有意志），所以，这种单一的意志就必须有现实力量。

上面论述了这种单一意志的必要性，但是这种单一意志出现的机制是什么，这种意志有什么特点？这就牵涉个人意志与单一意志的区别问题。

个人意志是个别性的、千差万别的，其重要原因是人们既有各种激情，又有理性。激情的表现是贪婪、愤怒、妒忌、追求荣誉和好处等，而理性又能为激情服务，它的计划性、想象性、预见性、推论性，使激情的表现千差万别，从而个人之间的意志不可能得到统一。这种状况不适合于公共行动，也不适合于过公共生活。本来，自然法的应然要求就是正确理性的要求，但人在自然状态下能遵守自然法的素质又过于脆弱，所以需要一个政治国家。政治国家的根本特点就在于：（1）出现一个统治与被统治的秩序，统治者发布命令，被统治者服从命令；（2）必须出现一个新的意志，这种意志是无法从个别的个人意志的相互作用中产生出来，而只能是一种高于个人的绝对意志。一个政治国家产生的根本标志是形成了一个统一的意志，有了一个代表所有人的人格，从法律的意义上，这个人或会议的人格就是一个法人。

这种统一的意志有如下特点：

首先，从根本上说，这种意志必须没有个别性的激情。它能站在公平的、与己无关的超越立场上，来裁断公民之间的纠纷冲突。在这个问题上，他或他们没有自身的利益。从概念上说，这种统一的意志显然不是个人的意志。当然，这种意志由谁来代表，这是另一个问题。由于这种统一意志有这个性质，所以，从契约的角度来说，他或他们不是契约的一方，只接受公民所转让的各种权利。

其次，这种意志只能指向公共利益，它必须保持公正。至于是否会犯错误，这是理智能力的问题，即使犯错，也并不影响其意志的公正性。其意志只指向治下臣民的公共利益，即提供和平和自卫的条件，同时拥有了最高的惩罚手段，即武力，可以依法剥夺极端不正义者的生命。这个意志要捍卫和平的根基："每个人都得到足够的保护，免遭其他人的暴力，使他可以生活在安全之中。即只要他不冒犯别人，也就没有合理的根据恐惧他们。"①

再次，国家的政治状态的根本特点是这种联合。它要求服从，而非屈从。服从是指在公共安全、免除相互恐惧方面放弃个人的努力，是心甘情愿的；屈从则是因为强制而违心地顺从。在本质意义上，服从是合乎正义的，而屈从则是受到了不公正的待遇。

政治状态的人，仍然有着各别的个人意志，所以免不了有相互侵犯之事。从正义的角度说，国家对人们相互侵犯的恶意要垄断最高的惩罚手段，拥有足够的惩罚能力，就是必需的。从概念上说，主权者不会去帮助任何该受惩罚的人。这些根本权力应该属于主权者，也不应该被分割。

最后，主权者对善恶的判断不是基于个人的感受和好恶。个人的善恶判断是基于自己的利害和好恶，所以完全是相对的。主权者的统一意志则剔除了个人好恶因素，他或他们的善恶、正义与非正义的观念就是本着超越的立场对一件事是否合乎公共利益的判断。既然如此，主权者的统一意志就不受个人意志的评判。

3. 主权者的逻辑地位

正因为国家的统一意志有以上特点，所以，主权者在逻辑上获得以下地位：

首先，主权者本身不参与订约。这是霍布斯社会契约论极为独特的一点。关键在于，契约是转让权利，而权利如果被转让，则自己就无法再行使权利。这样一来，实际上各订约方已经丧失了行使权利的能力。于是，逻辑上就需要一种能够行使大家所转让的权利的代表者，根据权利转让的原则，要能行使权利就不能转让权利，所以从逻辑上说，人们让渡了自己所有的权利，目的是为了免除相互恐惧，这样一来，订约的人们之间已无相互为害的权利。主权者不参与订约就是基于以上理由。就主权来说，如果它不是绝对的权力，就会受到削弱，到最后就会没有强制力了，故主权者必须是利益无关的第三方。

① 霍布斯：《论公民》，应星等译，贵州人民出版社2003年版，第61页。

其次，正因为主权者与契约无关，所以他或他们才能保持绝对中立，并达到公正。中正不偏是实现正义的基本条件，不能做到中正不偏，主权者就不能行使正义。它是从人们的相互恐惧中分离出来的一个新东西，从而高于契约。其矛盾在于，订约行为产生了一个不受契约约束的第三方，并且是契约生效的条件。他所遵循的逻辑是：主权者作为一种地位是超出契约各方的，所以，他或他们就不是利益相关方，故而可以是公正的。他或他们拥有全权，理论上说，这使他或他们有了做出公平正义的决策的根据，即是说，主权者在地位上说就是正义的。当然，这里要分清楚地位和居于这个地位上的人。这个地位是必然的，居于这个地位上的人则是偶然的。虽然尊重与服从这个地位与尊重和服从居于这个地位上的人在现实中无法分离开，但概念上却是可以分开的。即使是罢黜这个人，也必须有新的人重新居于这个位置，否则就又会退回到无政府的战争状态。

这就是霍布斯广受诟病的绝对专制主义思想。其实，霍布斯也清楚地知道，许多人会担心这样的绝对权力。霍布斯在《论公民》以拉丁文写成之后，在小范围内传阅，听取了意见之后，他在一条解释中说道，人们担心的第一条理由是："这个至上者会对人进行逮捕、剥夺和杀害，而人人都相信也许下次就会轮到自己的。"① 这种担心在社会生活中可能会成为现实，但这种情况与主权者的概念相违背。我们可以追问：主权者为什么要这样做？他有必要为了取悦某些人而剥夺另一些人吗？他只有不这样做才是正义的。他承认，君主有时会有邪恶的想法，但从这个职位的必要性来看，赋予其以全权就是为了使他或他们为大家提供全面的保护，如果不是全权，就无法提供这种保护；同时，如果大家都能自觉地遵守自然法，也就不需要这么一个绝对权力了，然而，人们不可能做到。所以，绝对权力虽然会带来不便，但确实是必然之举。而且，这种不便，是出于公民自己的本性的。

这就有一个如何实现这种全权的方式问题。在他看来，全权的实现有三种方式，即君主制、贵族制和民主制。但归根到底有一条，不管以什么方式，统治者都必须能行使这种全权，它们在取得这种主权时，都作了一个承诺，即必须对公民提供内外安全，免除他们之间的相互恐惧。霍布斯认为，就这个统一人格的特点来说，以君主制最为合适，它实现起来更加容易，从统一人格的概念来说就是如此。从逻辑上说，他负有公正对待所

① 霍布斯：《论公民》，应星等译，贵州人民出版社 2003 年版，第 74 页。

有人的职责。如果不能实现这种职责，那这种授权就是无效的："如果一个君主对公民作了足以破坏他运用主权的承诺，那种承诺或协议无论是否附带有誓言，都是无效的。"[①] 但霍布斯却并不明言是否应该废而重立。

四　霍布斯政治理论的成果及问题

霍布斯的政治理论取得了许多成果，集中表现为以下两点。（1）霍布斯的政治理论展示了近代政治哲学的全新方向，那就是以个人的权利作为政治学和伦理学的思考基点，此为任何古代思想家的政治学说所未有。这一思路，对近代政治哲学的发展有里程碑式的意义。（2）我们认为，霍布斯关于正义的根本在于成立政治国家的观点是值得肯定的。他认为，这是人类政治智慧的最高表现，国家这一"利维坦"，是地上的天堂，它将能保障人们的和平共处，给文明发展提供前提性条件。这个观点也是对无政府主义思潮的有力拒斥。其论证逻辑是严密的，其方法是极度的抽象，即把人们多样的希望和恐惧还原到其最基本点，那就是对自保的希望和对死于暴力的恐惧，而人与人之间的互相恐惧又深植于人的天性之中，这样一来，在导出政治国家的保护条件时，就只能以此为出发点，来概括地确立正义的目标：即必然要求主权者不能作为契约的一方，要求契约者必须而且自愿转让全部权利，并要求主权者的意志同时就是大家的意志（虽然肯定会有一部分人反对），参与订约者必须服从。这一切都是合乎逻辑的，也为政治国家提供了一种框架性的结构。的确，有国家的状态比无国家的状态一定要好得多。虽然他也知道，这种政治国家存在着缺陷，但是他也明确地说："人类的事情决不可能没有一点毛病，而任何政府形式可能对全体人民普遍发生的最大不利跟伴随内战而来的惨状和可怕的灾难相比起来或者跟那种无人统治，没有服从法律与强制力量以约束其人民的掠夺与复仇之手的紊乱状态比起来，简直就是小巫见大巫了。"[②] 他认为，那些对国家带来的不便有深深抱怨的人们没有一个"望远镜"，即伦

① 霍布斯：《论公民》，应星等译，贵州人民出版社 2003 年版，第 86 页。

② 霍布斯：《利维坦》，黎思复等译，商务印书馆 1986 年版，第 141 页。他同时也认为，其实，人类很容易把自己的贪欲和激情放大（高倍放大镜），以致不愿意为国家的运行贡献所需要的税收等，这实际上是对主权的不服从。如果我们从伦理和政治学的望远镜来观察社会生活所必需的和平的建立和维护，就会明白这需要抑制自己的贪欲和激情，从而学会理解主权存在的正义性，学会服从，这才正是公民教育的根本意旨。

理学和政治学的眼光，只会斤斤计较一些眼前的、微小的利害关系。所以，为了获得国家的巨大好处，我们应该忍受国家所带来的一些不便。

但霍布斯的政治学说也留下了一些难题。其中最关键的问题有三个：(1) 所有权是否只有通过国家授权才能取得？后来洛克曾争辩说，从事实来看，所有权与劳动有关。在自然状态，人们对自然对象施加了自己的劳动，改变了自然物的性质而使之成为合乎人的需要的产品，则此产品归劳动者所有。于是，所有权在先，国家其实只要正规承认就行。这是思路的转换。(2) 成立政府时，公民是否需要把所有的权利都转让，而且主权者必须是不参与契约而接受公民们所转让的全部权利的第三方，从而出现的是一个全权政府？如果说人们之间存在着最根本的恐惧，那么我们如何才能消除对全权者的恐惧？从霍布斯的理论逻辑看，在概念上，主权者没有为害公民或打压一部分公民又偏袒另一部分公民的合理理由。但概念是一回事，事实又是另一回事。主权者也是人，也有个人的意志。如果人们放弃一切权利，则是把自己的命运信托给一个无法预料而只能期望，并且只能服从的人手中，对此我们果真那么放心吗？所以，如何约束主权者的权力的确是政治正义的核心要义之一。(3) 霍布斯认为，国家的文明性来自于其形成了一个公正的、超越性的、高于个人的自然意志的统一意志，同时也要求通过教育使人们认可并服从这样一个公共意志。但是，他的政治逻辑使人们对统一意志只有服从，而没有参与。个人要摆脱自然状态的办法是交出权利和服从公共权力，这样就只是成就了一个政治人物和构成了政治关系，公民个人则仍然只是追求安全，免除相互恐惧的人。在这个意义上，人们虽然肉体上走出了自然状态，但是精神上却尚未真正走出自然状态，只能获得一种认可、服从统一意志的品质，所以是一种消极性的品质，而不能够获得一种积极性的政治品质。统一意志与个人意志(包括个人理性) 被分离在“保护—服从”这样的两个极端之上，于是，在霍布斯的政治国家里，由于公民们根本不具有参与国家公共事务的权利，所以，他们根本无法获得作为国家公民的公共人格和政治本质。

也就是说，霍布斯的政治学说从个人的权利出发，但自然状态由于大家权利的冲突而具有自毁的倾向，于是，个人为了免除死于暴力的恐惧，通过契约放弃了自己所有的权利并让渡给一个拥有绝对的全权的统治者(君主或会议)，而且这个权利被让渡之后，却无法收回，也无法行使，所以，他的政治哲学以个人的权利被利维坦所吞没而告终。这也就能理解，为什么其学说中的美德只是在自然状态中作为在初阶契约里自觉遵守自然法的主观品质而出现，而在政治状态中，则很少提及政治美德，原因是他认为，通过政治契约而形成的统治者和被统治者，彼此的责任都是必然的，比如对全权的统治者来说，其地位就必须为臣民们主持公道，提供安全和秩序；而被统治者就必须服从统治者的命令，在这里，没有政治美德发挥作用的空间。这些缺陷受到了洛克、卢梭、康德等人的深入批评。

第二节　洛克的权利与正义学说

洛克认为，权利就是按照自然法个人拥有属于自己的东西。为了保护个人属于自己的东西，在人群之中，就需要有限制性的力量存在，比较明显的就是惩罚性的力量。惩罚性的正义就在于不越界，也就是不能“侵害他人的权利”，“惩罚存在于把好处从一个人那里取走；报偿则是给某人以好处或对他做好事，比如钱财、赞扬等。把自己的行为限制在这些范围的人将不会是不正义的”①。这种正义观是平实的。为了论证这种正义观，洛克在《人类理解论》中阐述了一种个人的观念，或人格统一性观念，这是洛克权利理论的基点；《洛克政治论集》则论述了一种自然法学说，指出我们何以能认识到自然法并应用自然法来指导自己的实践行为，包括政治操作；《政府论》（上、下）则以个人的自我所有权为基础，以自然状态为始点，以自然法为最高衡尺，来推论政治社会的起源，政治权力的构成、归属、制衡和运作框架，以形成公共利益为圭臬，以保护财产为杠杆，使社会的和平和个人的自由得到制度化的保障和实现，使正义的价值能够在政治社会中得以彰显。

一　自然状态的理论结构

洛克的正义理论是一个复合的体系。必须厘清几个关键概念的内涵，才能在它们的相互关联中确定正义之所指，以及正义之所及。“正义之所指”说的是正义的价值目标是什么，在洛克看来，正义的价值目标就是要让每个人得到属于他的东西，也就是要实现其权利。在自然状态，人们遵循自然法就能够得到属于他自己的东西，比如自己的人身和把劳动加于

① *Locke' s Political Essays*, edited by Mark Goldie, Cambridge University Press, 1997, p. 339.

其上的自然对象就构成自己的财产；而在政治社会状态的“正义之所及”，说的是正义要关联着那些有关人的生活行为的事项及其范围。在洛克看来，人的生活是一个由身心及其欲求需要、感受、思考、行为组成的整体，而在公民政府中，正义又必然关联着立法权、行政权、对外权，公民与政府的关系等事项，所以，洛克心目中有一个十分重要的目标，那就是要说明在处理这些事项的过程中如何保证其正义价值，它发挥作用的范围，及其每一个事项的限制性因素是什么。

1.“自然状态”“自然法”与“权利”概念之分疏。洛克的“自然状态”与霍布斯一样，也是指前政府的状态。他认为，人们在自然状态具有完美的自由和平等。在自然状态，“自由”是指：“他们在自然法的范围内，按照他们认为合适的办法，决定他们的行动和处理他们的财产和人身，而无须得到任何人的许可或听命于任何人的意志。”① 但是，自然状态虽然“是自由的状态，却不是放任的状态”，② 也即是说，“自由”蕴含着自然法的约束。说自然状态不是放任的状态，有三层意思：一是说，我们都天赋有同样的理性能力，所以，要发挥理性能力来认识自然法，自然法正是一种正确的理性，不过需要人的感觉和理性来认识。然而，关键是人既有理性，又有激情、情欲、意志，这些功能如果不受到理性的约束，就会破坏一切道德的原则；所谓放任就是不运用理性，而任由激情、意志盲目地冲动。换言之，自然状态的自由实际上是指有理性者的自由，从而蕴含着约束。二是说，我们的权利行使要受到自然法的节制。我们虽然是自己的人身和财产的拥有者，但是这些东西的最终根源还在于上帝，因为我们都不过是上帝的造物，所以我们应该尽量保管和促进，而不能随意损害和毁灭之。这就是对我们自己权利的限制。推广开来，这又是我们之间的相互限制，即我们相互之间都不能损害或毁灭对方，是自然法对我们的约束，同时这也就是我们的义务。只有遵守这种约束，我们才能得自由。三是说，行使自由还有一种例外情况，那就是“若有一种比单纯地保存它来得更高贵的用处要求将它毁灭”，③ 才可以终止这种自由。所谓更高贵的用处，就是用于社会之善。

① 洛克：《政府论》（下），叶启芳、瞿菊农译，商务印书馆1996年版，第5页。
② 同上书，第6页。
③ 同上。

洛克认为，“自然状态”蕴含着“战争状态”的可能。在自然状态中，人们虽然享有完美的自由和平等，但它只有在接受自然法的约束的情况下才能得以保全。在自然状态下的人们，有着各种自然的禀赋，比如情感、激情、欲望，它们在不受到理性的引导和制约的情况下，就会成为只顾追求一己之私的满足的盲目冲动。特别是在这种情况下，理性就只会为这种盲目冲动出谋划策，为之服务，这样人们就可能会有意识地侵害他人的权利，包括财产、自由甚至生命，这就完全违背了自然法，并与他人为敌。这样，自然状态就成为战争状态。洛克说：“战争状态是一种敌对的和毁灭的状态。因此凡用语言或行动表示对另一个人的生命有沉着的、确定的企图，而不是出自一时的意气用事，他就使自己与他对其宣告这种意图的人处于战争状态。”① 也即是说，战争状态是有理性参与的，因为它有明确的意图，但这种理性的运用是为纯粹的一己私利服务的。也就是说，侵害者企图把对方置于自己的绝对支配之下，使人们无法把握侵害者会如何对待自己，包括杀死自己或把自己沦为奴隶。于是，我们可以采取最高的自卫形式，即把侵害者像野兽一样杀死。战争状态是在自然状态下人们相互冲突的最高形式。这样，自然状态的和平、自由、平等就完全转变成了其反面。也正是通过这种对比，我们才发现，人们要走出自然状态是必然的。此一思路，相比于霍布斯直接假定自然状态即战争状态，从而需要走出自然状态而组成政治社会的理论观点，获得了一个理论转化步骤。也就是说，洛克认为，在自然状态下并不都是战争状态，而是由于人们的激情冲动冲破了自然理性约束之后，才会侵害他人的权利，这样才会进入战争状态。

同时，洛克还认为，由于在“自然状态”下人们行使自己的自卫权有许多不便，故需要成立“政治社会”。这种说法，比霍布斯认为在自然状态下人人都有一种对暴力横死的恐惧，为了免除这种恐惧，才需要成立政治国家的说法要温和得多，同时也预示着洛克的国家将不会一种绝对的全权国家。就事情本身而言，自然状态意味着人们都是自由、平等的，从而本应尊重对方的自由和平等，这是自然法所要求的。但是，由于人有任性的意志、只顾一己之私满足的情欲冲动，所以，他们可能会违背自然法而对别人造成侵害。而依照自然法，对侵害必然需要制止和补偿，但在自

① 洛克：《政府论》（下），叶启芳、瞿菊农译，商务印书馆1996年版，第12页。

然状态中，又没有公共的裁判，所以就只能个体自己充当自己案件的裁判者以自卫，当然，在自己安全的时候，也要帮助受损害者来惩罚侵害者；在战争状态，更是需要自己对侵害者用一切手段制止、反抗其侵害，包括杀死对方，因为对方已经违背了理性法，可以被视同猛兽，故人们都可以参与杀死他们。也就是说，当一个人违背了自然法时，特别是当他的欲望和行为灭绝理性时，则其他人就获得了对他的支配权，即可以剥夺其生命，并要求财产的赔偿。

显然，在自然状态，人们行使自我保卫的权利有诸多不便：（1）自己作为自己案件的裁判，有一个外在的缺陷，那就是个人的力量并不总是足够的，特别是当侵害者非常强大时，更是如此。（2）还有两个内在的缺陷：一是偏袒，人们对自己和朋友总会有偏袒之心；二是“心地不良、感情用事和报复心理都会使他们过分地惩罚别人，结果只会发生混乱和无秩序”①。总之，从实质上说，自己充当自己案件的裁判，是难以达成公正的，这有着极大的不便，从而产生出了一种必然的需要：“上帝确曾用政府来约束人们的偏私和暴力。我也可以承认，公民政府是针对自然状态的种种不方便情况而设置的正当救济办法。”② 从公正和正义的角度来说，为着处理人们之间的冲突特别是战争状态，成立公民政府是绝对必要的。他的理论依据实际上是，公民政府的唯一目的就是保护公民的财产（包括人们的生命、地产、自由等），这是幸福的条件，有了这一点，人们能够感受到幸福，而没有这一点，则人们会直接地感受到不快，所以，人们必然会产生去消除这种不快的欲望，并且诉诸行动。③ 这是成立公民政府的动力机制。（3）摆脱自然状态中可能导致的战争状态，是成立公民政府的最大推动力，因为在那种状态下，根本没有其他的制约手段，所以，

① 洛克：《政府论》（下），叶启芳、瞿菊农译，商务印书馆 1996 年版，第 10 页。

② 同上。

③ 在《人类理解论》中，洛克阐述了一个原理，即“欲望（desire）——一种事物在我们当下享受它时，如果能产生出愉快底观念来，则它不在时，亦可以引起一种不安来。这种不安之感就是所谓欲望；因此，欲望之或大或小就是看不安之感之或强或弱而定的。在这里，我们正可以说，不安之感纵不是人类勤苦和行为底唯一刺激，亦可以说是它们底主要刺激”。（洛克：《人类理解论》，关文运译，商务印书馆 1983 年版，第 200 页）显然，如果一种善在它不存在时，我们仍然不会感到有任何不快或痛苦，离了它，我们还可以心安理得的话，则我们就不会对之产生欲望，也就不会追求它；但如果一样东西缺乏了我们感觉痛苦，我们就会去追求它。因为没有政府，我们会直接感到不快，所以，我们必然有成立公民政府的欲望。

“避免这种战争状态（在那里，除掉诉诸上天，没有其他的手段，并且因为没有任何权威可以在争论者之间进行裁决，每一细小的纠纷都会这样终结）是人类组成社会和脱离自然状态的一个重要原因”[①]。

2. 自然法。洛克反对“天赋法”，即否认一些普遍的、确定不易的法律原则是由上帝或自然先天地刻在我们内心之中的，这正是他反对存在着天赋的实践原则学说的核心内容。但他认为“自然法”必定存在，它是其力量、智慧、完美都无限超过我们人类的上帝的意志及其法律，外在于我们，但我们可以认识它们。在现实中，自然法就是通过正确运用人的理性功能而认识到的真正的幸福原则。自然法与人的行为之间呈现出如下关系：

第一，自然法只能为人的自然之光即天赋的感觉功能和理性功能所认识。虽然我们的感觉能力和理性能力是薄弱的，但是，用它们来认识自然法是足够的。首先，既然我们能够感觉到周围万物的存在和运动都服从那永恒的、确定的规律，那么，人的行为也就不能例外；其次，世界上各民族虽然奉行不同的道德原则，但是这些道德原则显然都有着促进其公共幸福的目的，这一点正是自然法的指示，这证明那些为维系社会所必需的公共规则是一致的；最后，自然法是“正确的理性”，但它并不是作为认识功能的人的理性本身，而是我们的理性的认识对象，即体现在自然中的理性法则，所以我们要发挥自己的理性功能对自然法进行解释。既然是解释，就有正确和错误之分。所以，我们的理性就应该以感官感知到的或内心反省到的简单、明确的观念比如痛苦和快乐观念为基础，加以综合、联络和扩展，按照正确的秩序来认识事物的真正本性，只有这样才能正确地认识自然法。

但是，显然这是以经验为基础的，经验是指我们的感觉所能感知的东西的总和，但是，“问题是，我们的经验并不必然导向对上帝的经验。我们这个时代的许多人和同样多的洛克时代的人都太快地宣称，经验危害了认知上帝的任何可能性”[②]。所以，这实际上是理性在经验的基础上的向上一跃，从纯粹的经验论来看，显然是不合法的。洛克对此也有所知，故

① 洛克：《政府论》（下），叶启芳、瞿菊农译，商务印书馆1996年版，第15页。

② Paul Kelly, *Locke's Second Treatise of Government*, New York: Continuum International Publishing Group, 2007, p. 37.

主张有启示性的真理。所以，他又说，自然法也可以通过《圣经》的启示而昭示给我们。这一点显然与前一关于自然法的基于经验的理性理解不能相互协调。更奇怪的是，他在具体论证时，也并不严格遵循《圣经》的教导，比如《圣经·新约》中有许多贬低财产的话，他却把保护人们对财产的获取看作政府的唯一任务。的确，从这两个方面来看，他都没能证明自然法的存在。但是，我们不能认为这是洛克思想的逻辑混乱之处，只能说是那个时代的思想局限性，因为自然法在那个时代就是一种理性信念。我们认为，洛克之所以主张自然法可以通过启示而被昭示，是因为他要借助于《圣经》的权威来确证上帝的存在，同时也就证明了自然法的存在。这为他关于正义的论证提供了一个不容置疑的前提性基础。

洛克把自然法等同于“理性”，是把它作为在自然状态下对人的行为的道德约束。保护个人的所有物不受侵害，维护社会和平稳定与和谐关系，使人们能够在其中自由地追求自己的幸福，就是自然法的生活内容，这是理性所能认定的。在《政府论》下篇中，自然法是最高的道德法则，也是我们一切实证法的最高根据。就其作为人的行为的最高约束依据来说，它体现的就是正义的理念。

3. 自然权利。“自然权利以我们对一个东西的自由使用之事实为根据；而［自然］法则是嘱咐或者禁止做一件事情的规则。”① 所以，自然法本质上就是引导并限制自然权利的行使的规则。而自然权利，在洛克那里，则是人们自由而平等地拥有和处置自己的一切所有物的权利。在自然状态下的个人，从存在的原点上说，其唯一的愿望就是自我保存。这是洛克与霍布斯共享的见解。于是，洛克十分注重自然法禁止大家相互侵害对方的功能。他说：“自然状态有一种为人人所应遵守的自然法对它起着支配作用；而理性，也就是自然法，教导着有意遵从理性的全人类：人们既然都是平等和独立的，任何人就不得侵害他人生命、健康、自由或财产。”② 另外，他又说，自然法“旨在维护和平和保卫全人类”③。至于自然权利和自然法何者为根本的问题，在斯特劳斯看来，洛克先要确定人的行为的最初出发点，即自我保存这一基本自然权利，“既然自然权利是生

① *Locke's Political Essays*, edited by Mark Goldie, Cambridge University Press, 1997, p. 82.

② 洛克：《政府论》（下），叶启芳、瞿菊农译，商务印书馆1996年版，第6页。

③ 同上书，第7页。

而有之的，而自然法却不是，那自然权利就比之自然法更为根本，而且是自然法的基础”[①]。我们认为，不必区分何者更为根本，因为它们所指不同，一是指人的最基本愿望，一是指上帝的意旨，这两者同时存在于自然状态，都先于公民政府而存在。

4．重要理论概念的经验证据。洛克似乎不想给人们留下一种印象，即认为他的重要理论概念如“自然状态”“自然法”“财产权”“公民政府”等是假设的，他认为，这些概念都是有经验根据的，而不是纯粹理智的抽象。当然，这些概念本身有一定的抽象性和推理性，但是它们是从经验证据中抽象和推理出来的，只有这样，这些概念才能具备对人类生活足够的解释力。

（1）“自然状态”的经验证据。洛克的“自然状态”概念并不纯粹是理论上的一种代表设置，他认为，这个概念是有经验根据的，其目的是说明，“自然状态”作为一个尚未组成政治社会的状态，人们在其中还是能够生活的，其依据就在于人们在自然状态能够在一定程度上遵守自然法，因为前政治国家状态的社会或专制政权并没有都沦落为战争状态，这一点表明自然状态是一种经验存在。他认为，“所有的人自然地处于这种状态（指自然状态——引者注），在他们同意成为某种政治社会的成员以前，一直就是这样”[②]。这就是说，只要人们没有通过正式订立契约一致同意把自己的裁判权交给一个公共机构，他们就仍然处于自然状态之中。第一，要么人们处于松散的社会关联之中，他们虽然也会在物质交往中订立契约，但这样的人们仍然处于自然状态之中。他提出的经验根据是：“一个瑞士人和一个印第安人在美洲森林中所订立的交换协议和契约，对于他们是有约束力的，尽管他们彼此之间完全处在自然状态中。”[③] 因为诚实和守信是作为一个人的品质，并不是作为政治社会中的公民的品质。第二，专制的政权也是处于自然状态中的，因为专制君主们取得统治权，并不是人们通过订立契约一致同意而被赋予的。这样的专制政权在历史上所在多有。总之，洛克认为，自然状态是一种经验事实。

（2）“自然法”的经验证据。他认为，在我们的周围，万事万物的存

---

① 列奥·斯特劳斯：《自然权利与历史》，彭刚译，生活·读书·新知三联书店2003年版，第232页。

② 洛克：《政府论》（下），叶启芳、瞿菊农译，商务印书馆1996年版，第12页。

③ 同上书，第11页。

在和运动，都遵循着普遍的、确定不易的规律，这就是自然法。第一，它是由我们的感官报告给我们的，我们的理性能推论有自然法的存在，并对万物都有约束力。由此，我们的理性可以推测，自然法是高于我们的上帝的意志及其法律。第二，经验也告诉我们，有一种我们的行为所必须遵循的理性规则即自然法，它对我们有着约束力，比如说，那些为维系社会所绝对必需的公共规则，就是必然存在的，各个民族都遵从着它们，虽然各个民族在不同的时间或不同地方对其理解是不同的，有些理解可能还是错误的，但是，这也表明，作为我们理解的对象的自然法是存在的。第三，我们被上天赋予了追求幸福的倾向，我们能够经验到快乐和痛苦，而且我们的本性是趋乐避苦，在这一经验基础上，我们能够发现，追求公共利益或社会之善，是我们达到幸福的前提。而自然法的根本意图就是要形成公共福利或社会之善。所以，为人们的幸福之所系的自然法有着明确的经验证据。

（3）“财产权”的经验证据。在他看来，财产权并不是必须成立了政府才能取得的。实际上，历史经验告诉我们，第一，人们对自然界的任何物品，只要加入了自己的劳动，使之摆脱了其原来的状态，就对它们拥有了所有权。这种规则在许多没有组成政府的地方也是通行的规则。比如前国家状态的印第安人就是如此：“野蛮的印第安人既不懂得圈用土地，还是无主土地的住户，就必须把养活他的鹿肉或果实变为已有，即变为他的一部分，而别人不能再对它享有任何权利，才能对维持他的生命有任何好处。”① 第二，心理学的事实也告诉我们，我们对物品的占有以满足我们的需要为度，占有过多，来不及享用就会变质，这就是暴殄天物，从而他们也就没有过多占有的动机，这就是说，自然的出产是丰富的，不会因为某些人占有一些物品，就损害了他人。第三，事实告诉我们，物品的价值的绝大部分都是劳动赋予的，自然物品的价值微乎其微。这等于说，我们占有的自然物品可以很少，而靠自己的辛勤劳动可以获得绝大部分的有用价值。第四，在货币产生以后，人们对财富的无穷占有欲才能被激发出来，因为货币是可以无穷地被积累的。也就是说，只要不造成浪费，则财产就可以被无限制地积累，自然法可以容许这一点，因为这种财富的无限

① 洛克：《政府论》（下），叶启芳、瞿菊农译，商务印书馆 1996 年版，第 19 页。

积累能够促进人们的公共幸福[①]，所以，“对自然法感到恐惧的，不再是贪婪之徒，而是暴殄天物之徒”[②]。这也解释了资本主义无限追求财富的现实，也与古希腊时期的相关观念有很大差异。对财产观念的高度重视，使洛克把政治正义的核心确定为对财产权的保护。

（4）“公民政府”的经验证据。首先，我们从历史经验中可以看到，有一种政府形式是专制君主国。臣民们在这种制度下，实际上处于君主随意的、绝对的意志的支配之下，人们如果与君主有了利益冲突，根本就无处告白，只能向老天呼吁，这比在自然状态下情况更糟，因为在自然状态下，人们还可充当自己案件的裁判者，而在专制君主国中，人们的这种权利也被毁灭了。但是，在这种制度下，如果臣民之间有了冲突，他们也“有权向法律和法官们申诉，来裁判臣民之间可能发生的任何争执，并阻止任何暴行。这是人人都认为必要的，而且相信，凡是想要剥夺这种权利的人，应当被认为是社会和人类的公敌”[③]。这表明，在个人的裁判权被剥夺以后，必定需要一个公共的机构来进行裁判，虽然在这种社会中，处理冲突，使臣民之间保持和平，“不是由于主人对它们有什么爱心，而是为了爱他自己和它们给他带来的好处”[④]，但这总能证明有公共的裁判者来维护和平对所有人都是有好处的。进而我们可以看到，专制君主国有一种可疑的特征，那就是其他任何人都处于一种公共机构的裁判之下，而统治者则绝对地超出公共裁判之上。如果认为，这种情况是人们所一致同意的，那真是对人的理智的最粗暴的愚弄。洛克斩钉截铁地说：“这就是认为人们竟如此愚蠢，他们注意不受狸猫或狐狸的可能搅扰，却甘愿被狮子

---

① 对这一点，斯特劳斯特别重视，认为这是洛克财产权的新颖之处。货币发明之后，使得财富积累可以无限进行，而不必担心财物会腐坏，以此为中介，各种有用物可以进入交换和流转到所需要的人们手中，可以造成一个丰足的社会，穷人也会得利。他引用洛克的一段话“［在美洲］一个拥有广大肥沃土地的统治者，在衣食住方面还不如英国的一个粗工”［洛克：《政府论》（下），叶启芳、瞿菊农译，商务印书馆1996版，第27—28页］，用来说明，“穷人远不是因为贪欲的释放而无立锥之地，而是因之而变富了。因为贪欲的释放不仅与普遍的丰足相协调，而且乃是造成它的缘由”。贪欲的释放有利于共同利益、公共幸福和社会的现世繁荣。所以，洛克采取的是对贪欲唯一合理的辩护方式。（列奥·斯特劳斯：《自然权利与历史》，彭刚译，生活·读书·新知三联书店2003年版，第247页）

② 列奥·斯特劳斯：《自然权利与历史》，彭刚译，生活·读书·新知三联书店2003年版，第242页。

③ 洛克：《政府论》（下），叶启芳、瞿菊农译，商务印书馆1996年版，第57页。

④ 同上。

所吞食，并且还认为这是安全的。”[①] 显然，理性告诉我们，这种制度安排是极不合理的。也就是说，真正的公民政府一定有两大特点：一是经过大家深思熟虑，基于大家的同意而把自己的裁判权交给一个正式委任的机构代理行使；二是所有人包括君主都要服从一种被明确告知的成文法律，而不接受某些人包括君主的心血来潮和任性意志的裁判。他认为，这种公民政府在历史上是存在过的：“如果有谁不承认罗马和威尼斯的创建是由彼此自由和独立的、没有自然的尊贵或臣属之分的人们的结合，那么，我们就不能不说他在他的假设与明显的事实不符时显露了硬要否定事实的奇怪想法。”[②] 这是公民政府存在的经验证据。他认为，以制度的方式把每个人都置于明确的成文法的约束之下，是政治正义的必然要求。

二　人格同一性：刑赏的根据与福利的主体

人格同一性理论是洛克的权利理论的一个心理学—哲学基础。它所说明的是对一个人来说，什么是真正属于他的，即他的权利，以及约束和刑、赏之所以能加于他的理由。他认为，作为实体的“人”实际上是指有着生命的连接的人的肌体。虽然人同时有着感觉、情感、欲望和思维，但这些精神性的东西处于不断的变化之中，设想它们独立于人的肌体也是可以的。在这一点上，洛克有着笛卡尔的心物二元论倾向。那么，“人格同一性”是怎么回事呢？洛克认为，它与意识密切相关。实际上，我们认为为我们所拥有的东西就是指我们意识到的东西（比如人身和财产），不能意识到的东西就与我们无关。“而意识永远是和当下的感觉和知觉相伴随的，而且，只有凭借意识，人人才对自己是他所谓**自我**。”[③] 就是说，意识的内容就是当下的感觉和知觉，它们使我们意识到自我的存在，当然也能回忆和联想，即我们能够意识到属于我的东西就是我的，这就构成人格。“所谓人格就是有思想、有智慧的一种东西，它有理性能反省，并且能在异时异地认自己是自己，是同一的，能思维的东西。”[④] 于是，所谓人格同一性，是指人的这样一种思维能力：即能够意识到我们所感觉和知觉到或回忆、联想到的东西是属于我们自身的。比如，我们会做出各种行

---

① 洛克：《政府论》（下），叶启芳、瞿菊农译，商务印书馆1996年版，第57—58页。

② 同上书，第63页。

③ 洛克：《人类理解论》，关文运译，商务印书馆1983年版，第310页。

④ 同上书，第309页。

为，它们在时间和空间中都可以是分隔的，但我们的意识可以把它们联合起来而认为它们是同一的人格所做出的，因而是属于我的。因此，"种种实体虽变，人格同一性并不变"。[①] 他认为，人的灵魂中有理性，这就是人高于动物的本质所在。所以，他的人格同一性学说"反映了一种灵魂中的等级论，即运用理性的实体被认为比不能运用理性的实体有一个更高级的灵魂，这一点解释了他们（指人类——译者注）为什么以及如何可以成为道德主体"[②]。也就是说，理性是我们具有人格同一性，同时成为道德主体的本质力量之所在。

于是，我们可以推论到属于人格同一性的东西：（1）我们的身体因其是我们有意识的自我的一部分，比如我们可以知觉到它的触感等，所以，身体或生命是属于我的。（2）我们的快乐和痛苦的情感感受也属于我们的人格同一性，理由是我们能够意识到它们，从而它们也是属于我的。（3）我们对引起我们痛苦和快乐的某些东西，能综合地、长远地推测其后果，故我们能意识到祸福，而"能意识到苦乐的那种主体，一定要希望那个有意识的自我得到幸福"[③]。我们有一种自然的倾向去关心、同情这些事物，如对为我们的生存和幸福所需要的物品的关注，就构成财产权利，这同样意味着人格同一性。（4）我们可以推论，那个关心自己的幸福和苦难的自我，一定也可以设身处地地感受到另一个自我的幸福和苦难，鉴于我们相互依赖的事实，人们应该可以彼此产生促进对方的幸福的愿望甚至行动。这样，我们就能尊重他人的各种所有物，而不会肆意地侵犯他人的权利。也就是说，道德实际上就是人格同一性之间相互对待的关系。他认为，人们的人格同一性之间会产生相互关爱之情，这就是仁爱的起源。我们看到，洛克虽然承认这样一种可能性，并对胡克的这种推论给予了肯定，[④] 但是在他自己讨论政府的起源、目的时，并没有把仁爱看

---

① 洛克：《人类理解论》，关文运译，商务印书馆 1983 年版，第 311 页。

② K. Joanna, S. Forstrom, *On Locke and Personal Identity*, New York: Continuum International Publishing Group, 2010, p. 6.

③ 洛克：《人类理解论》，关文运译，商务印书馆 1983 年版，第 323 页。

④ 洛克认为，胡克可以从自然状态人们的平等自由中推论出正义和仁爱的原则。他引用胡克的话说，仁爱原则有着这样的根据："如果我要求本性与我相同的人们尽量爱我，我便负有一种自然的义务对他们充分地具有相同的爱心。从我们和与我们相同的他们之间的平等关系上，自然理性引申出了若干人所共知的、指导生活的规则和教义。"（洛克：《人类理解论》，关文运译，商务印书馆 1983 年版，第 5—6 页）

作一个可以凭借的现实力量，也许他认为，这样的假设太强了。

可以说，人格同一性是我们行动的基础，我们对人格同一性的福利负有责任，因为我们不可能有意识地追求对自己不利的东西。但所有人的人格同一性都是这样，是平等而自由的，所以，当我们的行为侵害了他人对自己的人格同一性的珍视，则我们就应该受到惩罚，如果我们的行为促进了别人的人格同一性的福利，则应得到赞赏。所以，人格同一性才是刑赏的对象。“刑和赏之所以合理，所以公正，就是在于这个人格的同一性。”① 这就是正义的起源。因此，洛克一直强调，正义必须具备惩罚的能力才能有力量。这种力量可以包括从物质财产的赔偿到生命的剥夺。许多人说，这是洛克受到霍布斯的影响的证据，但是在我看来，这一点在历史上已经得到了强调，比如，罗马神话中的正义女神形象就是一手拿着天平（代表公平），一手拿着剑（代表惩罚的力量）。洛克正义学说的独特性在于，他强调这一点，目的却是要对这种惩罚力量加以制度性的限制，而不使其留下按照执行者自己的任性意志来行使的制度性漏洞，这是正义所要求的。

三 正义的含义及其论证理路

从以上可以看出，洛克思考政治问题的焦点在于正义。而关乎正义的事项有：（1）人的人格同一性以及由此而来的人与人之间的相互依赖；（2）存在着自然法这一最高的衡尺，它是一切实证法的基础；（3）由于在自然状态人们行使裁判权有诸多不便，所以需要成立公民政府；（4）公民政府是由人们的同意而成立的能够对公民们行使支配权力的政治性机构，目的是为了维护公共福利；同时必须建立权力结构及其制衡的机制；而且所有人必须服从成文法律，没有法外的权力。

正义，在洛克看来，就是指人们都能拥有属于自己的东西，也就是自己的财产，即自己的身心和物质利益，它需要得到确认和保护。这就是正义的核心内涵。为了使政治社会能够实现正义的价值，它必须为达此目的而建立起一整套的裁判机构，这一机构中的各种权力要素必须得到制衡，使之能够保障人民的财产，维护社会的和平与和谐关系，这就是公共福利。而形成并维护、促进公共福利，是公民政府存在的唯一理由，也是其

---

① 洛克：《人类理解论》，关文运译，商务印书馆1983年版，第317页。

正义价值之所在。所以，洛克明确地说："政治社会本身如果不具有保护所有物的权力，从而可以处罚这个社会中一切人的犯罪行为，就不成其为政治社会，也不能继续存在；真正的和唯一的政治社会是，在这个社会中，每一成员都放弃了这一自然权力，把所有不排斥他可以向社会所建立的法律请求保护的事项都交由社会处理。"① 政治社会由于人们的同意，而接受了人们交给它的裁判权，所以，它必须公正地对待所有人民。故对洛克而言，人们走出自然状态，并没有像霍布斯那样需要让渡的所有权利，而是只让渡了自己充当自己案件的裁判权，于是，政府既要成为契约的一方，同时其权力也是有限的。

因此，洛克对正义理论的论证遵循以下理路：

首先，以人们的人格同一性为基础可以论证他们对自己意识所及的、有利于自己的生命存在和发展的东西的占有权。但由于人们处于相互的自由平等的关系之中，所以，在占有物品的过程中，显然有着正义价值的衡量。正义是约束人们对他人的占有物品的侵害，仁爱则要求人们要想得到别人的爱，自己也必须对别人也致以相同程度的爱。这也表明人们是一种依赖性的存在者。在政治社会的意义上，所谓依赖就是对公共权威的依赖。他认为，"所有法律的缘起和基础是依赖性。一个有依赖性的理智存在者是处于他所依赖的人的权力的指导和统治之下的，并且必定是因为这个目的而由那个更高的存在（指上帝——译者注）所指派于他的"②。人不可能是独立的，如果是独立的，那么就根本不存在法律，就只有他们自己的意志了。至于为什么不是仁爱义务而是正义在《政府论》中占有首要地位，这是因为公民政府的首要任务是保护人们的财产，从而需要以明确的法律来限定人们的所有物的界限，并且惩罚各种侵害行为，这对社会和平的维护来说，是首要的任务。

其次，人自身的意志、欲望的满足不可能成为他的行为的尺度和目的，如果是这样的话，那么，人们之间一定会充满冲突，并且没有一个公共的裁判，因此，他必须在一个公共法律的约束下来行动，这只会成就他的自由，而不会妨碍他的自由。自然法是一切人行为的最高约束根据，它是上帝的意志和法律，"由上帝传递给人的东西，对人而言，它是一个规

① 洛克：《政府论》（下），叶启芳、瞿菊农译，商务印书馆1996年版，第53页。

② *Locke' s Political Essays*, edited by Mark Goldie, Cambridge University Press, 1997, p. 328.

则和生活模式，要么为自然的或植入人心的理性之光所知解，要么在神圣的启示中得以显明”[①]。它有着道德价值，因为它是善与恶的基础。法律的意义在于规范人们权利的行使，使之不能越界。与道德无关的权利可以自由使用，与道德有关的权利就要受到限制和约束。既然必然存在着限制和约束，所以需要赋予公共机构以惩罚和裁判的力量。在自然状态中，人们如果出现了相互冲突，但此时又没有建立公共权威机构，于是，就只能把这种裁判权归于个人自身，当然，最后的诉求对象就只能是上天。但上天的权柄虽然至高无上，却并不能直接对现实世界的行为进行裁决，所以，必须成立公民政府。

再次，如前所论，在这个情形下，行使裁判权有着诸多不便，所以需要成立公民政府，以在现实世界中获得一种公共的裁判权威，它指向对人们的财产进行现实的保护。他说：“我认为政治权力就是为了规定和保护财产而制定法律的权利，判处死刑和一切较轻处分的权利，以及使用共同体的力量来执行这些法律和保卫国家不受外来侵害的权利；而这一切都只是为了公众福利。”[②]

最后，我们可以分析一下正义问题的细节。在上述财产权的界定中，我们可以得出正义的根本意旨就是保护个人的财产，并且禁止相互侵害。所以，存在着自然正义和政治正义。

自然正义。自然正义是指在没有建立公民政府的状态中，对如何保护财产和惩罚相互侵害的合适性的考量。我们说过，自然状态下如果有人侵害我们，特别是把我们置于不能自主的情形中时，我们就有自卫的自然权利，包括杀死侵害者，并且其他人也要帮助我们。但正义的考量要求这种自卫是有限度的。总的原则是：本来在自然状态中人人都是自由平等的，我们只是可以对那些违背自然法的人取得权力。但这种权力也不是任意的权力，即不能按照任性的意志来处置违背自然法者，而必须通过理性的冷静思考来对待他。其限度是：“比照他所犯的罪行，对他施以惩处，尽量起到纠正和禁止的作用。因为纠正和禁止是一个人可以合法地伤害另一个人、即我们称之为惩罚的唯一理由。”[③] 这包括以下要点：（1）在任何情

① *Locke' s Political Essays*, edited by Mark Goldie, Cambridge University Press, 1997, p. 63.

② 洛克：《政府论》（下），叶启芳、瞿菊农译，商务印书馆1996年版，第4页。

③ 同上书，第7页。

况下，如果对方想把我置于他的意志的绝对支配之下，则即使他尚未实施杀害我的行为，由于在这种情况下我的生命处在不能自主的状态，也不能确切地知道他会不会要我的性命，所以，我为了自卫，可以杀死他；（2）在其他情况下，任何人制止侵害，应以使他不能违背自然法为度，并给其他人以一个榜样，使之知道违背自然法的下场；（3）对受损害人来说，还有另外一种权力，那就是不仅可以和其他任何人一样拥有对侵害者的制止权，还有要求赔偿之权力；（4）在自然状态下，也不是任何罪行都要处以死刑，比如程度较轻的情形中，应“以是否足以使罪犯觉得不值得犯罪，使他知道悔悟，并且警诫别人不犯同样的罪行而定”[①]。

政府的存在就是为了禁止偏私和任性暴力，但是，我们是否可以由此推论出：政府是人们案件的唯一裁判者，自身神圣，可以任意行事，以致人们明显受了冤枉也无法救济，从而对政府不能有任何限制措施？当然不是，因为如果是这样，这种政府就是一个专制政府，处于这种政府状态之下，比处于自然状态更糟。于是，对政治正义的考量就更为重要。

政治正义。政治正义的关键是合理地界定各种政治权力的性质和范围，并且要使之受到相互的制衡，目的是使之不去侵害公民的财产权。当然，在这个过程中，也会有一些特殊情况，需要我们按照公共利益这一最高法律来酌情处理。他认为，成立公民政府的最主要目的就是保护人们的财产。无财产即无正义，没有财产的人就只是一个奴隶。而公民政府是自由而平等的公民通过自愿订立契约而成立的，所以保护公民的财产是最大的公共利益。公民政府是“用整个社会的集体力量来保障和保护他们的财产，并以经常有效的规则来加以限制，从而每个人都可以知道什么是属于他自己的”[②]。这就是公民政府的正义追求之所在。我们看到，洛克不像霍布斯那样只重视理性推演，他的正义理论的论证要借助具体的政策设计来加以丰富。正像彼得·拉斯莱特所指出的，“洛克有着反对综合思维的本能，所以他感觉不到尊重霍布斯学说中的权威主义结论的逻辑必要”[③]。他认为需要分权制衡，把人们的同意看作政治统治的一个实质基础。这种设计，特别体现了洛克的谨慎品格。他对绝对主义的政治统治施

---

① 洛克：《政府论》（下），叶启芳、瞿菊农译，商务印书馆1996年版，第10—11页。

② 同上书，第85页。

③ 彼得·拉斯莱特：《洛克〈政府论〉导论》，冯克利译，生活·读书·新知三联书店2007年版，第117—118页。

加了许多政策限制，从而使政府成为一种有限政府。具体说来，有以下情形：

第一，正因为在自然状态下人们要自己成为自己案件的裁判者，这一局面有许多缺陷，所以，自由而平等的人们就要通过仔细协商订立契约的方式把自己的裁判权让渡给一个人们一致同意推选出来的公共机构。因为事关选出一个拥有国家资源并统治自己的最高政治权力的机构，所以，这种让渡的本质要求是要经过人民的一致同意。正义首先就要求凡成立统治权，必须经得被统治者同意。同意是表明被统治者在服从统治者时是自愿的，任何未经同意的统治是强加的，是不正义的。人们的同意是政治的正当性的主观维度，从而成为洛克以后的政治哲学要论证政治的正当性就不能绕过的主题。可以说，这也是洛克正义理论的重大贡献。

但从实践上看，一个统治权力的建立要获得所有人的一致同意，是难以办到的，比如因为有些人有事，有些人生病而不能参加会议等，故参与订立契约表示同意的人数不可能是全体人，因为这多有不便。现实一点说，那就是必须经过多数人的同意。

进一步说，多数人的同意是否意味着不同意的人的意见就可以被压制？这里的补救办法有两个：一个是选出代表；一个是因为法律是理性的，所以，这些代表应该是有智慧的人，或者是专家。这些人是自然法的解释者，并以此为衡尺而制定实证法。人们对他们的判断是应该信赖的，并且能够反映一个理性的人的意见。当然，如果有明显证据证明立法者的腐败和恶劣意图，那么，就可以重新推举立法机关。组成政治社会的形式有：由通过同意而指定的人行使惩罚权；规则是授权的代表们所一致同意的；人民拥有最后的权力。人民放弃解读自然法的权利和裁判权后并不就等同于无物，而是握有最后的选举权。显然，这种安排的目的是为公共福利服务。

第二，公民政府的统治必须是法律的统治，而不能接受统治者按照心血来潮的任性意志来进行统治。所以，实证法是政治正义的纲维，它要以自然法为准绳，是根据人们的利益（即免除自然状态下人们要成为自己案件的裁判者的不便利）而制定的，这当然是人们的理性能够理解到的。所以，制定实证法，要体现自然法的本质，那就是保卫人类的和平；同时实证法还有自己的特点，那就是一方面要消除不便，另一方面要防止政府的专权和任性。这就要分析人民的诉求、成立政府时人民所能让渡的权利是哪些、普遍的法治状态、公共利益、权力的相互制衡、对统治者的要求和防止其专权的措施、最后的裁判等。这些要求都是合乎正义的，因为从本质上说，这是在保卫人们的自由和平等。他明确地说，“专制君主也不过是人”[①]。如果让他拥有专横任性的权力，那就是准备进入战争状态。这是洛克的令人警醒之处，相比于霍布斯，这也是其正义理论的较为彻底之处。

第三，权力架构中的正义考量。既然政治法律是政治正义的纲维，所以，第一种权力就是让渡给公民政府的制定法律的权力，即立法权的限度是保护所有社会公民所需要的权力范围，不应因为其他目的而制定法律。在这里，公民个人放弃了处刑的权力，随之他们所需要承担的义务是：应该用其自然力量来协助社会行使执行权，因为他既得到了公共裁判的好处和便利，又受到了整体社会力量的保护。所以，为了自保，就要求根据社会的幸福、繁荣和安全之需要，尽量放弃其自然权利。所以，对公民来说，制定法律权和裁判权都应该彻底放弃。这“不仅是必要的，而且是公道的”[②]，因为其他社会成员也同样要这样做。

立法权虽然最高，它也不能握有公民们在自然状态下所没有的权利，比如说，人们既然没有损害和毁灭自己的人身和财产的权利，也就不能让渡给政府，因此最高立法权对人们的生命和财产不能是绝对专断的。在立法的过程中，其所立之法必须符合自然法的基本要求。自然法的基本要义是保护人类，故实证法也必须从保护人类这一最高目的来加以制定，同时由于制定者、执行者及其对象都是既有理性又有激情、情欲、意志的人，所以，实证法要有立法法（规范立法行为）、立法机关（组成立法团体）和执行者（执行法律），在这些权力中，我们要能够限制任何人的激情、情欲、意志的盲目冲动，使之服从理性。理性的功能无非是对事物的本性进行探究，从而以正规的、成文的法律来支配人们的行为，以获得公共利益。

通过让渡，政府获得了这项权力，从其实存看，它就是最高权力，而且是神圣而不可变更的（在社会仍然存在的情形下），这从社会的安全和利益来看应该是如此。至于具体的立法机关也可能腐败，那是另一个问

① 洛克：《政府论》（下），叶启芳、瞿菊农译，商务印书馆1996年版，第10页。

② 同上书，第70页。

题，因为即使解散了原有的立法机构，我们也必须成立新的；从其产生看，那就是要通过人们的同意和授予而获得最高权威，因为我们无法设想这种最高权威还能通过其他办法产生，比如我们不能自命能够解读自然法而获得这种权威，而是要通过人们的同意并正式推举而授权才能产生。

这种政治法律必须是经过颁布的、经常有效的，也就是说要是成文的。成文法律对立法机构也是一个限制。洛克也简单地提到司法，但是他并没有把司法权确立为一个单独的权力。他认为，必须由有资格的法官来执行司法和判断臣民。因为自然法是不成文的，只能通过人们的解释才能为人们所认识，于是必须制定成文法，并且在判断时必须有专职的法官，他们与案件本身无利害关系。如果由一个没有经过专门训练，又与案件有关系的人来判断，则由于情欲和利害的关系，他就不会按照理性的正确理解来判断，而是曲解、不当引证，而且还不会承认自己的错误。

由于立法权是最高权力，所以就必须加以制度性的限制。其一，正式委任立法机关，这是对立法者的一种限制。但不能说这就从制度上可以杜绝他们对人民行使其毫无限制的意志的可能。如果立法者与执行者结合在一起，并且真的这么做的话，则情况会比在自然状态更糟。因为这时，人民已经解除了武装，而执行者又有绝大的力量。执行者也是人，谁也不能保证他的意志会比别人的意志更好。怎么才能避免这一局面呢？办法是，立法权应有期限，一到期就解散，他们回到人民中去，这样他们所立之法就会及于其自身；同时立法权也不是终身的，必须经过重新选举才能担任。其二，立法权和执行权应该分开。执行者有可以解散并重组立法机构之权。其三，立法权不能转让。理由很明显，因为这种权力是来自公民的同意，而不是他们自己的。其四，人民保留最后的权力。

第二种权力即执行权是执行已制定的法律之权力。它必须是常设的。执行权虽然隶属于立法权，但是它对立法权也有很大的制衡作用。在立法机构完成立法而人员散布到人民之中后，除了有明文的组织法规定了重新召开的时间、方式外，在感觉需要消除对于人民的障碍而没到组织法规定的时间，就只有执行权能够决定通过新的选举来召集。而至于立法议员人数的变动问题，在他看来，也需要执行权来按照正义的要求重新调整，即要根据真正的理性而不是根据旧的习惯来规定各地有权被选为议员的代表的数目，这种权利不以人民怎样结成选区而得到主张，而应以其对公众的贡献为比例。这种做法不能被认为是建立了一个新的立法机关，而只是恢复了原有的真正的立法机关，纠正了由于日久而不知不觉地和不可避免地引起的不正常情况。这是合乎实际的。所以，对立法权和执行权来说，“Salus populis suprema lex［人民的福利是最高的法律］，的确是公正的和根本的准则”①。

由于社会生活的各个事项是经常变动的，而制定的法律也不可能规范所有的事务，所以，必须从人民的福利出发赋予执行者以自由裁量权，也可以说是执行者的特权，但这并不是让执行权高于立法权。自由裁量权在一个有智慧有德行的执行者那里，是可以大量使用的，只需要很少一点法律就够了；但是当君主暗弱，或道德败坏时，则必须对自由裁量权或特权加以限制（这样做并没有剥夺君主应享受的任何权力），这当然是人民的福利这一最高的法律所要求的。所以，政治美德就是能够以公共利益为目的并为获得公共利益而行动的优秀品质。

三权中的对外权虽然不同于行政权，但他认为对外权的行使者与行政权的行使者无法分开。

在政治领域中，还会有篡夺和暴政的情况，这二者都是不正义的。“一个篡夺者在他这方面永远不是正义的，因为当一个人把另一个人享有权利的东西占为己有时，才是篡夺。”② 这明显违背了正义的要求；至于“暴政”，则是“行使越权的、任何人没有权利行使的权力。任何人运用他所掌握的权力，不是为处在这个权力之下的人们谋福利，而是为了获取他自己私人的单独利益。统治者无论有怎样正当的资格，如果不以法律而以他的意志为准则，如果他的命令和行动不以保护他的人民的财产而以满足他自己的野心、私愤、贪欲和任何其他不正当的情欲为目的，那就是暴政”③。从正义的要求看，暴政就是政治上的极端不正义。

关于这些权力是否得到了合乎正义的使用问题，有一个关键的困难：那就是确定谁是判断者？对于正义来讲，若无判断者，也就没有惩罚者，这样一来，正义原则就会流于无力。首先，在立法者和执行者之间没有裁判者；其次，当人民和立法权有冲突时，也不可能有裁判者。在这种情况下，就只能诉求上天。但是，在政治社会中，从权力的产生和权力的信托

---

① 洛克：《政府论》（下），叶启芳、瞿菊农译，商务印书馆1996年版，第97页。

② 同上书，第120页。

③ 同上书，第121—122页。

来说，人们保留着最后的裁判权。所以他说："当人民发现立法行为与他们的委托相抵触时，人民仍然享有最高的权力来罢免或更换立法机关；这是因为，受委托来达到一种目的的权力既然为那个目的所限制，当这一目的显然被忽略或遭受打击时，委托必然被取消，权力又回到当初授权的人们手中，他们可以重新把它授予他们认为最有利于他们的安全和保障的人。"①

对这样一个可以导致革命的强硬结论，洛克又有一个软化的企图。他认为，这并不是在煽动革命。他强调民众有易于遵循传统和风俗的习性，并不容易动辄革命、推翻政府。他们对老的事物有一种留恋，因为习惯的力量是强大的。比如，英国在革命后就保留了他们所习惯的君主。同时，就政治正义而论，公民政府的存在本身就是一种绝对的公共利益。

四　洛克政治理论的意义

洛克在政治思想对霍布斯的某些思想进行了批评与纠正，形成了一套论证较为平实的早期自由主义理论，在历史上影响很大。我认为，其理论贡献在于以下几点。

第一，在有关政治的道德基础方面，一方面以普遍的自然法作为政治的客观基础，又把同意作为其主观基础。这个学说，事关政治统治的正当性基础，十分重要。霍布斯的政治契约看上去也是经过了订约者的同意的，但是这种所谓同意是在免除相互恐惧而让渡所有权利的必要性的逼迫下做出的，很难说是自愿的、真实意思的表示。而在洛克这里，统治者也不能自外于契约，而且民众也只是让渡了对自己的案件的裁判权给主权者，并可要求主权者保护我们的生命权、财产权和自由权（这些基本权利没有让渡），故在这里，民众有表达同意权。洛克的基本观点是，政治统治权应得到被统治者的同意，这也是政治性契约之所以能生效，即形成订约者应遵守社会法令的义务的一个重要因素。同意分为明白的同意和默认的同意。明白的同意是出于自愿而公开表达的同意，而默认的同意，他认为是这样的："只要一个人占有任何土地或享用任何政府的领地的任何部分，他就因此表示他的默认的同意，从而在他同属于那个政府的任何人

---

① 洛克：《政府论》（下），叶启芳、瞿菊农译，商务印书馆1996年版，第91页。

一样享用的期间，他必须服从于那个政府的法律。”①

现在人们对洛克的同意理论的评价大致有以下两种：1. 从正当性（legitimacy）与证成性（justification）的区分来看，认为洛克的同意理论实际上是论证国家的正当性的一个因素，而非论证国家的证成性所必须。正当性有两个面向，即一个是客观面向，“强调一个政治制度是正当的乃是因为它符合某种外在于人的主观态度和政治制度本身的客观规范”；另一个是主观面向，即“强调被统治者的意志表达”，也即被统治者的实际同意。近代政治哲学十分强调主观面向。② 证成性则是国家能够完成某种福利目标或美德目标。洛克在《政府论》（下篇）中，他反驳无政府主义的观点，而认为有效政府能够促成许多具体的政治目标的实现，从而使有限政府的优点得到了证成。这样论证的时候，洛克就没有诉诸公民的实际同意。所以，洛克实际上对正当性和证成性已经进行了较为明确的区分。

2. 同意理论会遇上一些困难，与政治义务的产生有着很大关系。如果同意是完全主观的，则你某时同意了，以后也可以收回。所以，汉娜·皮特金认为，同意问题需要确定三种情形，即第一，设若除非你当即亲自表示了同意，你才负有义务，那么，你的同意如果终止了，义务也就终止了。虽然同意创造了政治义务，但是你也有自由收回同意，即废除这种义务。第二，或者说，你过去亲自表示过同意，从而使你所负的义务持续下来。于是，即使你同意的是一个腐败的政府，你也负有义务；或者说，你过去同意的是一个好政府，但即使眼下变坏了，你也负有服从它的义务。第三，或者说，如果你的同胞同意了，你就负有义务。但这种同意就是别人代替你做出的。我们虽然可以假定，如果代你同意的是多数同胞，那么也就负有义务。但我们知道，多数人也会违背你的意志而做出同意。然而，按照这样的同意理论，即使是这样，你也负有义务。她认为，洛克在处理同意问题时，说的是任何人除非自己同意（包括明白的同意和默认的同意）了，否则不负有服从的义务。但是洛克所说的默认的同意实际上使得我们只要生活在一个国家内，甚至使用了这个国家的公路，就已经表示了默认的同意。这就意味着我们服从的义务就是不可能避免的，不管这个国家是好是坏。她认为，“在这点上我们可能感到被洛克的论证欺骗

① 洛克：《政府论》（下），叶启芳、瞿菊农译，商务印书馆1996年版，第74页。

② 周濂：《现代政治的正当性基础》，生活·读书·新知三联书店2008年版，第12页。

了”。因为按照洛克的说法，实际上只要我们在某个国家中生活，就已经表示了同意，并负有服从这个国家的法律的义务，除非你从这个国家迁移出去。那么，洛克真的就这么糊涂吗？她推测洛克的意图应该是，我们默认同意的事项正好就是“共和国的创立者所订的原初契约的条款”①。因为这种条款是有道德基础的，是遵循自然法而订立的，所以，这个共和国是良好的，是任何一个人都可以表示同意的，即使没有明白同意，也实际上进行了默认同意。至于在社会政治生活中，同意只能是多数人的同意，并成立立法机构，由一部分有专门知识的人来制定法律，那是因为在现实生活中只能如此。这种解释的确可以部分消除人们对洛克同意学说的误解。但是，这样一来，我们的政治义务的根源就只能是政府的性质，而不是公民的同意。

关于这一点，我们的理解是：洛克所说的同意就个人而言，虽然是主观的，但也不是任意的，并且不能违反自然法。比如说，我们不会同意统治者无端地损害我们的生命、自由和财产，也不会同意自己成为别人的奴隶。但是，在组成政治关系时，由于参与者都是人，都是平等自由的，所以，同意实际上必然是产生政治义务的基础条件，而且，洛克实际上是说，反常的同意就不是真的同意，也不能产生政治义务。由于自然法从根本上要靠人来解读，也就是说这种客观的原则不能自动起约束作用，所以洛克重视基于理性的同意就是一种必然选择。从这个意义上说，这也是他的政治正义理论论证的一个必然步骤。

第二，洛克说自然状态是一个完美的自由和平等状态，这意味着人们能够遵守自然法，至少有这个潜质，这实际上是人因为有理性，所以理论上可以做到这一点。但是，人们也是有情欲，有任性的、无法律的意志冲动的，所以，自然状态也会产生侵害行为，并且有可能沦为战争状态，而个人作为自己案件的裁判者又有多种不便，这才有进入公民政府的绝对必要性，而公民政府在历史上也是有经验根据的，这一切都表明，人有着天赋的政治美德。拉斯莱特认为，洛克政治学说其实假定了人们有着天赋的政治美德，“这既是因为我们自己的性格、我们的天性中便具备互利的素质，也因为当我们合作或一起讨论事情时，我们的言与行的倾向不可避免

① 汉娜·皮特金：《义务与同意》，载毛兴贵编《政治义务：证成与反驳》，江苏人民出版社 2007 年版，第 3—17 页。

地产生政治作用”。[①] 所谓美德，就是“一种最能把自己的行为导向社会之善的行为之名，并且这种行为是通过社会而由所有人的实践方式（对我而言这是十分平易的）向大家推荐的”[②]。他把美德看做是一种合乎法律（自然法和公民法）的行为，显然是认为，因为人有理性，只要理性认识到或正确解释了自然法，并以之能规范行为，则人们就是有美德的。但这里就有一个问题，即一方面，如果人们都能遵守自然法，则根本就不需要进入公民社会；另一方面，在政治社会中，如果统治者德行巍巍，则只需要很少的法律，并且让他拥有大量的自由裁量权或特权，因为他一定能为公共福利服务，也就是说他能自觉合乎正义地行使自己的权力。这似乎是说明，天赋的政治美德是最可信赖的。然而，他又认为，因为人们的德行会败坏、堕落，所以又需要建立公民政府以保护每个人的财产，给每个人以公正的对待，这又表明他认为统治者的美德其实是不可仰赖的，所以，需要让立法权高于执行权以使其权力的使用限制在法律范围内，对立法权也应予以限制。由此，他认为，公民政府之所以要成立，要给立法权和执行权（包括对外权）以相互限制和约束，并且人民还保有最后的决定权或诉求上天的权力，是因为人们缺乏天赋的政治美德的缘故。他似乎不排除德政之治，但是他认为这并不是政治的常态。这一类对德政之治的期冀和对完全法治的诉求交织在洛克的正义理论之中，一方面开启了西方近代对法治状态的吁求，另一方面又为美德政治学预留了空间。比如，后来卢梭就把美德作为政治学的核心概念，而实行了古代美德政治学的近代复归。

第三，他清楚地认识到政治的性质不同于社会的交往。他认为，在自然状态可以存在契约，那就是人们在交换物品的过程中，可以通过契约来约束彼此的行为，他认为，诚实守信在这里可以是一个人的品质，而不是公民社会成员的品质；而在成立公民政府的过程中，其契约的性质就不是个人之间相互交换物品等的约定，只需要诚实守信的品质，而是需要把自己在自然状态下的充当自己案件的裁判者的权力让渡给政府，这里的核心是人民的同意，所以，在政治社会状态，是要通过契约自愿建立一种统治

① 彼得·拉斯莱特：《洛克〈政府论〉导论》，冯克利译，生活·读书·新知三联书店2007年版，第141页。

② *Locke' s Political Essays*, edited by Mark Goldie, Cambridge University Press, 1997, p. 271.

与被统治的关系，这种契约的结果与霍布斯的契约的结果有很大不同，即它并没有建立一个无制约的绝对主权，而是建立了一种法律的统治，并且人民仍握有最后的权力；同时要对政治权力进行分解，使之相互制衡。应该说，在这些方面洛克的政治学说都体现了正义的价值，即政治权力的行使是为了保护人们的财产权，以及促进公共福利。洛克政治哲学中的原则有：人生而平等，其生命、财产、自由、追求快乐的权利，都是天赋权利；而建立政府之目的即在于保护这些权利，政府的合法性出自人民的同意，等等。如果政府破坏这些原则，则人民有权利去变更或革除之。这些原则，在西方世界特别是美国产生了极大的影响，以致纳坦·塔科夫说，直到现在，“美国人依然可以声称，洛克是**我们的**政治哲学家”①。

但是，如果有人对政治的功能抱有理想期待，则他们可能不同意洛克的这种有限政府、分权制衡体制，以及忽视美德在政治中的作用，把国家的作用只看作保护人们的基本权利，保护人们追求自己所向往的生活的自由选择空间，而不过于关注人们的灵魂和心灵品质等等思想。对这一点，卢梭尤其持有异议，他对自然状态、权利、权利概念、契约、公民政府等概念都提出了不同的定义，导致了一个具有相当不同面貌的政治理论的出现。

第三节　卢梭的权利观及美德政治学

卢梭对他那个时代持一种强烈的批判态度，认为那个时代人们处于美德败坏状态，主要表现是不再质朴、直率、友善、有怜悯之心，而是虚饰、欺骗、自私贪婪、狡诈等。所以，他一是使用了一种还原法来了解自然状态的人之所以质朴的原因；二是指出，在文明社会中，虽然个人的各种能力都能得到完善化，却造成了整个人类的堕落，而最使人们失去自由，并且变得腐败、邪恶的，是不平等的经济、社会、政治制度；三是认为，要能发展人们的美德，使其获得真正的社会幸福，就必须从头做起，重新设计社会结合的模式，这种社会结合能够实现正义与功利的完美结合，一瞬间就能造成一个公共的人格，一个大我，所以能够塑造公民们的

① 纳坦·塔科夫：《为了自由：洛克的教育思想》，邓文正译，生活·读书·新知三联书店2001年版，导论，第18页。

政治美德。在他的思想中，塑造美德是一个人的生命意义之所在，其政治设计就是以使人民能够实现这种生命意义为目标指引的，同时具有理想的性质。对这一点的真正理解，正是解开卢梭政治哲学某些死扣的钥匙。在我们看来，美德与政治的关系，本是需要进行十分谨慎思考和探索的课题，但是，卢梭却毫不犹豫地把两者直接关联起来，要求政治制度既立基于美德之上，又能够服务于培养人民美德的任务，并以能否实现这一使命来判断政治制度的优劣。其政治思想的激动人心之处在此，其政治设计的乌托邦性质亦在于此。

一　自然状态与人的权利理论

卢梭同样诉诸自然状态，并且把这种还原论的思考方法运用得更加充分。他力图说明他的自然状态理论并不仅仅是一种理论设置，而是人类史上的一段真实，他认为要真正了解人的本性并了解人类社会发展的动力，人们应该返回到对自然状态的观察之中，所以他利用了大量关于野蛮人的特征及其生活状况的人类学材料。于是，这种自然状态学说与霍布斯、洛克等人的不同之处在于，其目的是发现人类美德的起源。由于他在文明社会中看到的都是虚饰、做作、欺骗，也包括阴谋和暴力，是德行败坏的状态，而他在自然状态发现的就是友善、直率、怜悯等等淳朴的美德。他认为，霍布斯和洛克等人关于自然状态的人的特点的描述并不是自然人的本真特点，而是把从社会中习得的性质当成了自然人的本性。他认为，霍布斯所说的自然状态中的人会永无休止地追求欲望的满足，会有对暴力横死的彻骨恐惧；洛克认为自然状态中的人已经有了财产私有权等，都是不对的，实际上，这些性质都是在文明状态下才会有的，从这些性质中无法发现人的真正本性是什么，所以，需要重新思考自然状态下的人的本性。他认为，在自然状态下，人的本真性情有以下几个特点：（1）人类的欲望是有限的，并被限制在周围的自然物品的供给上，而不至于侵害别人，也不会有无穷的、变幻多端的欲望追求；人有潜在的理智能力，但是还没有得到应用而发展起来；对死亡的认识也是后来人的观念变得相当复杂时才产生的；同时其生存是孤独的，并不需要有过多的社会交往。所以，最初的人类处于一种理想的和平状态中，是平等的。（2）人类有一种自我完善的能力，他的各种能力在那时虽然是潜在的，但是几乎有无限发展的可能性。其中对人而言最根本的能力，是自由。自由是一种自主选择的能力，能够不断应对周围环境的要求而调适自己，发展自己的各种能力。由于有了自由，人的各种能力的发展几乎是无限的，这是一种精神的力量，不为机械的必然性所制约："人特别是因为他能意识到这种自由，因而才显示出他的精神的灵性。"① 这是卢梭在人的本性中所发现的最为重要的特性，是人能够成为人的尊严所在。（3）在自然状态，有两个基本原理要早于理性而存在，即自我保存和怜悯心。他说："一个原理使我们热烈地关切我们的幸福和我们自己的保存；另一个原理使我们在看到任何有感觉的生物、主要是我们的同类遭受灭亡或痛苦的时候，会感到一种天然的憎恶。我们的精神活动能够使这两个原理相互协调并且配合起来。"② 关注自我保存是人的基本倾向，它本身并没有特别的道德意义；而怜悯之心也是我们的自然倾向，它是感觉性的，先于理性而存在，它本来也无道德意义，但由于它能指向他人，从而能使自我保存之心得到节制和协调，如果在社会中能够得到发用的话，则是人们社会联系的最纯净的纽带。从这个意义上说，如果我们要追问在自然状态中人有什么美德的话，那么怜悯心就是最基本的美德，因为单靠怜悯心的自然冲动，就足以使人形成较为完整的义务，包括对动物的义务，因为动物也有感觉，所以其痛苦也能引起我们的怜悯。他说："我所说的怜悯心，对于像我们这样软弱并易于受到那么多灾难的生物来说确实是一种颇为适宜的禀性；也是人类最普遍、最有益的一种美德，尤其是因为怜悯心在人类能运用任何思考以前就存在着，又是那样自然，即使禽兽有时也会显露出一些迹象。"③ 也就是说，他在自然状态发现了人本然的美德。这是霍布斯和洛克所没有的。但是，卢梭又告诫我们，"嗣后，理性由于继续不断的发展，终于达到了窒息天性的程度，那时候，便不得不把这类规则重新建立在别的基础上面了"④。这表明，卢梭并不是想从自然状态发现人在社会文明状态的美德的根源，而是从对自然状态的人的本性的追问中，发现衡量社会文明状态的堕落与腐败的参照基准，然后再用理性来重新构造理想的政治社会，促进社会政

① 卢梭：《论人类不平等的起源和基础》，李常山译，商务印书馆1962年版，第83页。
② 同上书，第67页。
③ 同上书，第100页。
④ 同上书，第67页。

治美德的塑造培养。①

二　文明进步产生不平等与德行腐败

他认为，人类走出自然状态，并不是人类使用智慧、共同协商订立契约的结果，而实际上这是一个自然历史过程。也就是说，文明社会是历史发展的结果，而非所谓契约的结果。社会契约不是人类走出自然状态的代表设置，而是文明社会中的人们要克服其德行腐败的状况，而依照理性原则来构造一个能够发展人们的政治美德的理想社会的代表设置。这一点与霍布斯和洛克的契约理论迥然不同。他认为，人类走出自然状态，其动力在于人自身能够得到发展的素质，这是历史的真实。所以，他主张，一方面，人拥有能够走出自然状态的潜在能力，由于其发展，人类就受一种必然的趋势支配而走出了自然状态；另一方面，只能使用经验的证据来加以说明，这就是为什么卢梭要使用大量人类学材料，来考察人们因为要应对环境的挑战而使得自己的智力得到发展，并发展生产力、科技和艺术的原因。卢梭认为人有两种能够获得不断发展的个人完善化的能力，一是人的自由本性，这是基础；二是人的理智能力以及理智与情感欲望之间相互促进和相互适应的关系，这既是人的自由本性的体现，又是人类进入社会文明状态的动力机制。它们在人们应对环境挑战的过程中，使得人们的观念复杂化，对具体事物的反映所形成的观念之间的距离越拉越长，并且各种观念相互组合，出现各种变形，从而使欲望及其情感反应越来越复杂。为了满足这些花样翻新的欲望，我们发明了各种科学和艺术，并且形成了社会财富由部分人占有的各种观念和制度，从而出现了不平等。

他说："人类中有两种不平等：一种，我把它叫作自然的或生理上的不平等，因为它是基于自然，由年龄、健康、体力以及智慧或心灵的性质的不同而产生的；另一种可以称为精神上的或政治上的不平等，因为它是起因于一种协议，由于人们的同意而设定的，或者至少是它的存在为大家

---

①　所以，在《社会契约论》中，我们没有看到自然的怜悯心在构成理想社会中能够起到什么作用，因为在社会文明状态，怜悯心的主观性质并不能保证它在社会中有效地发挥作用，所以他致力于使这种情感的共鸣及其联系以理性制度的方式架构起来。只是在《爱弥儿》中，在设计一种符合自然成长进程的教育工程中，同情或怜悯心才是需要着力培养的。说到底，同情或怜悯心由于指向对他人的困苦的感同身受，所以，有助于培养道德理性，这才为爱弥儿以后进入社会之中准备了条件。

所认可的。第二种不平等包括某一些人由于损害别人而得以享受的各种特权，譬如：比别人更富足、更光荣、更有权势，或者甚至叫别人服从他们。"① 自然的不平等并不需要考察，因为在自然状态，人们是独立的，并且性情温和，满足于自然环境物品的供给，从而很少相互侵害，所以，不会造成人对人的奴役。卢梭需要着力考察的是精神上的或政治上的不平等。综合考察卢梭的论据，社会中政治不平等的出现，大致遵循着以下进程：

1. 自我完善化的能力，是人类走向不平等的内在动力。从人类学上说，自然人，与其他动物相比，只有一点可以肯定，即他的构造比一切动物都要完善。这是起点。禽兽有着固有本能，而人则几乎没有固有本能，却能逐渐获得各种本能，并且食物范围更广大，这表明，人拥有一种自我完善化的能力。由于要应对严酷的环境，所以勤劳、体格强壮。开头他们只认识自己的身体，并使用自己的身体。后来偶尔发现了使用工具的好处，就学会了更广泛地使用工具，然而这样一来，人的技能又有某种程度的退化；他们开始时不可能胆大，而是有些胆小。只是在能够战胜野兽之后，才获得了勇敢精神。他们的感觉是粗糙的、直接的。显然，只有安逸和肉欲才能使感觉精致化，进到文雅的状态。但如果有人想要追求安逸和肉欲，则必须造成不平等的现实，占有他人的劳动和食物，才能达到目的。卢梭认为，文明社会中的所有观念和制度，都是在论证和维护这种不平等，目的是为了让财富和政治权力的占有取得表面的合法化，而使占优势者能够追求安逸和肉欲。这是人类道德堕落的根源。

从形而上学或精神的层面上，卢梭发现了人的自由。这一点成为他的道德哲学和政治哲学的基础。这种能意识到自己的自由的精神灵性，是不能用力学的规律加以解释的。他认为，自由就是人的一种特殊的能力，即自我完善化的能力。所谓自由，就是一种不断超出本有状态的能力，其发展表现为我们的理智、技能会不断进步，人们的智慧和谬误日益复杂化就是其不断发展的结果，从而使我们日益离开自然的淳朴状态。他说："这种特殊而几乎无限的能力，正是人类一切不幸的源泉；正是这种能力，借助于时间的作用使人类脱离了它曾在其中度过安宁而淳朴的岁月的原始状

① 卢梭：《论人类不平等的起源和基础》，李常山译，商务印书馆1962年版，第70页。

态；正是这种能力，在各个时代中，使人显示出他的智慧和谬误、邪恶和美德，终于使他成为人类自己的和自然界的暴君。”①

2. 观念的复杂化。我们最初的精神活动是愿意和不愿意，希望和畏惧等，它们是一种情感欲望的表达，通过作用于我们的理智而形成认识，展现各种观念。卢梭承认，其他动物也能形成观念，并且有某种观念的联结，但是，这种观念及其联结是简单的、直接的，而且有着固定的范围，而人所形成的观念则可以非常复杂，并且其联结可至极端抽象、普遍的程度，因为我们的欲望、情感可以不断地扩展、变化，几乎没有止境。对人来说，存在着这样的关系：我们追求需要的满足的动力，一是来自于冲动，一是来自于观念，而观念来自于冲动的推动。“由于情感的活动，我们的理性才能够趋于完善。我们所以求知，无非是因为希望享受；既没有欲望也没有恐惧的人而肯费力去推理，那是不可思议的。情感本身来源于我们的需要，而情感的发展则来源于我们的认识。”②

这是因为，观念是对欲望对象的认识，而为了欲望的满足，我们可以对单个对象进行认识，并且会去探究各种对象之间的关联，从而形成越来越复杂的观念系统。而要形成观念并使观念复杂化，就必须通过需要的刺激和交往的扩大。需要的刺激引起认识，交往的扩大拓展认识。纯粹的感觉与最简单的知识之间有着绝大的距离，一个是单纯的、当下的感受性，一个是普遍性的、间接性的观念系统，是完全不同质的两种存在，“凡是概括的观念，都是纯理智的；稍一掺上想象，观念马上就变成个别的而不是一般的了”③。所以，“一个人如何能够不假交往的关系和需要的刺激，而单凭自己的力量，越过这样大的距离，乃是不可思议的事”④。能够形成和扩展观念，是人类形成不平等政治关系的心智基础。

3. 只有逐渐发展的理性才与社会的需要相互适应。野蛮人凭本能就能获得生活于自然状态中所需要的一切，而只有凭借逐渐发展起来的理性，人类才能获得社会生活中所需要的东西。正是在情感和悟性的相互作用下，人类的认识能力将能逐渐达到它的近乎完满的程度，人类的享受也会达到极高的程度。我们求知的目的，即是因为希望享受，我们只有对某

① 卢梭：《论人类不平等的起源和基础》，李常山译，商务印书馆1962年版，第84页。

② 同上书，第85页。

③ 同上书，第93页。

④ 同上书，第87页。

物形成了观念，才会去追求它；而如果我们既没有欲望，也没有恐惧，我们就绝不会有进行推理的动力。总之，我们对享受对象的观念会超出眼前的对象，而形成一个想象的或推论出来的观念世界，并且力图生产和创造出相应的对象来。我们的智慧、科学、艺术都起源于应对环境的挑战，在这个过程中，理性、想象力在逐渐发展，形成了好奇心、想象力、计划、长远打算、将来观念等原始人一概没有的新东西，从而适应着越来越广阔的社会交往的需要，也使人与人的关系变得越来越间接、抽象而普遍，使本真的人性变得几乎不可认识。比如，人们通过理性，会形成一种在自然状态下所不会出现的一种新的情感，即自尊心。自尊心是经过理性反省而出现的，使自尊心得到加强的是思考；另外，我们也发现，实施奴役，也是在理性的潜能发展起来之后才出现的。他说："每个人都会理解，奴役的关系，只是由人们的相互依赖和使人们结合起来的种种相互需要形成的。因此，如不先使一个人陷于不能脱离另一个人而生活的状态，便不可能奴役这个人。这种情形在自然状态中是不存在的。在那种状态中，每个人都不受任何束缚，最强者的权力也不发生作用。"① 也就是说，社会状态的人能够通过理性推论到，如何才能使其他人陷入一种脱离自己就不能生活的状态，并从而能够奴役他们，这一点直接导致人类社会德行的腐败。

在他看来，这些潜能的发展，是个人的完善化，却是人类的堕落。从理论上来说，个人能力的发展，同时也是人类的发展，如果能够以一种良好的制度来利用这种发展，是可以为全体人造福的。但是，如果这种潜能的发展只是为了个人或社会中的某些人追求享受，就必然要使其他人陷入不幸。问题是，在卢梭看来，当时的社会现实是朝着后一种方向前进的。人们制造了种种不平等，并以正义和法律的名义使之合法化。

人类德行的腐败植根于以下情形之中：人类在自然状态中，并没有"我的""你的"的观念，但私有制却成了文明社会的制度基础，他承认，现在的人们无法扭转私有制度的实行，因为私有制并不是瞬间形成的，而是一种长期演化过程的结果，"这种私有观念不是一下子在人类思想中形

① 卢梭：《论人类不平等的起源和基础》，李常山译，商务印书馆1962年版，第108—109页。

成的，它是由许多只能陆续产生的先行观念演变而来的”①。在私有制下，人类有太多的“罪行、战争和杀害”，太多的“苦难和恐怖”。但是，考察文明社会的这些灾难的目的是，他试图通过改变社会状态下人群结合的方式，使财产所有制能够成为政治的目标，并成为人们获得政治自由的基础。在《社会契约论》中，财产是由社会公约所赋予的个人所有权，卢梭并没有像后来的马布利那样主张公有制。

卢梭认为，私有制出现的一连串前史应该是这样的：

第一，不平等的意识的产生。由于人类在生活中会遇上许多困难，我们在克服这些困难的过程中，能够变得灵巧、奔跑迅捷、勇敢，并且逐渐要使用工具，战胜野兽，同时也逐渐学会了利用自己的技巧和能力来增强自我保存的本领；然后他们在共同生活的过程中，会逐渐形成某些关系的观念，能够进行比较。当人能够观察到自己的高超能力时，就会产生自尊，并同时产生了与同类相比较的观念，把自己看作同类中的第一等。这就产生了不平等的意识。

第二，共同规则意识的形成。他们能够观察别人，发现人们对一些事物所持的想法和感觉是基本相同的，于是，他们就能够推论出，如果大家都遵循那些能够和平相处的共同规则，对大家获得幸福和安全是最好的办法。同时，由于追求幸福是人类活动的唯一动力，人们会发现，如果合作和相互帮助能够增进幸福，则我们会因为共同利益而结合起来形成一些团体，也会由于已经获得了这种利益而自由解散；如果在追求幸福的过程中，需要相互竞争，则“每个人为了力求获取自己的利益，如果相信自己有足够的力量，便公开使用强力，如果觉得自己比较弱，便使用智巧”②。这样我们就会获得对相互间的义务的粗浅观念。同时，那些已经占据优势地位的人就会想到，如果把这种局面说成是为大家的相互依赖所必需，则可以告诉弱者说，我们都应该共同遵循一些规则，因为这对维护大家的和平、安宁是有好处的，而且还可以用道德化的语言说，这种规则就是正义和道德。但从根本上说，这是谎言，因为它掩盖了强者奴役弱者的事实。

第三，这种智慧的进步，会促进各种技能的发展。在这个过程中，我

---

① 卢梭：《论人类不平等的起源和基础》，李常山译，商务印书馆1962年版，第112页。

② 同上书，第114页。

们就会去营造家室，从而形成家庭与家庭之间的区分，并进而形成私有意识，出现了某种形式的私有制。在这种情况下，还会造成争执与战争。

第四，家庭的产生，虽然是智慧和技能发展的结果，却会形成各种最温柔的情感。人类组成家庭，显然是因为其好处，那就是能够共同抵御各种侵害，并且能够获得生活上的舒适。也就是说，营造住所，组成家庭，一方面得到了以前人们所不能得到的享受，获得了力量，另一方面形成了温柔细腻的情感。但在获得享受的同时，又给自己戴上了第一个枷锁，这是后代最初痛苦的根源。其有两大祸害：（1）使身体和精神继续衰弱；（2）享受变成了需要，就要有更大的努力、谨慎、技术的发展去追求这些需要的满足。卢梭此论，指明了在社会文明中所发展的一切都蕴含着矛盾，都包含着向腐化发展的必然倾向。

第五，随着追求幸福的欲望不断增强，人们的联系就会逐渐广泛起来。在一些特定环境下生活的人们，会形成共同的生活习惯和风俗。他认为，在风俗共同体中，男女青年的情感交流有着特别重要的意义。它们能够形成特别细腻的感情，形成特别亲密和持久的爱恋关系，从而形成关于才能和可爱、美丽的观念，并有可能占据整个身心。这种情感发展到极端，一方面，一有小的麻烦，就会由爱生恨，变成激烈的愤怒；另一方面，会产生相互比较之心，妒忌就会随着猛烈的爱情而产生，一旦反目，最温柔的情感将会酿成人血的牺牲。

文明化当然能得到好处，但是，对于人类来说，又有许多坏处：（1）这是不平等的起源，同时又是迈向邪恶的第一步。（2）引起了许多混乱的情感因素：虚荣和轻蔑，羞惭和羡慕，这些情感纠结在一起，会造成数不清的紊乱，对天真和幸福产生不幸的后果。

在这种理论视野中，一方面他发现了古代社会的高尚而淳朴的美德；另一方面又认为文明社会中人的德行是普遍堕落的，而造成堕落的原因就是产生了私有制，从而使一部分人能剥夺另一部分人，并要通过谎言和欺骗来美化这种不公正的社会现实，从而产生了伪善、虚饰、残酷暴力等非人道的罪行。卢梭认为，必须通过改变文明社会的政治人伦关系结构，而使之彻底美德化。反映在他的理论上，就首先表现为他对追求美德有一种极端的热忱。

三　对追求美德的热忱

卢梭在他最早的一篇论文中，就把自己的学术事业所追求的终极目的看作是探索“人类幸福所攸关的真理”①。在他的心目中，人类幸福最稳固的基础就是美德，所以，他要“在有德者的面前保卫德行”。他认为，正是科学和艺术的发展使人们逐渐从美德的基础上漂浮了起来。由于艺术的发展，我们的精神得到了装饰，形成了精致而美妙的趣味，培养了性格上的温良谦恭、风尚上的文质彬彬，从而使社交变得如此容易。我们乐此不疲，把礼貌当作美德，“没有德行而装出一切有德行的外表”②。而美德实际上“是灵魂的力量与生气”③，不需要外在的虚饰，其真正的基础是心灵中纯正的原则。最具有真实内容的美德就是勇气和忠诚，那是去古未远、刚刚开化的人们所具有的，他们的质朴无华使得他们忠诚于国家，能为国家流尽自己的鲜血，永远保卫自由，而不屈服于奴役。

卢梭的性格是特别的，一方面，他那清澈的敏感对社会现实中的风尚、人与人之间的交往方式总是能够感觉出其虚伪、矫饰的深层本质，他对这种敏感是高度信赖的。他在社会文明中觉察到了许多美德的表象，认为它们虽有道德之名，却实际上是道德的败坏。即是说，他在人们的文明举止及文化样式与真正的美德之间划了一条界线，也即对真假价值进行了敏锐的甄别，即区别社会的文明状态与人的本真性情。这是他思考美德问题的基点。

卢梭对于在社会性状态下的美德的本质作了细致的阐述，在这方面，他表现了他天性中的另一面，即具有缜密的分析、理解、推论能力，能够进行直达到事物之本根的思考，从而发现了美德的真正原则。

1. 美德的形式规定。1761 年 10 月 4 日，卢梭在给 M. D’offreville 的一封信中，详细阐述了他对美德的看法。他认为，美德首先是与自己相关的，但与自己相关并不就是自爱：（1）美德并不是那种只为了善的缘故而行善的思想情感和行为，而是可以与自己的利益相关联的。M. D’offreville 认为，“一个人应该为了善本身而做善事，即使没有任何东西回转

① 卢梭：《论科学和艺术》，何兆武译，商务印书馆 1963 年版，第 3 页。

② 同上书，第 8 页。

③ 同上书，第 9 页。

到个人利益上；人们所做的任何善事如果能与自己关联起来，就都不再是美德的行为，而是自爱”①。卢梭则认为，M. D' offreville 的观点虽然看上去很纯粹，但是实际上并未阐明美德的真正原则，因为如果这一观点成立的话，那么我们追求美德的动力来自何处呢？但当他说，我们如果仅仅是出于虚荣来为处于困境的人提供救济，则这种行为就并不是优点，卢梭认为这个观点是对的。而持与 M. D' offreville 相反观点的人则认为：人们即使“在其最崇高的美德行为中，在最纯粹的慈爱之中”，也都把任何事情与自己关联起来。② 卢梭认为，这种观点虽然从形式上说是对的，但其所指的任何出自美德的行为实际上都暗含利己之心的看法则是错误的。这是因为，（2）除了物质利益、社会地位等外在的利益，我们还有另外一种利益，这种利益与外在利益没有关系，仅仅与我们自己有关系，它是我们的精神利益或道德利益，因为它是我们的灵魂之善，也是我们的绝对福宁（well-being）之所在。当然，有了美德，并不等于说就有了幸福，只能说，有了美德，虽然能够获得灵魂的满足，对自己感到满意，但这只是我们追求真幸福的主体素质基础：“在这个世界上，善并不全部都是幸福的。就像一个好身体并不能为其提供食物，灵魂的健康也不会为其达到幸福而提供它所需要的全部善。虽然只有善人能满意地活着，但并不能说，每个善人都已经在满意地活着。”③ 像斯多亚派那样把美德等同于幸福，是不对的。（3）这种善虽然不是可感的客体，但它却是实在的、坚固的，“它是朝向我们真正幸福的唯一利益，因为它内在地与我们的本性相关。这就是美德所追求或所应该追求的利益，一旦缺乏这种活动，它就无论如何也不能激励优点、纯洁或道德善”④。

2. 美德的实质规定。美德是心灵自身的善，正是因为这样，我们才会追求它。但是，美德的实质内容是什么呢？（1）美德必定是一种心灵的力量，它需要通过艰苦的斗争才能获得，这种斗争表现为其理性力量胜过了其激情。之所以不诉诸人本性中的怜悯之心，是因为在社会文明状态，怜悯之心几乎被窒息了：“人类在社会的环境中，由于继续发生的千

① Rousseau, Letter to M. D' offreville, in *The Social Contract and Other Later Political Writings*, ed. & trans. Victor Gourevitch, Cambridge: Cambridge University Press, 1997, p. 261.

② Ibid. .

③ Ibid. , p. 264.

④ Ibid. , p. 262.

百种原因，由于获得了无数的知识和谬见，由于身体组织上所发生的变化，由于情欲的不断激荡，等等，他的灵魂已经变了质，甚至可以说灵魂的样子早已改变到几乎不可认识的程度。我们现在再也看不到一个始终依照确定不移的本性而行动的人；再也看不到他的创造者曾经赋予他的那种崇高而庄严的淳朴，而所看到的只是自以为合理的情欲与处于错乱状态中的智慧的畸形对立。"① 由于情欲的激荡，理智智慧的错乱，所以，我们需要控制激情，并能够以理性主宰自己的心，才能获得美德："美德一词意味着力量，没有斗争即无美德，没有胜利就什么也没有。美德不仅在于成为正义的，而且在于通过胜过自己的激情而成为正义的（通过统治自己的心）。"② （2）政治美德是一种能够把自己的一切奉献给祖国的心灵品质。这是卢梭的美德政治学的立论基础。③ 他说：爱国即是对心灵的法律和自由之爱，"这种爱组成了他的整体存在。他仅仅看到祖国，他仅为它而活。当他是孤立的，他就是无物；当他不再有祖国，他就不再存在，而当他尚未死，比死了更坏"④。这是因为，对于公民来说，法律是永远正确的公意的表达，是国家的灵魂，从而对每个人都有同等的约束力，同时又保障公民能够都行使完整的政治自由。所以，在服从法律的时候实际上就是在服从自己的理性，也就是说国家的公共利益与个人利益可以达到完美的结合。所以，爱国就是爱法律和自由。而要形成这种爱的热忱，就必须能够胜过自己的个别意志，胜过自己的激情。在构造这样的使个别意

① 卢梭：《论人类不平等的起源和基础》，李常山译，商务印书馆 1962 年版，第 62—63 页。

② Rousseau, Letter to M. de. Franquieres, in *The Social Contract and Other Later Political Writings*, ed. & trans. Victor Gourevitch, Cambridge: Cambridge University Press, 1997, p. 281.

③ 卢梭提倡把爱国热情作为公民的主要美德，而并不提倡世界主义或人类之爱，这是因为关心和同情等品质并不能无限制地及于所有人身上，所以需要把它们集中到与自己生活在一起的人们身上。关心和同情，只有受到了一定的约束，才能使之活跃起来。"这种情感既然只对那些我们必须与之一起生活的人有用，那我们的同情心应该只限于对我们的同胞；并且由于我们惯于照顾它们，由于把他们团结在一起的共同利益，这种同情应该获得一种新的力量。爱国思想的确产生了美德的最伟大的奇迹。这种善良而活跃的情感使自爱的力量获得了一切精神上的美德，使它得到一种能力。这种能力使它成为一切感情中最英勇的一种感情，而无损于它的外貌。"（卢梭：《论政治经济学》，王运成译，商务印书馆 1963 年版，第 15—16 页）在卢梭的心目中，一种热爱的情感必须在现实的、同我们有切身联系，有共同利益感受的共同体中才能得以形成并得到加强，与国家共同体休戚相关的血肉联系之感将能培养人们的爱国热情，以及对国家的忠诚。

④ Rousseau, Letter to M. de. Franquieres, in *The Social Contract And Other Later Political Writings*, ed. & trans. Victor Gourevitch, Cambridge: Cambridge University Press, 1997, p. 281.

志与公共意志两极相通的美德理论框架时，卢梭对个人和国家都提出了极高的要求，而要求国家的立法和行政权的行使都要符合公意，尤其是理想化的。

总之，卢梭把美德视为心灵自身的善，并认为获得了它，就有了追求自己真正幸福的能力和基础，甚至认为这是我们自己的唯一利益。他对追求美德有着极大的热忱，这种美德理论也成为他观察社会历史和人生的透视镜。既然现实的文明社会都是德行败坏的，于是，就必须通过社会契约的方式重构一种美德定向的政治学，但它与古代的美德定向的政治学有很大的不同，因为它从个人的自由和平等权利出发，通过政治契约，把所有人都改造为具有公共人格的人，即具有完善政治美德的人。

四　构想一种美德定向的政治制度

当然，我们不可能回到古代所谓有美德的政体之中去，更不可能回到自然状态中去，所以，我们应该在文明社会背景下，设想基本的政治原则，以及政治美德原则，并逐步推测国家的立法和具体的政府构成的规则，以保障人们在这种政治制度中自由生存，能够被塑造成为有美德的公民。《社会契约论》的主旨应作如是观。

1. 论证专制制度的不合法性与非道德性。从产生道德的角度看，我们必须排除强力统治的政治权力。强力是一种物理的力量，它不可能产生道德，因为它是无思想、无精神的，它硬性要求屈服，所以不会导致一种意志行为，往最好处说，也只能导向一种明智的行为。它取消了权利，所以，服从也不是一种义务，而只是一种必要性。于是，“强力并不构成权利，而人们只是对合法的权力才有服从的义务”①。

那么，怎样才能获得合法的政治权威呢？只有约定能够成为一切合法权威的基础，而约定是在天然自由平等的人们之间缔结的。人生而自由、平等，虽然历史上的文明社会都使人陷入枷锁之中，但是，我们应该遵循人的本性和理性，而使人们在新建立的社会中重新完整地行使自由，获享平等。从契约的角度看，首先，有人要通过契约转让自由而成为奴隶是不成立的：转让是指奉送和出卖，我们奉送和出卖某些东西，其目的是为了自己的生活。但是，说臣民应出卖自己的自由给君主，这是没有理由的，

① 卢梭：《社会契约论》，何兆武译，商务印书馆 2003 年版，第 10 页。

因为臣民不靠君主过活，而是相反。而且出卖了自由，人也就丧失了做人的资格。其次，如果说，由于专制主能为臣民确保国内太平，所以臣民们应该转让自由给专制君主，这也是不能成立的，因为这种太平只能是一种监狱里的太平。再次，专制政体肯定不是合乎理性的，因为这等于说人们会同意无偿奉送自己的自由，受他人的任性意志的宰制，这种行为只有在丧失健全理智的状态下才会做出。若说一国国民都同意这样，那就是举国皆狂，“而疯狂是不能形成权利的”①。

所以，放弃自己自由的行为，是不合人性的；同时，取消了自己意志的一切自由，就取消了行为的道德性。道德行为是出自自由意志的行为。专制制度由于剥夺人们的自由，所以是非道德的，在专制制度中，一方是绝对的权利，一方是无条件地服从，这是一项无效的而且自相矛盾的约定。在专制制度中，实际上只存在一种关系，那就是一个主人与一群奴隶的关系。这只是一种聚集，而不是一种结合。没有结合，就不能产生公共利益和政治共同体。结合的真正含义是把自己的利益与别人的利益结合在一起。

2. 通过社会公约重构道德国家。卢梭所要重新构造的社会，其最高的原则就是要保卫和实现人们的自由，它要造成一种个人与国家的有机结合，而不是一群人的聚集。在卢梭看来，这是把人们塑造成为有政治美德的公民的唯一途径。

（1）通过社会公约而形成的公民结合的最高原则。这里有两个层次：第一，力量的总和要由许多人汇合而成。第二，从个人说，一方面他要自保（靠的是其力量和自由），另一方面他又得置身于这一力量的总和（同时要不伤害自己、忽视对自己的应有关怀）。这种结合就是一种政治艺术，是最高的治理之道。其最高原则是：“要寻找出一种结合的形式，使它能以全部共同的力量来卫护和保障每个结合者的人身和财富，并且由于这一结合而使每一个与全体相联合的个人又只不过是在服从其本人，并且仍然像以往一样地自由。”② 这个原则非常纯粹和严格，实际上为订约的性质所决定。这是在为塑造公民的政治美德提供自由这样一个绝对的基础。

---

① 卢梭：《社会契约论》，何兆武译，商务印书馆2003年版，第11页。

② 同上书，第19页。

（2）订约的性质。在这种结合中，是结合者把所有权利全部转让给整个集体。让渡所有权利之后，订约人必须在新成立的结合体中能够行使这种权利，并且必须能完全收回。其包括以下性质：第一，对所有个人来说，大家都是全部奉献，所以都是同等的。第二，这就要求联合体尽可能完美，即不能保留任何的权利，或不转让某些权利，否则就会是暴政或是空话。也就是说，这种奉献、订约行为没有产生一个另外的主权者，只有这些人的结合体是主权者，而且每个人在其中的权利是同等的。这是从最高层次上说的，并不意味着在这个原则的指导下成立的政府不能设立不同的官职，履行不同的职责。

（3）订约的结果。从概念上说，我们通过结合，可以重新得到自己所丧失的一切东西的等价物以及更大的力量来保全自己的所有。这就是结合的好处。所以，这种订约既是正义的，也是能够产生功利的。于是，这种结合就产生了一个神奇的结果："只是一瞬间，这一结合行为就产生了一个道德的与集体的共同体，以代替每个订约者的个人；组成共同体的成员数目就等于大会中所有的票数，而共同体就以这同一个行为获得了它的统一性、它的公共的**大我**、它的生命和它的意志。"[①]（着重号为原文所有——引者注）为什么它具备了道德性？这是因为它是大家的自愿意志的行为，而且是合乎长远理性预见的，并且产生了一个公共的大我和公共人格。它就是公共意志。从概念上，公共意志当然永远是正确的，不会犯错的，因为在公共意志之上，没有更高的评价标准。

卢梭社会公约学说的命意就在于：第一，这种订约行为的目的是在社会结合中仍然能够确保个人的自由，自然权利全部让渡给集体，这个由所有人结合而成的集体就是主权者，大家都受公约的同等约束，而不像霍布斯的社会契约产生了一个不受约束的主权者。第二，自然权利应毫无保留地转让给集体，而不像洛克在社会契约中，个人仍然保留有自己的生命权、财产权和自由权，这在卢梭看来，是在保留个人的利己主义的基础，实际上，社会公约的目的本身就是要去除这种利己主义所以立足的根据，只有这样，个人才能获得为了公共利益的行为动机。第三，成立了共同的集体，则集体就需要行动，而要行动就必须有意志，这种集体的意志就必须是公共意志。既然这种集体是由所有平等自由的人所组成的集体，所

---

① 卢梭：《社会契约论》，何兆武译，商务印书馆 2003 年版，第 21 页。

以，这种意志从概念上说必定是为了整个集体的公共善的，所以是绝对公正的，也是永远不会犯错的，同时，它必须诉诸公共行动。第四，对于有着各种个别意志的个人来说，公共意志就是一种道德命令，对个别意志有着最高的约束力，并力图使个别意志与之一致。这就是对个人道德品质的塑造、提升过程。从根本上说，只有意志能够影响意志，所以，卢梭整合出一个公共意志，有着深刻的塑造政治美德之企望，把政治问题植根于道德价值的土壤之中。而且，他所构造的这一道德理想国，也必须借助于公共意志对个别意志的约束、引导和提升作用，才能在理论上达到圆成。

3. 公共意志与个别意志的关系。这是《社会契约论》的最深刻关怀，其用意是道德性的，也就是既要论证符合公共意志的政治制度的美德价值，又要论证这种政治制度如何能塑造有美德的公民。这种政治制度需要建立在人们的道德意识之上，需要以公共美德为基础，并且政体本身也要促使大家成为有公共美德的人。这个国家以美德为其唯一的标志。没有美德，则这个国家寸步难行。

（1）符合公共意志的政治制度的美德价值。这种政治制度是通过订立社会公约的方式而成立的，这种订约行为与一般订约行为的本质不同在于：一般的订约行为只是在个人与个人之间进行，作为个人，可以不遵守自己所订之约。但是这种结合成全体的订约的结果是产生了一个政治共同体（自己构成其中的一部分），所以，这个约定既是与所有人的立约，同时也是与自己的订约，即把所有人视同自己。所以，个人必须遵守自己与自己所订之约，这是公约可以要求所有人自我遵循的根本理由，同时，通过这种公约才出现了人民全体这一主权者，从而使公共意志成为必然的预设，而公共意志的首要行动就是产生最高法律，它对所有人都有着同等的约束力。

主权者在地位上是最高的，它是最高法律的制定者，是公共意志的化身。所以它就是法律本身，就是公众的决定。于是，就公民个人而言，公共意志可以责成全体臣民服从主权者。对于一个政治体来说，主权者是唯一的、最高的权力，它不能被转让，也不能被分割。其道德性就表现在主权者虽然是唯一的、最高的权力，却不能是专横的权力，而是为着公共利益的权力，所以，它也必定是正义的化身。

正义是一种美德，它与本能是相反的，它有一种内在的义务的呼声而不是生理冲动；它蕴含有权利而不仅仅是嗜欲；它给我们一种不同于追求一己私利欲望满足的原则，那就是指导欲望追求的理性原则。“此前只知道关怀一己的人类才发现自己不得不按照另外的原则行事，并且在听从自己的欲望之前，先要请教自己的理性。”[①] 这一转变的收获是道德上的：能力提高、思想开阔、感情高尚，从而获得前此所不能想象的幸福。他丧失的是天然的自由（这只是以个人的力量为界限的），而获得的是社会的自由（公意约束着的），也是道德的自由。道德的自由使自己成为自己的主人，即摆脱了被嗜欲冲动控制的奴隶状态，服从自己为自己所规定的法律。也就是说，只有符合公共意志，政治制度才能具备美德。

（2）公共意志与个别意志的对立与统合。从性质上说，公共意志有道德洁癖，它要求所有公民都能按照理性原则而不是利己欲望行事，换言之，要求具有个别意志的臣民按照公共意志的要求去做。当然，政治共同体能够保障个人的自由（公共意志约束下的自由），也能保障个人作为合法权利的财产，但是这种自由和财产都被赋予了政治道德意味，自由不是个人在不违背法律的条件下自主选择的自由，而是只有按照公共意志的原则行动才能获得的政治自由（这就是被伯林所称为“积极自由”的那种自由）；财产权也不是可以任意处置自己合法财产的权利，而是由集体掌握后根据权利而判定给个人的财产，因为个人在订约时已经把所享用的财产也让渡给了人民全体。所以，“唯有在财产权确立之后，才能成为一种真正的权利。每个人都天然有权取得为自己所必需的一切；但是使他成为某项财富的所有者这一积极行为，便排除了他对其余一切财富的所有权。他的那份一经确定，他就应该以此为限，并且对集体不能再有任何更多的权利”[②]。也就是说，财产权也是通过政治共同体正式确认的。于是，“集体在接受个人财富时远不是剥夺个人的财富，而只是保证他们自己对财富的合法享有，使据有变成为一种真正的权利，使享用变成为所有权”[③]。这样的自由和财产权才是合乎政治道德的，只有拥有这种政治自由和财产权的人，才是公民。他认为自然自由也许是个人任性的渊薮，而未经人民共同体确认的不平等财产占有制度则是一切道德腐败的根源。

卢梭还不至于幼稚地认为，个人一经通过订立社会公约而成为人民全

① 卢梭：《社会契约论》，何兆武译，商务印书馆2003年版，第25页。
② 同上书，第27页。
③ 同上书，第29页。

体的一员之后，其个别意志就立即变成了与公共意志相符合的道德意志。他认为，在政治国家中，有着以下的政治关系结构：通过公约成立的这种公共人格，“以前称为**城邦**，现在则称为**共和国**或**政治体**；当它是被动时，它的成员就称它为**国家**；当它是主动时，就称它为**主权者**；而以之和它的同类相比较时，则称它为**政权**。至于结合者，他们集体地就称为**人民**；个别地，作为主权权威的参与者，就叫做**公民**，作为国家法律的服从者，就叫做**臣民**”①。（着重号为原文所有——引者注）国家之所以是被动的，是因为它只是成员们的归属者；主权者之所以是主动的，是因为主权者必须做出政治行动包括立法行动和行使公共意志的行动。

个人在与主权者和共同体的关系中，是公民，因为他是主权权威的参与者；但作为公民平等参与立法之后，个人在他与国家法律的关系中，是作为臣民而存在的。作为臣民，尽管有共同利益，但因其个别意志也有可能对主权者不忠诚，所以，在臣民与共同体的关系中，则有以下情况：第一，作为个人，“臣民具有个别的意志，与其作为公民的公共意志相反或不同”②。第二，他可能认为，构成国家的道德人格实际上是一种抽象的理性存在，而不是具体的个人的意志。而他要行动，只能依靠自己的个别意志。第三，所以他们可能只享受公民的权利，却不愿意尽臣民的义务（即遵守公共意志所制定的法律）。这就是说，作为公民，他的意志本应与公共意志一致；但作为臣民，他却有着与公共意志相反对的个别意志。这种“应然”与“实然”的紧张，成为卢梭美德政治学的最高关切。

卢梭在个人与共同体的关系中，并没有完全以共同体吞没个人的意图，但他的确是在政治的层面上来处理个人的自由和权利的。个人的自由不是自然的自由，而是政治的自由；财产权也不是洛克所说的在自然状态凭借劳作而取得的财产享有，而是法律所认定的财产权。他显然认为政治正义就包括对个人合法财产的保护。因为他否定人单由劳动或者强力占有能够构成财产权，所以，他也必然认为，法律所赋予的财产权可以有着道德的尺度，那就是可以抑制过富和过贫。在这方面，卢梭提到了国家税收，但他明确地提到，向公民征税，必须征得公民的同意，另外，不能让财富和爵位在公民中迅速地转来转去，因为这对道德和国家害处极大，所

① 卢梭：《社会契约论》，何兆武译，商务印书馆2003年版，第21页。

② 同上书，第32页。

以遗产继承也必须有法律的保障；同时他也提到必须有国家公有的部分。但如何使用并使公有财物能够正常运转，卢梭认为，还是得诉诸美德。一方面，他认识到，“公有地如果管理不善，很可能颗粒无收”[①]。另一方面，他又坚定地认为，管理不善，并不是公有地的性质所带来的必然结果，实际上与行政官员的品质有关。他认为，在公有财物的问题上，只有美德是“唯一有效的工具”，“行政官的诚实正直乃是一真正能制止他的贪婪的东西”[②]。

在卢梭的道德理想国中，个人也有着“以人的资格所应享的自然权利”，所以，他们的个别意志必然会表现出来，它与公共意志是相反的。个人作为服从国家法律的臣民，虽有服从法律的义务，但是，他们个别意志的偏私性是必然存在的。从政治的角度说，我们应该使臣民能够成为公民，这并不是要毁灭其作为个人的性质，而是使之在政治领域中成为一个有政治美德的人，因为，只有具备了政治美德，个人才能与其公民的身份相符。在《论政治经济学》中，卢梭认为，在政治生活中，从正面说，个人的个别意志必须与公共意志相协调，“如果你想贯彻公共意志，就应使一切个别意志与公共意志相协调，换句话说，就应确定美德的统治地位，因为美德只不过就是各个人的个别意志与公共意志的这种协调”[③]；从反面来说，如果有人不服从公意，则可以采取强制手段。他说，“任何人拒不服从公意的，全体就要迫使他服从公意。这恰好就是说，人们要迫使他自由”[④]。换句话说，在政治领域中，个人要成为公民，就应该放弃自己的个别意志。这段话，在现在听来，让人心惊。集体对个人施行强迫，确是一幅恐怖的景象。但是，卢梭并没有详细论述全体人如何对个人实行强制。在正式论述如何在持有各种个别意志的人们中间形成公共意志时，走的却是另一条道路，即一种政治安排。

首先，区别众意和公意。“公意只着眼于公共的利益，而众意则着眼于私人的利益，众意只是个别意志的总和。但是，除掉这些个别意志间正负相抵消的部分而外，则剩下的总和仍然是公意。”[⑤] 因为众意只不过是

① 卢梭：《论政治经济学》，王运成译，商务印书馆 1963 年版，第 27 页。

② 同上书，第 28 页。

③ 同上书，第 13 页。

④ 同上书，第 24—25 页。

⑤ 卢梭：《社会契约论》，何兆武译，商务印书馆 2003 年版，第 35 页。

各种个别意志的总和，虽然它们可能有某些共同性，但所表达的仍然只是私人利益，其共同点只是私人利益的交集。然而，卢梭认为，作为个人，不仅仅具有各种欲望和激情，还有理性，所以，在共同讨论中，当人们发现个别意志的表达会有各种正负抵消的情形时，理性对公共规则的理解和推论就会出现，这就会成为公共意志的表达。在共同遵循这些公共规则的前提下，人们个别的欲求就能得到合理、合法的满足。

其次，在形成公意的过程中，个人的个别意志当然要得到表达。但是，人们必须在自己的理性的指引下来表达自己的意愿。这就要求不能有派系存在，并且公民之间没有勾结，只表达自己的意见。要在彼此独立的情况下，通过充分讨论，在理性的指导下，而形成公意的表达。这只是形式要求。

再次，形成公意的实质要求就是在讨论中大家都必须以公共幸福为准绳。所以，卢梭说得明白，“使意志得以公意化的与其说是投票的数目，倒不如说是把人们结合在一起的共同利益”①。它要求，人民作为个人所持的准则与作为裁判官所遵循的准则要依照公共幸福而得到结合和统一，因为这样就能形成公民之间的相互性，即自己加于别人身上的条件，他自己也要遵守。所以，这种制度就会因此而达到正义与功利之间的完美的一致，赋予了公共讨论以一种公正性。

最后，既有把大家结合在一起的社会公约，又有共同利益的目标，还要求个人独立发挥自己的理性功能，有了这样的前提，大家的个别意志的表达就会形成一种政治上的共同意志，也即能够表达公共意志，它是对个别意志的提升，使个人自己的意志能够与公共意志相协调，这样的意志品质就具备了政治美德的性质。从这个意义上说，这种政治美德的形成并不是由集体的强迫而获得的，而是制度引导的结果。

五　卢梭美德政治学的理想性质

我们认为，以上对美德政治的关怀是卢梭各种著述的核心命意。其合理性在于，政治如果能够成为纯粹道德的政治，则政治就能达到完善，实现政治自身的应然本质；其缺陷在于，如果把政治制度以美德为基础来建构，又要求政治行为以促进公民的政治美德为唯一目标，则离真实的政治

① 卢梭：《社会契约论》，何兆武译，商务印书馆2003年版，第40页。

相距甚远。我们必须清楚地认识到，卢梭的相关思想从本质上说是一种对政治道德的呼唤，一种对道德理想国的建构。由于卢梭细腻温柔的措辞和滔滔雄辩，这种政治理想确实十分激动人心。

面对卢梭的政治遗产，人们心情复杂。许多人不能认识到卢梭有关理论的理想性质，而误以为他主张要在当下实现这种制度，从而倡导暴烈的政治革命、社会革命甚至文化革命，法国大革命的爆发不能不说有卢梭学说的影响。雅伯斯庇尔的美德加恐怖的革命策略，也是把卢梭的理想误认为现实任务所导致的。从学术层次上，又有些人把以实现自由为核心的卢梭思想视为自由主义的最危险、最凶恶的敌人。伯林认为，卢梭没有区分“消极自由”和“积极自由”，以及私人领域和公共领域，从而让“积极自由”完全吞噬了“消极自由”，让公共领域吞噬了私人领域，导致了集体对个人的暴政。他还认为，卢梭实际上在制造一个“用心险恶的悖论，根据这个悖论，一个在失去了他的政治自由和经济自由的同时，却在一个更高级的、更深刻的、更加理性的、更加自然的意义上获得了解放，对此，只有独裁者或国家，只有议会，只有最高的权威才能认识到，这样一来，最不受约束的自由与最严苛和最有奴役性的权威发生了重合”①。

以区别古代人的自由与现代人的自由而闻名的贡斯当认为，卢梭在此问题上的根本错误是时代的误置，即“把属于另一个世纪的社会权力与集体性主权移植到现代，他尽管被纯真的对自由的热爱所激励，却为多种类型的暴政提供了致命的借口”②。古代的以美德为目的的共和政体构造与重视个人自由、充满自由商业精神的现代政治存在着精神气质的极大差别。现代已经废除了奴隶制，并且商业活动的频繁化，也使人们不能像古代人们那样日复一日地不断行使政治权利，讨论国家事务。履行这样的政治职责是很困难的，一方面因为人们无暇顾及，另一方面也会感到困扰与疲惫；并且成体系的、不断扩展规模的商业活动会激发人们对个人独立的挚爱。所以，卢梭对现代性的批评成为无的放矢之举。在贡斯当看来，重要的是：“因为我们生活在现代，我们要求一种适合现代的自由；因为我们生活在君主制下，我谦卑地恳求这些君主不要从古代共和国中借用压迫

① 以赛亚·伯林：《自由及其背叛》，赵国新译，译林出版社2011年版，第46页。

② 贡斯当：《人们的自由问题》，载《在牛津听讲座》，王启梁编，中国民航出版社2002年版，第75页。

我们的手段。让我再重复一遍，个人自由是真正的现代自由。”[①] 当然，贡斯当也告诫人们，政治自由也是很重要的，因为政治自由是个人自由的保障。他认为，政治自由表现为国家、集体能够在法律的框架内保护公民的基本权利和个人独立、自由，个人则在此保护下追求自己的好生活。

诚然，现代社会处于个人独立和自由意识昌明的时代，但这并不意味着卢梭对美德政治学的重构就毫无意义。卢梭对道德理想国的向往显然过于纯粹，对个人自由能够通过转化为政治自由而得以真正地实现的看法也过于乐观，但是，我们认为，卢梭的有关思想对我们还是有着相当强的感召力，虽然其中的理想成分值得我们高度警惕。

首先，卢梭认为，从霍布斯式的国家中根本无法生长出道德。因为在这里，只有诉诸主权者的绝对权力，个人只有服从。他认为，他看不出拥有全权的主权者为什么要偏袒一部分臣民而又打压另一部分臣民的理由，但他又认同人们对于全权者作为一个人的任性意志会侵害自己的担忧，于是，他必须说这种不便是我们要享受政治社会的和平与安全所必须忍受的。当然，如果主权者能够一心为了公共安全，保障所有人的合法权利，则他们就有了统治者的美德；而如果臣民能够诚心诚意地服从法律，则他们就有了臣民的政治美德，但是这些都只是一种道德上的“应该”，而在现实中，臣民们只能匍匐在主权者的任性意志的统治之下。关键在于，在霍布斯的利维坦中，个人的自由被让渡后就没有收回的可能，这就毁灭了个人美德成长的基础；在洛克式的国家中，个人的自由权、生命权和财产权都得到了保护，只是让渡了公民们在自然状态下要充当自己案件的裁判者的权利，所以，国家和君主的道义责任只是要作为公民争执的公平裁判者，国家政治制度无法引导和促使人们成为有政治美德的公民，而对私有财产权的高度重视，又使洛克式的国家中的个人成为一些逐利者，而不能获得成为一个有高尚道德的公民的内在动机。卢梭认为，霍布斯式的国家是专制国家，而洛克式的国家则是倡导不平等的私有制度的国家，都会导致他所批评的文明社会的德行腐败的结果。正是针对自己的前辈们政治学说中的这些偏弊，卢梭才重构了社会公约，以政治自由来成就个人自由。通过社会公约，成就的是一个公共的大我，一个道德的集体。从学术史的

---

① 贡斯当：《人们的自由问题》，载《在牛津听讲座》，王启梁编，中国民航出版社 2002 年版，第 81 页。

角度说，卢梭所做工作的目的是试图找出一种使国家政治美德化的途径。

其次，通过社会公约，人们立即变成了享有同等政治自由的公民，而这种政治自由是公民达到道德自律，塑造自己的公民人格和政治美德的基础。同时，只有意志能够对意志产生积极有效的规导作用，社会公约的一个最高结果就是出现了一个永远正确的公共意志。公共意志对我们作为臣民的个别意志来说将能起到一种提升的作用，从而使个人从臣民转变成公民。正如玛丽莎·林顿（Marisa Linton）所说："对卢梭来说，问题是如何才能在一个人为社会的情境中使人民和政治都变得有道德。他认为，只要人民准备按照'公共意志'去行动，这一点就能达到。卢梭的美德观念位于其政治观念的核心地带，并且对他所理解的公共意志而言有实质性意义。"① 在政治国家中，我们自己所有的一切都获得了一种政治性的提升，个人自由成为政治自由，个人财产从享有变成了所有权，至于个人的生命，由于已经献给了国家，所以受到了国家的保障，当国家有难时，战斗就再也不是为自己。所以，这样一种政治制度必定能够塑造起个人的政治美德。这是对政治的理想状态的描写。这诚然是使公民们获得政治美德的一种制度设置，但是，由于在道德上贬低了个人自己的选择自由的地位，卢梭的自由观与现代自由的本性的确有相当大的距离，所以，这种政治制度设计在他那个时代是不可能成功的。

最后，我们看到，到现在，即使是自由主义者也不会忽视政治美德的作用。因为我们必须看到，政治从其本质上说是一项高尚而伟大的事业，卢梭对道德理想国的设计实际上展示了政治的应然本质，从公共幸福、政治自由到公共意志，都是政治在理想状态下所需要具备的。问题是，我们不能把这种政治理想看作应该立即实现的政治目标。因为人类的政治也是一种演化过程，它应该在现实的社会运动中逐步实现。卢梭曾经认为社会生产力（铁和谷物）的发展是人类文明发展的真正动力，但他又认为生产力的发展也是产生和加深不平等的政治制度、私有制和道德堕落的原因，在这个问题上，一方面他目光如炬，另一方面又陷入盲目。他无法看到，在社会生产力获得高度发展，社会财富极大涌流的状态下，私有制就必然消亡，那个时候，社会将成为自由人的联合体，每个人的自由发展将会成为其他人自由发展的条件，而不是障碍。到那时，卢梭所说的人民主

① Marisa Linton, *The Politics of Virtue in Enlightenment France*, Palgrave, 2001, pp. 87 – 88.

权、政治自由就能成为现实存在，公共意志对个人意志而言也不会有多少强制性。卢梭并未明言自己的政治构想的理想性质，也未找到到达这种构想的现实途径，反而主张，要构造一个道德理想国，需要“一个敢于为一国人民创制的人”，他必须能够“有把握改变人性”，必须“抽掉人类本身固有的力量，才能赋予他们以他们本身之外的、而且非靠别人帮助便无法运用的力量”[①]。从这一点看，如果卢梭的政治制度设计要变为现实，则个人对自己所认为的幸福的自由选择必然会受到压制，这确实有导向暴力的可能性。他的政治学说成为雅各宾派的行动指南，并化为罗伯斯庇尔“美德的恐怖”的政治实践，良有以也。

① 卢梭：《论政治经济学》，王运成译，商务印书馆1963年版，第50—51页。

第六章　康德的权利政治学及其现代深化

近代权利定向的政治哲学从霍布斯开始，中经洛克，发展到卢梭，经历了一个这样的圆圈运动：霍布斯力图破除古代政治学的美德高调和暴力颂扬，主张以权利为基础，通过契约论来重构政治哲学的框架，以凸显个人权利开始，却以个人权利被利维坦吞没而告终，美德只是停留在这样一种想象上：人们在自然状态要获得和平，就应该遵守自然法，而主动遵守自然法的应然品质，就是美德。在现实政治中，霍布斯却只强调绝对主权者的统治功能和臣民的服从，而对政治美德少有论及；洛克则主张，在自然状态下，人人拥有生命权、财产权和自由权。但由于人们之间的各种冲突肯定存在，于是，人们拥有自己充当自己案件的裁判权，但这种裁判权行使起来有诸多不便，故应转让给政府，政府的主要职能即为保护人们的财产权利。他认为，人们能认识自然法，自然法的实质内容就是有利于公共利益，故人们可以具备自觉服务公共利益的动机或品质，这就是美德。然而，在洛克看来，更为有保障的却是正规的政治制度安排，可以使之从技术上、机制上必定为公共利益服务。在政治哲学中，他很少论及政治美德，而把道德教育交给家庭和学校；卢梭对这两种学说都不满意，认为它们都没有揭示政治的真正本质。他认为，人们天赋有自由和平等权利，但在文明状态，人类的德行却败坏了，所以，真正的政治任务，就是要在政治活动中完全实现人们的自由和平等权利，这就需要以把所有人都培养成有美德的人为目标，通过社会契约，建立把个人意志整合进公共意志的政治结构，使得整个政治及其过程道德化，从而他的政治思想有浓厚的浪漫与理想的成分，通过把个人自由整合成全体的政治自由，最终把权利意识置换成了对纯粹美德的应然憧憬，从而成为古典美德政治学的近代复兴，却只是一次短暂的回光返照。于是，对权利的重新拯救，必然成为未来政治伦理思想家的重要任务。

康德深知近代政治哲学中权利概念的重要性。从霍布斯和洛克那里，他学到了这一点：人类社会如果没有美德尚可存在，但是如果没有正义，则人类社会就可能毁灭。以自由和平等权利为基础的正义，正是维持社会的纲维；从卢梭那里，他领悟到，必须摆脱美德的纠缠，权利才能得以成为一种前提性的价值。为了论证美德和权利的存在，他都诉诸先验主义方法，目的是为道德和权利获得一个普遍的、绝对的原则基础。美德是一种内在的品质，其实现要引入一种历史维度，即通过人类社会的无穷世代的发展；而权利关系则表现为人们如何相互对待的外在行为，故权利的实现则需要实行普遍的法治状态。

对密尔而言，他要以经验主义方法和功利主义立场来确证权利的基础地位，权利之所以需要，也是因为它是人们最基本的功利，特别是当社会已经从等级制社会发展到了人人自由平等的时代，就更是如此；他也同时认可美德在政治中的可实行性，因为在现实生活中就有许多有美好德行之人，并且认为美德就是那种能够使自已的利益与他人和社会利益相协调，并且能自觉服从社会公共利益的崇高品质。他也认为，政治有一个重要目标，即以政治安排和教育的方式来增加社会成员的美德。

罗尔斯认为古典功利主义有许多问题，其中最为重要的就是功利主义以善挤兑了个人权利的前提性存在，并且会损害那些已经很不幸的人的自尊，对美德提出了过高要求，如仁慈和同情等；他认为康德主义的基本方法还很有生命力，对权利的存在的论证是合理的，但是他本人不必采取先验主义的论证方法，而是通过把传统契约论提高到一个更高的抽象水平来论证权利的前提性地位：首先设定“原初状态”，通过“无知之幕”过滤出人的最一般的共同特点，如具有理性，并且有自利考虑，这些特性是人们可以平凡拥有的；通过契约我们可以推出社会所应保护的一般自由和平等权利，以及处理经济和社会的不平等的正义原则。并认为，这种正义原则可以要求我们通过制度设置和教育引导来培养与正义原则相适应的情感、欲望品质，即正义美德。至于其他公共美德，也正义制度所要求的，如理性、宽容、公民友谊等。而其他的优秀品质如个人美德，属于个人的好生活观念范围，社会应该提供使它们得以繁盛的足够广阔的自由空间。

第一节　康德的美德论与权利政治观

我相信，康德是先从考察纯粹的道德原则入手，然后考察它在现实行为中与人的意志的关系，此即美德的范围；再考察纯粹的道德原则如何应用到人们的相互关系中，如何形成对彼此的尊重，并约束人们外在的相互侵害行为，此即权利的范围。但是，对康德来说，纯粹的道德原则不能来自现象界，只能来自本体界即理性世界，从而与作为现象之展开的人类社会历史处于两个不同层次，于是，就需要引进历史目的论，即认为大自然的意旨就是把人类历史进展的过程作为逐步实现人的道德本质，使人类逐渐道德化的永无止境的过程。

康德通过这个视角去考察美德、权利和社会政治，显然是为了回应他之前的政治伦理思想家出现的偏差。对康德而言，霍布斯显然慢待了权利，同时又架空了美德；洛克反对天赋的道德原则，其道德论有着经验主义的幸福论特点，这就使得其道德原则无法真正具有纯粹性、普遍性。另外，洛克的权利学说还是不够抽象，这些权利是从生活经验中择取的生命权、财产权和自由权等，缺乏普遍的原则前提；而卢梭一方面教会了康德尊重所有人，包括贩夫走卒的人格尊严，但另一方面，康德不能同意卢梭道德学的情感原则、同情学说等，从而认为卢梭的美德学说缺乏纯粹的原则前提。他也不能同意卢梭企图通过一种社会契约行为立即使每个人都道德化，形成一个大我，或公共人格，即获得政治美德，而是认为，人的道德化要在无穷的历史世代中才能逐渐达到。

一　纯粹普遍的道德原则与美德的关系

1. 纯粹普遍的道德原则的抉发

康德认为，近代早期的自然权利论思想在对人进行抽象时，把人还原为一个个只有自我保存激情的自由平等的原子化个体的做法是错误的。这样一来，人首先就是一个没有道德性的存在。而在康德看来，人其实就是一个道德性的存在，不过，这种道德性的根源不在欲望和激情，而在于作为一个有理性者的尊严之中。所以，康德伦理学的首要任务就是超越各种从现象世界寻找道德原则根据的学说，而确证本体的道德世界的实在性。

把本体和现象二分，是康德在道德学上的一个重要贡献。他认为本体界是纯粹的理性世界，而现象界则是感性世界，道德的根源只能存在于本体界。只有形式性的理性规律可以确保意志的纯粹性、善良性、绝对性、自我同一性，而感性动机只能损害意志的善良。也就是说，善与恶并不是伦理学的最高概念，因为善与恶“只是后于道德法则并且通过道德法则而被决定的”[①]，即只有本体的理性世界才是道德价值的源头，因为道德法则只能存在于本体界。所以，康德对古代哲人有关“至善”的规定进行了批评：“他们想把他们的研究整个地置于对至善的概念的规定之上，因而置于一个他们想随后使之成为道德法则里面意志的决定根据的对象上。”[②] 如果至善概念先行，则道德法则就将处于被规定的地位，由此道德行为的价值就被至善的各种条目所规定，以结果来规定善。实际上，我们应该找到能够纯粹形式性地、先天地、绝对地决定意志动机的根据，即道德法则必须先行，以此来决定意志，才能使意志善良。

康德之所以提出这一思路，是因为受到他成功地解释了科学知识如何可能的鼓舞。他在《纯粹理性批判》中抉发出先天感性形式即时空形式作为现象存在的先天条件，抉发出先天知性形式作为认知现象规律的先天条件。由于它们是纯粹先天的，没有任何质料内容，故而是纯粹形式的、绝对的。由此，科学知识是普遍必然的，同时又能扩大知识。康德在道德领域也要找到一个绝对的、纯粹的、普遍的源头，以此来确定纯粹、绝对、普遍的道德法则，它对每个有理性者都普遍有约束力。如果我们把感性偏好、功利等作为道德价值的源头，那么，由于其感性性质，它们就是个别性的、变化的，这样的道德原则就只会是一些权宜之计，也就根本不具备对每个人都有的普遍约束力。康德认为，历史上的一切道德哲学体系都没有把纯粹的理性规律独立出来，作为道德价值的源头。幸福主义（快乐主义）是把感性快乐作为衡量行为之善的标准；至善论则以人性的完满概念来引导人们的道德修养，其中包括了情感、欲望品质等感性因素，这也不是纯粹的。所以，这些伦理学说始终不能达到对道德尊严的统一理解，也无法形成客观、普遍的道德法则体系。

在这个前提下，康德须解释：为什么以客观、普遍的道德法则体系来决定意志的动机，则意志就能够成为纯粹善良的，而以追求感性偏好、功

---

① 康德：《实践理性批判》，韩水法译，商务印书馆2001年版，第68页。

② 同上书，第70页。

利等为目的的意志就没有绝对善良的特点。康德认为，善良意志不是通过指向外在的善而得到善的价值，这表现在以下三个方面：（1）不因它促成的事物而善；（2）不因它期望的事物而善；（3）不因它善于达到预定的目标而善，也即“仅仅是由于意愿而善，是自在的善”①。这种善的本质是什么呢？由于理性规律是善的最高来源，所以，善良意志只能由道德法则来决定自己的动机，而不能诉诸感性偏好、功利考虑等个别性的东西。理性规律处于本体界，而感性偏好的对象、功利等都处于现象界，意志只有与理性规律同一，才能稳定地立足于本体世界，从而成为无条件的善。所以，善良意志的善就在与感性的东西相比较中得到显露：“任何为了满足一种爱好而产生的东西，甚至所有爱好的总和，都不能望其项背。”②虽然善良意志的意图在现象界并不一定能得到实现，但是，这并不会减损其光辉，因为它是内在的善。

2. 以道德原则为前提的美德观

理性规律处于本体界，是纯粹的、形式性的、绝对的、普遍的，对所有的有理性者都有同等的约束力。当它们向人的生活呈现出来的时候，若仅从针对外在行为的约束来说，就表现为法律体系，当它们要求人们进行内在约束即做到自律时，则变为道德原则，自觉受到道德法则决定的意志品质就是美德。法律体系要求服从，但不要求相应的气质，所得到的结果是合法性；而美德则要求自律，要求有相应的精神气质，从而有道德性。从情感气质来说，美德要求敬畏（这不是自然情感），并要求不断抑制来自感性诱惑的冲动，要求能够比较来自理性规律的动机和来自感性偏好的冲动，体验到前一种动机的无比高尚性，从而自觉自愿地产生此动机。在这种比较和相互颉颃中，我们形成了一种坚忍的品质，也就是形成了一种依赖道德原则行事的欲求能力，这就是美德。

在探索美德性质的过程中，康德经历了一个相当长的时期。从1764年《对自然神论和道德原则的明晰性的研究》发表，到1785年《道德形而上学原理》，1788年《实践理性批判》发表，二十多年间，康德反复思考伦理学的一些根本问题。在这个过程中，康德的授课讲义（《伦理学演讲集》）对此问题作了大量探索。我们发现，他对道德基本问题的看法

① 康德：《道德形而上学原理》，苗力田译，上海世纪出版集团2005年版，第9页。

② 同上。

在这些演讲中大致成型了，但在道德行为动力问题上，则经过了较长时间的酝酿。他认为，道德性的行为有两种驱动力，一种是压迫性的，即以权威和强制为根据，不管你的品质如何，此为法理性的；一种是出于行为本身就好的理由，即有与此种行为相适应的品质作为驱动力，此为伦理性的。

所以，如果说法理学只关注外在行为的话，那么，伦理学就要研究行为的内在性质，也就是它出于什么样的品质，所以是“关于品质的哲学”[①]。于是，法理学与伦理学的关系就是：伦理学可以包括法理学，即有美德的人可因自己的品质而作出合乎法规的行为，但人们也可能由于害怕受惩罚而遵守法规（法理学仅止于关注行为的合法性）。品质是伦理行为的核心，能把行为和其驱动根据联结起来。

康德承认，这种伦理性气质是难以解释清楚的。他只能举例说明：比如一个人履约还债，既可以是由于知道毁约还会受到惩罚，所以才不情愿地还债，但这在行为的外观上也遵守了法规；也可以是因为认为履约还债本身就是好的、正当的、恰当的，才不计任何其他因素而这样做，这才是出于好的品质的行为。前者能造就好公民，但只有后者才能造就好人。由此，伦理学要关乎人的心灵、品质。所以，康德说，伦理学有时被描述成美德理论。美德存在于自觉遵守道德原则的正直行为中，其基础就是品质，这种品质本身就好，所以美德“彰显了与道德气质相关的自制（self-control）与自主（self-mastery）”[②]。

要解释人类为什么会产生这种道德品质，的确是很难的。在《伦理学讲演集》中，康德在处理这一问题时，大致遵循以下思路：（1）说我们有自然而然的情感、欲望倾向，是可以理解的；但说我们有理性的倾向，这是荒谬的，因为理性不是感性，所以没有倾向。（2）我们的理智可以判断一个行为在道德上是好的，但这并不能促使我们去做出这个行为。从理解到行动还有一段长长的距离。[③]（3）如果这个判断能驱动我们去做出这一行为，则它是一种道德情感。但说我们的判断力会有这种驱动作用，却是不可理解的，因为作判断的是理智，它不能直接驱动行为，所

① Immanuel Kant: *Lectures on Ethics*, Trans. Louis Infield, Indianapolis, Cambridge: Hackett Publishing Company, 1930, p. 71.

② Ibid., p. 73.

③ Ibid., pp. 44-45.

以我们没有这种道德情感。

也就是说，我们无法发现道德行为的情感性驱动。但是，道德行为必须有驱动力，那么，我们到哪里去发现这种驱动力呢？答案只能是在意志中。康德认为，我们会做出不道德的行为，错不在智力方面，而在于意志被败坏了，这是因为感性动力会超过理性动力。于是道德行为的动力只能来自我们坚定地与感性动力的斗争中，不断地贬抑感性爱好，感受到道德法则的崇高性，从而不让感性好恶来作为决定意志动机的根据，这时理性的道德法则就会直接决定意志了。这是一个长期的过程。这种斗争是要始终进行的。

康德为了显露这种道德动机的可能性，他诉诸两种方式，一是习惯，一是羞耻感。第一，我们应该培养一种习惯，即始终不把出自本能的倾向作为行为动机，而是以理性的道德法则取而代之，通过模仿和不断重复的实践，我们将能形成这种习惯；第二，引导一个人特别是小孩去获得美德，从心理学的角度说，我们不应求助于惩罚，而应激发其羞耻感。[①] 惩罚压制了出自感性好恶的不道德意向，但并不能改变这种意向，也不能指望通过对这种意向加以涵养塑造而使之普遍化。另外，惩罚也不会引起内省之念，而会引发逃避之想。惩罚高悬于前，设法逃避必随之而生，心灵品质却无所改变。从道德上说，这会造成许多伪装和虚伪；而羞耻感则是一种内在的感受，是一种由内省来关联道德原则的后起的情感，所以无所逃避。这并不是说羞耻感是一种纯粹的道德情感，而是说可以通过这种情感使人的意志与道德原则关联起来。只有按照道德原则去行事，才能杜绝羞耻感的发生。

我们看到，康德在理论上作了相当大的努力。虽然力图清除从感性好恶来吸取行为动机的思路，但诉诸习惯和羞耻感，还是使道德动机问题掺杂了感性因素。在后来的《德性论的形而上学初始根据》（1797）中，他明确摒弃了这种思路，认为美德不能被定义为习惯，或者由于道德行为的实践而形成的一种风俗（亚里士多德的观点），同时，美德也“不单是一种自我强制（因为那样的话，一种自然偏好就可能力图强制另一种自然偏好），而是一种依据一个内在自由原则，因而通过义务的纯然表象根据

① Immanuel Kant, *Lectures on Ethics* , Trans. Louis Infield, Indianapolis, Cambridge : Hackett Publishing Company, 1930, p. 46.

义务的形式法则的强制”[①]。在他看来，美德的责任彰显的是人的不完善性，它表现的是这个不完善的意志的力量。

康德认为，所谓美德，即心灵品质之好，就表现在能够促进意志的善良性。许多古代人无条件地赞扬的心灵品质，实际上并不是自身就好的东西，如果它们服务于恶劣的意志，就会造成更大的害处。人们中间有许多被称为一般性善的东西，或者说优秀的、值得羡慕的气质，比如理解、明智、判断力、勇敢、忍耐等，这些的确是令人羡慕的，但它们不是无条件的善的东西。如果这些自然禀赋，其固有属性称为品质（Charakter）的意志不是善良的话，“它们有可能是极大的恶”。这也包括所谓“幸运所致的东西”，比如美貌、天资、遗产、机遇、财富、权力、荣誉、健康、全部生活美好、境遇如意等。[②]

美德作为一种品质，是一种内在气质，它关联着行为，也是一种欲求能力。但是，欲求能力有高级和低级之分。如果我们认为，欲求只是对感性快乐和欲望满足（它们纯是质料）的追求，那么，就不会认识到“足以决定意志的单纯形式的意志法则”，就不会承认有“任何高级的欲求能力”的存在了。什么是高级的欲求能力呢？这需要作出细致的分疏。第一，这种欲求能力不能由其带来的愉快情感的性质来确定。任何以带来快乐为先决条件的欲望追求，都不是道德性的。这些欲望追求，不论是以感性表象来激发，还是以知性表象来激发，都以获得快乐情感为目的。康德举例说：“我们发现，人们能够仅仅因施展力量而愉快，能够因意识到在排除妨害下决心的障碍时心灵刚毅而愉快，能够因修养心智而愉快；我们有理由称它们为雅兴高致，因为它们比别种欢愉更受我们支配，也不劳精敝神，反而涵养更多享受这类乐趣的情感，而且既可以令人其乐融融，又可修身养性。”[③] 但是这些仍然是通过感觉来决定意志。历史上的许多伦理学说，认为追求这种愉悦是属于纯粹精神性的，大大高于那种追求感官快乐的欲求。康德说，这在哲学上是站不住的，因为这等于说纯粹精神性的东西同时又有广延。

第二，在确证这种高级的欲求能力的存在时，一定要排除任何幸福原

---

① 《康德全集》第6卷，李秋零主编，中国人民大学出版社2007年版，第407页。

② 康德：《道德形而上学原理》，苗力田译，上海世纪出版集团2005年版，第8页。

③ 康德：《实践理性批判》，韩水法译，商务印书馆2001年版，第22页。

则。在他看来，“个人幸福原则，不论其中运用了多少知性和理性，对于意志而言除了那些适合于低级欲求能力的决定根据之外，仍然不包含其他的决定根据；于是，或者根本没有高级欲求能力，或者纯粹理性必定是独立而自为地实践的，这就是说，通过实践规则的单纯形式决定意志”①。也就是说，如果纯粹理性能够自为地决定意志，而不需要服务于禀好，并做出实践行为，这就彰显了一种高级欲求能力的存在，它与那种受本能决定的欲求能力完全不同，而且是种类上的不同。这样，康德不仅仅排除了一般的享乐主义，而且也排除了亚里士多德的幸福主义，连儒家通过修身养性而追求道德之乐的意向也在排除之列。

所以，康德反对把美德看作“中道”。他明确地说：“把德性设定为两种恶习之间的中道，是错误的。”这种美德观认为，道德品行上的善就是过度的一端的逐渐减少，不及的一端的逐渐增多。他认为这是一种哲学上的错误，实际上，“这两种恶习的每一种都有其自己与别的准则必然相抵触的准则”②。也就是说，美德的本质是我们把自己的准则与客观的、纯粹的道德法则相同一的意志力量，而过度与不及两种恶习之所以是恶习，不是因为其程度上的强或弱，而是因为其准则违背客观的道德法则。这是一种质的规定。

第三，在道德追求中，当然也不可能没有情感的参与，但康德坚决认为，情感不是先决条件，也不是目的，它只能是某种伴随现象。所以，在道德问题上，情感不是顺适性的如愉悦或快乐，而是对更高的约束、强制产生的某种情感，如敬重。道德法则要求我们敬重，我们的义务就是由于敬重道德法则而产生的行为必要性。对义务就只能产生敬重之感，而不能产生热爱或者愉悦之情。在康德看来，敬重，从消极意义上说，只是对自爱和自负的贬抑；从积极意义上说，则成为按照道德法则行动的动机。敬重是一种情感，也有感性性质，但它与来自本能的情感有本质的不同：（1）它不是来自本能，我们的本能中没有敬重情感，它是后起的，即领会到了道德法则的崇高与庄严，从而引起了敬重。（2）这种情感可以命令，它是“应该”产生的；而一般的本能情感如快乐、痛苦是不能命令的。要产生这种情感，就需要做“减”的功夫，也就是说，要把一切来

① 康德：《实践理性批判》，韩水法译，商务印书馆200年版，第23页。

② 《康德全集》第6卷，李秋零主编，中国人民大学出版社2007年版，第417页。

自本能的情感统统清除出去，不让它们成为我们行为的动机。我们越是理解到道德法则的崇高性和庄严性，就越是感受到本能情感的卑下，这时，我们对法则的敬重就会越发纯粹，越发具有决定自己意志的分量。

二　权利与政治正义

1. 正义与美德之形上根据的同源性。在《道德形而上学原理》中，康德采用先验论证的方式，是为了确证纯粹的道德世界的实在性。这种论证有两个方面：一是以自由和自律相互确证，因为理性必定能超验使用，豁显本体世界的存在，虽然这在知识上必然导致虚妄，但在实践上却是我们能够自律的最高保证。相对于现象世界的质料性、个别性、相对性、多样性、必然性来说，本体世界有着形式性、普遍性、绝对性、纯粹性、自由性。所以，如果我们能够证明人可以完全排除以感性对象（比如物质利益的获取、人们的内在感觉如本能性的情感和欲望倾向）来决定自己的行为动机，那么就论证了我们可以以纯粹形式性的道德法则来作为决定自己意志动机的根据，这样也就能领悟到纯粹理智世界的实在性及其凭自身就有的实践能力，即颁布法则并要求意志自我执行的能力（虽然我们的理智对这一点不能获得知识）。所以，人的道德美德的根源正在于人作为一个有理性者的尊严。就个人的内心生活而言，我们的人格尊严和道德价值就在于我们能行使自己的自由，并通过自律而获得美德（美德就是能按照普遍的道德法则而行动的道德勇气）。

同时，自由和平等的道德资格需要在外在的社会生活中确立起来，也就是需要在社会历史的自然进程中加以逐步的实现。所以，必须先确立政治正义的形上根据，然后才能获得一个前提性的价值框架来指引我们外在的社会行为，使之不致迷失方向和目标。康德在正义理论方面的雄心就在于说明：我们如何在充满冲突的社会生活中，一方面获得稳定的政治价值的指导，另一方面证明人类历史是朝着使人类禀赋得到不断完善的方向前进的。显然，没有第一方面，第二方面就失去了标准；没有第二方面，则第一方面就失去了历史视野。

在他看来，政治正义的根本前提就是权利的确立，而权利与美德共享一个形上根据的来源，即人的纯粹理性是有着实践能力的。如果说在内心生活中，为了彰显人作为有理性者的尊严和人格，个人可以凭自律形成美德的话，则在外在的社会中，由于面对的是一个有着不同意欲和目标的人群共处的世界，所以，需要确立一个人们进入社会生活的前提性价值，它的前提与美德的前提一样，都是人作为一个有理性者的尊严和人格，它的形式性保证就在于要求人们彼此不能相互侵害，而不能像道德那样，要求人们之间有相互尊重的动机。

2. 权利的本质规定。"权利是什么"是个无法回答的问题，它关涉的是人们之间通过行为而相互影响的形式性条件。所以，权利本身并不关乎行为人对另一个人的愿望或纯粹要求的关系，与行为人本身是否有道德意向（比如是仁慈慷慨的，还是不友好的）也无涉，只关乎他的行为自由与别人的行为自由的关系，是一种客观要求，因而是纯粹形式性的，也即在普遍法治状态下，使大家的意志自由能够并存的条件，这就是权利。

于是，我们的权利是在这样的关系中得到确认的："任何一个行为，如果它本身是正确的，或者它所依据的准则是正确的，那么，这个行为根据一条普遍法则，能够在行为上和每个人的意志自由同时并存。"① 权利问题在这个关系境域中彰显出来了：第一，如果我的行为根据一条普遍法则，能够与任何人的自由并存，那么，如果别人妨碍我完成这个行为，则别人就侵犯了我，也就是侵犯了我的权利；第二，在法理学的范围里，并不能命令我把这条普遍原则作为自己的行为准则。每个人都是自由的，我可以有任何想法，比如我可以对别人的自由漠不关心，甚至我很想去侵犯别人的自由，但只要我没有以实际的外在行动去侵害别人的自由，那么，我的行为就是合法的。所以，在法理学的范围里，动机与普遍法则可以相互分离。一句话，法理学并不想改造人的心灵，也不想教人以善德。权利是在外在的制度体系中呈现出来的，它不要求人们把权利的实现作为自己的行为动机。只有伦理学才着重关注动机原则，它加给人们以一项责任，即"把权利的实现成为我的行动准则"②。

另外，正义从本质上必定包含强制性。这一点是从权利的形上根据和权利需要在人们的社会行动中得到实现而推论出来的。权利的实现是政治正义的目标及其价值之源，但是由于权利在社会现实中容易受到侵害，所以，权利的世界，必须与外在的强制相联系。因为人们有相互侵犯对方权

---

① 康德：《法的形而上学原理——权利的科学》，沈叔平译，商务印书馆 1997 年版，第 40 页。

② 同上书，第 41 页。

利的倾向，却又不能只是指望诉诸人们内在的自我强制，所以，为了保护权利，就需要外在地对人们施加相互的强制。这就是政治正义的本质。必须明确一点，那就是对权利的保障是一种公共强制，而不是内心的强制或者意志自律。公共强制或公共权力必须足够强大，否则不足以把大家带入到文明的社会体系之中。康德考察了国家的权力和宪法，并考察了国家的形式及其权力的分割。他认为，国家是“许多人根据法律组织起来的联合体”①。我们看到，法律是实践理性规律的外部刚性化，并且其执行主体不是个人，而是公共权力机构。所以，国家不能还原为单个人的集合，而是有着高于这个集合的新质。它为个人主持公道，使个人的权利得到保障和实现，这就是国家的正义价值之所在。

三　权利的体系

康德的权利观念与一般契约论者有着不同之处：一是避免了一般契约论者对自然权利的任性假定，而是以本体自由的名义来确定权利；二是可以使制度处在普遍的道德规则的评判之下。

人是要过社会生活的，也就是说要结合成一个政治共同体。虽然人有只顾自己一己私利的非社会的倾向，但是在非社会的状态中，人是无法形成秩序并发展自己的禀赋的，所以，人又必须组成社会。康德把人的这一特点称之为“非社会的社会性”。从先天的角度看，人的意志自由和平等的人格尊严就是我们组成社会的前提条件，即社会首先应该保障所有人的自由和平等权利，这是一个社会制度获得正当性的前提。也就是说，人是具有理性（实践理性）的，人之所以具有权利之根源就在于我们有实践理性。所以，纯粹实践理性的批判，既可内在地深化为责任学说、道德律令学说和美德学说，又可以外在地展开为人的权利学说和社会正义学说。理由是，既然人们的意志自由和平等的道德尊严的根源是实践理性规律（就其与意志的关系而言，就是道德法则），对人的外在行为而言，就表现为法律体系，这样就排除了激情和欲望等个别性情欲的干扰，所以可以普遍地对所有有理性者产生强制力。这样的特征很适合外在的、平等地面对所有人的普遍的法律体系，在这个意义上，法律是无情感的道德。这就

---

① 康德：《法的形而上学原理——权利的科学》，沈叔平译，商务印书馆1997年版，第139页。

能理解，康德为什么把《道德形而上学》分为两部分，即“正义的哲学原理”和“善德的哲学原理”，也就是说，关于人的权利和社会正义的先天学说，本来就是道德形而上学的一部分。[①]

康德说：“一切义务，或者是权利的义务，即法律上的义务；或者是善德的义务，即伦理上的义务。法律义务是指那些由外在立法机关可能规定的义务；伦理义务是上述立法机关所不可能规定的义务。”[②] 这是因为，伦理的义务牵连到一个目的或最后的目标，即对内在的精神气质的要求。

由此，我们就能理解康德在有关权利问题上的命意。他不把权利分为“自然的权利”和“社会的权利”，因为在他看来，即使在自然状态下，也有着社会，所以，“自然的权利”和“社会的权利”的二分法是错误的。权利应分为“自然的权利”（此为私人权利）和“文明的权利”（此为公共权利）。

我们需要明确的是，所谓自然的权利，是指人作为一个自然人的权利，如自由权利、人身权利、财产权利等。我们看到，这主要是因为人有理性，从而有选择权利，这就必定是自由的（任性的自由），这就是自由权利。在自然状态下，人的自由权利就表现在他们能自由地选择自己的生活目标和选择任何手段来实现这种生活目标。这就是感性冲动在理智的帮助下的任性表现。但在自然状态下，这种任性的自由必然是充满冲突的，无法真正地共存；人身权利是人的存在资格，这是最基本的。在自然状态下，人们当然也有对自身存在的关注，人身权利的意识实际上是人最为直接的意识。但是在自然状态下，人身权也无法得到保障，特别是在无序的战争状态下，人们的生命随时受到威胁。虽然我们没有必要设想自然状态就是如霍布斯所说的战争状态，但是在这种状态下，总是存在着爆发战争的内在趋势；财产权利在自然状态下只能是这种权利：它也许存在，不管是通过如洛克所说的向劳动对象加入自己的劳动而拥有，或者是以其他方式而拥有，即存在着“我的”“你的”的区分，但是并不稳定，也不可能稳定，即使在那个时候人类由于共同生活而形成了某些惯例对彼此所取得的财物给予承认，但是，这种惯例由于没有正规的授权，从而也就没有合

---

① 康德：《法的形而上学原理——权利的科学》，沈叔平译，商务印书馆 1997 年版，第 2 页。

② 同上书，第 34 页。

法的保障，所以，这种财物也不可能为人们所稳定拥有。

于是，走出自然状态有着内在的必然性。走出自然状态就是要进入文明状态，文明状态的根本特点就是一种公民权利共存的社会，即形成了公共权利。他这样论证走出自然状态的必然性：如果说在这里需要契约的话，其契约是建立在人们的理性能力和追求个人幸福的基础上，也就是说，能够订立契约是人具备了道德能力的证明，也就是每个人都有道德资格和作为一个有理性者的尊严。所以，康德超越了他所背负的基于自然状态的契约论传统，即不再把公民状态说成是“建立在任意一种 pactum sociale［社会契约］之上”，他认为，“可以证明，status naturalis［自然状态］是一种非公正的状态，因此，转入 status civilem［市民状态］是正当的义务”①。

公共权利的根本特点就是确认并保护人们的私人权利，确定彼此的界限。私人权利的真正实现，是需要以公共法律作为制度框架的。进入公民状态，就是进入了一个人们的自由能够共存的状态。这样的自由，就不再是自然状态下任性的自由，而是受到普遍法律约束的自由，所以是公共自由，即是说，要在遵守法律的前提下，自由地表达自己对所认可的幸福的追求。自由权在法律状态下，不是任性地表达自己的欲望、追求自己幸福的自由，而是一种受到法律约束的人们的自由，且能够并存的“普遍自由”。这种普遍自由的积极意义就是能够促进各种文明成果的繁荣；对人身权利来说，公共权利就是要通过常备的武装力量来保障社会的内外安全。同时，在这种状态下，公共权利的公共性使得人身权利这样的私人权利也具备了某种公共性，即个人的人身不仅仅是个人所有，而且有了公共意义。比如，从私人权利来说，我的人身属于我自己，所以，自杀就是自己剥夺自己的所有物，这似乎没有什么理论上的难题。但自杀在公民社会状态就是不被允许的，因为他们是共同体中的人，自杀实际上是对共同体的侵犯；财产被区分为“我的”“你的”，意义重大，但在没有一个普遍法律的承认结构时，人们彼此的财产拥有虽然是可能的，却只能是偶然的，而公民社会状态中的财产权实际上是“仅仅把此物看作是意志活动

① 康德：《康德书信百封》，李秋零编译，上海人民出版社 2006 年版，第 195 页。

的一个对象"①，所以是意志自由之间的相互对待的正义性的结构，别人对我使用此物进行妨碍和侵犯就是不公正的。需要注意的是，这种权利在实际上需要共同法规的承认和保护，也就是要在文明状态下才能绝对地拥有，而在自然状态下的持有，就只是偶然的和暂时的："要使外在物成为自己的，只有在法律的状态中或文明的社会中，有了公共立法机构制定的法规才是可能的。"② 个人最无力保护的就是自己的权利，不但是自己的人格尊严、自己的财产权、自由权，甚至生命权都会受到来自各种野蛮力量的侵害。所以，我们应该诉诸社会法律的保护，这就要求我们的社会制度结构具备文明性的价值。在文明的社会状态中，必须有一整套法律来确定和保护人的基本权利。文明状态是社会性的对个人的行为自由和平等的道德人格的保护。换句话说，文明的法治状态的标志是：有一种公共正义的制度来强制性地保障那种意志自由的人们之间的相互对待之道即普遍法律的执行。

于是，公共权利应该从公共权威机构的公共权力的角度来加以理解。也就是说，要通过公共立法意志规定让每个人都分享到这种私人权利的可能性的有效原则，这就是公共正义。公共正义可以分为三类：即"保护的正义、交换的正义和分配的正义"③。为了使私人权利能够得到有效的行使，公共权力可以这样对所有人下命令："所有的人，如果他们可能甚至自愿地和他人彼此处于权利的关系之中，就应该进入这种状态（即法律状态——引者注）。"④

总之，私人权利与公共权利在内容上并没有什么不同，但是在性质上却是不同的。

四 正义的制度化实现

康德主张，政治哲学在考察制度的正义性时不考虑美德问题，美德问题由伦理学来处理，因为两者服从不同的原理。也就是说，政治哲学处理人的外在行为之间的关系，而伦理学则处理如何用对普遍的理性规律的表

① 康德：《法的形而上学原理——权利的科学》，沈叔平译，商务印书馆 1997 年版，第 56 页。

② 同上书，第 68 页。

③ 同上书，第 133 页。

④ 同上。

象而形成的道德法则来直接决定意志，形成道德性的动机。当然，政治正义的价值来源与道德的价值来源是一致的，即都是纯粹理性的实践法则。

正义体现在对人们的外在行为进行规范，以使得人们之间的自由能够共处。所以正义问题与合法强制是密切联系着的。由于人们自由的任性表达会导致相互的侵害，所以这种状态是一种自由的相互妨碍状态，于是需要对这种任性自由的妨碍进行阻碍，从而获得一种新的自由，即公民自由。于是，正义的主题就是自由与理性的相互作用问题。在康德看来，自由选择能力就是“任性”（Willkür），也就是我们可以自由地去选择遵守或违反道德律。“任意”“与自己产生客体的行为能力的意识相结合”，也就是说它可以任性地规定自己的欲求客体；只有当我们立意以道德法则直接决定我们行动的动机，此时我们的行动能力才能是“意志”（Wille），即当我们自我立法并自我遵守时，也即当“理性能够规定任性”时，“意志就是实践理性本身”[①]，此时意志才是真正自由的。在康德的道德形而上学中，存在着两种自由，即“任性的自由”和“意志的自由”。

而在现实的政治领域中，人们通常的动机是自利、相互竞争、权势欲。所以，为了使人们能够共处于一个自由的体系之中，强制就有一种必然性，它与正义的理念是相互融洽的。强制是指法律的强制，目的是保障人们的自由能够共存的界限。若无外部规则，则即使没有侵害对方的主观意图，其实际后果也可能对他人的自由造成妨碍。所以，法律规则体系就是必需的。个人的任性自由是没有界限意识的，所以，为了实现正义，强制就是一种必然的安排，同时，强制也是正义的一部分。

所以，衡量一个制度的正义性，需要采取以下两个角度：第一，肯定人们之间的对抗性（即非社会的社会性）对文化发展的意义，包括最后对人类道德完善的意义。这是康德在反省卢梭的“文明的腐败性”学说时所作出的重要修正，他不像卢梭那样悲叹文明的伤风败俗的性质，而是认为文明是可贵的，是达到人性的完善的基本内容，并且文明的不断发展也是达到人类的道德状态的根本途径，所以甚至可以说，道德也是文化的一部分。当然，他也认识到，由于没有明确的道德原则的指导，并培养按照道德原则而行动的稳定动机，所以，我们的文明也可能过度发展到一种不太适当的地步，“在各式各样的社会礼貌和仪表方面，我们是文明得甚

① 《康德全集》（第6卷），李秋零主编，中国人民大学出版社2007年版，第220页。

至于到了过分的地步”，但这离道德化还差很远，因为它们只是表现得貌似德行而已。[①] 在这个问题上，他多少还是同意卢梭的判断的。虽然从形式上看，这种对抗性与人的道德理想是不相容的，但是从大自然的意图（康德说的“天意”）来说，它是把人们导向道德状态的必经途径；同时他也认为，从人们相互对抗的自由相互作用的后果来看，它的确有这样的效果。在历史现场的对抗中，我们看到的也许只有混乱，但是，在事后，我们却发现这种对抗的结果有着重要的道德效果。显然，这与纯粹主观的善良意图学说是不同的，而是把道德的发展理解为一种辩证进展的、客观的历史过程。第二，法律强制的意义在于使这种对抗性不至于导致社会的崩溃，从而使得人们自由的表达获得一种界限意识。在这种界限中，这种对抗性、人们之间的竞争才能产生好的后果，即追求各自的幸福或者好生活。从保护人们的权利的角度说，正义的强制性是通过使人们的权利的行使获得一种合理的界限，从而使得人们的权利能够成为一种稳定的现实存在的体系。

在致“亨利希·容—蒂林”的信中，康德认为，要考察在一个已经预先设定的公民社会中是怎样立法的，可以按照范畴的顺序来探讨。这是他在构建正义理论时所遵循的深思熟虑的思想方法（因为在一个学期后他就撰写了《道德形而上学》），可以为我们理解康德的正义思想提供一个框架和思路指引：

“第一，在量上，法律必须包含着一人为大家，大家为一人的性质。”这实际上是指法律应该体现所有人的平等、自由，法律对所有人都一视同仁。在法律状态下的公民，没有人有高出法律的特权。这是正义的最为形式性的特征。

“第二，在质上，法律必须不涉及公民的目的（人们使每一个人都按照自己的爱好和能力追求幸福，每一种法律都涉及这种幸福），而是涉及每一个公民的自由，并且通过强制，把这种自由限制在使它能与他人的自由共存的自由的条件下。”这即是法律的所谓“质”的规定，是指法律的对象是公民的自由，并且法律必然具有强制性。为了保障法律的量的规定性，它必须具备一种新的性质，那就是强制，当然是为了使人们的外在自由能够共存。

---

① 康德：《历史理性批判文集》，何兆武译，商务印书馆1990年版，第12页。

“第三，就公民的行动之间的关系来说，法律必须不涉及公民针对自身采取的那些行动，或者公民以为是考虑到神而采取的那些行动，而仅仅涉及限制了其他公民自由的那些外在行动。”也就是说，法律处理的是公民们自由选择的外在行为之间的关系，凡是公民的内在动机、信仰、对自己所认可的好生活或幸福的选择，都是公民们自决的领域，一句话，法律不涉及公民们内在自我之间的相互对待关系。法律的正义性不仅体现在划定人们外在自由的边界，而且体现在不试图干预人们的内在自由，这是法律正义的绝对界限。

“第四，在样式上，如果法律（作为强制的法律）对普遍的自由是必然不可缺少的，那么，它们必须仅仅以普遍的自由为目的。法律不能为了任意的目的，作为专断的、偶然的命令出现。”这就是说，法律的强制性是必然的，因为它要满足一种客观的要求，即维护普遍的自由，它是从这种内在的目的中引申出来的，所以，它不可能是专断的、偶然的。这是说法律制度的正义性具有绝对必然性。①

总之，公民联合的一般问题在于把自由与强制结合起来。在这里有三个要求，一是法律的强制性，二是普遍的自由，三是对这种自由的维护，这三者可以一致起来，目的是产生一种外在公正的状态。这里出现了一个现实的权力（在自然状态，它只是一个观念的东西），因为它能作为纯粹进行强制的权限，目的是维持社会的外在正义秩序。

制度的正义性是以制度为载体的，而制度则有其内在结构，这种结构的确相对独立于个人或高于个人。但是，制度的运行及其功能的发挥，其目的却是为了使个人的权利得到正当的实现。制度的这种存在特征，构成了统治与被统治的政治关系。从个人来说，他有公共需要，要求组成一个社会共同体，而社会共同体需要一个代表者，这使他需要一个主人。而同时，问题的悖论就在于，这个主人也是一个人，他也需要一个主人。以正义的名义，这个悖论是需要正视的。

也就是说，在统治结构中，我们看到了君主任性的可能性，但是由于统治者的地位的存在是社会生活所必需的，所以，我们可以指望的就只能是通过漫长的变革来逐渐消除其中的妨碍正义价值实现的可能性。在这个过程中，启蒙就是实现正义的力量的觉醒。在康德看来，启蒙运动的伟大

① 康德：《康德书信百封》，李秋零编译，上海人民出版社 2006 年版，第 118—119 页。

功绩就在于为这种可能性的实现提供了一个入口。一般认为，启蒙的根本特征有两个：一个是科学，相信科学能够廓清人类社会的一切迷雾；一个是个人权利，并以保卫个人权利来设计社会制度。康德对此当然可以赞同，但他对启蒙的内在精神底蕴作了深刻的挖掘，即其中所体现的理智对合理性的追求。他认为理智对合理性的追求充分显示了人的独立精神，这才是启蒙的真精神，这才是人类走出不成熟状态或蒙昧状态的根本力量。原因是，我们虽然有理性，但是我们长期处于不经他人引导就不能运用自己的理智的不成熟状态。所以，“要有勇气运用你自己的理智”，就是启蒙运动的口号。①

个人的启蒙因受制于个人习惯、爱好，所以不太容易。但是，公众要启蒙自己却是可能的，只要允许他们自由。因为受到启蒙的人会传播那种“个人的本分就在于思想其自身的那种精神”②；同时，当公众是自由的时候，他们就能尝试着在所有事情上公开运用自己的理智。

独立地运用自己的理智为什么就有助于正义的实现呢？这是因为，第一，就人类的共同体的利益而言，我们需要一种政治制度（即康德所说的“机器”）。在这种制度面前，我们通常表现为一种消极态度，也就是说应该服从这种制度结构，这时，政治制度就会凭借这种人为的一致性而由政府引向公共利益，这是从这种制度的本有目的来说的。所以，我们应该至少要“防止破坏这一目的”，从这个意义上说，政治制度是实现正义的一种设置，这必须成为公认的前提。第二，就政治结构的统治权可能会被误用而言，公民可以有一种积极的态度减少其误用，但是这并不是以一个私人的方式去对抗政府，而是应该作为一个学者通过其著作向严格意义上的公众说话。学者的事业是最需要公开地、独立地运用自己的理智的，所以，启蒙的重要一环就是言论自由和公共的理性讨论的自由。因为学者的公共讲论是无限开放的，它既要接受公众的讨论，更重要的是要接受其他学者的分析与诘难，所以，学者著述的出版自由是启蒙的内在要求，它能逐渐产生不断趋于正确的理智成果。第三，更为重要的是，这种启蒙的成果能够“逐步地反作用于人民的心灵面貌（从而他们慢慢地就能掌握自由）；并且终于还会反作用于政权原则，使之发现按照人的尊严——人

① 康德：《历史理性批判文集》，何兆武译，商务印书馆1990年版，第22页。

② 同上书，第24页。

并不仅仅是机器而已——去看待人，也是有利于政权本身的”[①]。专制依靠蒙昧和欺骗，而人们能独立地运用自己的理智则是专制的天然敌手。在《世界公民观点之下的普遍历史观念》中，康德说，即使统治者只顾扩张自己的利益，而如果人们“能够懂得自己本身的利益”，则启蒙这一“大好事”就能把他们从政治的压迫下拯救出来。所谓“懂得自己本身的利益”，就是指“公民以其自己所愿意的，而又与别人的自由可以共存的各种方式去追求自己的幸福”[②]。

期待不断进行的启蒙能对政治正义有逐步的改进，是康德在此问题上的一个谨慎的思虑，他只想争得言论自由或理性的公共讨论的自由，在他看来，这将是启蒙的最高政治成就。

但从理念上说，对政治正义中所蕴含的历史性对抗因素的最后消除，只能存在于人人都使权利的实现成为自己的准则，即具备正义的美德，这将是正义之谜的最后解答。然而，不让正义原则的内容在社会制度中历史地充分地展开的话，人们是无法形成这种美德的。我们必须充分明确地认识到，这种历史的展开，也许会以一种让人类的理智感到迷惑的方式表现出来，只有在最后，才能看到其结果实际上都是人类的自然禀赋不断达到完善的一个步骤。

由上可知，康德的道德形而上学和历史理性批判是相互贯通的统一整体，都致力于如何实现一个完全正义的公民社会。道德形而上学的根本旨趣在于：为人们的自由权利的共存贞定一个本体性、纯粹形式性、普遍性的价值前提，那就是理性的道德法则，它是一切道德价值的源头，它既可以成为外在的法理义务，又可以成为内在的美德义务。所以，康德强调了美德与权利在价值前提下的同源性以及内容上的一致性，又强调了权利与美德在实现方式上的分离性，这构成了道德形而上学的全部内容。保护和实现权利，是一切行为的正当性的价值之源，在此前提下，外在的制度安排才是正义的，内在的品质才是有美德的状态。正因为如此，康德的道德形而上学有政治伦理的根本特点，那就是强调权利（正当）对善的优先性，正义与美德都致力于权利的实现；康德的历史理性批判的根本目的就是说明，那种企图在当下的社会中通过一次社会变革如订立社会契约就使

① 康德：《历史理性批判文集》，何兆武译，商务印书馆1990年版，第31页。
② 同上书，第17页。

公民完全道德化的想法（如卢梭），肯定的是一种幻想，因为这其实是在取消历史。实际上，道德化是人类历史的一个永无止境的目标，所以，我们在理论上，就可以构造一个总体理念，即预设大自然的目的就是利用人的“非社会的社会性”来促使人类在漫长的世纪中不断发展自己的文明，虽然我们在历史上和在实际的政治经验中，看到的是各种政治上的混乱现象，“就其全体而论，一切归根到底都是由愚蠢、幼稚的虚荣、甚至还往往是由幼稚的罪恶和毁灭所交织成的”①，但是每次这种相互冲突，甚至酿成极大罪恶和毁灭之后，我们都看到其结果却是人们朝着道德化的方向前进了。人类正是要在这种历史的辩证发展过程中，逐渐达到人的禀赋的完善，最终成为一个道德的整体。

第二节　密尔论权利、正义与美德

密尔对康德最不服气的地方就是康德的先验主义方法及其对功利的漠视。他认为，一种不以经验为基础的学说是杜撰的，不诉诸功利标准的学说则是空泛的。但是，在正义与权利的问题上，人们普遍认为正义有其独立于功利和后果的来源，是一种要给人之所应得的恒常的意志，所以，正义原则的正当性是不受功利的审核的，康德不过对这种信念加以了系统的论证。密尔认为，这是一种巨大的错觉。其实，正义是道德价值的一种，其标准也必然是功利或者最大幸福原则。当然，正义有其自身的特质，包括正义与社会功利衡量之间的独特关系，与正义观相对应的情感的特殊性，以及正义在人类道德中的独特地位等。密尔在论证其正义理论的过程中，贯彻着经验主义的基本方法，对正义问题始终考察其功利基础，故其正义理论既有经验根据，又能界域明确，并与人们的生活追求紧密相连；至于美德，同样是与功利关系密切的，它是我们培育和使用高级官能的结果，能够带来很大的功利，即幸福感，而且在经验中我们已经看到许多人有着十分高尚的情操和品德，即他们能与别人的利益相协调，能主动地服务于公共利益等。

---

①　康德：《历史理性批判文集》，何兆武译，商务印书馆 1990 年版，第 2 页。

一　功利主义视野中的正义和权利

1. 功利主义原则

密尔完全不同意从先天的理性世界中引出关于行为对错的标准和原则，因为这种所谓纯粹的理性概念是空无一物的，怎么能从中引申出什么实际的东西来呢？人们之所以会这么做（比如康德），是因为他们看到经验中的事物是个别性的、相对的、变化着的，所以，就凭着理性的超越性的抽象能力去悬想另一个超越经验世界的本体世界，并认为这个世界是理性世界，其特点是普遍的、绝对的、永恒的，只有从这个世界中才能引出具有确定性的、对所有人一视同仁的、普遍的道德规则。密尔断然否定这样一个进路，认为这纯粹是一种空想，目的是想预先得出一个一般法则，然后就可以把个人行为作为具体案例与之对照，从而判断这个行为是否合乎道德。但由于这样的法则没有事实依据，所以，它对行为就没有实际的判断能力。正如他在自己的方法论著作《逻辑学体系》中所说，“证据原则和方法理论都不能先天地建构。我们的理性官能与其他自然功能一样，其规律都只能通过观察主体如何工作才能认识到”①。在他看来，判断行为对错的原则也只能通过经验，即观察人类的行为取向才能认识到。于是，我们必须从经验中找到行为对错的基础，他认为，只有一种有证据的事实可以成为标准，“行为的对错与知识的真假一样，都要由观察和经验来判定”②。在生活中，只有情感是我们真实感受到的。而情感对人的生活所起的作用，就表现在它的性质和强度都与我们的幸福相关，情感在“很大程度上都是为人们自己感到的、各种事物对自己幸福的影响所左右的”③。一般说来，快乐越大、越持久，则我们的幸福就越大；而痛苦越大、越持久，则我们的不幸就越大。追求最大幸福是我们人生的唯一目标，也是我们行为的最高动机，这也构成我们道德的根本原则和道德义务的源泉，而最大幸福就其对人的可欲性、有用性、好处而言，我们可以名之为功利。故最大幸福原则也可称之为功利原则。在经验的可证实的意义上说，除了功利之外，我们无法发现道德原则和道德义务还有其他源泉。

---

① John Stuart Mill, *A System of Logic, Ratiocinative and Inductive*, eighth edition, New York: Harper & Brothers Publishers, 1882, p. 1014.

② 约翰·穆勒：《功利主义》，徐大建译，上海人民出版社2005年版，第3页。

③ 同上书，第2页。

“在许多具体的道德问题上，行为对幸福的影响是一个最重要的乃至最为突出的因素。”[①] 他认为，实际上，即使是那种否认这一点的学说也是如此。在这个问题上，密尔特别需要回应康德的义务学说，因为康德认为，道德义务来源于先天理性。在密尔看来，康德在论证他的第一原理“你的行为，要让它所根据的行为规则可以被所有的理性人接纳为一条法则”时，就不得不根据行为后果。如果这个原理真是先天地来自于纯粹理性，那么，康德就应该从以下方向进行论证：即论证如果大家的行为所根据的规则不能被所有的理性人接纳为一条法则，就会表现为一种逻辑上的不可能性。但是逻辑不能告诉我们规则和法则是否应该一致，所以，康德无法从逻辑上证明自己的这个第一原理。实际上，康德对这条原理是这样论证的：若大家接受不道德的行为规则，其行为后果就没有人会选择承受。所以，即便是康德，也认为对后果的考虑是与幸福有关的。这意味着康德是依照后果来判定规则是否有道德性。因此，密尔认为康德的这种论证“近乎荒唐可笑”。

从上面的简要介绍中，我们可以看出，密尔的功利概念主要是立于主观的情感因素之上的，情感的快乐与痛苦就是行为的结果，即所谓幸福与不幸。但情感的来源多种多样，与人的肉体官能和精神官能的运用有关，所以，快乐与痛苦不仅有数量的差别，而且有质的差别。于是，就情感与人生目的的关系来看，我们需要区分其量和质。对于同样性质的快乐情感而言，显然我们拥有得越多越好；但是快乐却有着不同的性质，可以说有着高级快乐和低级快乐之分，二者是无法通约的：“禽兽的快乐是说明不了人类的幸福概念的。”[②]

由于密尔拒斥关于道德原则的来源的所谓先验学说，所以，他无法躲到一个纯粹设想的理性世界中，而只能在现实经验中来发现道德原则的基础。这既是他的道德哲学的信念，也是他给自己引进来的一个巨大挑战，那就是必须放弃找到绝对的、客观的、普遍的道德原则或道德义务的努力。于是，我们看到，密尔在阐明主观的情感因素时，认为快乐的性质的高低与我们获得这种快乐时所运用的官能有关。比如低级快乐就来自于我们对自己的动物性官能的运用；而高级官能的使用和发展带来的自我肯定

---

① 约翰·穆勒：《功利主义》，徐大建译，上海人民出版社 2005 年版，第 4 页。

② 同上书，第 8 页。

感就是高级快乐，不得到满足，人们就不能感觉到幸福（这种快乐未必会伴随着感官的快乐，反而可能需要忍受某种痛苦、劳累、紧张的运思等），但是高级官能的运用和得到发展本身就是快乐，而且是人类的普遍福祉之所在。密尔的功利主义学说实际上是强调，功利主义伦理学应该更多地鼓励人们追求这种高级快乐，成为一种志存高远的伦理学。

密尔认为，正义与其他的道德原则有很大不同，但它们之间的不同并不是如一般人所说那样在于正义是某种独立于利益的、先天的绝对之物，而是在于它与利益之间的特殊关联方式。

2. 正义与功利的关联方式

与正义这个概念密切相关的是平等。但在平等问题上，人们所奉行的原则却是不一致的。“在许多人看来，平等早已成了正义的本质。”[①] 关键在于，人们在不同的历史发展时期，对平等的看法会有不同，背后的深层动机就是有利：（1）在采取奴隶制和等级制的社会中，平等只是同等级的人的平等，所以是一种全社会的不平等。随着文明的发展，即使是奴隶制国家（如当时的美国），也认为奴隶也有权利，神圣不可侵犯，换言之，法律也不能侵犯奴隶的权利，违背了，即为非正义。然而，这只是口头上的。实际上，只要实行奴隶制，则奴隶就在事实上毫无权利可言，然而当时有许多人并不认为这种制度是非正义的，“因为它们不被认为是不利的制度”[②]。（2）人们现在鼓吹平等，但在现实生活中，如果人们认为功利的分配需要有差异，那也就不可能主张平等分配，所以，现实社会中就有许多的不平等，比如社会地位的不平等，收入的适当差距等，就是这样，原因是人们认为这种不平等对社会是有利的。（3）就是在主张平等主义的人中间，其要求也是有差别的。比如共产主义者中，有人认为应该实现按劳分配，有人却认为应该按需分配，有人主张绝对平均，等等。

实际上，在现代，平等应该落实为自由与权利的平等才有意义。他坚定地相信，人类社会是朝着文明进步的方向前进的。他认为，人类历史发展到他那个时代，已经进入了文明时代，在这个时代中，人们的权利慢慢达到了平等，并且也逐渐获得了个人对自己事务的绝对主宰权，这就意味着，我们大家都可以平等要求对方包括社会都能尊重我们个人的自主权

① 约翰·穆勒：《功利主义》，徐大建译，上海人民出版社2005年版，第46页。
② 同上书，第47页。

利，并且可以向社会要求防止他人和社会对自己的自主权利的侵害。这正是在平等问题上的正义原则。实际上，他还认为，对法律和平等权利以及自由的平等保护，是有利于人们的美德的教化的。在《论妇女的屈从地位》中，他就说，“婚姻双方的平等……是能使得人们的日常生活成为美德培养的一个学校的唯一办法”①。许多人把本书的核心命意解读为反对社会上对妇女的政治和法律歧视的论证，而 Ludivig Beckman 则独具慧眼，认为这本书的目的是“把自由的制度，包括对法律和平等权利和自由的平等保护，感知为培养自由主义美德的工具”②。只要妇女的平等权利和自由没有得到平等保护，也就是说，只要社会中存在着性别不平等，则妇女和男子的自由主义美德就都得不到很好的培养，即便是男子，他们凭借经济上和政治上的优越地位压迫妇女，则他们的品质也不符合热爱平等的自由主义的美德要求；而对自由和权利平等的保护，也能使我们培养起积极帮助他人，甚至舍己为人，并培养起一种与公共利益相和谐协调的情感品质，相比于正义的消极防御的特点，其他道德要求则重在一种积极的、为他人和社会谋取利益的思想、情感、行为。

正义可以指向强制，故正义也必定是一种义务。“任何事情，除非我们认为可以强制他履行，否则就不能称为他的义务”③，承担义务方没有理由抱怨。但是，强制的方式有不同，义务的性质也各异。正义与其他道德义务之间的区别，主要在于强制的方式和义务的性质方面的差异。

密尔探讨了正义的义务与一般道德义务的根本不同之所在。他借用了康德对义务的划分方法，把义务分为“完全强制性的义务”和“不完全强制性的义务”。他说：“完全强制性的义务，是可以使某个人或某些人拥有一种相应权利的义务；而不完全强制性义务，则是一些不产生任何权利的道德义务。我觉得，我们会发现这种区分，正好是与正义和其他道德义务之间的区分完全重合的。”④ 在密尔看来，正义包含了个人权利的观念，即“一个人或一些人的正当要求，例如法律在授予财产所有权或其

① John Stuart Mill, *The Subjection of Women*, London: Everyman' s Liberary, 1985, p. 259.

② Ludivig Beckman, *The Liberal State And The Politics of Virtue*, New Brunwick (U. S. A) and London (U. K.): Transaction Publishers, 2001, p. 50.

③ 约翰·穆勒：《功利主义》，徐大建译，上海人民出版社 2005 年版，第 49 页。

④ 同上书，第 50 页。

他法定权利时所赋予的正当要求”[①]。但是，个人权利最后有理由向社会要求自己的对财产和人身、自由等方面的道德权利，因为法会有恶法，所以个人权利并不只是法定权利，而是道德权利。我们认为，在这里，密尔在界说个人权利时，说“例如法律在授予财产所有权或其他法定权利”云云，对此我们可以理解为他是在举例，而不是在给个人权利下定义。在这个论域中，我们发现，密尔在为正义划定范围时，把正义与个人权利密切关联起来，是发现了正义情感的令人印象深刻的强烈性和生动性，主要原因是正义关涉到一个明确的错误行为和一个确定的受害者，从而强烈要求一报还一报，启动严格的报偿机制。所以，他说：“任何情况，只要存在着权利问题，便属于正义的问题，而不属于仁慈之类的美德的问题。”[②]

当然，我们还会有一些尽义务的行为，这种行为没有特定的对象，所以，它们是一些不会产生任何权利的道德义务，这些道德义务就不属于正义的义务。比如，无限的仁慈的义务就是这样，我们当然有义务帮助世界上处于困境中的任何人，但由于这些人不是特定的对象，所以，这些人的要求不能让我们承认他们拥有这方面的任何道德权利，故这种义务不属于正义的问题。也就是说，正义要有特定的对象，所以，不能说因为我们受到人类的恩惠，所以我们就应有为全人类尽力的特定义务（如报恩之类）。到此，密尔揭示了正义的本质内涵：正义只与特定的个人权利有关。

3. 立于功利之上的正义感的构成因素

从以上对密尔正义理论的论证方法和运思策略的梳理和研判中，我们可以发现，密尔关于正义问题的论证方法之最终背景就是诉诸功利，“任何理论若试图确立一种想象出来的不是基于功利之上的正义标准，我都会表示质疑”[③]。在这个背景上，在对正义进行了考察之后，密尔最后综合性地给出了正义感的构成要素。

第一，正义感是一种高级快乐，但仍然有较低快乐的基础。正义感显然不只是自然情感，就它作为自然情感而言，比如动物性的报复欲望，其要求并不一定是合理的，相反，它会经常走得过头，而冲破了其应有的界

① 约翰·穆勒：《功利主义》，徐大建译，上海人民出版社 2005 年版，第 50 页。
② 同上书，第 51 页。
③ 同上书，第 60 页。

限。所以，真正的文明状态的正义感“需要受一种高级理性的控制和教导”[①]。正义感就是人们运用自己的高级官能——理性能力对动物性的欲望冲动加以控制和教导，并且培养与之相应的情感品质而形成的，这种快乐就是一种高级快乐。当然，正义感特有的感人性和强烈性却不是来自于理性，而是来自动物性的报复欲望。作为一种高级快乐，从其符合功利原则而言，正义感必然也是一种基于功利的道德规则。

第二，正义感在道德观中是处于最基础层次的。之所以说它是最基础层次的道德，是因为：①它与人类的福利的关系最为密切。它起源于对人们生存安全的关注，而生存安全是每个人都必需的，正因为如此，正义首先注目于保障人们的生命和财产安全，不受他人或社会的非法侵害，这种要求的基础性和迫切性，使得正义具有了更加绝对的义务性，一旦违背，就可以强迫其改正。②从这种基础要求中，出现了个人权利的概念，从而使正义与权利直接紧密联系起来了。由于密尔坚持经验主义方法论，所以他认为，幸福就是值得欲求，由于欲求有个人性，所以，从经验主义的角度说，每个人的欲求如果程度相当，就有同等价值。这样，我们就可以运用算术的真理于幸福的评价。于是，我们可以认可边沁的名言：“每个人都只能算作一个，没有人可以算作一个以上。”（这是经验主义原则的具体体现，因为自己的幸福只有自己可以感受到。）理想状态就是“每个人对幸福拥有平等的权利，蕴含着对获得幸福的一切手段也拥有平等的权利”[②]。在密尔看来，个人权利与正义的密切联系，也只有在社会发展到文明状态之后才能真正建立起来，历史上，人类曾经因为社会功利的原因而采取过不平等的权利制度。实际上，在文明状态，人类建立了平等权利制度，也是因为人们看到了平等权利的绝大利益。这与把权利看作“天赋权利”“自然权利”等先验主义观点有很大不同，也与把正义看作具有神秘的、先天来源的观点大相径庭。密尔给这些看似超越、绝对、先天的概念以心理情感、历史进展、功利考量等经验基础。

第三，正义原则最基础的表达方式就是“恶有恶报，善有善报”，它既是普遍的理性规则，同时也是义愤情感。从相互性的角度来说，恶有恶报，善有善报是通行的规则，这些规则的背后是巨大的社会功利：一是长

① 约翰·穆勒：《功利主义》，徐大建译，上海人民出版社2005年版，第42页。
② 同上书，第64页。

远或总体的利益，一是人们的情感反应。密尔解释了人们为什么会感到正义超越于利益的原因："给每个人他所应得的原则，也就是善有善报和恶有恶报的原则，不仅已包含在我们界定的'正义'观念之中，而且也是那种强烈的正义感的恰当对象，这种正义感在人们看来，是把'正义'放在单纯的'利益'之上的。"[①] 这就是说：首先，善有善报和恶有恶报的原则实际上是给每个人所应得的原则的体现，这是大家的长远利益或总体利益之所在，所以与直接的利益有很大距离；同时，没有做到这两者，则是人们强烈的正义感所针对的对象，似乎人们愤慨的不是利益问题，而是品质问题。因为如果一个不以善报善，或不使恶行得到相应的惩罚，通常是因为行为者缺乏相应的正义品质所致，所以，人们愤慨的直接对象似乎会指向这种品质问题，而其实质性的根源即损害社会的长远、总体的利益却被遗忘了。这样，人们就误认为正义感是超越于利益之上的。

于是，我们看到，在人类福利中，禁止人们相互伤害的道德规则最为紧要。也就是说，它对人的生活之好来说最为基本，最须臾不可离也。任何把人们置于无保护状态的行径，将最能引起人们的义愤，即激起人们正义的愤慨。在这个意义上说，正义原则的最通俗的表达就是"恶有恶报"："那些最显著的非正义举动，那些会激发典型的正义感亦即使人感到深恶痛绝的举动，便是无端攻击或滥用暴力的行为，其次的非正义举动，则是非法霸占别人应得的东西，这两种行为都使个人遭到了确定的伤害，前一种行为是对个人的直接伤害，后一种行为则剥夺了个人能够合理地指望得到的某种物质福利或社会福利。"[②] 同时，他也曾提出过，有恩不报，或者忘记恩情的行为也是人们愤慨的对象。

第四，正义虽然处于最基础的道德价值的地位，但并不意味着一般的正义标准就是绝对不可逾越的，实际上，正义标准仍然要受到社会功利的审核。既然功利是道德的第一原理，所以，正义的不同要求如果相互冲突，则也必须进行功利的考量。从社会功利的范围内来看，正义要求的确比其他任何道德要求都更为基本，因为正义关乎对权利的保护，这对于每个人都有着极大的利益。人的最基本利益就是人身和财产安全，而正义首先就指向对安全的保护，从这个意义上说，人们要正常生活就无法离开正

---

① 约翰·穆勒：《功利主义》，徐大建译，上海人民出版社2005年版，第62页。

② 同上书，第61页。

义原则。于是我们可以看出，正义所要保护的事项有多种，所以，当正义的日常要求与社会生活中的紧急情况的社会功利要求不可得兼时，则正义的日常要求就可以暂时被超越，衡量的标准即是超越日常正义要求所能带来的社会功利高于不作为，因为不作为则会使处于危难之中的生命丧失自己的不可让渡的幸福价值，因为每个人的生命只有一次。密尔举的例子就是"为了救一个人的性命，偷窃和抢劫必需的食物和药品、或者劫持唯一能救命的医生并强迫他进行救治"①，这似乎违背了日常的保护财产和个人自由的正义要求，但在这种情况下，这么做就不仅是可以允许的，甚至还是一种义务。关于这个问题，密尔自己的解释是：在这种情况下，我们并不说正义原则必须做出让步，而是说，"由于这个其他的原则，一般情况下的正义举动在特殊情况下便不是正义的了"②。即我们并不说，这种更紧迫的要求与正义的要求**相互冲突**，而是说，在这种情况下，如果仍然固守一般的正义的形式要求，其行为就不是正义的。他说，这是一种"语言的有益调和"。

二　美德的功利主义特征

1. 美德的质的规定性

对密尔而言，要贯彻功利主义道德的基本原则，还必须证明美德的标准也是功利。

在为功利主义原则进行辩护的过程中，密尔要努力克服以往功利主义只注重功利量的比较和计算的做法。由于功利主义的道德标准是功利或幸福，或者可继续还原为快乐，所以，功利主义要获得具有更加深刻理由的辩护，就必须处理各种快乐之间的比较问题。在边沁那里，各种快乐之间是可以进行量的计算的，虽然这从表面上看维护了其道德标准的一致性，但是与人们的经验感受相违背。对密尔来说，快乐，就像其他的价值一样，都应该是既有量的比较，又有质的区别的。从这个意义上说，密尔的观点更加合理，比如，如果有人认为从事哲学沉思的快乐与大快朵颐的快乐可以进行量的比较，那我们肯定会认为这种想法是怪异的。

问题是密尔对各种快乐进行质的区分时以什么为基础。密尔采取了这

① 约翰·穆勒：《功利主义》，徐大建译，上海人民出版社2005年版，第64页。

② 同上书，第65—66页。

样的思路，即认为快乐的质的不同来自于人们在运用不同的官能时所获得的快乐，而我们既有动物性的低级官能，又有专属于人的高级官能。高级快乐就是运用和发展我们的高级官能所能获得的，比如运用我们的理性推理能力所获得的快乐就是高级快乐。于是，就美德问题语言，他必须回答以下问题：作为美德的品质就是通过我们训练与运用高级官能而获得的吗？拥有美德并运用美德会获得一种什么样的快乐呢？

首先，他认为，人们对功利主义有着许多误解，即认为功利主义只是追求物质利益和肉体快乐的学说，这是需要加以澄清的。他主张根本没有任何理由这样说，实际上，即使是古代的快乐主义者也并不持这种观点。功利主义者一致认为，功利或有用包括一切好东西。一是指快乐本身，以及痛苦的解除；二是“有用尤其包含着赏心悦目和带来美感的意思”①。也就是说，功利主义强调我们不应该仅仅追求直接的动物官能的满足或者直接的物质利益，而更应追求那种需要运用我们的高级官能才能获得的快乐。密尔在这里所举出的例子是那种脱离开直接的感性欲望满足、能够使人心旷神怡的东西，以及能够带来审美愉悦的东西。

高级快乐为什么值得我们追求？在密尔看来，是因为要获得高级快乐，就需要运用并发展我们的高级官能，而这种高级官能的运用是使我们产生人的尊严感的根据，从而也是我们获得幸福的必要条件，不运用或不能运用这些高级官能将会使人丧失尊严感，并不可能获得幸福。他说：“人类具有的官能要高于动物的欲望，当这些官能一旦被人意识到之后，那么，只要这些官能没有得到满足，人就不会感到幸福。”② 甚至伊壁鸠鲁都认为：“理智的快乐、感情和想象的快乐以及道德情感的快乐所具有的价值要远高于单纯感官的快乐。”③ 在这里，他提到了有道德情感的快乐。对于密尔来说，美德的本质就是一种道德情感，所以，密尔实际上是认为，具备美德也是使人感到幸福的一个条件。

其次，密尔认为，高级官能的运用和发展之所以是我们感到幸福的条件，这是可以从心理学角度来加以阐明的。一般的功利主义者对此认识得不清楚，他们认为心灵的快乐为什么更加高级，“主要是因为心灵的快乐

① 约翰·穆勒：《功利主义》，徐大建译，上海人民出版社2005年版，第7页。
② 同上书，第8页。
③ 同上。

更加持久、更加有保障、成本更小等等——也就是说，是因为它们所具有的外在优点而不是因为它们所具有的内在本性”①。实际上，密尔认为，心灵的快乐之所以更加高级，正是因为其所具有的内在本性，即这种快乐是我们的高级官能得到满足而获得的，而不仅仅是因为其外在优点。所以，他认为，“承认某些种类的快乐比其他种类的快乐更值得欲求，更有价值，这与功利原则是完全相容的”②。即是说，功利主义学说中的功利并不只具有量的分别，而是有着质的不同。然而，这样一来，在有质的差别的快乐之间就不可能进行功利量的比较和计算，所谓“最大幸福原则”也就难以在技术上得到贯彻。实际上，在密尔的著作中，很少见到他对各种快乐加以量的衡量，虽然有时提到“最大幸福原则”，却并没有诉诸实际的计算。

正如格雷所说，密尔的功利主义是间接功利主义，其思想有两个明显特点：第一，既非普遍幸福也非行为者自己的幸福是直接追求的目标。直接追求幸福是一种绝对的错误，或者至少是一个心理学的悖论，原因是“人们的幸福不是在任何特定感官的被动经验中达到的，而是在对自身有价值的目的的成功追求中达到的”③，也就是说，幸福并不是被直接追求的，而是需要通过实现某些有价值的东西才能达到的。第二，功利实际上是作为一种评价原则，来指导我们的生活行为，我们把能够增进功利的行为后果判断为道德上对的，而不是要求人们直接追求幸福。实际上，这种看法是来源于密尔自己所经历的精神危机。他是他父亲教育的杰作，其父主要是发展他的理智能力，而忽视他的情感塑造。当他用理智试图追求幸福这一目的时，有一段时间发现自己丧失了热情，心如死灰，意志瘫痪，生活在他面前了无意义。后来，他明白了，生活追求必须有情感的激发才会显得生机勃勃，才能积极地运用和发展自己属人的官能，塑造自己的活力、智力和美德，在这个过程中，我们才可能获得幸福。正是对情感的意义的重新发现，使密尔从这场危机中走了出来。他始终持有一种信念，即“快乐是检验所欲行为的标准和生活的目的”，但是，他认为，“这个目的只有在不把它看作是直接目的时才能达到。我认为只有那些不为自己谋幸

① 约翰·穆勒：《功利主义》，徐大建译，上海人民出版社2005年版，第8页。

② 同上书，第8—9页。

③ John Gray, *Mill on Liberty, A Defense*, London: Routledge and Kegan Paul, 1983, p. 38.

福而把心力用在其他目的上的人才是快乐的；那些把心力用在别人的幸福、人类的进步、甚至艺术或学问上的人，但不把它们当作谋生手段，而把它们当作理想目的的人才是快乐的”①。

显然，密尔认为，直接追求快乐只是运用自己的动物性感官，而间接追求幸福，或在运用和发展自己属人的官能的过程中获得幸福，却是有教养的人都会选择的生活方式。他说：“功利或幸福，是一种太复杂或不确定的目的，除了以许多次一级的目的为中介外难以追寻；而关于这些次一级的目的，那些在终极标准上存在着差异的人们可能且往往存在着一致意见。”② 比如通过运用和发展自己的高级官能而获得美德，就可能是许多人都会去做的事（此即次一级的目的），虽然他们的幸福观念本身（此即最终目的）可能有很大不同。他认为，这是一个事实，而且是“确凿无疑的事实”，即“对两种快乐同等熟悉并且能够同等地欣赏和享受它们的那些人，的确都显著地偏好那种能够运用他们的高级官能的生存方式。极少有人会因为可以尽量地享受禽兽的快乐而同意变成低等的动物；凡聪明人都不会同意变成傻瓜，凡受过教育的人都不愿意成为无知的人，凡有良心和感情的人，即使相信傻瓜、白痴和流氓比他们更满意于自己的命运，也不愿意变得自私卑鄙”③。他说这是经验，但只是大多数人的经验，他不否定有些人可能会为了低级快乐而放弃高级快乐，但这并不是因为他们愿意变得没有更高追求，而是因为他们的意志软弱，在不去追求高级快乐之前，已经没有能力追求高级快乐。

关键在于，真正的快乐或幸福在于使用人的高级官能。在这个过程中，也许我们会有更多的不满足，但是我们却会有更高的幸福感。因为要发挥自己的高级官能，显然要使用更多的能力，也必定会有遇上更大的痛苦和难处。但是，即使是这样，我们也不愿沦为低级动物，而愿意发挥自己的属人的官能，把这当作更可欲求的东西。这就是尊严感。它与人们所拥有的高级官能成某种比例，虽然并不严格。他认为，这种高级快乐有“内在优越性”④。

再次，在密尔看来，一个只能斤斤计较个人的利益或快乐的人，由于

① 约翰·穆勒：《穆勒自传》，郑晓岚等译，华夏出版社 2007 年版，第 105 页。

② 转引自以赛亚·伯林《自由论》，胡传胜译，译林出版社 2011 年版，第 230 页。

③ 约翰·穆勒：《功利主义》，徐大建译，上海人民出版社 2005 年版，第 9 页。

④ 同上书，第 10 页。

其高级官能得不到运用和发挥，没有对自己的心灵进行陶冶，所以，他并不能在生活中发现真正的快乐或令人兴奋的事情。这是一种病态的心灵状态，对什么都不敏感。实际上，只有能够同情人类的集体利益的人，才能对生活兴致盎然。要培养这种同情能力，就需要正确的教育。受到陶冶的心灵，能够对自然之美、历史、艺术诗歌、人类未来的想象等发生无穷的兴趣。教育之所以需要提倡，是因为这是人们追求最大幸福的必要条件。密尔坚定地相信，通过教育，人们能培养起公众情感，以及对公共利益的诚挚兴趣。

也就是说，教育的目的就是获得心灵诸能力的提高，以使之能够在生活环境中得到运用，由此我们能够追求多种多样的高级快乐。每一个具备一定道德修养和智力水平的人，都能够过上一种可称之为令人羡慕的生活。所以，美德修养，对过一种好生活来说，是一种实质性的基础，也可以说是好生活的一部分。

实际上，人性中有与他人和人类的利益相互协调的倾向，只是需要通过外在的制度安排和正确的教育把它们导引出来，所以，“要说每一个人都是自私自利的人，除了只关心自己那点可怜的个人利益之外不关心任何东西，那也没有什么内在的必然性”[①]。我们的心灵品质之所以需要发展到关注他人、社会的利益的地步，是因为所有狭隘自闭、自私的人，对生活都会了无乐趣。而受到陶冶的心灵，有美德性品质的心灵，才能对生活有高度的敏感，才能过一种有意义的生活。这实际上已经说明了美德是幸福生活的实质基础。

2. 美德的工具性与目的性的统一

对于密尔而言，美德有着两个看上去无法统一的特点，即美德一方面的确是人的高级官能得到运用和发展，心灵受到陶冶，而形成的稳定的有着他人意识和社会意识的心灵品质，似乎可以说，美德本身就有价值，即本身就是值得追求的目的；另一方面，美德作为一种善，也必定是因为它能产生某种快乐，或者说能增进功利。在密尔的功利主义理论中，若美德不能产生快乐或增进功利，就不成其为善。这样看来，功利肯定是美德的目的，或者说，美德只是达到功利的工具，即只有工具性的价值。的确，在密尔关于美德的论说中，这两种说法都能找到根据。但是，我们认为，

---

① 约翰·穆勒：《功利主义》，徐大建译，上海人民出版社 2005 年版，第 14—15 页。

对于一个极度严谨的思想家而言，这两个看上去不能协调的关于美德的说法，从更高的角度观察，是有着统一的基础的，它们最终是统一于功利的。

首先，密尔确定了美德作为一种优秀的心灵品质的性质，即它是人们运用和发展属人的高级官能的结果，在这方面它与人的认识能力、审美能力等具有相同的性质；但是，美德作为一种道德品质，显然是在伦理关系中表现出来的，具有人伦关系结构，也就是说，这种心灵品质能够同情人类的集体利益，能够把自己的利益与他人、社会的利益相互协调，具有公众情感，这表明美德性的心灵品质具有道德上的高尚性，与狭隘自闭、自私等心灵品质状态恰成鲜明对照。而且，密尔断定，有教养的人显然能够享受到美德的快乐，而不会愿意堕落到恶德的状况之中。这一切都似乎表明，美德有着内在价值，有着自身标准，是目的性的善。

其次，我们要明白，美德作为一种价值，情况有些特殊，即美德作为人的内在品质，只有自己可以经验得到，他人的评价只能是外在的，或者只能是推己及人的。密尔认为，我们无法直接对美德进行说明，只能诉诸有经验的人的判断。因为在他看来，人性有一种倾向，那就是人们只要发挥了自己的高级官能，就会看重它，并认为这是真正的幸福之所在。这是一种哲学心理学，而不是一般普通心理学，这是质的观点；但是，我们却无法直接说明高级快乐有什么样的本质特点，只有那种对低级快乐和高级快乐都有体验的人才能判断。但如果他们的看法不一致，就要看多数人的观点是什么。他认为，没有更高一级的仲裁官。

格雷曾经认为，密尔关于高级快乐问题，只是使用着一些描述性语言。他认为，密尔的意思是，假如一个人使用他的各种官能的话，则我们可以预言他将会偏爱什么，这样的观点中并没有规范性的内容。而贝克曼则不同意这种解读，因为密尔是这样说的：只有对高级和低级快乐都有体验的人才能判断什么是高级快乐，而在他们之上没有更高一级的仲裁官，这个说法实际上是规范性的，而非描述性的，也就是说，“对何种快乐是更可偏好的仲裁就是人们（从本质上说）所偏好的东西”[①]，这就表明人们运用自己属人的官能时所偏好的东西更有价值，所以人们应该去追求这

① Ludvig Beckman, *The Liberal State and the Politics of Virtue*, New Brunswick（U. S. A）and London（U, K）: Transaction Publishers, 2001, p. 57.

种东西。这就是一种规范。从这个意义上说，美德也似乎是一种内在价值。

最后，作为一种内在品质，美德必定有外在效应。在密尔看来，这种外在效应必定要化为外在功利，即能增进自己的、他人的和社会的功利。所以，就美德与功利的关系而言，美德必定是工具性的。那么，从这个意义上说美德是工具性的善，与前面说美德是目的性的善，两者之间存在着矛盾吗？我认为不存在。这是因为，二者的阐述角度不同，一为内在，一为外在。

从美德性行为的外在效应来说，判定其为善的只有一个标准，那就是能够带来功利的增加。这就表明，从最终意义上说，美德之为美德，必定是因为它能增进功利，即美德具有这样一种工具性价值。但是，因为密尔不是一个直接的功利主义者，对他来说，达到目的（最大幸福）的手段至关重要，所以，在密尔这里，美德的工具性价值也有特殊重要性。我们可以先分析密尔关于美德与功利关系的结构态势：

1. 功利可以分为自己的与他人（社会）的两大类。许多人认为，这两者很难分开，密尔分开它们，是一种无效的分析工具。我们认为，这种划分不失为一种分析方法，据此可以看清楚密尔的相关原则。对密尔来说，从道德理想的角度而言，首先要求我们具备这样的美德，功利主义学说才能得到贯彻：（1）构成功利主义的行为对错标准的幸福，不是行为者本人的幸福，而是所有相关人员的幸福；（2）人们应该成为公正无私的仁慈的旁观者，对自己的幸福与对他人的幸福一视同仁。这种立场有四点意义：一是这是一种公正的不偏私的立场，当然是美德性的；二是这种立场也要求，假如需要通过牺牲自己的幸福才能带来他人或社会的更大幸福，那么就应该牺牲自己的幸福；三是从功利的社会关联度而言，在某些情况下，牺牲自己的幸福肯定能更多量地增加他人或社会的幸福；四是并不要求我们任何时候都要牺牲自己的利益而为他人或社会利益奉献。“根据功利主义伦理学，增加幸福就是美德的目的”①，理论上说，不管增加谁的幸福都是功利主义道德所要求的，所以，一般人在绝大多数时间和场合下都应把自己的事情做好，这就已经是增加了社会的福利，只有那些有巨大能力的人才需要舍己为群，或在关键的特殊场合，才需要有人为社会

① 约翰·穆勒：《功利主义》，徐大建译，上海人民出版社 2005 年版，第 19 页。

和公众着想。但是，对所有人来说，有一条道德命令，那就是“凡明显有害于社会的行为都要戒除”[①]。对这类行为的禁止就需要大家遵守，因为破坏这些规则的行为都会给社会带来害处。大家都尊重这种规则，是十分重要的。

其实，在自己的功利与他人（社会）的功利的关系问题上，密尔并不是进行纯粹的形式性分析，而是说明了各种情形背后的社会环境根源。第一种情况：在道德文明发展到相当高的程度时，应该说人们会认为自己的利益与社会的利益是协调的、和谐的，人们一般能够自然而然地关注社会利益，会把那种只顾自己利益的自私观念、思想情感视为不自然的。在这个环境下，人们完全可以不把自己的幸福而是把所有相关人员的幸福作为行为的对错标准，也能获得一种公正无私的仁慈的旁观者的立场。但是，在现实生活中存在着第二种情况：即这个世界的安排是很不完善的，有时只有牺牲自己的利益才是增进社会利益的最好方法，故从功利主义的角度看，这时，衡量一种心灵品质是否是美德，就要看他是否能够自觉牺牲自己的利益而最大地增进社会的利益。在这种情况下，密尔“完全承认，准备作如此的牺牲是在人身上所能见到的最高美德”[②]。作为对这个不完善的世界的应对，有美德的人只能从这个选择中获得幸福，因为在这个世界中，个人利益与社会利益并不是能够较好地相互协调的，于是，我们必须通过放弃自己的利益，来表达我们具有对人类利益的关注和自己的公众情感，只有这样，我们才能增进社会利益，并以此为幸福。正是从这样的理解出发，我们才能较好解释密尔接下来的这段看上去让人觉得迷惑的话：“我还要补充说，在这样不完善的世界上，能够自觉地过没有幸福的日子，才最有希望得到能够得到的幸福，尽管这样说似乎有点自相矛盾。”[③]

2. 有高尚美德的“英雄和烈士们”，显然是认识到了存在着比他们自己的个人幸福更有价值的东西，故而能够自觉地做出自我牺牲，以增进这种更大的功利。那么，为什么这种更有价值的东西值得追求？这是因为它们“就是别人的幸福或幸福的一些必要条件”[④]，这是有美德的人做出自我牺牲的理由，这才表明他真正具备了对人类利益的关注和对公众利益的

---

① 约翰·穆勒：《功利主义》，徐大建译，上海人民出版社 2005 年版，第 19 页。

② 同上书，第 16—17 页。

③ 同上书，第 17 页。

④ 同上书，第 16 页。

奉献精神，并做出了行动。但是，以下分疏是绝对必需的：（1）自我牺牲必定只能是手段，是为了某种目的的，绝不能说自我牺牲本身是好的。换句话说，自我牺牲本身不是美德，而是因为它能让别人免于类似的牺牲，或能对同胞产生有益的结果，即能实现增进幸福的目的，我们才判断它为美德。（2）对自我牺牲问题，必须避免以下两个偏向：即一是以自己的自我牺牲来要求别人也放弃自己的幸福，这是不能产生任何功利的；二是那种因为其他原因主动放弃自己的幸福的行为，如果不能给他人或社会带来任何功利，那么这就是一种类似于苦行僧的生活方式，也许其生活方式令人惊叹，但是不值得羡慕。

所以，密尔认为，功利主义者会始终主张，他们像斯多葛派和先验论者一样，同样有权利拥有自我牺牲的道德。密尔以此来反驳那些认为功利主义只是追求庸俗的快乐的看法，在他看来，功利主义可以容纳我们所能设想的任何高尚美德，但是这些美德之所以称得上美德，是因为它们有助于人类的幸福，而不是因为它们自身的特征。所以他接着说："功利主义的道德承认，人具有一种力量，能够为了他人的福利而牺牲自己的最大福利。功利主义的道德只是不承认，牺牲本身就是善事。它认为，一种牺牲如果没有增进或不会增进幸福的总量，那么就是浪费。"① 相对于人类幸福这一道德的最终目的而言，美德也是工具性的。

从以上论述中，我们可以明白密尔所主张的美德具有内在的目的性价值，又具有工具性的价值观点是可以统一的，主要理由如下：①在主张美德具有内在的目的性价值的时候，密尔主要是说，美德作为一种优秀的心灵品质，的确蕴含着品质自身的结构因素的性质，比如美德显然是人们运用并发展自己的高级官能，进行心灵陶冶而形成的，这将是其固有特征，没有这种特征的品质就不是美德。从这个意义上看，要获得美德，就必须使心灵品质具有这种特征，所以，美德具有内在的目的性价值；同时，美德作为一种优秀的道德品质，则必然与伦理要求相关，也就是说，是品质的关注他人和社会利益的维度使之成为美德的，而只能关注自己的利益的自私狭隘的品质就不是美德。这也是有着内在规定性的。于是，使我们的品质修养到有这种伦理维度，就获得了美德，这就是我们进行心灵陶冶的目的。从这个角度看，美德也有内在的目的性价值。但是，我们必须明

① 约翰·穆勒：《功利主义》，徐大建译，上海人民出版社2005年版，第17页。

白，这是就作为美德的内在品质的结构而言的。由于在分析它时不考虑其实际效果，所以，美德的这些结构性质是纯粹形式性的。②我们在理解密尔的美德学说时，不可忘了，作为美德的品质的内在结构的这两种性质都是相对于获得幸福这一目的而言的。所以，就美德与人们的生活艺术的关系而言，美德的这两种性质都是有助于我们获得生活的意义、获得幸福的。第一种性质（即美德是运用和发展属人的高级官能而形成的），是我们获得幸福的基础，因为能运用高级官能的人，便不会自愿堕落到低下的动物状态，所以，美德相对于幸福而言，一方面是我们获得幸福的必要条件，有工具性意义，另一方面又可以成为幸福的一部分，也具备了某种目的性意义；第二种性质（即美德有关注他人、社会利益的伦理指向）同样是追求幸福的条件，因为把这种性质发挥出来，要么在理想的文明状态，由于自我利益与社会利益是高度协调的，所以我们在追求自己的利益时就是在服务于社会利益，或者我们在服务于社会利益时也是在追求自己的利益；要么在世界的安排很不完善时，需要以自我牺牲的方式才能有助于争取到更多的社会利益，于是，为了这个目的而自愿牺牲自己幸福的人就是有着高尚美德的人。总之，有美德的人有着对他人、对社会利益的自觉关注，目的就是获得更大的价值，或者说是更大的功利。所以，就美德与幸福的关系而言，说美德是工具性的，当属无疑。

密尔坚信，从人类历史经验来说，我们有一种人类的社会感情（这种情感看上去是天然的），这将成为功利主义道德的力量源泉。随着人类社会达到了文明化的阶段，这种情感对于文明人来说已经变得如此自然、必要、习惯，因为我们的社会生活已经使我们感受到与他人、社会的血肉联系，而且这种联系也越来越牢固。由此，这种社会就必须建立在所有成员的共同利益上，而且人们会越来越平等。人们之间的利益联系的加强，会促使人们形成社会情感，他们能够关心别人，并希望别人也关心他们，这种感情由于同情心的接触感染和教育而扩展开来，影响他人。这样，我们就可以通过教育、宗教等的力量来使大家产生这种情感，从而最大幸福原则就会具有充分的最终约束力。于是，对于文明化的人来说，“发自他们内心的这种感情，既不是由教育塑造出来的一种迷信，也不是由社会权力强加于他们的一种法则，而是一种对他们来说缺了便很遗憾的属性”①。

① 约翰·穆勒：《功利主义》，徐大建译，上海人民出版社2005年版，第33—34页。

当这种美德成为文明社会的一种正常需求时，如果我们缺少它，自己和社会都只能感到遗憾。

三　美德的政治意蕴

密尔对美德作了基于功利主义原则的阐发，其美德学说的根本要旨是：①认为美德是一种优秀的道德品质，像知识、审美能力一样，都属于我们的高级官能的运用和发展，能使我们体验到高级快乐，从而是幸福的必要条件。②关于基于功利原则的美德是否有先天的人性基础，这样一个问题其实并不重要，因为我们可以通过一些手段使这种美德能够得到培养并繁荣起来，在他看来，这种可能性是在现实经验中得到了证实的。比如，现实生活中的确存在着拥有高尚美德的人们，而且一般人的心里也有着社会性的情感，这一切显然都是从社会文明的历史发展中得到的。③美德在人们具有丰富的感受性和充沛的精神力量、自由选择生活方式的情境中才能得到培育，即社会自由和对个性的尊重是其社会环境条件。美德的兴盛与社会幸福关联极大，所以，政治国家有极大的责任保卫人们的社会自由，并设计能够促进人们的美德的政治制度。于是，在密尔那里，美德问题有极为明确的政治意蕴。

第一，密尔功利主义思想中的功利是一种极为广义的功利。“在所有道德问题上，我最终都诉诸功利；但是，这必须是最广义上的功利，以人作为进步的存在者的永久利益为依据的功利。”[①] 这就明确地表明了他自己的间接功利主义立场。他认为，人类社会是不断朝着更高文明状态进步的，人们也是可以为环境所塑造的。但是，既然人能被塑造，就应该得到好的塑造。他对人们能够成为有美德的人是有信心的，而且这一信念为经验事实所支撑。密尔则认为，只有在一个人人都有平等权利，能够得到平等对待的文明社会中，美德才容易形成，因为在这种社会状态下，个人的利益与社会的利益可以相互协调，个人在为自己谋取利益时，就是在为社会谋取利益，这表明人们有着对公共利益的关注，并具备公众情感，这就是有了美德的表现；但是，在世界的安排很不完善时，自我牺牲才是一种高尚的美德。但美德原理是同一个，那就是应该为社会利益做奉献，应该有公众情感，因为只有这样，才能既获得自己的个人幸福，又能实现公众

---

① 约翰·密尔：《论自由》，顾肃译，译林出版社2010年版，第12—13页。

幸福。他认为，有美德的人在现实生活中是存在着的，所以，他们可以成为我们的教育的榜样："即便是现在，我们也常常可以看到远比自私自利高尚的行为，足以充分地表明人类有可能被造就的形象。"①

人都有享受高尚情感的能力，但是它在人的天性中是柔弱的，需要去除外在环境对它的扭曲，并为它提供营养，才能得到成长。"在大多数年轻人中间，如果他们在生活中投身的职业和社会都不利于这种高级能力的不断运用，那么它就会迅速夭折。人们丧失自己的高等追求就像丧失自己理智上的趣味一样，都是因为他们没有时间或机会来沉浸其中；而他们之所以沉迷于低级快乐，不是因为他们有意偏好这些快乐，而是因为唯有这些快乐才是他们能够得到或者能够享受的东西。"② 所以，为了使人们的美德能够得到培养，就外在的环境而言，我们的法律和社会应该这样安排，即尽可能使得个人的幸福与社会整体的利益和谐一致，使个人能够把为社会利益而工作体验为自己的幸福；而教育和舆论，也就是要让公众利益作为一个道德价值理念进入人的内心，"让促进公众福利的直接冲动，存在于所有的习惯性行为动机之中，并让与之相关的情感，在每一个人的意识活动中都占有一个大而突出的位置"③。他认为，教育一定能够产生出这样的效果："真挚的私人感情以及对公众利益的诚挚兴趣，尽管程度有所不同，却是每一个受过正当教养的人都能产生的。"④ 从这个意义上说，法律和社会的安排，教育和舆论，都可以是一种政治措施或制度设置，它们都可用于培养人们的美德。

第二，自由和个性是美德成长的基础。获得自由和个性的目的是为了人的发展和人的幸福，而获得美德就是人得到了发展的表现，同时也将为个人和公众带来幸福。这是密尔如此看重社会自由和个性的终极理由。但是，请注意，自由（即社会自由）与个性（即个人选择自己的生活方式的实践自由）只是排除了社会对人的心灵成长在制度、法律、教育、舆论上的扭曲，从而人可以朝任何一个方向发展，即既可能朝高尚的美德方向发展，也可能朝元恶大憝的方向发展。自由本身虽然并没有道德价值，但有社会自由将会带来两个方面的好处，即一是人们能够在与自己有关的

① 约翰·穆勒：《功利主义》，徐大建译，上海人民出版社2005年版，第15页。

② 同上书，第11页。

③ 同上书，第17页。

④ 同上书，第15页。

问题上完全自我做主，从而他对自己所选择的生活方式和目标有最高的热情，他会运用自己的判断力和推理能力，会有最大的毅力和自制力（这些也是一些道德品质），所以，自由能促使我们运用自己的全部能力，从而塑造着我们的全部心灵品质。他说："在人正当地用其生命寻求完善和美化的工作成果中，第一等重要的无疑是人本身。"① 二是有了自由，则人们就会产生本着自己生命力的各种强度的欲望和冲动，"欲望和冲动就像信仰和约束的地位一样，是完善的人之一部分"②。有强烈的欲望和冲动的人，如果欲望的发展不能达到某种平衡，就会很危险，但是，如果欲望的发展能够达到某种平衡状态，则"最富于自然情感的人也总是可以培养出最强烈的教化情感的人。使得个人冲动生意盎然而强大有力的那种强烈的感受性，也正是对美德最炽烈的热爱和最严格的自我节制得以产生的源泉"③。也就是说，没有自由，则人的自然情感和生命力量就会被窒灭，从而不能培养出高尚的美德；而保卫人们的社会自由，就能让人们具有丰沛的自然情感和强大的感受能力，这实际上就是在提供能被塑造成美德的材料。正因为如此，保障社会自由，确保个人在自己的事务上有绝对的自主权，从而使得人们能具备明显的个性，并能本着自己的生命欲望而追求自己的好生活，就是政治的一大任务。

但是，我们注意到，密尔说自由和个性是为美德的培养提供一种外在制度的保护，并准备各种最高美德得以生长的生命力量的基础，在这个问题上，并不是说，保护了人们的社会自由，并且使人们能够本着自己的生命力而形成强烈的欲望追求，就必然会带来全体人们都有很高美德这一后果，而是说，这是美德得以成型的必要条件，无之必不可。

第三，政治作为一种人为的事物，虽然有其基于民族的历史心理的某种自然生长性，但是，密尔认为，"政治制度（这个说法有时是可能被忽略的）是人的创作；它们的起源和它们的整个存在均取决于人的意志"④。所以，有做得好与做得不好之分。那么，政治之好最终表现在什么地方呢？由于密尔认为，具备美德，就是能够关注他人和社会利益，并具备公众情感；而政治从其本质上说就是一种公共事务，需要靠公民积极参与，

① 约翰·密尔：《论自由》，顾肃译，译林出版社 2010 年版，第 63 页。
② 同上。
③ 同上书，第 13—14 页。
④ 约翰·穆勒：《代议制政府》，段小平译，中国社会科学出版社 2007 年版，第 7 页。

而非仅仅靠政治家的决策和行为，所以，密尔认为，在文明社会中，公民应该成为积极公民，即积极参与公共事务的公民。这样的政治观点，使得密尔不同意把“秩序”看作是政治的目标或好政府的标准，因为它“所表示的毋宁是政府的条件”，即建立秩序只是一个政府得以存在的条件。这个条件对政治的另一价值“进步”来说，也是前提条件，因为没有秩序，进步就无从谈起。在他看来，政治要进步，实际上就是要以更大的努力来保持政体中已有的优点并增益之，“倾向于保持已经存在的社会好的方面的力量，就是增进好的方面的力量，反之亦然；唯一不同的是，为了实现后一意图要有比实现前一目标更大程度的力量”[①]。

一个社会要进步，就需要公民保持好良好的行为，能进行良好的经营管理，能够取得成功和繁荣，而要达到这些进步的指标，肯定需要公民具有一些良好的品质，密尔认为，这些良好品质大家都认为“就是勤奋、正直、公平和审慎”[②]，所有这些品质都最有助于进步。一方面，从保卫性的措施说，如果政府能打击犯罪，就会使大家都觉得自己的人身和财产能受到保护，这将极大地促进进步，因为有了人身安全，我们的能力就会得到解放，从而能够自利而利人；保护了财产权，就将会带来更大的生产；进一步，使得人们“能够热爱社会的存在，并且使他在他的同胞中看不到当前的或预期的敌人，能培育出对待他人的亲切情感和友谊，以及对社会共同体的普遍福利的关注，而这正是社会进步的重要组成部分”[③]。美德的本质正是能关注社会利益，并具有公众情感，所以，美德于社会极为有利。于是，如果一个政体能使得大家的美德得以增进，那将能带来最大的进步。密尔认为，虽然代议制是最好的政体，但是如果人们撒谎、受贿、漠不关心、不关心选择最好的议会成员、性情暴躁，得不到公共纪律的矫正或个人的自我克制、不能审慎思考、只是情绪冲动等，即使实现了代议制，也无法真正为人民的利益而工作。任何好的制度都需要靠人才能顺利运行，如果为官者和统治对象中存在着充足的美德和智慧，则政府就可以达到卓越的程度。

于是，在密尔看来，好政府的第一组成要素是组成社会的人们的美德

---

① 约翰·穆勒：《代议制政府》，段小平译，中国社会科学出版社 2007 年版，第 33 页。

② 同上。

③ 同上书，第 35 页。

和智慧，所以，政府最重要的优点“就是促进人民本身的美德和智慧”[①]。可以说，在这方面做得好的政府，就可能在一切方面做得最好，因为政府的工作都依赖于这些美好品质。这样，政治制度就应被安排得能够培养和促进人们的智力和美德。

为了能很好地培养和促进人们的智力和美德，我们需要采取合适的制度。密尔认为，最为合适的制度是代议制。这是因为，代议制能“把存在于社会中的智慧和诚实，以及个人才智和社会成员的美德的一般标准，更加直接地施加给政府，并使他们在政府中的影响要比任何其他形式的组织中都大”[②]。（1）根据密尔的基本观点，美德也和其他技能一样，需要锻炼才能获得。专制政府使人们成为被动的，人们无法主动地运用自己的各种能力。而代议制政府则具有这样的特点：最高控制权归社会整个集体；所有人对行使这种最终主权有发言权；人们有些时候被要求参政议政，并履行特定的或一般的公共职责。这种政体必然引导人们成为主动、积极、负责任的公民。因为在这样的政体中，人们都有能力并自发地保护自己的权利和利益，所以，人们将会发展并运用自己的所有能力，通过进取、奋斗来增加自己的利益。在密尔的美德词典中，那些消极的性格如服从、恭顺、知足的性格是受到排斥的，他歌颂的是积极、主动、不知足的不懈奋斗的精神品质。（2）代议制政体要求人们参政议政，实际上就是实现人们的政治权利，使人们能够就制定公共政策贡献自己的见识和才智，这将“能得到自由对性格的最大激励后果”。而且，使人们富有某种程度的公共义务，将能对他们的情感赋予某种伟大感，将“把他们的精神引导到超越于个人以外的思想或感情”，使之“成为有教养的人”[③]。（3）代议制还引导大家参加公共职务，这种实践也将给人们以深刻的道德教育，因为在这种为公共服务的职务活动中，人们必须不考虑他自己的利益，而必须学会按照公共原则而非按照自己的个人偏好去做事，要“时刻运用以公共利益为其存在理由的准则和原则；并且在同一工作中，他常常看到与他共事的人们比他更熟悉这些观念以及实际应用，他们的研究将有助于他明了道理，并激发他对公共利益的感情”[④]。

---

① 约翰·穆勒：《代议制政府》，段小平译，中国社会科学出版社2007年版，第45页。

② 同上书，第49页。

③ 同上书，第101页。

④ 同上书，第103页。

综上所述，密尔从功利主义美德论的本质要求中，引申出如果想要培养和促进美德，我们的政体所应做的安排。他的美德理论曾经认为，美德虽然本质上是工具性的，但是也可以成为目的性的，却是比幸福这一人生的终极目的低一级的目的，顺着这个思路，密尔可以顺利地把政治的目的确定为培养和促进人们的美德，当然也包括人们的活力和智力，因为这些是达到政治的终极目标——进步——的重要条件。

四　密尔对康德政治伦理思想的回应方式

对于康德的政治伦理思想，密尔显示出了相当大的批判性。

首先，密尔对康德的先验主义方法进行了批评，认为这种方法是错误的，因为先验空无一物，所以只能是概念的推演，不可能产生出实质效果来。实际上，在谈到道德原则时，康德仍然需要参照结果来论证这些道德原则的有用性。

其次，密尔从经验主义出发，他对自由的强调，不会弱于任何一个持先验主义立场的自由主义者。这是怎么做到的呢？有人认为，如此彻底地捍卫自由的优先地位，使得人们怀疑他还是不是一个功利主义者。诚然，从先验主义的立场上来论证自由的优先性，有一个最大便利，就是在先天的领域中自由可以是绝对的。但是密尔认为，从经验主义出发，也不是不可以论证自由的特殊重要性。（1）的确，自由有其历史性，经历了各种历史形态。所以，他不谈论康德式的“意志之自由”，而只谈“公民自由”或“社会自由”[①]。这种自由，经历了臣民对统治权力的限制，以及政制的制约即要使统治者的重要行为得到利益相关的团体的同意，但这些方式都是在主人统治之下的自由。近代形态的自由才是民众自我统治之下的自由。历史只有发展到近代，才有许多文明国家达到了人人自由平等的状态。这不是如社会契约论者所设计的抽象的自然状态，而是一种社会现实。（2）他认为，在这种状态下，人们不需要过多防止统治者的暴政，而更应该防止社会力量如舆论、公共意见等对个人的自由的剥夺，即防止“多数人的暴政”。所以，他的个人主义的自由主义倾向是在这种历史条件中得到辩护的，并由此得出了个人权利这一现代正义的起点。所以，他可以明确地说，“凡是可以从脱离功利而独立存在的抽象权利观念推出我

---

① 约翰·密尔：《论自由》，顾肃译，译林出版社2010年版，第3页。

的论证的任何有利条件，我都未予利用。在所有道德问题上，我最终都诉诸功利；但是，这必须是最广义上的功利，以人作为进步的存在者的永久利益为依据的功利"①。所以，他的权利观脱去了康德的超功利意义。(3) 对个人自由的保卫与对哪怕是出于好心的对个人自由的妨碍相比，将会带来更大的功利。因为保卫个人自由，就是给个人以对自己的好生活观念进行判断和追求的绝对自主权，因为个人是自己的身体、智力和精神的健康的最恰当的保卫者。在这个问题上，他人和社会都绝对不要通过强迫的办法，使个人按照大多数人所认为的好的方式去生活。我们所能做的就只能是劝告和说服，最后要听凭他自主地接受或不接受。换句话说，在密尔看来，从社会的角度而言，每个人都能按照自己所中意的好生活观念去生活，将能造就社会中的最大幸福或功利。正如密尔研究专家约翰·格雷所说，密尔认为："对立的价值观念彼此可以指向不同的生活方式，在这些生活方式中人类都能够生活得很好。"② 所以，对个人自由的保卫，也是正义的主要规则之一。在《功利主义》中，他说，禁止人类相互伤害的道德规则最为至关重要，但又不忘提醒一句，"决不可忘记的是相互伤害也包括错误地干涉彼此的自由"。原因是关于不得错误地干涉彼此的自由这一正义要求在《论自由》中已经充分阐述了。但我们要注意，他的自由学说与其正义学说之间的关系还是有些需要厘清的特征。密尔认为，只有关键利益受到损害的情况才能证成对自由的限制；但是他又认为，如果事关公共利益，则可以决定我们对防止损害的政策的选择。换句话说，前一种主张是与正义这一基本义务相联系的，只有我的自由受到了损害，我才能进行自卫，即限制别人的自由；但是，从密尔的功利主义道德观来说，后一种主张却是：只要是为了各利益相关方的普遍利益，我们就可以限制某些自由。这两个断言并不是直接统一的。需要注意的是，在密尔看来，普遍利益的考虑并不能导向限制一切自由，比如不能一般地限制言论自由，只有在公共安全受到明确的威胁时，才能暂时地限制人们在公共场所鼓吹对抗的言论自由。所以，约翰·格雷认为，密尔的"自由学说部分地建立于其正义理论之上，但是并没有被其正义理论所耗尽"③。

---

① 约翰·密尔：《论自由》，顾肃译，译林出版社2010年版，第12—13页。

② 约翰·格雷：《自由主义的两张面孔》，顾爱彬等译，江苏人民出版社2002年版，第31页。

③ John Gray, *Mill on Liberty*: *A Defense*, second edition, N. K. Routledge, 1996, p. 68.

（4）在功利主义基础上，正义还可以成为积极的义务，即主张有许多可以正当地强迫人们做的、对他人有益的积极行动。这是先验主义正义观所不容易承认的，因为它担心这样做会损害个人自己的权利，或者不小心侵犯到他人的权利，因为其权利是不受功利审核的。但密尔则不一样，他能够顺理成章地让自己的权利受到社会功利的审核，从而可以容纳正义的积极义务。密尔所列举的积极义务大致有以下事例：到法庭上做证；在保卫大家的利益时，个人不能置身世外，而应承担自己的一份工作；拯救一个同胞的生命；挺身保护一个无力抵抗虐待的人，“总之，显而易见地属于一个人有责任去做，若不做就有可能正当地要求他对社会负责的一切事情”。[①] 显然，这个视角是康德难以获得的。

再次，在美德问题上，康德只能从普遍的道德原则与意志的关系上来思考美德，即认为，美德是人们能够抗拒来自感性好恶的引诱而以普遍的道德原则来决定自己动机的意志力量，它外在于幸福原理。而密尔则认为，一方面在目的论意义上，美德是发挥和运用我们属人的高级官能所获得的，是我们个人幸福的内在部分；另一方面，在工具论的意义上，美德是获取社会幸福或公共利益的手段或工具。他既指明了美德内在的质的规定，又指明了美德外在的社会效应，二者统一于功利。

对密尔而言，如果要使功利主义得到实现的话，则要求人们获得某种美德，因为功利主义认为我们的义务是增进绝大多数人的最大幸福，而美德则最有利于社会公共利益。他认识到，个人为自己打算的倾向是十分明显的，但是在经验中又有许多为公共利益作出真诚努力的行为，有许多做出无私奉献行为的英雄人物的例子。但需要说明的是，并不是因为这种美德是基于人们自愿做出牺牲的动机才有意义的，而是因为这种自我牺牲能够为他人和社会带来利益。虽然这些人很少，但是，历史上和现实中却确实有，这就表明人心中有着这样倾向，而这种倾向与功利主义道德学说十分符合，所以，我们应该把这样的倾向培养起来，使许多人形成这种品质。然而，当密尔这样为其功利主义的理论要求寻找经验证据时，他实际上把一些稀有的动机和品质当作了唯一可以依赖的力量。我们认为，他在这个问题上，唱了许多不切实际的高调。在这方面，康德则要谨慎得多。

而且，即使是在正义这样一种基本道德规则问题上，密尔也认为，基

---

① 约翰·密尔：《论自由》，顾肃译，译林出版社2010年版，第13页。

于功利的正义原则要得到贯彻，也需要我们的本能欲望受到社会同情心的控制和引导。他认为，这种社会同情心由于我们优越的智力的作用，能够扩展到亲人、同伴、共同体、民族、国家，直至所有人。我们的正义感要待我们能够以理性控制和引导我们的本能欲望之后才能形成；同时，他也认为，正义是与公共利益相关的，也就是说，只有当人们不考虑自己狭隘的个人利益，而能够为公共利益奉献时，才是有良好正义感的人。显然，在正义如何才能得到推行的问题上，他的人性假设过强了。对这一点，与他同时代但稍晚的同胞詹姆斯·斯蒂芬进行了反驳。他说，他与密尔想得完全不同，密尔“似乎相信，如果人类摆脱了一切限制，尽可能给他们一个平等的起点，他们就会自然而然地如同兄弟一样彼此相待，为他们的共同利益一起和谐地工作。我则相信，有不少人是坏人，但绝大多数人既不好也不坏，还有许多好人……在所有类型的人之间，都存在着并将永远存在敌意和冲突的真正诱因，甚至好人也可能相互为敌，他们经常是被迫如此，这要么是因为存在着使他们发生冲突的利益之争，要么是因为他们对‘善’有着不同的理解方式”①。这个看法，也许可以冷却密尔追求高尚道德的热忱。

我们觉得，为了使正义问题能够得到人们的普遍认同，需要诉诸人人可以平凡拥有的动机，而不是过高的动机。比如罗尔斯的正义理论就建立在一些最简单、最基本的人性倾向之上，比如人是理性的、自利的、相互冷淡等。这当然也是一种思考进路。

最后，在政治思想中，康德认为，只要人有足够的理智，则通过契约和法律，即使是一群魔鬼也可以组成政府，也就是说，政治不以道德品质为基础，也不以培养道德品质为目的。当然，政府应该给大家提供各种权利保护，把大家的自利行为约束在不能产生严重冲突的范围之中，或者说即使产生了严重冲突，也能以法律来解决。政府也不负有教人以善德的义务。人的道德化要在无穷的社会历史进程中逐渐达到。而对密尔来说，既然美德有利于个人的幸福感的增加，也对增加社会的幸福大有裨益，所以，政府应该负起一个重大的责任，即促进社会中人们的智力和美德的成长。从这个意义上说，密尔的相关学说，有着美德政治学的色彩。

---

① 詹姆斯·斯蒂芬：《自由·平等·博爱：一位法学家对约翰·密尔的批判》，冯克利等译，广西师范大学出版社2007年版，第203页。

第三节　罗尔斯政治美德观的义理疏解

罗尔斯面对着康德政治伦理学遗产，又面对着完善论和功利主义政治伦理学遗产。他始终认为，康德的理性建构主义还是有意义的，但是，不考虑结果、不以现实的社会结构和政治文化为背景的学说，其意义也是有限的。所以，对罗尔斯来说，如果把康德所论述的美德视为一种公共美德或公共精神，那么康德的美德理论就有较大的合理性。在罗尔斯看来，近代以来的人类社会，日益从情理型社会走向法理型社会，所以，理性的抽象建构规则的作用日益突出。在这个意义上，康德的理性建构主义的伦理学的意义正在凸显出来，抽象的道德原则越来越表现出绝对命令的性质。但是，罗尔斯搁置了康德的本体问题，而对康德的美德理论进行了公共伦理学的改造和发展。罗尔斯不像康德那样力图从纯粹理性中抽象出客观的道德法则，而是诉诸所谓原初状态的社会契约的代表设置。这种方法的好处是，它可以容纳某些实质性的内容，从而使道德原则可以针对现实生活的需要。也就是说，相对于康德的道德法则对人的绝对命令性和对个人自利的贬抑性，罗尔斯的两大正义原则则是基于大家对在未来社会中个人生命和福利的关怀而自愿同意的。这就从根本上解决了人们为什么会按照正义原则去行动的心理动力问题。

经过长期的反思，罗尔斯认为，《正义论》所构建的仍然是一种完备性的正义学说（比如有某些形而上学的人性假设，以及心理学的一些工具），而不是一种纯粹的政治学说。举例说，罗尔斯在《正义论》中指出，公共美德的本质是“原则的道德”。他说，美德“是由一种较高层次的欲望（在这种情况里就是一种按相应的道德原则行动的欲望）调节的情感，这些情感亦即相互联系着的一组组气质和性格”①。由此引出一个深刻的问题：即我们如何能产生一种按照正当和正义的观念去行动的欲望？或者道德原则怎么能进入到我们的感情之中呢？对这个问题，罗尔斯从三个方面作了探索。第一，正义的道德原则是有理性的人们为调节相互冲突的要求而选择的；第二，正义感与人类之爱总是联系在一起的；第三，如果我们或他人受到不公正的对待时，我们都会产生一种义愤和负罪的道德

---

① 罗尔斯：《正义论》，何怀宏等译，中国社会科学出版社1988年版，第184页。

情感，这种情感就会加强我们的正义感[①]，即通过心理学的这三个事实，人们将能够获得政治美德。这种心理学根据与正义制度需要得到人们心甘情愿地服从，即正义制度要有稳定性，是不能完全协调的，这正是罗尔斯在《政治自由主义》中所着力加以解决的。虽然《政治自由主义》没有引起像《正义论》那样的轰动效应，[②] 但我们认为，从学理上看，《政治自由主义》的结构更为严谨，论证更加细致、连贯而清晰，整部著作的各个部分更加协调。就美德问题而论，虽然《政治自由主义》不像《正义论》专门列出第三编“目的”来论述正义美德的基础和性质及其塑造途径，但是，探讨如何培养公民们的政治美德还是其一个重要的理论任务，甚至也可以说是贯穿该著始终的一条主线。而这种探索是以一种借自于康德的建构主义方法来进行的，充分体现了康德的有关思维方法的当代活力。本书集中关注《政治自由主义》关于政治美德的分析论述。虽然这部著作中概念很多，相互间有错综复杂的联系，但我们可以以政治美德问题为核心将它们梳理出一种思路来，并对以下问题做出合理的阐述：政治美德的政治价值前提是什么？其内在基础是什么，需要什么样的环境条件？如何培养人们的政治美德？政治美德有什么样的性质？其界限在哪里？

一　政治美德的社会基本结构前提

在《政治自由主义》中，罗尔斯所论及的美德是严格限制在政治领域中的各种基础美德。他首先集中论述如何建构政治正义原则和观念，把政治观念建立为一种独立观念，即独立于各种完备性的宗教、哲学和道德学说，其目的是探讨在一个有着理性多元事实的社会中，自由而平等的公民如何参与公平的合作项目，以及这一社会如何达成长治久安。在这个框架中，罗尔斯首先探讨了政治美德的政治价值前提。

---

① 罗尔斯：《正义论》，何怀宏等译，中国社会科学出版社 1988 年版，第 462—463 页。

② Burton Dreben 相信，与《正义论》相比，《政治自由主义》甚至是一部更重要的著作，它是独特的，追问了关于自由主义的一系列新问题，它所处理的这些不同主题还没有得到大家充分的认识。他认为，《正义论》论述了正义，这是一个得到了广泛讨论的主题，而《政治自由主义》所处理的则是合法性，这是自由主义历史上很少哲学家所集中关注的主题。他相信，这是《政治自由主义》很少被人接受的原因之一。see Durton Dreben, On Rawls and Political Liberalism, in *The Cambridge Companion to Rawls* , edited by Samuel Freeman, Cambridge University Press, 2003, pp. 316 – 317.

1. 社会的基本结构必须有道德价值，即它必须体现对善的追求

这可以从以下几个方面来考察：第一，它必须体现对所有人一视同仁的尊重，包括其基本自由和平等权利、合作能力的发挥与发展；能够为所有人发展自己的合理性的善观念提供足够的空间，为个体达到自己人生的兴盛提供条件。第二，公民们对各种善的追求要在一个社会的基本结构中来进行，这个基本结构要有足够的稳定性，也即是说，在此之中，能够达成公民们各种合理的完备性学说的重叠共识，从而这种基本结构能够得到人们的政治美德的支持。这就需要独立地制定出政治的正义观念，使之成为重叠共识的核心。正义原则要适应于这种社会的基本结构的性质，并使这种基本结构具有正义的价值。第三，这种基本结构和正义原则对所有公民都有着规范能力，不仅要使公民们的行为符合正义原则，还要引导公民们产生依照正义原则去行动的意愿和欲望，即形成政治的正义美德。以上三点，就是社会基本结构的道德价值所在，也就是说，政治社会基本结构的观念也同时是一种道德观念，但它是一种特殊的道德观念，即政治道德观念。

上述社会基本结构之所以有着道德价值，可以通过与它相反的社会状况是不能为大家所接受的而得到证明。比如说，第一类，我们现在再也不能为奴隶制度、种族歧视等辩护，原因是这些制度不把人们都视为自由而平等的公民，而是把某些人视为可以作为财产加以占有的人，或缺少人格尊严的人，认为他们不能或不应该自由追求他们的生活意义和生活中的终极目的。第二类，我们也应该在社会的合作中排除有人占便宜的现象，因为从公平的立场上说，允许有人占便宜就是制度总体上的不公正，这种制度不可能得到大家发自内心的忠诚。第三类，政治社会如果没有对基本政治价值的共识，那么这个社会不可能是一个秩序良好的社会，要么只能是一盘散沙，要么只能靠当政者强行推行一种完备性学说的价值观念来建立秩序。一盘散沙是不好的，而靠当政者强行推行的价值观念实际上也难以取得人们的共识，并且抑制了人们按照自己的善观念追求自己幸福生活的自由。

2. 公平正义的政治观念是独立的，其社会人伦关系的基础是相互性

政治的正义观念既然不能从各种完备性学说中进行选择，那么，就只能去建构起一种独立的政治正义观念。这就意味着，与完备性学说相比，政治正义观念就只是一种特定范围内即政治领域中的观念系统，同

时，它有着自己的特质：第一，它必须是纯粹政治性的，不需要借助任何形而上学的假设，包括诉诸各种超验的哲学基础，如本体论观念、人的深层本质之类，也不需要预先认同某种宗教信仰，或者道德价值观念，否则，这种政治观念也将是诸多完备性学说的一种。罗尔斯认为，《正义论》的性质正是如此，它实际上只是关于政治观念众多完备性学说中的一种，所以，才需要以《政治自由主义》予以重构。第二，类似于数学和逻辑，我们建构政治观念的方式只能是理性的。即首先要制定某些基本的概念，如数学中的奇数、偶数、质数等或逻辑中的基本元素，然后才能在理性的规则指导下进行推演，这是理性的理论性使用；但是，政治自由主义必须是实践理性发挥作用的领域，所以，它的推演必须能够产生实际的后果，即对人们的基本利益产生客观的促进作用，因而社会基本结构是为着人的。这一点也使政治的正义观念不是纯粹形式性的，而是有着实质性内容。第三，它是有政治正义价值的，所以，不能仅仅由私人契约来构成。私人契约只能约定某些物质利益的自愿交换方式，只是双方平等的自由意志的表示，而不能约定一种政治权力和政治的公共决策的规则，以及对政治权力的服从。也即是说，它不是仅仅建立在互利的基础上，而是建立在相互性的基础上。罗尔斯对“互利”和“相互性”作出了明确的区分。

他对相互性理念做了两点解释：“第一点，相互性理念介于公道理念与互利理念之间，公道理念是利他主义的（受普遍善驱使），互利理念则被理解为每个人按其在事情中的地位（现在的和预期的）而获的利益。按照公平正义来理解，相互性是公民之间的一种关系，这种关系是通过规导社会的正义原则来表达的，在此一社会世界，每一个人所得的利益，都以依照该社会世界定义的一种适当的平等基准来判断。由此便有第二点，相互性是一种秩序良好社会里的公民关系，它是通过该社会公共的政治正义观念表达的。因此，正义两原则，包括差异原则以及它含蓄指涉的平等分配基准，系统地阐明了一种公民间的相互性理念。”①

这就是说，他能避免黑格尔对古典社会契约论只能组成私人关系，而不能组成具有统治和被统治关系的政治国家的批评。他认为，相互性是自由平等的公民的关系，是一种政治的公共领域中的关系。公道理念更多的

① 罗尔斯：《政治自由主义》，万俊人译，译林出版社2000年版，第17页。

是受到普遍善的驱使而采取的利他行为；而互利理念则关乎大家按照约定的内容而彼此获得所期待的利益，所以，本质上是一种合理利己主义。这两种理念都不适合作为公民关系的范式。而根据相互性理念，个人所得的利益要“以依照该社会世界定义的一种适当的平等基准来判断”，只有这样，社会才有一个公平正义的标准来决定所有个人的所得，包括公共政策应该有利于社会中最不利者（此即根据在原初状态中无知之幕下人们形成的差别原则；但互利理念不可能同意差别原则），这样就既不需要以利他主义来要求某些人尽分外的义务，也可超越互利的私人关系而获得一种公共政治的立场。相互性首先保障每个人都是自由平等的参与公平合作项目的社会成员，并且人们都认同政治正义原则，而且形成了有效的正义感，这就是秩序良好的社会的应有特征。

只有相互性理念能构造一个公平的政治社会的基本框架。因为相互性理念本来就设定了人们是自由而平等的公民。而对所谓自由而平等的社会公民的特点，我们只能从最基本的层次上来假定，就是具备两种道德能力，一种是形成正义感的能力，另一种是形成、修正和追求善观念的能力。这两种能力保证公民能够平等地参与公平的社会合作项目，以及在公平正义的政治观念的指导下追求自己的善观念，正是这两点确定了公民平等的道德资格和政治权利，可以要求公民们相互尊重，并参与合作，即可以满足相互性的要求。

3. 秩序良好的社会不是一个联合体，也不是一个共同体

理由在于，社会基本制度在建立社会世界中有优先作用和基本作用。一个联合体总是为了要完成某种特定目的而成立的人群组合，所以，第一，其中的人们有对特定目的的认同，所以才联合起来；第二，它可以成立也可以解散；第三，它主要是根据人们潜在的对联合体的贡献价值来为他们提供条件。但是，秩序良好的社会与此不同，它假定，人们在进入社会之前没有任何公共认同，也没有任何特定的共同目的；同时，秩序良好的社会是封闭性的，人们只能“生而入其内，死而出其外”，所以，我们才要在其中终生参与合作。罗尔斯认为，个人的各种潜在的能力不是秩序良好的社会为他们提供条件的根据，相反，它要保护自己的所有成员的基本自由和机会，并为人们实现自己的善观念公平地提供条件。基于以上三点理由，秩序良好的社会与联合体是不同的。

秩序良好的社会与共同体也是不同的。共同体是“指它受共享的完

备性宗教学说、哲学学说和道德学说的支配”①，而秩序良好的社会中的政治正义观念必须独立于各种完备性宗教学说、哲学学说和道德学说，它需要做的是预先确立公民重叠共识的核心，并力图获得各种完备性学说的支持。在有关宪法根本和基本正义的问题上，我们要使用公共理性，在公共论坛上进行理性的公共讨论，以缩小公民的分歧。它不像共同体那样有对完整真理的热望。

我们可以假定，我们预先属于某个联合体和共同体，就已经具有了自己的品格，有了自己的善观念，但是我们尚未建立一个秩序良好的社会，那么，我们在政治思考中，就需要建立起抽象的正义原则和一种独立的政治观念，从而使我们的品格和善观念的发展得到一个大家都一致认同的正义原则的指导。罗尔斯说：“正义原则的设计是用来形成一社会世界的，在这个社会世界里，我们首先获得了我们的品格和我们把自己视为个人的观念，获得了我们的完备性观点及其善观念；而在这一社会世界里，我们必须实现我们的道德能力，假如它们能得到充分实现的话。这些正义原则必须在市民社会的背景制度中给予基本自由和机会以优先性，它们使我们能够首先成为自由而平等的公民，并根据这种身份将我们的角色理解为个人。”② 也就是说，在各种政治学说、价值观、组织方式杂糅的现实社会中，我们要构建一个独立的政治观念，并且给予基本自由和机会以优先性，于是大家就都能认可原初状态下推论出来的正义两原则，现实中的人才抽象成了自由而平等的公民，公民之间的关系就有了相互性，并能实现我们的道德能力，这样就构造了一个秩序良好的社会。

二　政治美德的内在基础和外在条件

1. 政治美德需要获得一个内在的基础

所谓内在的基础，是指人作为一个社会公民获得政治美德的人性根据。但这一人性根据只是直接关联于政治生活，即参与公平的合作项目的能力，而不需要假设人性本善或人性本恶，或者有合群的本性，或者自私自利，或者有同情能力、仁爱之心等形而上学的根据，罗尔斯所设想的基本人性是指人有追求公平正义之心，也有追求自己的善观念的能力。而

① 罗尔斯：《政治自由主义》，万俊人译，译林出版社2000年版，第44页。

② 同上书，第42页。

且，这一人性假设并不处于前提性的地位，反而这是他设想的公平正义的社会基本结构能够得以运行的对人的最低要求，也可以说，这是人的政治性的本性。一旦大家认同这种基本结构的正义性，则这种基本结构就必然会引导我们发挥这两种道德能力。所以，这两种道德能力是我们的政治美德的内在基础。罗尔斯多次说，能够发挥和发展这两种道德能力，就表明公民是自由而平等的。所以，“当我们这样来设想公民时，某种确定的基本政治制度和社会制度的安排，就更适合于实现自由与平等的价值”[①]。当然，也可以设想，在这种基本政治制度和社会制度中，如果我们在发挥和发展自己的两种道德能力的过程中，能得到社会的鼓励，并得到其他公民的相互呼应，我们这样做的动机就能得到加强，变成更加稳定的心灵情感和欲望倾向。

2. 政治美德需要构建政治基本制度和政治正义原则作为其外在条件

由于政治的正义原则是一种独立的政治观念，所以，罗尔斯在进行建构时，必须借助于一些抽象手段。比如以“原初状态”作为一种代表设置，并以无知之幕来使被代表的各派在形成正义原则时，去除个人的由于历史性事实的积累而必然产生的偏颇性，包括由此而来的社会地位、财富等的不同，以及自然素质的不同，还有所形成的各种完备性观念等，如果把这些偏颇性作为我们建构正义原则的前提，那么，它们必然会左右我们对正义原则的制定，这样制定的正义原则必然包含着派性利益、占便宜的可能，甚至压迫、奴役他人的可能。因此，我们需要用无知之幕来撇开“我们在社会中的地位和历史”，“甚至也无法知晓我们的潜在能力”。但是，他仍然认为，在这种情况下，“我们的利益和品格仍会形成”[②]。这是因为，在“无知之幕”下，我们可以设想所有被代表的人们的利益所在，以及我们需要什么样的品格。而且，我们可以设想，这些利益和品格对我们来说是处于核心地位的。其他的利益和品格可以改变，但这些核心的利益和品格则是我们可以必然地要求社会基本结构予以保障的，并在公民间可以相互要求。所以，在罗尔斯的“原初状态”中，现实生活中可能出现的各种类型的人群都有自己的代表，我们可以设想未来的社会如何让人们相互尊重，并且保障不同人群包括最不利者要获得发展自己的善观念的

① 罗尔斯：《政治自由主义》，万俊人译，译林出版社 2000 年版，第 2 页。

② 同上书，第 294 页。

各种手段。这就是我们在原初状态中所能设想的“利益和品格”。因此，原初状态不是历史的，而是假设的。无知之幕的功能就是在国家契约中消除各种偶然性的不平等对人们生活前景的影响。这就是公平正义对所有人的规范性力量之所在。于是，无知之幕要能发挥作用，就首先要求所有人具备公平的心态；而推论出两大正义原则，则需要理性。所以，在罗尔斯看来，理性是我们的基本政治美德。

3. 外在条件使内在基础得以确定，并使政治美德得以被引导和塑造

在罗尔斯看来，人们的政治美德紧紧地与国家的政治制度和政治正义原则关联在一起。就政治美德的发展来说，后者是一种绝对必要的基础性的外在条件。他认为，我们的政治美德必定要受到相应的社会政治条件的塑造，否则我们的道德能力就将得不到发展。正如罗尔斯所指出的，“影响人们实现其天赋才能的各种因素，包括鼓励和支持的社会态度以及有关训练和使用这些才能的各种制度。因此，即使是一种潜在才能，在任何既定的时候也不是某种不受到现存社会形态和迄今为止的生活过程中各种偶然性因素影响的东西。所以，不单是我们的终极目的和对我们自己的希望，而且还有我们业已实现的各种能力和才能，在很大程度上都反映着我们的人格史、机会和社会地位。我们绝对无法知道，由于这些因素的变化，我们会变成怎样的人”①。所以，社会的正义制度和正义原则，对我们塑造和形成政治美德就是至关重要的，这也就能理解，为什么罗尔斯如此重视制定出一种中立的政治观念，并制定政治正义原则和政治制度。人性的各种特点是可变的，其各种能力包括道德能力的发挥在不同的社会制度中将会有很大不同，其人格特征也会呈现出十分不同的面貌。所以，与正义制度相适应，我们设想人们有这两种基本道德能力即正义感的能力和形成善观念的能力，就是十分自然的，这里并不借助什么形而上学的假设，而是依照独立的政治观念而被设想的。这两者是相互协调的。显然，我们的两种道德能力要得到发展，就需要这种政治制度和正义原则。“道德个人的自由和平等，需要某种公共形式，而［正义］两原则的内容则满足了这一期许。”② 由于罗尔斯对公民们的两种道德能力的设定是从能够参与公平的合作项目所必需的能力出发的，所以这两种道德能力也是政

① 罗尔斯：《政治自由主义》，万俊人译，译林出版社2000年版，第286页。

② 同上书，第297页。

治的，它们在政治自由主义中所起的作用类似于一些基本元素如偶数、奇数、逻辑概念等在数学和逻辑中所起的作用。正因为如此，“正义原则就使正义的理由不仅与起伏不定的需求和欲望分离开来，而且甚至要与情操和承诺分离开来”①。

由此，我们可以看出，对罗尔斯来说，由于我们在追寻政治美德的基础及其如何才能得以发展兴盛的过程中，获得了一种公平正义的社会基本结构和正义原则的前提，所以，我们的动机就是被这种前提所塑造的。我们的行为动机并不是普遍善本身，而是社会世界本身的欲望。这种欲望和动机的实现有着现实的条件，并通过参与到具体的合作过程中来而得到满足，这样，人们对对方就会有相互性要求。如果这一要求能得到满足，他就有足够强的动机这样做。显然，这对理性的个人来说是适宜的要求。而至于那些只为自己打算，并利用公平的合作项目来搭便车的人，社会必须对他们的这种动机加以扭转，因为其动机根本不是“理性的”。而且，虽然这种动机看上去对自己而言是“合理的”，但是从公平的社会合作体系来看，个人合理的善观念也不能违背正义观念。

4. 理性的（reasonable）和合理的（rational）之区分：对应于两种基本道德能力

在《正义论》中，理性是公民的基本能力，但是，理性的理念在应用于个人和制度，特别是学说中时，有许多问题纠缠不清，比如正义原则与个人由理性推论出来的善观念之间是什么关系，为什么正义原则必须有优先地位等问题，在《正义论》中都没有得到很好的解释。在《政治自由主义》中，对这些重要问题，借助“理性的”和“合理的”之区分，作了较好的澄清。他以“把理性作为一种介入社会平等合作的个人美德”② 作为总体视景，来考察“理性”的两个方面，即把理性分为“理性的”（reasonable）和“合理的”（rational）。

“在平等的个人中间，当他们准备提出作为公平合作项目的原则和标准，并愿意遵守这些原则和标准时，假定我们可以确保其他人也将同样如此，则这些个人在此一基本方面就是理性的。”③ 所以，“理性的”是指我

① 罗尔斯:《政治自由主义》，万俊人译，译林出版社 2000 年版，第 222 页。

② 同上书，第 50 页。

③ 同上书，第 51 页。

们能够理解并接受指导进行公平合作项目的正义原则，当然，从理想的角度说，“理性的”也包含了对对方的要求，也就是可以确保他人也会这样做，只有这样，“理性的”才能真正发挥作用。所以，“理性的”指向一个公共世界，在这个世界中，每个人作为自由而平等的公民参与公平的合作项目，在此之中，我们可以设想大家都可得利，并且信赖他人也会遵守公共规则，所以，它蕴含了一种相互性原则。从这个意义上说，“理性的”可以相应于我们的第一种道德能力即“正义感”的能力。

“合理的却是一个不同于理性的理念，它适用于单个的主体和联合的行为主体（或为一个体，或为进行合作的个人），该主体在追求目的时具有其判断能力和慎思能力，也具有他自己特殊的利益所在。合理的［理念］适用于人们如何采取、认定这些目的和利益，也适用于人们是如何给予这些目的和利益以优先性的。”① 也就是说，它是行为主体（个体或合作的群体）在利用理性来判断自己的目的和特殊利益之所在，并决定选择何种手段去追求它们。从这个意义上说，我们的第二个道德能力即形成、修正和追求自己的善观念的能力，就可以说成是形成自己“合理的善观念的能力”。

罗尔斯认为，这两个理念是各不相同并且相互独立的，不能相互推导，尤其是不能从“合理的观念”中推导出“理性的观念”。因为，“理性的”指向一个公共世界，正是它推导出独立的政治观念、大家一致同意的基本正义原则；而从“合理的观念”推导出来的只是一些特殊的完备性学说，它们不能强求人们一致同意。然而，这二者又是相互补充的，彼此不能离开对方而存在。比如说，如果没有“合理的”理念，则人们对“理性的”正义原则就没有动力去遵守；而如果没有“理性的”理念，则人们对各种“合理的”善观念的追求就会没有公共规范，人们也难以进行公平的合作。

三　诸种政治美德及其塑造途径

有了前二节的铺垫，我们已经可以展开罗尔斯所将给出的政治美德的种类。政治美德一定是适应于存在着合理多元事实的社会中，人们能参与公平的合作项目，并能够维持这一社会长治久安所需的欲望品质。从它们

① 罗尔斯：《政治自由主义》，万俊人译，译林出版社2000年版，第52页。

能完成这一目的来说，它们自身是优秀的、卓越的品质；从它们只被定位为有助于基本政治制度和社会制度的运行和稳定来说，它们是工具性的品质。

1. "理性"被视为公民的基本政治美德

这一政治美德应该在整个公平正义的政治结构中得到发挥。一方面人们要能够理性地推论公共正义原则，并认可和接受它们；另一方面我们要有合理的生活计划，公共正义原则给对这种合理的生活计划的追求提供足够广阔的空间。而至于非理性的各种动机和偏好，无论它们看上去多么强烈和有魅力，即使它们并不主动破坏正义原则，也不能被看作政治美德，它们只能在纯粹私人的领域中存在，并孤芳自赏，而不能影响公共的政治过程。而至于那些暴烈的、独裁的等非理性性格，则必然需要公共政治制度和社会制度加以抑制，并在它们影响了政治过程时加以惩处。

同时，我们也要认识到，罗尔斯设定的公民的两种道德能力是一切政治美德的雏形。基本政治制度和正义原则必须被设计得能够引导这两种道德能力发挥和发展，只有这样，我们系统的政治美德才能得以兴盛，既为社会运行之资，又是我们追求个人的如意生活之所需。

2. "宽容"是在存在着理性多元事实的社会中进行公平合作的另一美德

当代政治哲学必须处理理性多元事实。这一事实，是在历史上自由宪政文化内部必然出现的现象，因为人们有着思想自由和良心自由，所以，必然有着各种各样的宗教、哲学和道德的完备性学说和观念出现，它们之间有着不可公度性，并且可能会产生对抗和冲突。而且这是一种长久存在的现象，不可能在时间长河中很快消失。

于是，宽容就是一种政治美德。这是因为，每个持有并非不合理的完备性学说的人们之间，没有采用政治权威去压制别的与己不同的甚至相互冲突的、却又并非不合理的完备性学说的权力。这是一个基础美德，而不是高尚的美德。只有这样，公民参与公平的合作项目才有可能，在公平正义的原则的指导和约束下，形成自己的合理性的善观念的能力才能得到发展。宽容，意味着相互尊重各自合理性的完备性观点。我们以前所说的宽容，如果没有自由平等的公民概念，没有对"理性的"和"合理的"区分，则这种宽容可能是无原则的。

当然，之所以需要宽容，是因为每个人都要参与公平的合作。对于没有合作意愿的人来说，宽容是没有意义的。所以，宽容是以合作的意愿为前提的。当然我们也可以说，对政治的基本结构来说，合作的意愿也是一种美德。但在一个存在着理性多元事实的社会中，合作意愿要达成，公平合作项目的要得到实施，首先就需要宽容的美德。

路德维希·贝克曼（Ludvig Beckman）对作为美德的宽容作了分析，他认为，罗尔斯认为宽容是一种美德，只是在工具性或政治意义上说的，而并不认为宽容有内在价值。有三种态度即“接受、冷淡或赞同可能支持宽容的实践”①。显然，仅仅是“接受”多样性，并不表示一种积极的宽容，对对方来说可能还是一种傲慢；而“冷淡”则对多样性漠不关心，任其存在和发展，这也不是一种积极的态度。那么，也许只有“赞同”多样性才能说是一种积极的宽容。但这实际上是说，我们把多样性甚至相互间的对抗和冲突认作是好事情而加以鼓励。然而，我们显然并不是“宽容”我们所喜欢的东西，只能是“欣赏”我们所喜欢的东西。② 所以，宽容并没有内在价值，只是因为它有利于社会合作才被认可。

我们认为，贝克曼的分析诚然是正确的。的确，对罗尔斯来说，宽容是为了合作的成功进行，他显然不认为合理的多元完备性学说之间的不可公度性甚至对抗是好事，所以，宽容有消极的意义，也可以说是工具性的。但是，从罗尔斯整个的政治美德体系来说，理性多元事实未必不是一件好事，因为承认理性多元的事实，就意味着，“这些自由权利的绝大部分可能已经得到了保证”，所以，个人作为政治公民的人格得到了保障，否则，他们也发展不出自己的完备性学说；另外，虽然他们有着自己的完备性观念，但是，“他们也会出于公共性的理由而选择这两个正义原则或类似的原则”③。这意味着，持有不同的合理的完备性观念的人们之间有达成重叠共识的可能，而宽容是达成这种可能性的前提；再者，事实终归是事实，我们是否喜欢，并不是判断我们是否要宽容它们的依据，我们要说，宽容是一种正义原则的客观要求，所以正义原则能塑造我们的宽容动机。这种宽容美德显然也是公平之心态的表征，也是我们诚心诚意地相互尊重的表征。在这个意义上，说宽容美德也有内在价值，是可以的。在检

---

① Ludvig Beckman, *The Liberal State & the Politics of Virtue*, New Brunswick（U. S. A）and London（U. K）: Transaction Publishers, 2001, p. 27.

② Ibid., p. 28.

③ 罗尔斯：《政治自由主义》，万俊人译，译林出版社2000年版，第68页。

验了宽容这种最为消极的政治美德实际上也有某种内在价值之后，则我们可以认为，其他的政治美德虽然在服务于政治基本制度的角度上说都是工具性的，但是就它们作为我们的心灵品质的卓越和优秀状态来说，它们显然有较宽容更为内在的价值。

3. 公共理性是我们公共辩谈中的政治美德

也许，在公平正义的政治哲学中，首先应解决对宪法根本和基本正义的共识。公共理性正是在这方面发挥作用的。公共理性关乎宪法根本和基本正义问题，它的使用只能被限制在政治领域的公共论坛上，这样，一方面它应遵循基本的正义原则，另一方面，它要求人们之间相互解释清楚，并要求倾听他人的意见，以及理性地回应这些意见，在决策过程中具有公平心态。这是政治美德的具体化。同时，公共理性的使用也是政治稳定性的一部分。

公共理性在公共辩谈中要尊重和鼓励社会中的重要价值，但不是为了追求完整真理。为什么这是一种不根据完整真理去做决定的义务呢？这是因为，完整真理是无法认识到的，所以，我们需要对社会成员的自由而平等的权利作优先考虑，哪怕在这种情况下可能放弃了真理。也就是说，在公共领域中，我们可能会为了获得真理而侵害了权利，比如我们可能会通过刑讯逼供而获取案件的真相，也可能会因为证据不足而释放了真正的罪犯（好在这样的概率毕竟不高）。但是，刑讯逼供必然会造成更多的冤假错案，而因证据不足释放了真正的罪犯，虽然会打击人们追求真相的激情和勇敢精神，但是，我们却保证了嫌犯的基本人权并遵守了司法的公正程序。这两种情况显然与我们追求真理时的认识能力和技术手段是有限的有关。所以，追求真理的行为也需要受到公共理性的限制。它还要对某些大家公认的价值敞开，比如，不能强制嫌犯自证有罪，这是保护每个人的人格尊严的价值；也不能诱使夫妻父子互供，这是在表明我们对家庭价值的珍视等。

在这方面，政治美德要求我们在处理政治问题时，必须能够或有意愿让公共理性取得对各种合理的完备性学说而言的优先性。这是一个良善公民的应有素质。这种素质当然是在政治领域中的素质。有人说，其实许多完备性学说都会处理政治问题，为什么公共理性必须优先于它们呢？杜尔顿·德里本（Durton Dreben）认为，这就是为什么我们需要这个限制性条件的原因。而至于为什么公共理性能够优先于完备性学说，罗尔斯只是说，如果不是这样，则自由宪政的民主政体就将不能存在，同时他认为，他看不出为什么公民不能有这种能力。[①]“能够”就意味着我们已经具备这种能力，“有意愿”则意味着我们必须能够主动地这样做，也就是说，形成了这样做的欲望品质。

4. 合理自律和充分的自律是我们较高的政治美德

在政治自由主义的视野中，成为正常且充分参与合作的社会成员，他们成为合理自律的，是依赖于在原初状态各派关心保护的那些利益，而不是仅仅依赖于他们不受任何先验的和独立的正当原则与正义原则的约束这一事实。[②] 可以分为三个层次，第一，他们接受那种指导公平合作项目的正义原则，是由于他们能够合理地慎思到各派在遵守这些原则时所能获得的利益之结果；第二，他们也能认识到，在这种合作中，他们的两种道德能力也能得到更高层次的发展；第三，他们也会采取那些能够保护和发展他们各派的终极性的善观念的原则，也就是允许他们修改自己的善观念，或形成新的善观念。所有这三个层次都与各派在合作中所关心保护的利益有关。他们之所以能够自律，是因为按照这些原则去做能够获得各派所预期的利益（注意：这里的利益不纯粹是指物质利益，也包括道德能力的发展和思想的自由选择和发展），这些利益是通过合理思考而确定的，所以，这种自律可名之为“合理自律”。

而“公民的充分自律则是通过原初状态的结构性方面来塑造的，也就是说，是通过各派之间如何相处和他们的慎思所受到的信息限制塑造的”。也就是说，这种自律的充分性表现在公民们能够慎思他们如何相处的基本正义规则，并且由于无知之幕限制了个人的特殊信息，所以，虽然他们知道遵守基本的正义原则，大家都能得到自己的利益，但是他们并不是为了获得各派预期的利益而去遵守，而是认为正义原则契合了我们作为公民的人格和政治本性，于是，他们能够形成这样的意识：“不仅公民的行为符合正义原则，而且他们也是按照这些正义原则来行动的。”[③] 也就是塑造了按照正义原则来行动的有效欲望，即有了有效的正义感。这个观念显然来自康德对“合乎责任”和“出于责任”的区分，在罗尔斯看来，

① Durton Dreben, On Rawls and Political Liberalism, in *The Cambridge Companion to Rawls*, edited by Samuel Freeman, Cambridge University Press, 2003, p. 344.

② 罗尔斯：《政治自由主义》，万俊人译，译林出版社2000年版，第80页。

③ 同上书，第81页。

充分自律的公民是在理性上认肯了正义原则，从而能够出于正义原则而行动，而不是仅仅追求合乎正义原则。可以总体地说，有了有效的正义感，就获得了政治的正义美德。这是一种政治自律，而不是伦理自律。伦理自律要留给公民们自己的完备性观念去决定。

当然，这些政治美德的培养，需要社会的正义制度和正义原则的引导和塑造。比如说，也许从自律的角度来说，个体公民想要遵循正义原则，但是我们怎么保证他人也服从理性约束呢？这就需要社会来保证。制止非理性的行为发生在公共政治领域中，是正义的社会制度的政治功能之一。罗尔斯认为，“公共规范禁止各种以自我或群体为中心的倾向，以鼓励局限性较少的同情心为目标。任何政治观念或道德学说都以某种形式认可这些要求。这不是对自由的践踏，而是对自由的保护”[①]。于是，国家可以禁止不利于政治美德培养的动机，而鼓励符合公平的政治正义原则的动机，从而为人们培养政治美德提供政治制度的条件。

政治美德的培养本质上就是由体现公平正义原则的社会基本结构及其政治过程塑造出公民们相应的欲望或动机。在罗尔斯的分析中，欲望有三类，第一类是依赖对象的欲望，第二类是依赖原则的欲望，第三类是依赖观念的欲望。依赖对象的欲望只是考虑对象是否能够满足自己的各种需要，这类欲望没有多少政治道德意义；而依赖原则的欲望有两种：即合理的欲望和理性的欲望。合理的欲望就是欲求自己慎重思考而确定的利益，并以此为原则，所以它们是合理的；而理性的欲望则是欲求在原初状态中无知之幕下形成的公平正义原则。

但是原则离具体的行动还是比较远的，我们还需要把原则表象为具体的观念，并产生按照这种观念而行动的欲望或意愿。在政治领域中，这些依赖观念的欲望是最重要的，因为只有这种欲望品质才是具体的政治美德。他说：“我们可以这样来描述这些欲望：我们欲望依其而行的那些原则被看作是属于且有益于说明某一合理观念或理性观念、抑或某一政治理想的。”[②] 康德曾被一种现象迷惑了，即理性规律及其表象即道德法则是普遍的，而欲望情感是个别的和感性的，我们怎么会产生按照道德法则去行为的欲望呢？他认为，这里的原因是我们人类所不能认识的。但对罗尔

① 罗尔斯：《政治自由主义》，万俊人译，译林出版社2000年版，第75页。

② 同上书，第88页。

斯来说，这个困难就被克服了，因为他主张每个人有两种道德能力，是平等的公民，同时他们愿望参与社会的公平合作的项目，正义原则又是大家一致认可的（至少是通过其代表），这些项目能够保证每个人都得利，所以，我们没有理由说，公民们不可以产生这种欲望。

公民们不仅是正常且充分参与合作的社会成员，而且还想成为并将被视为这种成员。这就是说，他们想要在他们的人格中实现这种理想。这其实就是要塑造政治美德的更高的愿望。

他提出一种哲学的心理学而非道德心理学来说明塑造政治美德为什么是可能的。哲学心理学只确定一些客观的可以产生的过程，而不是借助某些主观的心理反应的规律来说明道德心理的发展过程，这样的心理反应规律大多都是主观的，并不总是必然发生的。他认为，这种哲学心理学可以确定：（1）公民们能够产生出于正义原则和相应观念而行动的欲望。（2）这种欲望要成为现实行为，就必须满足相互性原则，政治的作用就在于阻止那些违背相互性理念的行为，因为违背相互性理念的行为使人们无法参与社会的公平合作项目。（3）从制度系统来说，如果有人怀着明显的意图去履行他们在正义的或公平的安排中所负的责任，那么，公民就容易发展相互间的信任和信心。（4）制度越能持久地保证合作性的安排的成功，则我们就会对这种合作机制产生越来越强烈的信任和信心。（5）制度越稳固，越能得到公民的承认，这种信心和信任也将变得更加强烈而完善。这就是说，公民的政治美德的培养不可能有绝对可靠的办法，而是需要受到正义原则的指导，并且体现出相互性，还要求有合作成功的引导和时间的持久性，才有望使人们具有培养政治美德的欲望。在这种问题上，不可能存在数学或逻辑般的精确性和必然性，只要求我们能够了解社会正义的图式，并能够在其中表达自己的思想，以及这种正义原则的图式在制度中能够得到繁荣就够了，这就是最好的结果。

四　政治美德的性质和作用

罗尔斯说："政治的正义观念之首要焦点，便是基本制度的框架和应用于该框架的各种原则、标准和戒律，以及这些规范是如何表现在实现其理想的社会成员之品格和态度中的。"① 他认为，政治正义观念可以在发

---

① 罗尔斯：《政治自由主义》，万俊人译，译林出版社 2000 年版，第 12 页。

展到现在的民主自由的立宪政体的公共文化中找到其根源，所以，并非是空穴来风，但是，由于以前的自由主义学说都是一种完备性学说，所以，我们必须以抽象的方式来理性地构建一种立基于保护人们的基本平等自由权利，确保和促进人们的首要善的政治正义原则，所以，民主自由的立宪政体的根本目标是：（1）其政治价值基础已经不能由任何完备性学说来承担，如果说以前是这样，那么现在我们明白了这是不可能的，于是，我们必须形成一种独立的政治观念，这种政治观念必须超脱于现有的所有完备性学说。（2）这种独立的政治观念，可以从社会的公共文化中找到其根源，因而可以得到其支持。（3）从实质意义上说，持有自己最亲切的价值观的人才是真实的人。所以，我们的政治制度和措施不应让人们放弃这些价值观念（这是政治专制的最明显表现），而是要提供共同的政治原则来让人们共同遵循，为人们实现自己的最亲切的价值观提供足够广阔的空间。但同时，公共的政治原则并不与合理的哲学、宗教和道德学说相反对，而是应该获得其支持，可以成为它们达成重叠共识的核心。

这样一种社会的基本结构的框架，能够塑造人们的品格和态度，即形成相应的政治美德。人们的政治关系不是仅仅受到权力和强制的支配，如果是这样，那么，我们在现实中就只能看到无数的暴政，大肆侵犯人们的权利，践踏人们的尊严，这就是一种普遍无道德的社会状态，但是，生活在这样的社会中，我们的人生还会有什么价值吗？所以，罗尔斯坚信：“一合乎理性的正义之政治社会是可能的，惟其可能，所以人类必定具有一种道德本性，这当然不是一种完美无缺的本性，然而却是一种可以理解、可以依其而行动并足以受一种合乎理性的政治之正当与正义观念驱动、以支持由其理想和原则指导的社会之道德本性。”①

综合我们的考察，我们认为，在《政治自由主义》看来，政治美德有以下特性：

第一，政治美德是范围性的，只是相对于公共的政治行动领域来说的欲望品质。它是使我们能够参与社会的公平合作项目的基本能力。首先它需要我们理性的公共使用，也就是说，我们要思考我们进行合作的公共规则是什么，所以，可以推论，我们可以理智地认识到我们的支持社会基本结构的正义原则，从而超越个人的自利打算而产生按照政治正义原则去行

① 罗尔斯：《政治自由主义》，万俊人译，译林出版社2000年版，平装本导论，第50页。

动的意愿。这就是在发挥和发展我们作为自由平等的公民的两种道德能力，从而也是在塑造我们基本的政治美德。而且，在政治领域中，人们对彼此都应具备这种政治美德可以相互要求，从这个意义上说，政治美德又是基础性的美德。显然，这不是一种完备的美德理论，可以说，政治美德只是在政治范围内存在的美德。这个观点，比《正义论》认为所有更高级的美德如仁爱和自制等都要在形成了正义美德的基础上才能进一步追求的看法有所退却，但更加明晰。因为在《正义论》中，他认为，正义美德是尽了作为一个公民的基本义务，而仁慈和自制则是尽分外的义务的优秀品质。对这一说法，我们的困惑是：我们不太能够明白仁慈和自制作为一种更高级美德的真正性质到底是什么，这两种美德为什么比正义美德更高级。而在《政治自由主义》中，政治美德被限制在政治领域中，服从于一种独立的政治正义观念，而与其他生活领域中的美德在价值上是不可比较的。

第二，政治美德也没有追求绝对真理的期许。政治自由主义只是建立在一些明显的事实基础之上的，比如，存在一些政治——道德的事实，即奴隶制不正义、暴政不正义、种族歧视不正义等，政治建构主义就是要把正义原则与政治—道德事实联系起来，以推论出具体的公平合作项目的内容。

有人可能会说，政治自由主义放弃了对真理的追求，所以其主张的政治美德就缺乏真理的向度，这样一种政治美德学说又怎么能得到人们的信服呢？我们认为，当代政治不能（也无法）使我们获得对政治的真理性认识，因为主张政治真理的学说只是各种具有合理性却又不能公度的、相互冲突着的完备性政治学说。在这种情况下，是否只能以一种完备性的关于政治真理的学说去压制另一些作同样声称的学说？但是，这样就只会造成思想的专制；或者，是否只是应该妥协，进行公共讨论，最后不情愿地相互承认？但这并不是达成政治共识之理性办法。政治自由主义认为，如果没有一种独立的政治正义观念，人们就难以达成对大家有约束力的共识。在大家认同独立的政治观念的基础上所达成的重叠共识，虽然不是真理性的认识，但是它要可靠得多。同时，它也是实质性的，并非仅仅是程序性的。应该说这种一致认同有着较大的现实有效的自我约束力。它不声称这是对政治真理的认识，也许根本就不存在这种真理，但是它提供了一个能够达成重叠共识的核心。于是，对于政治的公平正义观念来说，事实就是：在各种政治美德中，宽容和相互尊重以及一种公平感和公民权都是基本的。

第三，政治美德是公民参与政治活动的必备素质，又向其他美德敞开。政治领域只是生活领域中的一个范围，我们还有更广阔的生活领域。作为一种前提性的价值原则，政治正义制度和原则也是向其他生活领域敞开的，即是说，政治美德也不是美德的全部，它也向其他美德敞开。比如，过好生活是一个人的本真愿望，作为一个政治公民，我们也会追求自己的好生活，我们除了有正义感的能力，也有形成、修正和追求自己的善观念和终极目的的能力。于是，我们首先要有一种正规的、客观的正义原则的规导，并且我们的政治道德能力能够上升到更高层次，在这个意义上，政治美德的获得，可以成为我们过好生活的基础。但政治美德对公民来说，是一种基准美德，是前提性的，所以可以要求于所有公民，在这一点上，不存在任何强制问题。至于人们想要发展其他非政治美德，比如对真理和知识的追求、幽默风趣、良好趣味的培养、对美的事物的观照，或仁爱和自制的美德等，它们受到的限制就是：在涉及公共政治的领域，这些美德的培养不能以侵害人们的平等自由权利为代价，否则就为非德。公民们在形成、修改、追求善观念时是自由的，这表明，他们所持的善观念或终极目的观念是可以变化的。比如，在前往大马士革搜捕耶稣的信徒的路上，在耶稣神迹的感召下，扫罗从一个残害基督徒的人，变成了耶稣的坚定信徒保罗，这是可能发生的，因为他认同的合理性的完备性观念发生了变化。但是如果他生活在自由立宪政体中，他却不能说他可以采取一种完全不同的政治正义观念，比如主张因为奴隶制和等级制度能够更好地培养部分人的美德，所以奴隶制和等级制度是合理的。但是，在人们获得了政治美德的基础上，所发展的各种美德对政治的基本结构的稳定就会起到好的作用。可以说，政治美德对其他建立于合理性理念之上的美德是敞开着的。

所以，政治美德有着重要的政治意义。这表现在如果所有公民都能拥有政治美德，立宪政体就得以可能。建立于公平正义原则基础上的立宪政体，由于能够保障公民的基本自由和平等权利，能够保障和促进公民们的首要善，所以，它有着非常伟大的价值。而人们拥有宽容、准备对他人作出妥协、理性和公平感等政治美德，将使得自由主义政治体制、社会基本结构得以理解和稳定，所以，政治美德也是一种伟大的美德。它能保证持有不同的甚至会相互冲突的合理的完备性观念的公民之间会形成相互尊重和相互宽容的情感态度、能够达成重叠共识的理性而合理的理智品质，以及公平的心态等。的确，正如斯蒂芬·霍尔姆斯全景式地研究了自由主义的基本精神后所总结的，自由主义者们"一贯尊重例如合情合理、独立、不愿诉诸暴力、容忍多样性，并拒绝当众羞辱他人，以及愿意在辩论中倾听对方的发言等道德"。他也相信，"宪政政府是惟一一个可让这些自由主义美德繁荣发展起来的政治框架"①。可以说，罗尔斯的《政治自由主义》是对这一信念的一种更加现代的、谋略深远的辩护和论证。

① 斯蒂芬·霍尔姆斯:《反自由主义剖析》，曦中等译，中国社会科学出版社2002年版，第320页。

第七章　权利及政治美德

西方美德政治学的历史发展表现为三种类型，即古代美德定向的政治哲学、古代权力定向的政治哲学，以及近代以来权利定向的政治哲学。当然，具体说来，亦有一些近现代思想家主张建立一种美德定向的政治哲学，如近代的卢梭、密尔、当代的社群主义者，但是，他们都生活在一个权利昌明的时代，都必须面对权利的体系这一近现代政治的框架性前提。这也印证了一点，那就是，近现代政治思想家要去追寻美德，其正确的方向应该是探讨基于权利的美德。我们认为，我们必须尊重并继承启蒙运动的基本成果，那就是应该构筑并保卫当代社会的权利体系，在这个基础上，我们应促使平等自由的公民尊重自己原来的社群，组成并参与各种小型社群，在此之中，我们将习得某种政治能力，如领导能力与服务公益的精神和能力，培养人们之间的情意联系，塑造公民友谊；培养宽容、以理服己、以理服人、相互尊重、对正义的热爱、对政治制度的忠诚等政治美德。从这个意义上说，我们认为，社群主义的美德诉求，应该在权利的框架中加以追求，一旦离开这个框架，就会走向美德的独白，甚至美德的暴力。

第一节　权利及其道德基础

权利话语在当代政治哲学和道德哲学中广为流行，成为一个中心观念，它关涉一个政体的正义价值追求。但是，权利概念现在也饱受质疑。对权利的质疑，在西方，主要是由反对自由主义的逻辑需要所导致的，许多人似乎是把权利看作自由主义的专利。主要论点如下：一是认为自由主义的权利观主要是个人权利观，而自由主义的个人是一些无社会、脱离文化传统和具体社群的“原子式”个人，从而是一种不合适的抽象；二是有些学者如麦金太尔非常直率地反对权利概念，认为它纯粹是一种虚构，因为在西方中世纪临近结束之前，根本就没有与现代权利概念相当的词语，日本甚至直到19世纪中期仍然是这种情况。于是，他首先从逻辑上推论道，这种情况当然不意味着根本不存在这样的权利，而是意味着人们不知道它们的存在。但是，他随后又斩钉截铁地说："根本不存在此类权利，相信它们就如相信狐狸精与独角兽那样没有什么区别。"[①] 三是认为，主张保护权利，就是在人群中制造敌对态度，从而使人们在共同体的生活中发展出友谊、爱、慷慨等美德变得不可能。面对这些诘难，"权利"成为一个急需辨明的关键概念。我们认为，辨明权利概念，既要把权利看作一个经历了长期的观念化过程而形成的概念，即要确定其在社会转型中客观生活实践的基础；又要贞定其道德基础，确定权利的正当性，并分析其应有的结构类型。

一　权利的观念化过程

我们认为，像"权利"这类事关社会政治结构和生活实践全局的关键概念，必定经历了一个长时期的历史发展过程，只有通过社会经济生活的发展以及社会结构的转型，才能使得权利概念获得实际生活的客观内容，并在人类精神的反思中逐渐观念化。对于权利概念，如果只是抽象地分析其概念所包括的要素，是难以把握其实质的。

米尔恩想通过发现所有人类社会最低限度的道德要求来论证权利的普遍存在。这主要是受到麦金太尔否定权利的存在的观点的激发而采取的对策。他的观点包括：第一，所有社会都必须有大家都遵守的某些最低限度的道德要求，否则这个社会就不能存在；第二，各个社会的道德要求是不一样的，这是由不同社会的生活实践的不同特点和要求所决定的；第三，虽然在不同社会中有种种不同的道德要求，但必定有一些最低限度的道德标准却是一致的。这些最低的道德标准就是权利。比如生命权、得到公平对待的权利等，就是如此，因为这些权利得不到保障，任何社会都无法存在。他说，他的人权概念"不以所谓同质的无社会、无文化的人类为前提，相反，它以社会和文化的多样化为前提，并设立所有的社会和文化都要遵循的低限道德标准。这种要求为多样性的范围设立了道德限制，但绝

① 麦金太尔：《追寻美德》，宋继杰译，译林出版社2003年版，第88页。

不否认多样性的存在。低限道德标准的普遍适用需要它所要求予以尊重的权利获得普遍承认。用明白易懂的话来说，它们是无论何时何地都由全体人类享有的道德权利，即普遍的道德权利”①。但他又说，奴隶制度在道德上是不可接受的，是那个社会的重大道德缺陷。米尔恩太想论证任何社会都存在着相同的最低限度的道德标准，以说明任何社会都有权利存在，但是面对人类曾经实行奴隶制度的事实，他就只能自相矛盾了。按照米尔恩的观点，奴隶社会也必然有着最低限度的道德标准，即确认了基本的人权，但是，事实上，奴隶根本就没有权利，所以，米尔恩的观点与历史事实相矛盾。这是他观念先行的思想方式所必然造成的困局。实际上，他没有看到，社会生活中一种事关社会实践全局的新的概念的出现，一定经历了一个长期的观念化的历史过程，权利概念就是如此。从以前没有与现代权利概念相对应的用词，到近代以来权利概念得以凸显，并进入到政治哲学和道德哲学的核心地带，必定有着社会实践发展的必然性和必要性的基础，这种必然性和必要性使人们对于这种新的社会现实进行概括、反思，逐渐形成人们对这个概念的认识、认同，从而使之观念化。权利的观念化必须在整个社会都采取自由劳动制度，人们都成了独立的利益主体，人与人的交易关系、分配关系、政治关系采取严格的权利义务关系形式之后才能形成。

按照恩格斯的研究，人类社会在出现阶级之前，经历了一个母系氏族时期，其婚姻制度是普那路亚家庭制度，其经济形式是共产制的家户经济，没有私有财产，于是也不可能有个人所有权的意识。恩格斯引用摩尔根的话说，那个时代典型的人际关系特点就是“它的全体成员都是自由人，都有相互保卫自由的义务；在个人权利方面平等，不论酋长或酋帅都不能要求有任何优越权；他们是由血亲纽带结合起来的同胞。自由、平等、博爱，虽然从来没有明确表达出来，却是氏族的根本原则，而氏族又是整个社会制度的单位，是有组织的印第安人社会的基础。这就可以说明，为什么印第安人具有那种受到普遍承认的强烈的独立感和自尊心”②。当然，这种权利和义务的平衡是一种原始、未分化的平衡，也不可能形成

① 米尔恩：《人的权利与人的多样性——人权哲学》，夏勇等译，中国大百科全书出版社 1995 年版，第 7 页。

② 马克思、恩格斯：《马克思恩格斯文集》（第 4 卷），人民出版社 2009 年版，第 102—103 页。

对权利的意识，更谈不上权利的观念化。摩尔根说他们“都是自由人”，“在个人权利方面平等”，是用了现代的概念，事实上他们的自由平等不过是一个血族团体中的原始自由平等。

这种看上去美妙的团体生活必定是要被打破的。随着生产的扩大，出现了财产私有制，人们不再杀戮战俘，而是把他们作为纯粹的劳动工具，即奴隶，这是经济的必然性所要求的。在这种情况下，原始的平等和自由权利变成了奴隶主的特权和奴隶的无权利和无自由，所以，根本不会出现权利概念。但是既然有私有财产，那么，在拥有私有财产的奴隶主和自由民之间，则必然需要一种禁止侵害对方财产的公正法则。在这种现实条件下，虽然不能形成一种能够及于所有人的平等权利概念，但是内部的交易公正、分配公正、补偿公正也是必然存在的。然而，这种种公正尺度虽然确定了人们对自己财产的占有，但并不是真正的个人财产权，因为它们可以是由最高统治者赐予统治阶级成员的，所以也可以被收回。

米尔恩曾经提出，在柏拉图的《斐多》中，苏格拉底的临终遗言是：“克力同，我欠阿斯克勒庇乌斯一只鸡，你会记得还债吗?”既然存在债务，就表明应该对债主予以偿还，“这与后者被授予权利是同义的，即某人有权利获得偿还。希腊人没有能从字面上译成我们所谓‘权利’的单词，但他们显然有对权利概念的有效理解”①。不错，在实行奴隶制的社会中，虽然在有财产的人中可以形成对财产占有的有效理解，但是并不存在人们普遍拥有的人身和财产权利，所以，它还不会成为这种社会的核心概念，其社会关系也不可能建立在普遍的权利—义务关系之上，比如奴隶就没有权利，只有义务。奴隶们之所以不会被任意杀死，是因为他们能够替主人进行生活资料的生产，于是这种生产被奴隶主视为是低贱的。也正是因为这种经济的必然性，奴隶的生命也许能够像工具一样被保有甚至照顾，但奴隶还根本谈不上拥有生命权利。从极端情况而言，他们可能会被用作人殉而被杀死，女性奴隶也会被当作男性奴隶主可以任意占有的性对象。川岛武宜说，“对奴隶的所有关系不是法律关系，而只是主体对客体的支配关系而已，这同我对我所有的事物、工具、动物的关系一样”②。

① 米尔恩：《人的权利与人的多样性——人权哲学》，夏勇等译，中国大百科全书出版社1995年版，第8页。

② 川岛武宜：《现代化与法》，王志安等译，中国政法大学出版社1994年版，第17页。

在这个时期，权利几乎不可能被意识到。

但是，社会人伦关系结构一旦采用这种方式，就使得主人与奴隶处于如下关系之中，即奴隶主的生活必需品要由奴隶来提供，而且奴隶也有自己的要求，有自己的喜怒哀乐，他们也会反抗，这样就形成了黑格尔所说的主—奴相互依赖的关系。从根本上说，主人必须依赖奴隶。也正是在这种客观的关系中，奴隶的自我意识必然会觉醒。正如黑格尔所说，主人有力量绝对地支配奴隶，但是他们是通过奴隶的劳动而享受劳动的成果的。主人只是享受，但欲望满足是一种转瞬即逝的东西，因为它缺少“那**客观的**一面或**持久的实质**的一面”，所以，纯粹的享受无助于主人的意识成为自为的存在。正是这一点才使得奴隶将有望获得自我意识，因为他的存在使命就是劳动，而劳动能陶冶事物，否定物的任性，同时反过来，劳动也陶冶着人，在这一过程中，奴隶将发展并证实自己的本质力量。“这个**否定的**中介过程或陶冶的**行动**同时就是意识的**个别性**或意识的纯粹自为存在，这种意识现在在劳动中外在化自己，进入到持久的状态。因此那劳动着的意识便达到了以独立存在为**自己本身**的直观。”（**加黑的文字**为原文所有——引者注）① 于是，由于主人必须依赖奴隶，奴隶的生命首先将会得到保障，而非任意屠戮的对象；而奴隶的本质力量在劳动中得到证实，所以，奴隶必将逐渐争取自己的权益。

在历史的发展过程中，奴隶也将逐渐摆脱主人的绝对统治，而转变为对某些人的一种人身依附关系，他们的生命能得到保障，也有自己的独立家庭，但在经济上则要租种地产主的土地，而地产主则使之以佃农的身份束缚在这些土地上，并采取地租剥削的方式来使财富向自己集中。对于无土地的人们来说，地产主给他们租种土地，甚至可以形成一种恩惠关系。在由于天灾或人为因素而粮食歉收，地产主若是减免某些地租，则是一种额外的开恩行为。这种社会是“单纯强者的社会”，“有人只是发布命令而其他人只有服从”，在这种社会关系中，就不可能有真正的权利义务关系，或者说没有发生权利概念的余地。川岛武宜说，“日本的‘家族制度’中，‘女中奉公’及‘丁稚奉公’关系没有被意识为这种近代的权利义务关系”。它不是自由平等的人们之间的横向关系，而只是纵向关系。在这种社会中，没有真正的法意识，而只有义理和人情的习俗关系起主要

① 黑格尔：《精神现象学》（上卷），贺麟、王玖兴译，商务印书馆1979年版，第130页。

作用。他认为，“地主与佃农的关系是主从关系的人情关系，以女子、幼年劳动者为主的‘家族制度式’的纺织工厂的劳动关系，在‘家族制度式’的小规模的家族工业工厂中的关系等，至少在过去曾是非市民的非权利义务的关系”①。

这种社会把人群区分为各种尊卑贵贱的等级，居于上层的人们具有各种等级特权，而居于下层的人们则必须尽等级义务。社会财富以地租、赋税的形式流向社会上层，并以等级为基础来分配财富。所谓义理，就是下事上、贱事贵这一“天下之通义”。所谓人情，就是血缘亲情和上层阶级对下层人们的仁慈和恩惠。在这种社会结构中，自由平等的人们之间的权利义务关系就根本不能被意识到。至于法，正如梁治平所说，在中国古代，被看作是“王者之政”，是贯通天地、人情、事理的普遍规则，是所谓“德”的补充，地位上从属于德。古代的法，一方面是作为由国家专擅的杀伐禁诛的手段，另一方面也是王者替天行道、维持人间秩序的整个宇宙秩序的一部分。于是，“圣贤教导、历史故事，以及含义宽泛的价值如天理、人情、忠信、仁义等，如果被引入司法活动而成为法官判案的依据，也应当视为法律”②。由于中国古代社会秩序就是下事上、贱事贵的等级秩序，所以，“法律的设立并不是为了保障个人权利，就是一般社会关系也不是在权利—义务关系的框架里被把握和理解的”③。

在近代，西方传统的等级制受到资本主义生产方式的冲击，社会财富在以前是以地租的方式向地产主集中的，而随着社会化大产生的出现，工商业不断扩展其规模，其社会财富迅速地集中于资本家手中。在这一过程中，劳动力、资金、土地、机械也日益成为工业生产的生产要素，传统的土地贵族虽然仍然固守着其社会等级荣誉的残梦，但这时也只能要么进入资本家行列，要么因为鄙视生产和商业而成为没落贵族。于是，新兴资本家阶级要求打破传统的等级制度，要求平等权利，并要求分享国家政治权力的愿望越来越强烈，从而爆发了争取平等、自由权利的资产阶级革命，并逐步建立了资产阶级政权。他们鼓吹天赋人权，主张人生而平等，质疑君权神授、质疑社会统治权的自然基础——权力世袭的合法性，转而主张

① 川岛武宜：《现代化与法》，王志安等译，中国政法大学出版社 1994 年版，第 18—19 页。

② 梁治平编：《法律的文化解释》，生活·读书·新知三联书店 1994 年版，第 50 页。

③ 同上书，第 54—55 页。

把自然法作为人们生来自由而平等的基础，并主张政治权力是自由平等的人们通过契约而让渡给一部分人的，而人民则拥有最终的决定权。这种学说，显然对打破传统的等级特权制度是一件有力的武器。但在资本主义制度确立以后，这种学说必须面对这么一种现实，那就是社会分化为两大阶级即资本家和工人，他们虽然都是自由的，也可以说是人格平等的，然而，无产者的自由仅仅是出卖自己劳动力的自由，他们的平等也仅仅是形式上的平等。换句话说，这种社会中充满了社会地位和财富的不平等，以及由此而来的奴役。所以，在这样一个历史时代，权利学说当然是一种基本政治理论框架，但是它必须能够容纳对这种不平等现实的解释。他们通常在理论上对权利进行了两个层面的划分，即第一层次，要确立政治上和道德上的自由、平等权利的普遍分配；第二个层次，要说明现实中社会地位和财富上的不平等的必然性及其限度，并且要受到第一层次的权利的限制。

所以，从历史进程来看，权利概念经历了一种长期的观念化过程。近代以来，社会生产方式的变革和发展，使得人们从传统的各种人身依附关系中摆脱出来，成为独立、自由、平等的利益主体，传统的家庭经济破产，而转化为社会化大生产，因此，权利义务意识有可能得到彻底的确立。我们认为，在这个时代，权利的观念化经历了以下一系列的步骤。

1. 在西方近代，封建的地租剥削方式逐渐被废弃，代之而起的是社会中商品交换成为其经济原理。社会中经济联系的方式就是商品交换，人们作为独立的利益主体而在市场中彼此交换自己的劳动。这使得“从封建的或绝对主义的政治统治（政治的、社会的、道德的）下解放出来的‘自由’个人的营利活动成为经济生活和社会生活的原动力。这种自由人格首先以营利的独立者的姿态出现。这是作为利己心的承担者而出现的社会成员，是奉行‘人为自己而存在’、‘世界为我而存在’，以利己的自我主张为目标的人的存在，是黑格尔所谓的被舍去社会的契机而作为孤立的单一体强调其特性的角色”①。他们虽然是孤立的，但是并不等于说这是纯粹个人主义的世界，相反，他们只是摆脱了一切传统的人身依附和绝对主义的统治的个人，现在他们必须以商品交换为中介进行社会的联结，创造新的社会结构形态。在商品交换的必然性要求面前，所有的人都必须相

① 川岛武宜：《现代化与法》，王志安等译，中国政法大学出版社1994年版，第10页。

互承认对方的自主的主体性地位，即所谓抽象的平等和自由。我们的思维对这种社会现实进行反映，可以形成所有人都有自主人格的理念，而在政治与法的意识中，则确认了在彼此承认其主体性的人们之间的权利和义务概念。马克思认为，普遍的商品交换的经济体系，“必须彼此相互承认对方是私有者”，也就是说，把对方视为与自己平等的人，商品的等价交换原则就是这个体系中的监护者，所以说，“商品是天生的平等派”①。我们可能会为在这个时代中传统等级社会中的义理、人情等价值色彩消退而感到惋惜，但是，这正是历史发展的必然选择。

2. 这种独立的、自由、平等的利益主体，在他的所有物的范围内，他可以对自己固有的利益进行自由支配，“在这个范围内他是不受他人侵犯的‘主体人’，在这个范围内他将自己作为‘自由’的主体人来意识”②。正因为大家都有这种固有的支配领域，所以人们可以要求相互尊重，并且在社会上得到确认，这就是“现实形态的‘权利’”。不过我们必须明白，如果经济方式不是普遍采取商品交换的方式，如果不是大家都成为平等的利益主体，人们也就不可能普遍享有这种受社会法律保护的“权利”。这种权利意识，认为个人不依附于任何其他人或机构，政治国家也必须是所有权利人经过一致同意才能成立的、保护大家的权利的公共权威机构。而在人们的商品交换中，其伦理要求就被转变为等价交换，也就是说，这要“在利己心的主体把他人也作为利己心的主体，即作为与自己同样的人格而相互交涉时才能产生”③。这样整个社会的交往结构就表现为一种权利义务关系。等价交换的要求给那些本来无可满足的利己心设置了界限，这就是权利主体之间相互限制的义务。在这个社会中，不是纵向的等级统治关系，而是横向的平等的利益主体之间的交换关系占据了主导地位，只有这样，人们之间就既有同样的权利，又承担着同样的义务。这已经是一个新的伦理世界。

3. 这种经济领域的自主人格，逐渐在理性反思的层次上，形成了抽象的人格概念，从而获得了一个最基本的抽象价值，即个人的主体性。而这个抽象的主体性成了我们一切社会活动的出发点。康德的位于本体界的

---

① 马克思：《资本论》（第1卷），人民出版社1975年版，第102页。

② 川岛武宜：《现代化与法》，王志安等译，中国政法大学出版社1994年版，第53页。

③ 同上书，第35页。

自由意志概念就是这种理性反思的结果。我们也正是作为这种理性主体，才能在普遍法治状态下，使每个人的自由并存。人们的自由在普遍法治状态下能够并存的范围就是我们的权利范围，而遵守法律就是我们的义务。这种权利和义务，就不仅仅是商品等价交换的权利和义务，也是我们一切社会交往中的权利和义务，包括政治权利和政治义务。

我们看到，现在权利的观念化过程远未完成。在资本主义早期，生产资料私人占有，社会成员分裂为资本家和无产者两大对立阶级。在这两大阶级尖锐对立的时期，他们的自由和平等权利只能是形式上的，有着马克思恩格斯所揭露的伪善性质。因为对无产者来说，他们的自由只能是出卖自己劳动力的自由，换言之，是受雇佣劳动制度奴役的自由；而平等也只能是抽象的人格平等，在财富和社会地位上则与资本家处于不平等的地位。所以，这种形式上的平等自由，只是权利概念的一个外壳或骨架，必须朝着具有实质性的自由平等的方向迈进，才能逐渐使权利真正现实化。今天的世界正处于这一过程中，但就权利真正实现的目标而言，我们任重而道远。现在，科学技术迅猛发展，世界经济在持续增长，中产阶级的人数在不断增加，越来越多的人拥有财产性收入，社会保障体系逐步完善，政治参与也越来越广泛等，都正在使人们的权利在越来越高的程度上得到实现。

二　权利的道德基础

在今天，似乎人人都在主张权利，但是，我们要问，权利的存在究竟应该如何阐明？它基于什么样的道德事实才能成为正当的？权利，简单地说，就是获得了自由和平等的人们在社会实践中，根据某种正当的理由而拥有主张某些东西的资格和现实可能性。我们的各种实证法都界定了人们的许多权利，故权利的存在没有什么疑问。但是，进一步追问究竟什么是权利，以及判断这些法定权利是否正当的根据是什么，却是我们政治哲学和道德哲学所必须做的基础工作。

我们认为，对权利进行思考可以采取以下理论框架：

（1）从抽象的形式层面讲，思考权利问题的基础是人的本质以及人与人之间的关系。一方面，人不同于其他动物，其本质规定的确是自由的，也就是他能自主地选定并追求自己的好生活；另外，人有理性，也就是说他能反思人与人之间的关系甚至反身关系，即思考自身，从而能够思考某些超出感性世界之上的普遍性的合理理由。这就是说，人不仅能够把其他人看作自己的同类，更能理解他人与自己是有着同样本质的存在者。由于人是自由的，并且是有理性的，所以他们必定有个体意识或主体意识，意识到自己与他人的边界，可以意识到自己的要求必须得到他人的认可，并且要认可他人同样的要求等。当然，只有在社会上普遍实行自由的劳动关系，人们都摆脱了人身依附的基础上，这种抽象的权利才能得到主张。

（2）人的共在论的存在论境域。人伦关系的最简洁的表述是自我—他人。他人是一个坚硬的事实。显然，在纯粹的个人状态中，将不存在权利，也不需要权利。这表明，权利是在与他人的关系中存在的。当然，在原始的血缘团体共同体中，由于生产力水平低下，也由于共同体的成员之间是水乳交融、休戚与共的，所以共同体成员之间相互帮助，实行共产制的家户经济，没有个人财产意识，成员们自然而然地为共同体服务，共同体也关心成员的一切，所以，也就没有真正的权利—义务关系。权利，一定是在个人从共同体的母体的脐带上脱离而取得独立，同时又必须与其他独立的个体进行交易、交往的人伦环境下才能出现。所以，权利一定经历了一个逐渐观念化的过程。麦金太尔不理解这一点，故而认为：由于以前没有与现代的权利相当的概念，所以根本就不存在权利。这正是麦金太尔的错误所在，也是那些认为在人类所有时代和所有文明体系中都存在着最低限度的道德标准的学者们的错误之所在。实际上，只有在出现了观念化的权利之后，人和人的关系才可以被抽象化为自由意志之间的相互对待的关系。

同时，我们要明白，组成社会是我们生活的必需，这是因为社会合作能够使我们获得单个人状态下所不能获得的好处；为什么明晰产权是必要的，这是因为我们对属于自己的东西有最高的关注程度，以此为基础而进行交易、合作，就将能获得彼此利益的增进，并能增进社会财富。但是个人对社会也有期待，那就是希望社会能够保持人与人之间关系的和谐和个人外部生活的兴盛。

（3）共同体结构中的权利。贝思·J. 辛格说，“我们把共同体解释为个人、身份以及权利的必不可少的环境和条件”[①]。许多社群主义者认为，

① 贝思·J. 辛格：《实用主义、权利和民主》，王守昌等译，上海译文出版社2001年版，序言，第2页。

自由主义者把个人看作是无文化、无社会的分散的原子化的个人，从而认为这种个人是一种虚构。贝思·J. 辛格虽然重视共同体的先在性，但是并没有否认权利，而是认为，虽然在抽象意义上，每个人都有被平等对待的权利，但是它们必须在具体的共同体中才能被真实赋予。条件是，共同体中的人们形成了一些共同的普遍规范，这些规范是有效的，即人们能够认同，形成某种泛化的他人态度，从而尊重并接受共同体规则的约束。正是这些有效的规则才为人们有效地赋予了权利。如果共同体没有形成相应的有效规范，则从理论上说的权利就不是有效权利。

（4）从基础上说，对自由平等关系的确认，实际上是把人们都视为道德主体，从而保障了人们精神生长的基础——自由、自主性，并为人们进行交往、交易提供了一种共同规则框架，在此之中，人们通过交往和合作，追求自己的利益和事业的成功。所以，霍布豪斯认为，要思考权利与义务问题，就必须把权利看作为群体生活和谐和兴盛所必需的要素，这种种权利对个人是有好处的，同时也是社会兴盛的必要要素。这就给了权利以某种规范性，而不仅仅是个人与社会的抽象关系。所以，就生活于群体中的人们而言，“权利是一个关于责任的术语。权利是其所有者所应享有的一些东西，因而是对他人所施加的一种限制”①。这首先要求人们对权利都有尊重的义务，即“权利包含了一种道德关系，并不完全单纯是所有者一方的事务”②。其次，权利并不是个体对任何东西的要求权，而是因为它是社会福宁的要素，才能被个人所要求，为社会所许可。不仅人身权利，还有人格发展所需的各种物质、精神条件，对它们的要求都可以是个人的权利。当然，集体比如各类法人，也可以有权利，它们有权发挥自己的功能，因为它们同样是社会福宁的要素，并且，共同体为其成员提供了发展的条件，所以对其成员也有要求权。总之，他认为，“认可一种权利就是在假定共同体中的行为是以共同善为目标而组织起来的。权利是共同体中的因素所要求或应享有的事物，或者是作为整体的共同体从它的因素那里所应获得的事物”③。霍布豪斯的这一说法是对权利的一般性的阐明。但我们认为，对此需要历史地看，因为所谓共同善也是有着具体的历

① 霍布豪斯：《社会正义要素》，孔兆政译，吉林人民出版社2006年版，第19页。

② 同上书，第20页。

③ 同上书，第22页。

史条件的。比如，有人可能说，在奴隶社会也存在着整个社会的共同善，把奴隶当作工具有助于这一共同善的达成，所以，这也是“合理的”或“正义的”，但显然，这种所谓共同善并不能创造权利。我们认为，只有在人人都成为平等自由的主体的时代，共同善才能创造权利。

那么，权利的道德基础到底应该如何确定呢？萨姆纳认为，权利的道德基础必须是基本的，又是客观的。萨姆纳批评契约论只能为权利提供主观价值基础，因为契约论者认为，权利的确是人们表示同意的结果，所以，根本避免不了主观论性质，它只能以一些不能通过契约来论证的东西为基础，比如人与人的平等自由的关系、公平立场等，这些并不是契约论证的结果，而是契约论证的基础。所以，契约论都需要假设一个初期状态，但是，“如果对初期状况的解释对各方的互动施加道德的约束，那么这种解释就是道德化的；如果不能，则是非道德化的……不过，这两种做法似乎都不能解释为什么契约论假定的集体选择程序应该看成是道德论证的自给自足的方法”①。他认为，关键在于，如果说，公平标准是大家通过理性程序而被选择出来的，那么，我们还可以继续追问，为什么说大家的理性选择就是公平的呢？所以，公平的标准还需要进行论证，而这却不是契约论所能胜任的。这一批评是对的，但是并没有打中要害，因为契约论者并不是通过契约论来论证权利，而是订立契约者本身就有权利，从而能够在契约中形成对彼此有同等约束力的规则，这本身就已经预先设定了客观化的普遍性的公平立场，即每个人都是自由和平等的人，不能以强力压迫或信息欺诈的方式来形成契约，这就要求在形成公共规则时排除占人便宜或利用他人的情况。因为我们无法论证经常有人占便宜或能够利用别人的制度安排是合理的，这主要是因为任何被占便宜和被人利用的人都会感到愤懑。所以，这里就已经预设了人们的抽象平等权利；而具体的权利则是要在公平的立场上，通过契约订立普遍规则后才能被赋予的。公平的立场是一种客观的立场，它是用于展开契约论证的客观基础。设计自然状态、原初状态等的初衷就是为了获得这样一种客观基础。没有公平的标准，契约也是无法订立的。

在公平的基础上，人们可以同意未来的社会采取生产资料公有制，这

---

① L. W. 萨姆纳：《权利的道德基础》，李茂森译，中国人民大学出版社 2011 年版，第 142 页。

将是达到所有人的人格平等对待的形式性和实质性完美结合的选择。但是在这种制度中，划分人们各自的财产权利就是不需要的，所以，这种对未来社会经济制度的规划，并不需要产生对财产权利的确认。换句话说，能够实行全面的公有制将是正义的彻底实现，却是以消除当代社会中正义问题的基础即个人权利为前提的，是对现代正义的超越。实际上，罗尔斯的正义理论是以当今社会中的个人财产制度、自由民主的政治制度为客观社会背景的，他设计原初状态和无知之幕等，看上去是想获得一个完全抽象的出发点，但目的却是要设计在这种客观社会背景下人们如何公平地分配权利和对负担进行公平的分担。只有这样，以一种形式上公平的立场为基础，才能论证具体权利的存在。在现实社会中，人们所承担的角色和所处的阶层都是不一样的，所以，各自的具体权利都是不一样的。针对这种现实，权利的道德基础就只能是公正，即把各人的东西归各人。

于是，我们发现，对权利的道德基础的确认成为政治哲学和道德哲学的首要任务。由于人的利益分立的现实，所以，对权利的道德基础的确认，是我们的社会经济政治活动的前提。在学术界，由于认识到权利只能在某些公共规则下，并要依据其对应的义务才能确认，所以，又有人提出，义务应该优先于权利。我们只有尽了相应的义务，才能享受相应的权利。这种说法看似有理，但是，我们在进一步的思考中，发现这一说法有误。

首先，确立权利这个概念的目的，正是为了消除传统社会权利与义务不相对称的情况。从义务出发，有可能强化义务的单向性，即社会把义务只是强加于某部分人身上。此类说教，在中西古代，都屡见不鲜。所以，权利之立，目的在于使义务与权利取得对称。世界上还没有哪个时代权利泛滥而义务被不当消除。义务是必然存在的，不然，社会就无法运转。所以，关键在于，要让义务在平等尊重权利的前提下得到合理分担。

其次，就人作为有理性的主体来说，从纯粹形式的角度看，我们应该把按照理性规律而行动作为自己的义务。康德在伦理学中，不谈权利，只谈**责任**，那是因为他已经把所有人都视为自由、平等的道德主体，于是，责任就表现在理性规律对意志的决定性上，即所谓“责任就是由于尊重规律而产生的行为必要性”①。因为只有这样才能彰显一个有理性者的尊

① 康德：《道德形而上学原理》，苗力田译，上海世纪出版集团 2005 年版，第 16 页。

严，即内在道德价值的确证，他似乎是说，人作为有理性者，是应该尽责任的，同时也是能够尽责任的。所以，责任是**内在**的；而权利则是在自由平等的道德主体之间的外部关系中得到限定和确认，理性规律表现为对所有人都有外在约束性的普遍法治状态，在这种境域中，人们的意志自由不得相互侵害、妨碍的界限，就是人们的权利范围，而彼此尊重对方的权利，也就是法定**义务**。所以，义务是**外在**的。如果说，确认权利，首先需要一种公共规则体系，那么，在洛克，是确信自然法是上帝的意旨和法律，这一点在康德看来，当然是他律的，所以，康德把自然法改造为可"为先验理性所认识"的法。换句话说，自然法实际上就是理性规律。[①]说它是自然的，是因为它不能再进一步证明。首先，在人们的外在关系中，理性规律对人们来说是他律的，但最终人们能够实现自律，因为理性规律是人自身作为一个有理性者所颁布的，所以在履行它时，是履行自己所定之法，此即自律。所以，如果说，权利在康德那里，在政治领域中，是在普遍法治状态下人们的意志自由能够并存的条件的话，那么，在道德哲学领域中，权利首先就为那些能够理解自己的责任并在行为中履行它的道德主体所内在地拥有。他说，"**只有一种天赋权利**，即与生俱来的自由"[②]。自由是每个人由于他的人性而具有的与生俱来的独一无二的权利。在这个基础上，还有天赋的平等，即他不受别人约束的权利。这个权利大于受到别人约束的权利，是它作为道德主体的先天性质所决定的，而受到别人约束的权利，只是在实际生活中与别人的外在自由不相容的部分。只有作为自由而平等的人，我们才能承担责任和义务。所以，即使是康德，也并不是把义务优先于权利，反而也是把权利作为义务的基础。从这个意义上说，康德非常准确地从哲学的高度上把握到了这个时代的内在要求。

最后，在权利与义务的关系上，首先必须确立自由与平等的人伦关系基础（这当然是一种政治的变革），才能获得权利与义务的对称性。虽然权利并不能离开义务而被单独确定，但我们正是为了确认权利，才在平等与自由的道德主体之间所应尽的同样义务中来划定权利的边界，这主要是因为我们现在还必须实行个人财产制度，从而个体的人身、财产、自由都

---

① 康德：《法的形而上学原理——权利的科学》，沈叔平译，商务印书馆 1991 年版，第 27 页。

② 同上书，第 50 页。

必须归向个人而不能被他人或社会所侵害，于是，所有个体都不得侵害对方的人身、财产、自由，这就彰显并捍卫了权利。所以，在自由平等的社会中，个人自由并不是任性的，而是受到公共法则约束的。在这里，权利的道德基础就是公正，即把各人的东西归各人。如果有人不尽义务而侵害别人的权利，则必定受到公共规则的惩罚，他要做的就是归还所侵占之物，当然还要为他的恶意而付出法律代价，这是公正的，也是对他所侵害的对方的权利的保障。但是他并没有丧失权利，比如说，不能因为他有意或无意损害了别人，就应该剥夺他的一切权利，他只是要赔偿他对别人所造成的损失，他仍然是权利主体。他只是不能任性地行使自己的权利，超出他的权利范围就不再是他的权利，也不是他所能合理主张的权利。

按照赵汀阳的说法，思考人权问题应该转换视角，即从一个人的自然所是（is）的立场，转变到人伦关系中的文明所为（does）的立场上，也就是说要在人完成自己的目的的视野中来获得人权。他认为，在人权问题上，必须有严格的公正原则作为前提，也就是要保证“恶有恶报，善有善报”。于是，人并不具有天赋人权，而只能由文明社会把人权预赋给所有人，然后要求他们完成相应义务，在完成相应义务的过程中，他才做成了一个“人”，才能保有人权。用他的话来说：“每个人无条件而平等地获得预付人权，但并非无条件地保有人权；人权承诺了人义，履行人义就是保有人权的条件。”[①] 这种理论看来很好地克服了天赋人权的神秘性问题，并以承担义务为前提来保有人权，从而能够避免权利的泛滥，即造成权利与义务不能严格对应的社会不公正局面。但是，我们可以进一步追问，如果人权是预付的，那是谁预付给我们的？如果是政府预付给我们的，那么政府是否代替了天赋人权中的上帝或自然的位置？可是，政府本身就是经过公民的同意而成立的，这表明，公民在政府成立之初就有对成立政治国家表示同意的平等权利，显然，这样的权利不能是预付的。其实，既然他如此重视严格的公正原则，本来是可以得出权利优先于义务的结论的，因为公正原则可以理解为划分人的权利的范围的原则，禁止越权，才是公正原则加给我们要行使权利时所应履行的义务。如果不是为了行使权利，我们履行义务干什么？我们在公正原则中行使权利，履行义务，就是在做人，成为一个道德主体。于是，权利并非是所谓“预付”

---

① 赵汀阳：《每个人的政治》，社会科学文献出版社 2010 年版，第 113 页。

的，在他违背义务时就可收回。可以这样看，他所受到的法律惩罚，并不是收回他的权利，而是阻止他超出自己的权利范围而行动，并为此付出代价。

所以，把义务优先于权利，是无法保障权利的。更为严重的是，如果法律所加给我们的义务是不合理的，那么我们也必须去严格履行吗？“预付人权”的说法，其实质把权利看作公共机构对个人的施舍，而存在着任意强加义务的可能。实际上，权利之立，就是使个体能够抵抗他人和社会对他们任意强加义务，制定法律的目的也在于此。

我们认为，严格的权利只有在人们都成为平等、自由的主体的社会中才能出现，即可以彼此要求对方把自己看作是同样的自主人格，所以它是对一个特定的社会现实的反映，而非在任何时代都有的。权利是一个人作为与他人一样自由平等的个体对应该属于自己的东西的要求权。它是一种主动态，所以可以确保个人的自主性。这种自主性是形式性的，它一开始并没有内容，只是所有个体都能够自由选择，不受他人干预，但是必须不违背社会的公共规则，这就是个体的自由权。自主性的行动当然要指向对象，面对具体的对象，我们要在遵守公共规则的前提下来行使要求权、权力权和豁免权，它们都是我们的自由权的体现。

三　权利的结构体系

只有在自由平等的人伦关系结构中，我们才能论述权利的结构体系。在人们都是独立平等的利益主体，拥有自己的财产权利，社会经济活动还只能采取市场的分散决策形式的时代，我们看到，权利只能是以正义原则为基础的权利。由于正义是公平地分配社会基本善并且公平地分摊社会负担的原则，所以，其立足点是让所有人获得自己所应得的。只有在正义原则下，才能既让各人拥有自己的平等权利，又能让各人承担起自己的相应义务。这种权利体系包括了个人的独立人格，在社会中受到公平对待的权利，以及公平对待他人的义务。

我们认为，仅仅说所有人类社会都有着一些基本的、低限的共同道德标准还不足以阐明权利的观念，比如说，保护生命，看上去是每个社会都会有的基本道德原则，但是，实际上，在不同的社会历史时代，对生命的保护并非都是平等地尊重所有人的生命。比如，在氏族社会中，对本氏族成员的生命是同等地加以尊重的，但是对氏族之外的人的生命就可能根本没有尊重，甚至可以随意杀戮；在奴隶制社会中，也许会保护奴隶的生命，但其目的却是把他们充当劳动力，只是当作纯粹的工具，根本没有任何尊重。而且，在鬼神信仰或死后有灵魂的观念的支配下，甚至会产生以奴隶陪葬的所谓“人殉”制度。在封建制度下，虽然农民的生命并不能被随意摧残和损害，但是农民对封建领主就有一种人身依附，附加在他们身上的义务就很多，根本谈不上是平等地尊重所有人的生命权利，所以，生命权也没有真正地得以确立。只有近代自由平等的人伦关系确立之后，对人的生命权利和其他权利实施一视同仁的保护和尊重，才首先在形式上得到追求。当然，权利是分层次的，亦是分领域的。

第一，形而上学层面的自由权、尊严权和人格权。我看不出对权利进行形而上学层次上的思考有什么不合理的地方。拒斥形而上学，只会伤害权利的道德基础。如果只从现象层面来思考权利，就只能采取利益模式，也就是从获得利益的角度来确认权利，而不能采取选择模式，即从个人的选择自由来确认权利。我们认为，只有选择模式才能确定人的自主性这么一个权利的道德基础。

自由平等的人伦关系是权利观念化的客观基础，不确定这个前提，对权利问题就只会进行抽象的概念分析，比如认为任何社会中都有一些基本的公共规范，由于这些公共规范都要赋予人们以某些要求的资格，所以便认为这些要求资格就是权利。他们没有看到这种要求资格的拥有可以依照社会阶层的不同而有不同，并非所有人都平等拥有的，所以，并不是真正的权利，只是某些人的特权，某些人缺少权利，这也就是为什么在近代化之前的各社会形态中，没有与权利相严格对应的概念的原因。麦金太尔看到了这一点，却得出了错误的结论：他认为，既然以前没有与权利相对应的概念，就表明权利是近代人的虚构。实际上，如果我们的论证是有理由的话，那么，我们认为，只有确立了自由平等的人伦关系之后，才能有普遍的权利。自由平等的人伦关系，从概念上看，就是确立了个体的完整自主性，即认为个人可以进行平等的自主选择，在这方面，谁也不能强制对方，或凌驾于对方之上。此种自由，曾被说成是天赋权利。康德甚至把它看作是唯一的天赋权利。康德说它是天赋的，是因为我们作为有理性者，可以处于本体界的自由之中，即能够以理性规律来直接决定我们的意志，这就是意志自由，它可以成为自主而自律的。这种学说，只有在近代人们都脱离了人身依附而获得独立之后才能出现，这种现实，才能给在理论上论证人的自由人格以客观要求。康德认为，要确立人的平等自由，不能诉诸所谓自然状态的假设，也不能诉诸所谓作为上帝的意志的体现的自然法，而要从人的存在本质中找到自主、自由的根据。他认为，相对于现象界（自然世界）的个别性、相对性、变动性、质料性和因果必然性，应该有一个本体界，其特点是普遍性、绝对性、永恒性、形式性和自由性。而人既是现象界（他有感性偏好、欲望、情感等）的一员，同时又是本体界（他有着纯粹理性）的一员。人作为本体界的一员，他是自由的，其尊严就来自于他能够服从自由规律而非仅仅服从自然规律，从而有尊严权，也有人格权，这是从人的本体自由而来的绝对的、人人具有的权利，而且可以要求大家都彼此尊重对方同样的尊严权。于是，对康德来说，霍布斯、洛克等人的外在的自然法就需要转化为人内在的理性规律；平等和自由就不仅仅是自然状态下地位上的外在平等和自由，而要转化成人的道德资格和政治权利的平等和自由，从而康德可以摒弃自然状态的抽象假设，而在人性的本质部分即纯粹理性中来确认这种无上价值。这的确是康德在探索权利的道德基础问题上的巨大贡献。

所以，存在着这样一类权利，它们是所有人都平等拥有的，那就是自由权、尊严权和人格权。这类权利可以扩展到孩子，因为人类的孩子将会发展为理性成熟的成人；也可包括有智力障碍的人，因为他们只是因为先天或后天原因而造成理智的缺失，所以，他们也拥有这种权利，只是不能行使这些权利，故而需要正常人的保护和照顾。这些权利之所以具备了道德基础，是因为它们是基于人们的道德资格之上的，是人作为道德主体的资格。同时，个人拥有这种权利，也是追求好生活的前提条件，所以，如果说追求共同善是我们在社会中生存的目标的话，那么这种前提条件的获得，也是共同善的一个本质性因素。霍布豪斯说，“个人的权利是建立在人格之上的。权利是个人发展的条件。但是，人格本身也是共同善的一个要素，这是人格的各种权利有道德上的效力的原因”[①]。在这个层次上，它们不受到任何具体结果或功利的审核，反而可以约束和制衡对具体结果或功利的追求行为。在自由平等的人伦关系确立以后，无人能有效地否定这些最基本权利的存在，所以，法律可以在最强的意义上禁止人们相互侵害这些权利，于是，保卫人们的人格权和尊严权可以成为正义的最基本

① 霍布豪斯：《社会正义要素》，孔兆政译，吉林人民出版社2006年版，第22页。

要求。

我们认为，从其他地方去找权利的道德基础是困难的。自由并不是任性，人们并不是由于人性中的其他素质而获得权利的，比如欲望、情感等素质，如果没有理性的判断和引导，就会是盲目冲动的。这类素质其他动物也有，但其他动物并不能以权利相互对待，也不可能有权利意识。只有有理性的人才能认识到他人与自己一样具有同等的自由权、尊严权和人格权，从而使相互平等尊重对方的规范即普遍法则成为可能，服从这些普遍法则就是我们的基本义务。并不是义务确立了权利，而是权利要求了义务。因为，对于自由而平等的人们来说，如果不是为了保障和实现权利，我们要尽义务做什么呢？当然，由于权利是需要人们彼此相互承认的，所以，权利必定是有边界的，这就设定了我们不能侵犯别人的权利这一边界，从而也设定了人们相应的相互义务。

第二，现实层面的权利及其分类。形而上学层次的权利是最基本层次的权利，面对着现实的生活实践，这些权利应该成为现实权利的基础。它们要下降到现实世界之中，而具备现实生活的内容。不管我们的生活实践领域如何分化，追求的目的如何多样并且处于变化之中，从而衍生出各种现实权利，都不能违背这些最基本的权利，否则这种种现实权利就不具备正当的道义基础。为什么自主和自由权利是先在的，正如金里卡所说，“对他人自由的尊重不是基于我们在批评偏好上的无能，而恰恰是基于自由在确保我们最好地做出这样的判断的条件上的作用”①。也就是说，我们面对现实的社会生活，问题的核心并不是没有目标，而是必须自己去自主选择目标，并且也要自主地追求、修改这些目标，这是我们追求好生活所必须具备的前提。

首先，我们考察生命权。生命权在具有独立人格和自主性的个人那里是起点权利。我们之所以拥有普遍平等的生命权利，是因为生命是自由、尊严和人格的载体，所以，保护生命权利的目的是保护人格不致被毁灭、贬低和受到侮辱。生命因承担着道义价值而可贵，道义价值因为有生命的承载而得以挺立。奥特弗里德·赫费不想追究生命权的形而上学理由，而是主张在人们的现实相处中，我们自由权的行使有造成对彼此生命的伤害

① 威尔·金里卡：《自由主义、社群与文化》，应奇等译，上海世纪出版集团2005年版，第10页。

的可能性，所以，我们必须从最全面的层次上彼此放弃残杀对方生命的自由，只有在这种放弃中，我们才能获得生命权。“除非其他任何一个人实际上都放弃了残杀（别人的）自由，就没有人能得到（自己的）生命权。”[①] 只有这种全面放弃，才能成为社会上的有效规范，构成对我们生命权的无偏颇的保护。这种说明从理论上说是精妙的，但是，我们仍然认为，之所以要平等保护所有人的生命权，就是因为生命是每个人的人格权和尊严权的载体，这是更为基础的道德理由。

对生命权，人们还有相互促进的义务，即尽可能帮助他人。这种积极义务当然是相互的。康德说，若是人们都只顾自己，而不帮助处于危难中的人，当然也没有什么可以指责的地方，但是，这样一来，自己处于危难境地时也就不能要求别人的帮助。他的这一说法，被叔本华说成是背后隐藏着利己主义。叔本华说，在康德那里，“道德责任是纯粹而且完全地建立在预先假定的互换利益上的，因此它是完全自私的，只能以利己主义解释，这种利己主义在互利互惠条件下，做出一种妥协，聪明得很”[②]。按照叔本华的解读，康德的这一所谓“对他人的不完全责任”就只是一种假言命令。其实，康德的意思是：若是如此，我们每个人的发展权就都得不到保障，如果说，自我发展权利的实现需要去除自然的和社会的偶然因素的阻碍，那么大家就都有相互帮助的义务，这与利己主义并没有关系，因为这种义务是普遍地及于所有人的，可以形式化，所以这是道德的定言命令，而非假言命令。

其次，我们考察交易中的契约权和财产权。近代以来，自由和平等的人伦关系的确立，首先是由经济生产方式的变化引起的。近代以来的经济生活建立在自由平等的道德主体之间的契约纽带之上。契约关系典型地体现了人们的交换关系的性质。在一个每个人都是独立的利益主体，还必须实行财产的个人所有制的时代，我们都需要通过契约来进行合作，以获得彼此利益的增进。我们看到，契约主体必然是具有独立的自由权、尊严权和人格权的平等主体，所以，人身和人格就不可能是契约的内容，契约的内容只能是外在的物质利益；同时，契约必定是双方或多方真实意思的表

---

① 奥特弗里德·赫费：《政治的正义性——法和国家的批判哲学之基础》，庞学诠译，上海世纪出版集团 2005 年版，第 279 页。

② 叔本华：《伦理学的两个基本问题》，任立等译，商务印书馆 1996 年版，第 179 页。

示，强迫契约就不是真正意义上的契约，原因是这种契约侵害了被强迫方的自由权、尊严权和人格权。每个人都有通过订立契约而彼此获利的权利，而由于契约是在平等自由的人们中间订立的，所以，契约就对双方或多方都有同等约束力，故履行契约就是大家的同等义务。

在现代社会中，生产、交换中的契约形式是最本质的经济活动形式，故而雇主和工人之间的关系不是传统的施恩与受恩的关系，工资也不是情义性的赐予，而是契约的结果，对双方来说都是权利义务关系。在存在着外部竞争性的用工形势下，工人也有了一定的议价能力。而情义性关系只能是私人性的、偶然性的。这是社会化大生产以及人力资源市场化所必然要求的。在这种现实中，财产的确是个人人格的定在，是人格的物化内容，所以，社会必须确认人们的财产权利。

再次，人们进入到共同体中生存，是个体生活的延展和延伸，也是权利义务关系得到人们情感性的呼应和成为有效约束的场所。在此之中，人们不仅主张权利，而且也拥有权利，这是人们获得自己的有效权利的途径。在小共同体中，人们由于长期的共同生活和利益交换，会慢慢形成一套有效的规范，而“规范社会共同体的社会规范是我们所认识的人类生活的先决条件”①。即大家都认可并承认其有效约束力，人们不仅对这些规范形成了理性认识，又有情感上的认同和意志上的趋赴，于是，在共同体成员中形成了一种普遍的价值态度。这样，人们的自由权、要求权、权力权和豁免权就能够为社会规范有效地确认，并能要求彼此尊重，把它看作彼此的义务。这当然是比较理想的共同体。如果不能形成这种共同体，即使颁布了一些规范，若大家都不认可它们的约束力，则自认为拥有的权利就只能是理论上的权利，而不能成为现实有效的权利。

同时，共同体的共有规范是否能够赋予人们以现实的权利，需要受到更高的道德价值的审核，也就是说要衡量它们是否基于自由权、尊严权和人格权这些道义标准，这是防止共同体成为变态共同体的前提条件。社群主义者只把泛化的他人的态度的形成视为权利的道德基础是失当的，因为形成共同的价值态度有着多种方法和途径，比如通过貌似合

---

① 贝思·J. 辛格：《实用主义、权利和民主》，王守昌等译，上海译文出版社 2001 年版，第 35 页。

理的论证、煽动狭隘的团体情绪等方式而得到营造，亚里士多德曾论证奴隶制天然合理，并认为主奴关系可以是一种和谐的、兄弟般的友谊关系；希特勒煽动一种狭隘的种族优越论，而走向纳粹主义等，都是深刻的教训，因为它们直接摧毁人人拥有自由权、尊严权和人格权这些道义基础。所以，只有在尊重并保卫人们的自由权、尊严权和人格权的基础上，去营造一种合乎道义的共同体，才是使人们获得真实有效的现实权利的途径。

最后，我们考察政治权利。政治所关涉的是统治与被统治关系的建立，人们在这种关系中被政治规范确认了政治权利。从本质上说，统治与被统治关系是自由平等的人们进行公平的社会合作的政治结构，所以，我们也必须追寻政治权利的道义基础。政治权利有以下类型。

1. 表达同意权。对一种统治与被统治关系的建立，人们拥有表达同意权，因为这种关系必须得到被统治者的同意。一个未经同意而成立的政治结构，即使能够促进经济的进步、社会发展甚至某些美德的繁盛，也只能说是达到了其政治目的，而不能证明这种政治结构获得了其道德基础，即道义上的正当性。公民们的表达同意权是政治生活中的个人的自由和平等权利，可以表现为选举权和被选举权。当然，选举权和被选举权的普遍持有，是需要经过一个长期的政治发育过程的，并需要加以合理、周到的技术设计。

2. 政治参与权。这种权利表现为在具体的政策制定以及如何确定公共利益时人们所拥有的权利，包括制定对所有人都加以一视同仁的对待的法律，这也是公共利益，也需要公民广泛的政治参与。法律的本质应是一种使人们的意志自由能够并存的普遍规则，这就是它的道德基础。如法律保护人们的言论自由和结社自由，但这种自由同时也蕴含着约束，所以不可能是任性自由，因为它不能妨碍他人的意志自由和社会的公共利益，所以，言论自由只能是理性的讨论，只有理性的讨论才能和平地进行，才能在有效的规则下达成共识，即对大家都认可的公共利益的确认。

这里要反对一种倾向，即认为即使是良好的法律，人们对之也无服从的政治义务。我们认为，这种观点误解了良好的法律的本质，即认为法律只能是外在于个人意志的东西，其成为良法只是偶然的，故只有所谓独立的道德理由或良心才是最后的和最高的政治义务来源，所以，我们对法律

（即使是良法）也没有初确的服从义务。[①]我们认为，良法确实必须具备道义基础，但是，良法是道德理由的正规的、技术性的表达，同时也是平等自由的社会公民行使政治参与权，进行理性讨论的结果，由此，它整合了所有人的道德理由，并加以客观化的正规表达，从这个意义上说，良法也是公民个体所立之法，所以，他们也必定有服从它的义务。良心的异议，只能对法律所没有规范到的事务，以及由于世事变幻而使法律不再适合时，才能被允许；而且那些被证实为不合理的法律也会在大家的理性讨论中得到修正。所以，我们可以说，只有在法律没有经过公民的理性讨论而被制定出来时，我们才对它们没有服从的义务，即使它们碰巧是良好法律，我们也没有服从的义务。所以，一般性地说我们没有遵守良法的义务，是不恰当的。既然良法的制定是我们行使了政治参与权的结果，则我们对它们必然有服从的政治义务。

3. 政治生活中被平等对待的权利。德沃金认为人们为什么具有权利这一点是自明的，他不愿意在这方面多费口舌，而是径直断言："人们不仅具有权利，而且在这些权利中还有一个基本的、甚至不言自明的权利。这一最基本的权利便是对于平等权的独特观念，我们称之为受到平等关心与尊重的权利。"[②]从以上对权利的道德基础的分析中，可以看出，德沃金的这一权利主张并不难以理解。从社会的角度来说，人们必定要在社会制度中才能主张、要求、希望什么，这是权利的内容，但权利的这些内容必须是合理的，也就是社会不能以合理的理由加以拒绝的，只有这些权利才是你能够真正拥有的，所以他说："个人权利是个人手中的政治护身符。当由于某种原因，一个集体目标不足以证明可以否认个人希望什么、享有什么和做什么时，不足以证明可以强加于个人某些损失或损害时，个人便享有权利。当然，从它不指明人们有什么权利或保障什么权利这一点来看，权利的特征就是，它是正式的。"[③]权利的内容显然是不定的，必然是在社会生活的展开、丰富和发展中不断出现的，社会只能从它们是否不能够被合理地加以限制的角度来判断它们是否个人的权利，从这个意义上看，权利必定只能是正式的。这种论证的好处是，它从否定性的角度来

① 约瑟夫·拉兹：《服从法律的义务》，载毛兴贵编《政治义务：证成与反驳》，江苏人民出版社2007年版，第231—242页。

② 德沃金：《认真对待权利》，信春鹰译，上海三联书店2008年版，第8页。

③ 同上书，第7页。

考虑人们具体的行为理由，使得权利的内容可以不断随着生活的展开而丰富，所以，权利也是在生活实践中不断被发现的。这就意味着，我们必须同尽可能多的人交流与交往，关于权利的知识的发展就是由这种交流与交往推动的，否则，我们就可能失去发展重要的知识和原则的机会。

综上所述，我们可以得出结论，我们的确需要谨慎对待权利问题，所有权利只有具备了道义基础之后才是真实的权利，这些真实的权利只有在小型共同体中大家对它们有了共同的价值态度时，才能成为现实有效的权利；而作为表达同意权、政治参与权、政治生活中被平等对待的政治权利，由于得到了人们的理性认可，所以也是真实而有效的权利。真实而有效的权利有两个道义基础，一个是现实的自由平等的人伦关系结构，另一个是所有人的形而上学层次上的自由权、尊严权与人格权。人类的社会实践发展有着一项内在使命，那就是在各个层次上保卫并实现人们的各项权利。

第二节　权利与美德的相容性

在关于权利和美德是否相容的问题上，有些学者把它们对立起来，有以下几条理由：第一，保守主义者宣称："权利鼓励邪恶的和自私的品质。"① 即是说，国家越倾向于保护个人权利，则人们就越少可能成为有美德的。桑德尔曾说，过分重视保护权利，或人们习惯于行使权利，就会培养人们的一种"司法气质"②。尊重和保护权利，会使人群离散，人们会过于严格地说：这是我的，未经我的允许不准动它！权利话语的流行使人的言行看上去像个律师。同时，对权利的过于重视，使人斤斤计较于自己的利益，并对他人有很强的防范之心；也会使人只顾自己的当下满足，而不能追求更高的精神境界等，这一切都使人们不能去追求塑造自己的美德。其中的关键在于，这种观点认为权利过于个人主义化、物质化，无法把人们引导到一种有着某种共享的文化信念和密切合作的社群实践中，从而也使个人的美德培养失去了生长的土壤。第二，有些自由主义者则认

① Ludvig Beckman, *The Liberal State and the Politcis of Virtue*, New Brunswick (U. S. A) and London (U. K): Transaction Publishers, 2000, p. 83.

② 迈克尔·桑德尔：《自由主义与正义的局限》，万俊人等译，译林出版社 2001 年版，第 41 页。

为，国家鼓励、促进美德的培养，必然会侵害个人的权利和自由。这方面的观点大概有以下两种：（1）美德是个人的内在品质，是无法从外部得到观察并加以确认的；而权利只能表现为人们在外在行动中不得相互侵害的界限，所以，国家如果要鼓励和促进美德，即从事对人们的内在品质进行塑造培养的话，就只能以干预个人权利这样的外在行为来进行，因为权利的基本特征就是个人的自由与自主选择，鼓励和促进美德，就会干预个人的自主选择，为人们确定怎样才能成就其“真实的自我”。有些自由主义者如以赛亚·伯林认为，如果国家的目的是去促进公民的品质，则就给了国家一个胁迫、压制、折磨公民的借口，因为这种观点实际上预设了国家知道什么是人们的“真实的自我”，这种“真实的自我有可能被理解成某种比个体（就这个词语的一般含义而言）更广的东西，如被理解成个体只是其一个因素或方面的社会‘整体’：部落，种族，教会，国家，生者、死者与未出生者组成的大社会。这种实体于是被确认为‘真正’的自我，它可以将其集体的、‘有机的’、单一的意志强加于它的顽抗的‘成员’身上，达到其自身的因此也是他们的‘更高的’自由”[①]。（2）国家要鼓励和促进美德的培养，显然需要预先确定哪些美德是值得鼓励和促进的，这样一来，就会认为某些美德比另外一些美德的价值要高，从而在各种美德中进行价值排序，实行一种不平等的政策，这就干预了人们对国家所鼓励的美德之外的美德的追求的可能性，甚至是能力和资格，这必然是对人们权利的侵害。昂罗娜·奥尼尔认为，“一个正义的社会或国家在其公民所可能坚持的各种各样的善概念之间要保持中立。一些作者讨论善的概念而不是善，他们所可能强调的关于正义的仅有的少数几种美德，就是那些能成为他们希望建立的正义理论的前提的美德，比如公民美德、宽容和自律”[②]。而其他美德，如爱、对真理的追求、服务公益等就会受到忽略。

这两类观点都认为权利和美德是无法相容的，一是认为，重视权利，则美德很难得到培养；二是认为，国家把鼓励和促进美德作为目标，则必然会侵害人们的权利。这对“基于权利的美德政治学”提出了十分严峻

① 以赛亚·伯林：《自由论》，胡传胜译，译林出版社 2003 年版，第 201 页。

② Onora O´neill, *Towards Justice and Virtue*, Cambridge [U. K] and New York [U. S. A]: Cambridge University Press, 1996, pp. 16 – 17.

的挑战：既然在社会生活中，权利必须得到保障，而美德又是一种善的目标，那么，这二者如何才能成为相容的？我们认为，如果我们分别考察权利和美德的本质和内在结构，就能发现，权利并不从根本上敌视美德，二者是相容的：第一，权利与美德有着基本的同构性，权利的平等对待性对人们心灵品质的内在要求即是美德的基本维度。第二，鼓励和促进美德，应该在权利的体系中来进行。同时，权利框架的设定和美德的培养都关乎社会性的好生活的追求。第三，培养美德是设置权利的目的之一，而且，培养美德也能促进权利体系的稳定。

一　政治权利与政治美德的基本同构性

权利具有道德基础，即权利是对每个人平等的人格尊严的尊重，此即尊严权，这是最基础的权利观念；并且确定每个人在现实生活中所拥有的受到平等对待的权利、自主选择的权利、契约权利和政治权利等，但同时，人们又负有平等对待他人、在平等合作中遵守公共道德规范，并对自己行为准则的合理性作公众证明之义务等，这表明权利具有道德上的正当性。如果我们在捍卫自己权利的基础上把平等待人作为自己的内在行为准则，即把义务意识内在化为自己的品质，就培养了相应的美德。显然，权利的实践将有望培养与之相应的优秀品质即美德。所以，权利之设，与之相对立的是对权利的漠视，而非与美德对立。所以，认定设立权利与培养美德必然相互冲突，相当于认定设立在公共交通规则下行走的权利与行走得好必然相互冲突，这是荒谬的。诚然，有了公共交通规则并不必然能够使人们更好地行走，但如果没有或无视交通规则，则肯定交通秩序肯定会处于混乱状态，从而使更好地行走变得不可能；而遵守交通规则，则为人们更好地行走提供了基本保障。显然，只有从内心遵守交通规则的人，才是有令人羡慕的品质的人。

政治权利是指人们作为一个公民在国家的政治生活中所享有的与他人的广泛自由相容的范围内的自由，权利范围就是自由而平等的公民之间可以相互要求对方予以尊重的各个事项，比如相互要求尊重对方的人格尊严、生命、财产和基本自由等，这些权利要求得到政治制度明确的、讲理的、可以进行公共证明的保护，这就形成了正义原则。在当代社会中，权利的体系就是社会政治生活的框架性结构，即使权利的保护和实现在近代以来的政治国家中尚不能得到完全的贯彻，但是权利的体系却始终对政治有着规范作用。所以，在当代政治哲学和道德哲学中，权利的保护和实现成为思考政治之善的基准条件。

政治美德必然也受到这种政治结构的深刻的塑造和影响，也就是说，政治美德并非具有独立性的品质，而是必须依照政治权利结构而展开。如果说政治美德是一种优秀的品质的话，那么，它也是指有利于促进这种政治结构稳定和顺利运转的品质。这一点毋庸置疑，即在这种理论视野中，政治美德具有某种工具性意义。然而，这种政治美德之作为美德，也有着一般美德的基本特征。我们认为，一般美德作为优秀的心灵品质，必定具有以下特征：（1）理智对本能性的欲望、情感气质而言取得了距离或优先地位，只有这样，我们才能在行动之前就思考行为的理由，政治美德首先就是能够理解基于权利体系的政治结构的正当性，因为这种政治结构把所有人作为有基本理性能力的公民来看待，所以，每个人都应在理性上认同普遍的正义原则，并使之保持优先性，而与自己的个人目标和志向保持距离，只有这样，我们才能在共同的正义原则下来开展合作，追求自己的好生活。（2）理智、情感、欲望能力都得到了扩展和提升，即受到了教育和塑造培养，也就是说，美德是心灵中的各种成分都获得了提升的表现，一个不能发挥自己的理智能力，情感和欲望都仍然处于本能性的、个别性盲目冲动的状态的人，就不可能具备美德。政治美德也是一样，要认同社会的普遍正义原则，没有理性能力的发挥是做不到的；而在正义原则和良序社会中，公民们不可能只凭自己的本能性情感欲望的冲动而行动，而是其情感欲望必然会受到社会制度的塑造性影响，在这个社会制度中，个人的纯粹本能性的情感欲望冲动不可能畅通无阻，而是会得到约束和提升。（3）理智、情感和欲望相互融合渗透，形成了一个相互协调的整体，从而具备了人格统一性，是个人形成了道德美德的根本表征。具备了政治美德，就表明我们的情感欲望品质融合了理性所推论出的普遍正义原则的价值内容，形成了“遵循道德规则的性格结构”①。（4）有美德是指人们具备了把他人视作具有与自己同样的道德人格的人，进行共情想象、相互尊重的能力，具备了设身处地、将心比心的品质。在权利体系的政治结构框架下形成的政治美德，也具备了这种基本的结构特征。比如说，政治美

① 罗伯特·罗伯茨：《美德与规则》，载徐向东编《美德伦理与美德要求》，江苏人民出版社2007年版，第140页。

德首先要求能够把所有人都视作平等自由的公民，彼此尊重对方的基本权利。其次，在此基础上，可以培养对政体的忠诚情感，这也是一种超出个人狭隘情感之上的宏大的情感品质。

社群主义者认为权利与美德存在着冲突的关键在于，自由主义权利是个人的抽象权利，是把人群离散成原子式的个人的东西，从而会丧失发展塑造自己美德的精神文化社群这一前提。但是，这种以否定权利为代价而主张以紧密的社群生活塑造美德的企图，必然抹杀社群的健全价值标准，而权利就是这种标准的基线。正如斯蒂芬·霍尔姆斯所说："血亲仇恨和种族仇恨不是缺少社会性的标志，家臣身份（vsssalage）的束缚也是一种社会纽带，主人和奴隶之间的关系并不比朋友之间的关系更少一些社会性(虽然不那么让人向往)。"[①] 这些所谓社群生活的社会纽带就是以侵害他人的权利为特征的，它们不但不能塑造现代意义上的美德，反而是一种罪恶的渊薮。他进一步说，"社群主义的反自由主义者总是忘记的一点在于，对于长大成人来说，社会是个危险的地方。比如，只有通过强烈的社会性的相互影响，人们才会形成他们最坏的荒唐作风和狂热举动：在前社会性的隔离状态中，不宽容或种族主义的能力不能变得发达"[②]。我们认为，虽然塑造美德需要参与社群生活实践，但并不是任何既定社群都已经具备了健全价值。实际上，权利主张并不要求人们离开自己的社群，而只是说明，即便是在具体的社群中，我们也应该对社群中所蕴含的价值态度和公共行为形式进行批判性反思，这正是我们作为行为主体的自由与自主性的标志。我们的自我虽然受到社群文化传统的构成性影响，但我们能够运用反思能力，就表明我们能够超出自己的文化影响之外，进行某种抽象，形成某种关于社会结构的前提性价值的观念，相对于具体的社群而言，这有着某种优先性。我们认为，具备理性、批判性的反思能力，是参与和改造社群生活的前提条件，所以，权利主张在实质意义上说，是确立了权利载体的理性主体性，所以，权利意识是个体的自主性的内容，借此，人们可以意识到对方与自己一样是自由而平等的公民。理性批判与反思，其内容正是分析自己所属的社群的性质，评价其内部的组织结构、交

① 斯蒂芬·霍尔姆斯：《反自由主义剖析》，曦中译，中国社会科学出版社 2002 年版，第 250 页。

② 同上书，第 251 页。

往结构和行动目标的价值性质，并且对社群生活应该贯彻权利原则而负起责任。社群并不能自动地获得这种价值，而是所有成员都有责任使社群按照这种价值原则来组成。显然，强调社群成员的个人权利及其批判性反思能力，对于社群生活有益而无害。当我们生活于其中的社群建立在保护所有成员的基本自由和平等权利的基础上，则我们就能在这个社群中安若家居，我们的性格、品质就会受到社群的价值观念及其现实目标的塑造性影响；当我们发现社群以损害某些成员的基本权利为代价而追求某种目标，则我们就有责任对社群的价值进行反思与修正，在这个基础上，我们将形成积极参与社群生活的热情、共赴社群的健全目标。在这个过程中，我们将自觉接受社群的文化价值的熏陶和塑造，形成负责精神和奉献意识、公民友谊等美德，也就是说，权利原则可以成为培养社群成员的美德的前提性原则。但是，如果我们只是强调社群的文化价值观和传统的先在性及其对成员的构成性影响，就必然使社群呈现出封闭性特点。马塞多说："当个人身份被特定的志向强烈地建构的时候，社群主义自我的决定性与封闭性就取代了自由主义自我的批评性反思与开放性。"① 甚至可以说，在社群生活中形成的"高度的真诚、正直，深刻的志向，以及恒心，这些都不能使一个人或一个团体免于道德批评及可能需要的干预"②。所以，说权利原则会削弱对社群文化价值的忠诚是不妥的，应该说，只有在权利原则的指导下，成员才能形成对社群的忠诚，原因是这样的社群才能让其所有成员觉得这是他们自己的社群。我们只有尊重所有成员的理性能力，社群才能真正赢得他们的忠诚。

另外，权利意识是个人的王牌，当政治的社群认真对待个人手中的这张王牌时，则为个人对社群的忠诚准备了基础，虽然这并不必然会导致成员对社群的忠诚，但是这在逻辑上为培养对社群的忠诚提供了基础。因为美德是一种实践行动的结果，而非生活和行动的原因。这种权利得到保护和运用，就意味着为人们主动参与社群生活提供了框架，为其主动负责提供了动机基础。

于是，我们看到，认为权利与美德是不相容的观点，既误解了权利，又误解了美德。当它们以美德的性质来要求权利时，就认为权利的价值低

---

① 斯蒂芬·马塞多：《自由主义美德》，马万利译，译林出版社2010年版，第231页。

② 同上书，第232页。

于或相反于美德；而实际上，只有把权利意识整合到品质结构中，这种品质才能成为政治美德；任何违背权利要求的品质就不可能是政治美德。我们认为，只有在尊重并保护权利的基础上，一方面我们才可以培养、塑造我们的政治美德，另一方面，我们又可以进一步发展起更高级的美德，包括仁爱、利他主义、无私奉献精神，关键时刻的自我牺牲精神等品质，这些美德也只有在尊重权利的基础上才能发展起来。同时，很明显，这种高级的美德并不以侵害他人权利为前提，因为其目的只是为了成就他人或共同体的福利。由于它们超出了自我权利的考虑，所以，这些高级美德是分外的、超越正义的品质。需要说明是，虽然它们也可以是政治美德，却不能普遍地要求于所有公民。可以说，个人要培养出这种分外的美德，需要深深服膺于社会的基本正义原则，并形成了强烈的忠诚情感和坚定的意志品质。这些品质也只有在所处处境具有特殊严重性时或重要关头才能表现出来，而在正常的政治生活中，只需要表现出基本的正义美德。

正因为我们所定义的政治美德有着尊重所有人的自由平等权利的刚性维度，所以，政府可以鼓励并促进这种美德的成型。当然，这种美德也并不是一经政府鼓励和促进就立即得以成型的。诚然，美德是内在性的品质，而政府行为的影响只能及于人们的外在行为，但是，政府的措施却可以为人们相互交往的实践行为提供一种平台，美德将会在人们的实践互动中逐渐形成，也就是说，会受到制度的塑造。当这种制度尊重并保护人们的自由平等权利，并对相互侵害对方权利的行为予以制止，人们也就能在尊重权利的前提下，为追求自己独特的好生活观念留下足够广阔的空间。由于制度框架的核心是保护权利，所以，在这个基础上，人们能够获得自主和自尊的品质，在法律范围内，人们对自己的行为后果有着较为稳定的可预期性，于是人们可以增强其自主性，并能够合理地计划自己的生活。所以，这种制度既有消极的强制性，又是一种积极的引导。由于它以尊重权利为前提，所以这种强制性只是否定性的，即要求人们放弃某些自由，以使自己的自由与他人的自由能够并存。因此，这种强制性并不侮辱人，把人当作工具，相反，是为了鼓励人们充分发挥自己的道德能力。

如果不保护权利，不让个人发挥审视、反思社群价值的理性功能，而只是强调个人对社群传统文化、价值观念的归属性，及其对个人的构成性影响，则个人就只是被动地接受社群已有文化价值的陶冶和塑造，从而非反思性地接受，这样一来，就会出现如下局面，即如果社群建立在侵犯、剥夺个人的权利的基础上，则个体就无法反抗，也无法激发起自己的良知；另一方面，个体对社群也无责任感。反过来，若一种政治制度能保障个体自主性和理性思考能力，则个体对社群的价值可以进行批判性的反思，并对改造社群负起责任来。

需要强调的是，个体的自主选择需要受到社会保护基本权利的结构的引导，人们只有在这个基础上，才能形成、追求并修正自己的好生活观念，所以，这种选择并非任意，而是依照在这种社会基本结构框架下的合作项目而展开，会受到社会合作项目本身的规定性的约束和引导。个体并非在空无一物的场域中进行任意选择，就像存在主义的基于虚无的选择一样，似乎一个人每天一起床就面临着要成为什么样的人的抉择，相反，基于权利意识和正义原则的自主选择主体，一开始就有从自己的社群生活中所获得的某种品质和人格，他们需要把正义原则整合进自己的品质和人格之中，从而能够在正义原则的指导下，来合理地追求自己的好生活，在从事与公民的社会合作诸项目的过程中，能够秉承一种正义感，尊重他人的对其自己而言是合理的善观念的追求（虽然与我们的善观念不同），在此基础上，达成某种共识。在这个过程中，我们能够逐渐培养出有效而强烈的正义感、自主选择、自尊而尊人、批判性的反思、心胸开阔、宽容、以理服人、尝试多种生活选项等美德。

二　权利与美德：共同服务于好生活的追求

权利保护与美德追求的相容性，也表现在二者都是服务于人的美好生活的。前者为好生活的追求提供一个前提性的框架，而且也成为社会性的好生活的一部分；后者则为实现这种美好生活培养一种主体的品质基础。在这种理论视野里，二者是相容的。

权利确立其载体的互主体性，这种互主体性的突出表现就是权利主体之间彼此视对方为自由平等之人。那么，主体具有什么样的基本道德能力就能被视为自由而平等的公民呢？罗尔斯曾认为，这种能力应该是人之为人的基本能力，是平凡具有的，而不是一些高级的、鲜有人能具备的能力。他设定人有两种道德能力，“即正义感的能力和善观念的能力。正义感即是理解、运用和践行代表社会公平合作项目之特征的公共正义观念的能力……善观念的能力乃是形成、修正和合理追求一种人的合理利益或善观念的能力”[①]。在他的思考中，既然人们应该生活在大家都能一致同意的正义原则之下，所以，人们都能具备正常有效的正义感；同时，人们对自己应该过什么样的生活，一定是有自己的想法和追求的，换句话说，他们都拥有正常的好生活观念。前一种是理解正义原则的理性能力，这意味着我们能把自己置于一种公共的道德规范之下，并愿意以此来调整自己的生活追求、志向和偏好；后一种能力是在遵守正义原则的前提下，自由追求自己的独特的好生活观念的能力。由于我们的好生活观念是不同的，并且可能是不可公度的，有时甚至是相互冲突的，所以，我们在进入社会合作项目中时，需要使正义原则与自己的志向保持一种距离，并愿意倾听他人的合理意见，而且也愿意对自己的想法和做法作出公众证明。在这个过程中，我们自己的好生活观念就会受到修正。这是一种和平的、理性的公共辩论的平台，在这个平台上，人们都能对对方的行事方式抱有一种稳定的理性预期。当然，有人有时不参与合作，也是可能的。他们坚持追求自己独特的好生活观念，只要不违背正义原则，不侵害他人的权利，则也应被允许，社会并不能强迫他们。

就权利体系而言，显然它并不只是牵涉个体与个体之间的关系，而必然牵涉第三方，即制度这一中介。我们可以以谈话来作一对比，如保尔·利科尔所说，谈话双方必须相信对方的所言为真，谈话才能进行下去，所以，对话需要一个中介，那就是“真诚原则”。同样，“权利需要一个第三方，它位于对‘你’的关系的背景之中，给我们以一个制度性的中介之基础，而这种中介又为一个权利的真实主体（即一个公民）的构成所必需”[②]。这表明，权利主体虽然是个体，但其有效存在，或者说，要从潜在权利转化为现实权利，就需要制度化这一中介。

为了避免概念的纠缠不清，本书把好生活的概念分为“社会性的好生活”和“个人的好生活”。前者是指从社会的角度看，总体的好生活所需要的前提和特点，于是，我们认为，权利的制度化实践，实际上是一种社会性的好生活的前提，也是社会性的好生活的实质性组成部分。也就是说，权利能够得到保护，人们能够在共同的政治正义原则的规导下，参与

---

① 罗尔斯：《政治自由主义》，万俊人译，译林出版社2000年版，第19—20页。

② Paul Ricoeur, *The Just*, trans. David Pellauer, Chicago and London: The University of Chicago Pree, 2000, p. 5.

社会公平合作的项目，并且能够自主选择丰富多彩的个体的独特的好生活方式，对整个社会生活而言，是一种值得追求的局面；后者是指，个人的好生活的确是个人的自主选择之事，但由于人们的志趣、性格各异，能力、处境不同，所以即便是一种大家都羡慕的好生活观念，也不是所有人都能实践的。但是，我们认为，不管怎样，人们的好生活观念，不能脱离开两个基本条件，一是社会必须共享一种普遍的公共道德规范，这种道德规范肯定应该是高于个人志向的非个人的理由，我们的理性所能显而易见地设想到的，就是对社会成员的平等对待的规则，这种规则应该是制度性地执行的。我们认为，在当今时代，由于人们所持的好生活观念、宗教和道德观点、价值观念的多元性事实，再去制定普遍共享的好生活观念，那是不可行的，所以，以正当性原则去架构社会性的好生活观念之前提就是一种恰当的选择。二是我们既应具备与普遍的道德规则相适应的性格倾向，此即基本的正义美德；同时我们还应具有在具体的公民合作项目中的合作品质和自我负责的精神，才能享受到合作中的互惠效果，这是我们追求自己的好生活的主体素质基础，无此，我们就难以过自己的好生活。因此，对社会性的好生活而言，权利体系以及与之相适应的美德都是必要的，也就是说，社会性的好生活观念所对应的美德有以下两种性质：（1）人们需要共享的前提性的正当性原则，这是我们进入社会合作，从而获得各自利益增进的必要条件，这要求我们获得与正当性原则相适应的心灵品质即正义美德，这对这种权利体系的稳定和实践是必需的；（2）合乎这种美德的实践也具有内在的实践利益。我们选择和追求自己的好生活观念，首先需要我们获得这种正义美德，只有这样，我们的个性化追求才有一种合理的自由空间，这本身就已经是我们的好生活的一部分。在这个基础上，我们也将能发展自己的其他个人性美德。从这个意义上说，正义美德既有工具性的一面，又有目的性的一面。

首先，正义美德具有工具性特征。在政治领域中，在权利话语隐而不彰之时，政治被看作是伦理学的延伸，政治的目的被看作道德美德在更广更大的善业中的实现。所以，政治是依照如何培养人们的道德美德，即使得人完成自己作为人的本质，成为一个好人即一个有美德的人，而获得指引路线的，这样好人与好公民（好臣民）就应该是重合的。他们认为，这样的政治制度是符合天然秩序的，是自然生长着的。所以，政治美德对一个人的生活而言是有着内在价值的，其自身就好，而不是仅仅因为其能够维护或促进这种政治制度而成为好的，也就是说，政治美德具有目的性价值。

那么，在权利凸显之后，政治制度成为人为建构的，所以，其稳定性是需要保障条件的。正义美德是其中重要的保障条件，正像契约要稳定地发挥作用，需要人们具备遵守契约的精神气质，因为契约总是有空子可钻的，如果每个人订立契约，却总是想钻契约的空子，则契约是很难维持的；政治制度也一样有空子可钻，然而，只有不钻制度的空子，才是体面的。这就要求人们具备一种非完全自利的情感欲望品质，也就是美德，它为正义原则和社会基本结构的稳定运行所必需。所以，从这个意义上说，正义美德是工具性的，第二位的。

尊重并保护人们的自由平等权利的政治制度，对人们各种合理的好生活观念（只要它们不侵害他人的权利）应该保持中立，这不能理解为这种政治制度对好生活观念本身是没有立场的，它实际上是认为，对各种合理的好生活观念保持中立，是为了让人们在遵守正义原则和平等尊重人们的基本权利的基础上，去获得更多的生活选项，容许试验和失败，引导在社会合作中，持不同的好生活观念的人们相互对自己的观念进行公众证明，能够相互吸纳、创造、修正，从而造成各种合理生活方式的繁盛。这从社会的角度而言，不正是一种可欲的局面吗？所以，权利学说也蕴含着一种社会的好生活观念，但不是确认某些个人的特定的好生活观念，这是需要辨明的。当然，这种社会的好生活观念是与对权利的保护紧密结合在一起的。然而，我们也应看到，这并不是说，在尊重并保护人们的自由平等权利的政治制度中，一旦政府提倡这种社会的好生活观念，这种观念就立即能够实现，实际上，其目的应该是引导人们在正义原则的指导下，带着自己最亲切的价值观、在社群生活中形成的品质和人格特征进入到社会合作之中，并为这种生活方式的繁盛提供制度框架和引导。换句话说，这种政治美德对于这种政治制度有保障和促进作用，所以具有工具性或第二位的价值。

其次，基于权利的政治美德也有其目的性的一面。这就是说，这种美德的获得，就是个人过好生活的实质性部分。如果说，幸福或好生活就是合乎美德的实现活动，那么，在生活行为中能够发挥这些美德，就是好生活的内在标志。比如说，我们可以认为，个人的个体性和本真性是我们进行道德培养的学校，只有对权利的平等尊重才能达成我们的个体性和本真性，而在存在不平等权利的情况下，就如密尔在《论妇女的屈从地位》中所说，对于被压迫的妇女而言，其屈从地位使其美德的培养受到了阻碍；对于处于压迫者地位的男子来说，其傲慢和优越地位也会对其品质的培养造成阻碍。[①]

我们认为，这种制度的根本特点就是尊重人们的自由选择权利，而自由是个人精神生长的基础条件，当人们的自由选择权利得到尊重和保护之后，个人的精神才有了自我成长的意愿。我们认为，在这种自尊而尊人的权利要求下，既有可能形成不侵犯对方同等权利的正义感，也有可能形成互爱的情感。洛克认为，胡克可以从自然状态人们的平等自由中推论出正义和仁爱的原则。他引用胡克的话说，仁爱原则有着这样的根据："如果我要求本性与我相同的人们尽量爱我，我便负有一种自然的义务对他们充分地具有相同的爱心。从我们和与我们相同的他们之间的平等关系上，自然理性引申出了若干人所共知的、指导生活的规则和教义。"[②] 正如你尊重我的权利，也就可以要求我尊重你的权利，而我对你付出了爱，也就可以期望你能对我付出同样的爱。情感联系可以相互呼应、传递、叠加并得到加强。所以，仁爱这种为社群主义所钟爱的美德，在权利和正义原则的框架中，也有了生长的基础。

如果说，法律禁止对权利的侵害，从而为权利得以现实存在并得到伸张提供前提条件的话，那么，道德就是要求形成彼此尊重、合作、宽容、公众证明、以理服人等正面的品质即美德。这一切对正义原则和社会基本结构的稳定而言，的确是工具性的。但是，这种品质的形成，对个人而言，也是有内在价值的，符合美德自身的内在优秀性特点，获得这些美德也是人们的好生活的重要组成部分。而对真理的追求，对美的对象进行沉思观照等所谓更高级的美德，也只有在这个基础上才能具备善的价值。

在个人生活中，这些美德也是个人好生活的实质性因素。如果我们说，好生活是由出于美德的行为组成的，那么，我们也可以说，有这些美德的人，更能内在地过自己的好生活。一个不能尊重别人的权利的人，也得不到别人的尊重，也无法形成自己的合理生活计划，并实现它，因为他们在现实的政治制度中无法如愿以偿，他们不可能生活得好。在一个把保

① John Stuard Mill, *The Subjection of Women*, London: Everyman' s Liberary, 1985, p. 298.

② 洛克：《政府论》（下篇），叶启芳等译，商务印书馆 1996 年版，第 5—6 页。

障人们的自由平等权利作为首要任务的政治制度中，以侵害别人的权利而谋取各种好处的人，不可能过得舒心。马塞多甚至非常决绝地说："如果人们离开那些带有严重不正义性的目标就生活不下去，那么他们就没有权利生活下去。"[①] 由于在权利制度体系中，我们都负有对自己需要通过与他人合作才能完成的生活计划的合理性进行公众证明的责任，所以，我们在这个过程中，面对着合作者的合理生活计划，在相互合作的框架内，我们也可能会修改自己的好生活观念，并增加生活的选项和尝试改变生活方式，只有这样，我们才能真正活出自己的人生来。

当然，自由选择本身并不是美德的本质特点，只有自由地选择自己的好生活观念并努力实践之，才是有美德的标志。正如金里卡所说："没有一种生活会通过外在的根据那个人并不信奉的价值来过而变得更好。我的生活只有根据我对价值的信念并由我自己从内部来过才会变得更好。"[②] 就正义美德的工具性特点而言，一个人只要不侵害别人的权利，他就可以随意地选择自己的生活。的确，对别人而言的好生活观念对我未必是适合的，由于每个人的性情、才情、趣味、意志力量，甚至生活经历等的不同，一种好生活观念并不是每个人都可以践履的。所以，一方面，大家都可以追求不同的善观念，并努力实现之；另一方面，如果有人选择不上进，做一个懒汉，也应当尊重其选择，即使人们也许都不认为这种观念是真正的善观念。至于为什么要这样，那仅仅是因为，这是他的选择，我们不能为他选择，即使为他选择了，我们也无法代替他这样过日子。当然，我们可以劝说他，但是我们却不能强制他。在这种情况下，权利与美德虽然不是正向地相互促进的，但也不是相互冲突的，因为你剥夺他自由选择的权利，只会使他变得更糟。然而，积极追求自己的善，可以看作人的平凡天性之一，保护权利，就为所有人追求自己的好生活提供了一个可靠基础，所以，在这个基础上，追求美德也能成为人生的目的之一，因为只有具备了相应的个人美德，我们才能过上自己的好生活。积极的、负责任的、甚至是仁爱利他的道德品质也能得到追求，只是应该成为我们主动的选择并适合我们自身的性格、才能、志趣等特点。所以，我们的追求并不

① 斯蒂芬·马塞多：《自由主义美德》，马万利译，译林出版社2010年版，第232页。

② 威尔·金里卡：《自由主义、社群与文化》，应奇等译，上海世纪出版集团2005年版，第12页。

会相同，但是我们可以协同、合作地生活，这就要求有开阔的心胸，能够超越自己纯粹狭隘的自利眼界，而能尊重他人的利益，从而在合作中能够遵守公共道德规范，而彼此获得物质和精神上的利益的提升。

所以，在权利体系中的政治美德也具有某种目的性价值。从本质上说，这是为我们在社群中的生活提供一种前提性的价值基础。所以，我们不能只是相信，习得共同体的行为方式、精神气质、价值态度，其本身就表明我们获得了美德。如果我们是非反思地受到陶冶、塑造，那么这种所谓美德就不是一种品质上的优点，而是一种弱点，因为具有这种“美德”的人是一个被动的人，他会非反思地响应社群的任何目标，甚至邪恶的目标。这样形成的“美德”本身就是受到奴役的表现。彻底地为当代政治哲学强调权利的合理性进行有效辩护，是当代政治哲学的牢固基础。任何想要撼动这一基础的做法，要么建立在对权利的误解上，要么是拒绝政治文明的进步，要么是对各种美德论说的虚幻性沉迷，从而忽视了美德成长的社会人伦关系的环境。

于是，权利体系中的政治美德实际上是我们的社会性的好生活的一个实质性部分，因为这种美德一方面认同并维护我们共同生活的前提性价值，同时也是心灵品质达到优秀状态的一个标志。权利理论为我们的美德提供了一种古代的美德理论所没有的人们之间应平等对待的本质维度，对权利的尊重和保卫成为我们的制度性的精神气质和价值态度，同时也鼓励人们进一步追求适合于自己所选择的生活实践方式的特定美德。

强调对权利的尊重和保护并促使其实现，是当代政治美德成长的可靠基础。在这个基础上，我们才能建立健全的社群，光明磊落、自信地参与社群生活，营造社群健全的文化环境，传承社群的价值传统并加以现代转型和创新。在中国文化传统中，对美德的向往，激励着人们的向善之心，其中，宽厚、礼让、奉献、忠诚、珍视家庭的价值等品质和价值态度，得到经常的强调，这将成为我们促进当今我国道德建设和社会发展的丰厚文化价值资源。同时我们认为，在当代中国，只有在尊重并保卫权利的基础上，这些价值才能得到重现并再度兴盛。

三　权利的实践与美德的成型

在现实生活中，权利意识薄弱，是因为权利总是受到权力的压制，权力总是凌驾于权利之上，而没有得到驯化。在权力的傲慢盛行的地方，美德不可能得到真正的生长。我们现在不可能论证等级制度、奴隶制度下的人伦关系的合理性，所以，人们不可能接受这种伦理关系的环境，于是当权力侵犯权利时，所引起的必然是一种普遍的愤懑；另一方面，权力的傲慢的盛行，才会真正导致自私自利、自我主义、物质主义的蔓延，人们会为了赢得竞争的先机而争先恐后地贿赂权力，从而败坏整个社会的正义原则和社会基本结构，并削弱人群合作的基础。在这种情况下，政治文明进步的方向，必然是要适应人们日益增强的自由平等权利意识，对等级制人伦关系实行扬弃，建立起与这种权利制度相适应的普遍的公共道德规范、对法治的尊崇，以及坚定不移地保护人们的自由和平等权利的制度，只有这样，才能为建立我们的政治道德提供一个坚实的基础。当今时代，许多道德问题的出现，都与权力侵扰了权利有关，因为这会使政府与民众处于直接的利益冲突之中，权力没有获得明确的限度，权利也难以获得自主的地盘，于是二者经常短兵相接。当民众起而主张权利时，实际上就表明权利已经受到了强制性的干预。以权利意识来驯化权力，当然要经历一个较长的历史过程，但是这是一个原则，可以指导我们的政治文明的发展。我们应该形成这样一种权利意识，即“个人权利是个人手中的政治护身符。当由于某种原因，一个集体目标不足以证明可以否认个人希望什么、享有什么和做什么时，不足以证明可以强加于个人某些损失或损害时，个人便享有权利”①。之所以强调个人权利，是因为个人总是容易受到各种伤害，而并不是强调个人对集体的优先地位。

权利制度不会自动地导向美德的兴盛，而是需要施行政治措施加以鼓励和引导，注重教育，并建构健全的社群生活。培养政治美德，不能再仅仅依赖古代意义上的“君子学以为己”的内向道德追求，而是应该在政治范围内对权利加以尊重和保护，只有这样，才能使个体获得心灵成长的基础。正如斯蒂芬·霍尔姆斯所说：“实际上，独裁政府越是专制，社会生活也越是‘原子化’。”② 主要原因是，在这样的制度下，人们只是统治者任意差遣的工具，他们不能自主地追求自己的生活目标，形成自己的生活计划，不能对政治决策表达自己的意见，参与公共讨论，所以，他们也

---

① 德沃金：《认真对待权利》（修订版），信春鹰等译，上海三联书店2008年版，导论，第7页。

② 斯蒂芬·霍尔姆斯：《反自由主义剖析》，曦中译，中国社会科学出版社2002年版，第318页。

无法感受到政治行为与自己的关系，从而也就不能获得责任意识和主动性；只有在权利意识得以确立，权利保障制度得以建立的社会中，人们才会形成自己的责任意识和主动性。虽然在这种制度中，有些人也可能不参与公共事务，选择一些孤独的生活方式，从而使自己的政治品质得不到塑造和培养，但是，从政治上说，这也是人们行使了自主选择其生活方式的权利，也应得到尊重。

权利制度从形式上说是划分了人们各自的主张范围，并阻止人们之间的相互侵害，似乎会使人群离散为一些只是主张自己权利的独立的、原子式个体，并引发一种司法气质，以及自私自利的情感和欲望品质，从而使人们无法获得一种有效的社群生活，仁慈、爱、友谊等美德无从得到培养。这一点是有些人抨击权利学说的核心要义。但是，我们认为，这种指责多少有点站不住脚。

（1）这种指责把权利主体误解为一些根本不进入社会合作的单个人。要知道，权利只有在具体的生活实践中才能得到确认和实现，显然，在一个把人人视为同样的自由平等公民的社会中，人们的生活目标和精神气质都会受到这样一种普遍的社会结构的塑造性影响，纯粹的原子式的和具有纯粹自私自利的品质的人必然是过得很差的人。权利制度的建立，意在确立人们的独立的道德主体地位，但是，权利主体并不能是一些孤零零的只顾自己利益的个人，因为利益必须在社会生活和互惠行为中才能生成，所以，权利主体作为道德主体，必然是认同社会道义规则并自主追求自己的好生活观念的人。认同道义规则，就是准备进入社会合作诸项目；自主追求自己的好生活，则是自由和自主等权利的体现。正义原则从大家必须相互尊重对方的权利以及权利的社会性实现的要求而来，所以，正义原则处于前提性的地位。而能够具备正义感是人们作为道德主体的首要能力。于是，在正义感的指导下，我们所自主地追求的好生活观念，就会受到正义感的有效调节。在这个意义上说，道德主体必然要在现实生活中参与其社群生活，获得其公民身份和相应的品质。显然，社群生活应受到正义原则的指导，单单是社群生活本身并非是美德之源头。在这个意义上，权利为个人进入社会合作，参与社群生活提供了基础，并为社群生活的健全价值提供了最基本的衡量尺度，从而为个人在社群生活实践中培养美德提供了前提。

（2）权利制度为人们的社群生活提供了健全的人伦关系范式，即自由而平等的公民相互对待的行为模式和思想情感模式。社群生活要繁荣，就必须让所有成员的各种利益得到发展，这就蕴含了社群生活有一种尊重并保护其成员的基本权利，可以使成员们互惠互利的框架结构，从而使人们产生负责任的情感品质和对社群的忠诚，以及人们之间的相互信赖。国家当然只在最高层次上对正义原则予以维护，对社群生活是否符合正义原则予以干预，而为社群生活本身的合作项目和内容容留了相当广阔的发展繁荣空间。这正是培养人们之间公平对待和合作精神、友谊和信任情感等品质的良好场所。

至于桑德尔所持的正义未必是一种美德，甚至可以是一种恶的看法，如果能够得到彻底的论证的话，那的确是对权利与美德的相容性的一种釜底抽薪式的打击。他指责罗尔斯关于正义是社会制度的首要美德的论断，因为社会交往环境一变，如资源的非稀缺性一旦达到，或者在某种团体里，人们的目标是相当一致的，那就不再需要正义美德；而且在以情感联系为主要纽带的社会基本结构如家庭中，如果仅仅讲正义，那么就会损害家庭成员宝贵的情感品质，从这个意义上说，正义就根本不是一种美德了。他说，“如果正义的增长并不必然隐含着一种绝对的道德进步，那么，可以看到在某种情况下，正义并不是一种美德，而恰好与之相反”①。

这种批评的确值得认真对待。我们在这个问题上，的确应该同意桑德尔对罗尔斯的批评：正义当然只是在一定的社会历史阶段所需要的，换句话说，正义是在一定的正义环境中被要求的。显然，罗尔斯的论断的确只对一定社会历史阶段才适用，有着现实历史发展阶段的背景，那就是在人们都成为独立的利益主体，实行财产的个人所有制，经济上采取市场经济制度，强调在合作、交换中互惠互利的时代，正义才是一种基本原则。桑德尔批评罗尔斯的全称命题是对的。但问题是，如果我们的论题正是要在这样的社会制度背景下来展开，那么我们能放弃正义原则吗？桑德尔能在这种社会结构中，发现或创造一种有普遍效用的替代正义原则的原则吗？他那么热衷的仁慈、爱、友谊等美德能成为这样的社会的首要美德吗？我们认为不能，因为这样一些美德虽然是一种利他的、高尚的情感品质，但是它们对人性要求过高，是人们不能平凡拥有的动机。在权利话语兴盛的

① 迈克尔·桑德尔：《自由主义与正义的局限》，万俊人等译，译林出版社2001年版，第42页。

时代，只有正义原则可以成为具有自由平等权利的人们相互对待的方式的制度化表达，并且在这种制度中，引导人们的相互合作行为，才既能使纯粹的自利动机无法畅通无阻，又能使我们的自利动机得到升华，从而塑造出一种宽宏的精神气质，这种精神气质可以当之无愧地称之为美德。

（3）为了培养基本的政治美德，现实的选择仍然是实行权利保护制度。只要这种制度能够得到繁荣，那么，出现那些崇高的美德就总是可以期待的，我们要做的就是为这些美德的出现提供制度空间。罗尔斯就十分看重这一点，因为我们在一个正义的社会中生活，必定会追求那种对自己而言的某种终极目的，以及“对他人的情感依附和对各种各样的群体和联合体的忠诚”，“这些情感依附和忠诚产生了奉献和仁爱的情感，所以，作为这些情感的对象的个人和联合体的繁荣发展，也是我们的善观念的一部分”①。所以，认为权利同我们的各种美德和好生活的观念不相容的想法，根本不必是基于权利的美德政治学的内在主张。罗尔斯的观点已经成功回应了桑德尔的诘难。当然，由于这些美德的性质超出了现实人类生活的结构性要求，所以，它们尚不能成为所有人的追求，也不可能得到普遍的培养；同时，还必须注意，追求这些高尚美德，必须不得以侵害人们的基本权利为代价，通过把他人作为手段而得到培养，如果是这样，则这些美德就不再是美德，而是恶品，因为它破坏了正义原则。然而，我们必须明确的一点是，权利制度并没有为这些美德的塑造设置障碍，反而可以说是为此提供了条件和基础。任何道德品质都是心灵得到了自由成长的标志，而传统意义上的贵族们的勇敢、节制、慷慨大方、大度、对国家的忠诚等美德，都是以役使奴隶或其他下层人民为前提的，从这个意义上说，它们根本不能成为现代意义上的美德，我们不能通过这样的方法来培养这些所谓美德。所以，那些主张权利制度阻碍了人们培养高尚美德的学者们，实际上是主张人们彼此平等尊重对方的权利会成为美德培养的障碍，这就犯了时代误置的谬误。我们认为，实际上，等级制度，更不用说奴隶制度，才会真正成为人们之间情感相通的阻碍，从而不可能培养真正的美德。

于是，我们看到，权利制度首先要求的是工具性的美德，是人们可以普遍期待获得的美德。这种美德当然也有一种内在目的性，因为它也是一

---

① 罗尔斯：《政治自由主义》，万俊人译，译林出版社2000年版，第20页。

种优秀的心灵品质，而且是理智、欲望、情感相互融合而形成的一种整体性的美德，它们可以为人们塑造在权利框架下追求自己的好生活的品质，这种好生活是人们所普遍可欲的。比如，胸怀宽广、宽容、平等待人、聆听他人的不同意见、以理服人、以理服己、勇于自主选择、自我节制、自我负责、勇于试验、尝试更多的生活选项等，就是人们在权利制度下所可能获得的美德，至少，权利制度为这些美德的繁盛提供了制度空间和引导。

说权利制度对美德培养造成了障碍，其理由可能一是说，权利制度使人们各顾自己，罔顾他人，无法组成紧密的社群，从而使人们难以参与能塑造其美德的社群实践；二是说，权利制度培养的只是人们的司法气质，而非情感性的美德。我们认为，这两种看法都是不合理的。第一，权利制度的存在，就是为了让人们自由地组成社群，或者说是给社群的价值性质予以判断和指导、改造，社群并不是一成不变的传统存留物，而是应该在现实生活的条件下予以构造，应该受到更高一级的政治价值观念的指导。如果社群能够超越权利与正义，成为一个相互友爱、彼此无私奉献的团体，当然就不需要接受正义原则的指导，但是，社群并非天然就是神圣的或理想的，在现实生活中，存在着许多压迫性社群，这种社群的成员即使对社群有忠诚情感，也是一些非反思的情感品质，是受到奴役而形成的情感，这样的社群必须得到改造。权利制度的存在，就是为了社群得以健全，而非敌视社群。第二，权利的消极义就是要求人们彼此不相侵害；其积极义则是相互尊重，相互友爱。正如霍布豪斯所说：“最高级的组织不是专制的管理之下的服从，而是共享一种善的自由行为者的自愿合作。”[①]本质上说，只有自由平等的人之间才能真正产生出友爱情感，才能对彼此会遵循正义原则行事抱有一种稳定的理性期待，对互惠互利的局面抱有一种信赖之感，由此，人们之间才能营造出彼此信任的情感氛围。难道说，我们现在还能对传统意义上的君仁臣义、下层阶级对上层阶级的忠顺、上层阶级对下层阶级的施惠等所谓美德抱有一种期待？实际上，这种情感是不对称的，很容易被打破。通常是下层阶级对上层阶级的一种乞求，所以，这种情感不可能是真实的。因为等级制度只会对人们的情感相通造成阻隔。所有主张权利制度会导致人们的情感疏离的看法，都起于没有考察

① 霍布豪斯：《社会正义要素》，孔兆政译，吉林人民出版社 2006 年版，第 89 页。

传统的所谓情义道德的等级制背景的实质所致，他们批评权利制度会削弱人们的情感联系，使人们脱离社群生活，是因为他们只看到了权利保护的消极意义，而没有看到权利制度能够引导人们参与社群实践，并培养相应美德的积极意义。

第三节 论政治美德

人们对政治行为主体应该具备相应的政治美德，从来就持有一种热烈的诉求。人们相信，如果政治行为主体有美德，则政治就一定能够成为善政。“善政”这一观念本身就含有很强的道德化政治的意义，始终是一种应然的期望。但是，许多人对这种诉求又抱有一种警惕，认为政治有其自身的结构及行为逻辑，它关涉着统治与被统治的政治关系的建立与运行，而道德则更多地关涉着个人心灵品质的应然状态和人与人之间善意的对待方式。政治生活中有着某种为防止人们相互侵害而设置的强制因素以及个人选择自由的广阔领域，不能一味地作道德性要求。我们已经看到过历史上以美德的名义而进行的对人的自由和生命的漠视和摧残，比如宋明时期在“饿死事极小，失节事极大”的贞节观念的笼罩下，所出现的座座贞节牌坊下自苦而孤寂的灵魂，戴震所抨击的清代“以理杀人”的严苛的文化专制局面，以及法国大革命时期由追求美德的狂热而导致的恐怖等。所以，我们必须探讨，应该如何看待政治美德的性质、构成及其恰当功能？为什么美德的追求在政治中必须是有限度的？

一 政治关系的真实结构探源

欲理解政治美德的性质和品质特征，必须首先考察政治关系的真实结构。显然，我们现在处于一个自由和平等权利彰显的时代，我们认为，这是人类政治文明发展所取得的伟大成就。但是，我们对权利的认识，不能仅仅停留在古典自由主义的论证水平上，而应该在一种更加彻底的理论立场上来确证自由和权利，并思考政治的原初本质。

1．冲突的必然性与强制的必要性。

我们对政治现象作彻底的还原和抽象，就会发现，人们群体生活的最初事实不是合作，而是冲突。所以，在政治思考中，正如赫费所指出的，我们不应先从分配正义开始，而应首先分析交换正义，原因是分配正义总是需要已经有了一个公共权威机构之后才能进行。亚里士多德就说过，这种分配正义总是对居官者或分配者的要求。他认为，如果一个人在分配中所得多于所值，那么，“那做事不公正的是分配者，而不是多得者”①。而交换正义则可以发生在人们的自由意志最初的相互对待之中，在这里，首要的就是要禁止任意性，即禁止任意地对对方进行侵害。也就是说，这种原则就是“禁止性尺度，其实质内涵在于禁止”②。我们可以发现，与合作相比，冲突是更为根本的现象。所谓政治，当然是指要对人群共处施加一些公共的强制或管理，并且获得了最高的裁断手段，同时，在这一基础上，政治国家应该尽量为所有人提供公共利益和公共服务，为公民合作提供各种条件，并且成为培养人们政治品质和公共节操的最好场所等。所以，我们不要忽视政治国家的一个本源性特点，那就是公共强制力量的存在。认清这一点，就可以有效反驳无政府主义；同时，我们又不能把这种强制力量绝对化，使之成为如霍布斯所称的“利维坦”。也就是说，要使强制力量获得道德的证明，使之获得正当性，这通常是通过对它进行限制而达到的。正如赫费所说：“由于作为社会原则的无统治可以借助合法化来进行批驳，倾向性的国家绝对主义用限制化来进行批驳，所以，霍布斯政治共同体的设想就可以放弃了。替代只充当统治象征的利维坦位置的是公正（Justitia），它的统治象征，剑，一开始就是为正义服务的。”③

那么，怎么理解这种公共强制力量呢？国家面对的是有着自由意志的个人。虽然我们可以设想，个人是在社群中存在的，离开社群他们就无法获得自己的本质，甚至无法生存，但是，这也并没有否认人的自由意志的先在性。个人的自由意志是个人存在的本质，是先于人的社群性生存的。它是人类的共同本性，人能选择，并能自主地对这种选择负责。这一点比人拥有理性更为优先和更具有本质性。因为光有理性还不能自由选择、自主负责，理性可能只为实现意志的目标而从事计算。当然，一个人只要想去真正进行自由选择，并自主负责，则他如果能发挥理性的作用，就能更好地推论如何才能发挥自己真正的自由，并切实地负起责任来。所以，卢梭曾经说，“在一切动物之中，区别人的主要特点的，与其说是人的悟

① 《亚里士多德选集·伦理学卷》，苗力田编，中国人民大学出版社 1999 年版，第 122 页。

② 奥特弗利德·赫费：《政治的正义性——法和国家的批判哲学之基础》，庞学铨等译，上海世纪出版集团 2005 年版，第 24 页。

③ 同上书，第 7—8 页。

性，不如说是人的自由主动者的资格”。并说，“人特别是因为他能意识到这种自由，因而才显示出他的精神的灵性”①。这句话是有深刻洞见的。

这一点从实质意义上说，为我们思考政治问题提供了一个基点。我们相信，动物虽然也要集体行动，但它们不会有政治。自由在最初的层次上，是指人具有摆脱一切束缚的意愿与倾向，这种自由在没有正规约束的情况下必然会产生相互冲突。不但因为利益争夺会导致冲突，我们在实际的共同生活中，每个人的意愿、个性、品格、感受都有着相当大的不同，这也是导致冲突的根源，加上价值观、情绪等因素，有些冲突是根本不可调和的。在小规模的社会生存中，这些会导致冲突的因素也许可以通过采取一些具体的措施或者诉诸一些权威来解决，但在大型社会中，这种种冲突的激烈程度及其累积过程恐怕都是难以预计的，所以，这种种冲突从根本上说是难以控制的，甚至会导致社会共同体的崩溃，对此，人类当然也要做出一些重要的政治发明，即建立正规的刚性强制力量来加以克服。

2. **通过三个假定拒斥无政府主义**。

我们认为，如果能够论证在最弱条件下，这种刚性的强制力量的出现也是必然的，比如甚至在人群合作的、友爱的情况下都是必需的，那么，就能够证明所有无政府主义学说都缺乏理据。

首先，我们可以温和一点设想，每个人在追求自己的好生活或者善观念时是合乎理性的，也就是说，他们对自己的生活目标抱有一种真诚信念，对这种信念的理解也大致是经得起理性推论的，而不是一时心血来潮的想法，并且他们都持有基于自己的终极信仰如人性观、宇宙观的完备性的哲学、道德或宗教观念，它们之间没有可通约性，在这种局面中，即使人们并不抱着一种相互敌视的态度，也必然会产生冲突，而且这种情况是自由社会中的一个长期的、不可改变的事实，这就是罗尔斯所说的“理性的多元事实”。为了使公民们在这种社会中能够参与社会合作的项目，并维护这种社会的长治久安，国家的某种强制性就必须存在。罗尔斯进一步认为，这样的国家就需要拥有一种纯粹的独立的政治观念，它应该充当人们达成重叠共识的核心。这是一种彻底的“分离”说，也就是说，国家是从社会中理性的多元事实中分离出来的一种必要性，其灵魂是宪法根本和基本正义。我认为，罗尔斯此论，应该看作是现代社会对各种无政府

① 卢梭：《论人类不平等的起源和基础》，李常山译，商务印书馆1962年版，第83页。

主义的一种底线排斥。

其次，柏拉图早就从人认识的有限性中推出了知识统治的必要性。他认为，理想的国家应该是哲学王统治的国家。他为国家的必要性作出了自己的论证。《理想国》的命意是，①我们应该成就自己的美德，这种美德是本身就好的，同时结果上也是好的，即对我们的幸福来说是必要的基础，或者可以说美德就是永恒的幸福本身。他认为，正义美德就是这种东西。但是，由于人在认识上的易错性，所以我们必须努力追问正义美德的真正本质，但是，一般人很难做到这一点，所以需要有哲学家来替大家获得这种知识；②美德的成型当然也需要良好的政治环境。政治国家之所以需要，是因为它可以为所有人的利益进行好的谋划，当然也能培养每个阶层的人所需要的美德，并且这些人彼此协同，以使国家的功能达到良好发挥的状态。但并不是每个人都能对社会中各阶层的利益进行好的谋划，只有受过完备教育、具有最高智慧的哲学家才能做到这一点；③这样的国家从根本上说是知识统治的国家。虽然哲学家难得一见，但他认为，这样的人在历史长河中只要出一个就够了。问题是，在他看来，哲学家凭借知识的治理也不是一种纯粹的、非强制性的治理，他即使聪明睿智到能够很好地谋划所有人的利益，但是要人们完全服理恐怕也是一种奢望，所以，哲学家还必须做王，还必须有强制权力做后盾。因此，在柏拉图看来，政治的本质是恰当地安排和施行政治强制力的艺术，但他并没有设计制度性的防范措施来实现这种统治，而是诉诸知识精英和道德精英来进行统治。

最后，我们认为，即使人们都是友善的，但是，由于人们在认识上的易错性，我们的认识也容易受到自己的性情、个性、生活愿望、价值观念的影响，从而无法达成一致的认识，这也可能使人们无法协同行动。并且即使人们愿意相互理解，相互尊重，在无法达成共识的情况下，最好的结果也只能是彼此做出无原则的退让，从而各行其是，互不妨碍，从而退化成卢梭所想象的孤独的“野蛮人”。这样，人们也将无法形成一个共同行动的方案，从而不容易获得社会合作的好处。所以，在这种情况下，一种公共权威的强制性力量也是需要存在的，它以公共推理的方式来制定社会的基本正义原则和公共规范。

从以上三个假定中，我们可以看出，人类的共同生活确实需要成立一个拥有最后惩罚手段（暴力）的最高公共机构，它对人们都有着强制性，换言之，就是要强制人们按照共同体所制定的行为规则行事。当然，这种强制力量的出现，既可以是通过暴力征服之后成立的，也可以是人们通过协议商谈而构建的。在自由而平等的人伦关系结构中，人们之所以能够用契约论的方法来说明这种规则对大家的正规约束力，一方面是因为，契约表明立约者是抽象地平等和自由的，所以，立约的过程是人们各自意愿的自由表达，另一方面是因为，立约的内容就是彼此放弃自由，从而成立一个公共机构来掌握执行这一规则的权力，这正是公共机构的强制性的合法性来源。赫费正是在这个层次上来理解人们最初的放弃自由的行为，并由此而形成了公共强制力量的："合法性目的上的社会契约虽然在于交换，但它的对象却不是商品、服务或资本，而是放弃自由。且这种放弃不是任意的东西，而是自由共处的可能性之条件。"① 要使人们能够自由共处，就必须放弃我们原初的自由，并建立掌握公共规则的强制力量。

3．**政治强制力与个人自由的真实关系**。

人们的自由意志无法自然而然地达到和谐共存，所以公共的政治强制力就是一种必然要求；同时，我们又必须明白，政治强制力的成立是为了使人们获得社会的自由，即依照政治法律而行动的自由，它对人们的任性自由必定是一种限制，但同时使得人们的自由能够并存，这就能成就人们的社会自由。如果政治强制力背弃了这一目的，而肆意侵犯公民们的社会自由，则政治就退化成了权力拥有者谋私利、逞私欲的利器。

这种公共强制性的来源实际上应该推到最为抽象的层次上，即人们的自由意志相互并存的状态之中。如果人的生存是个人性的，则其自由意志可以自行其是，因为没有其他人的自由会受到妨碍。但在人群交往的过程中，人们就不得不相互放弃自己的某些自由，这种放弃就成就了人们基本的社会自由。其正义性就在于，这种相互放弃自由是对所有人都有利的，而不只是对某些人或某个集体有利，所以，这既是公平的，也是公道的。在社会性状态下，如果从主观角度看，人们自愿放弃某些自由，那就表现了一种道德意识，于是，这种放弃就有着本源性的道德价值。所以，最初的道德意识是与自由及其放弃密切相关的，它是我们对政治美德进行思考的基点。从政治的角度看，最初的放弃行为应该转化为制度成果，也就是说，因为这种最初的放弃行为是必需的，所以应该成立公共权威机构来使

---

① 奥特弗利德·赫费：《政治的正义性——法和国家的批判哲学之基础》，庞学铨等译，上海世纪出版集团2005年版，第317页。

得这种放弃行为必然能够做出（即使当事人个人是不愿意的），并且对于个人由放弃自己的某些原初自由而得来的权利加以保护。从高于一般主观道德的角度看，我们需要反思共同体的规则或者法律的道德价值基础，同时要认识到：共同体的规则或者法律必须获得一种制度性的保障，它秉承着政治的道德基础，此即是政治伦理。

那么，政治的正当性或者其对社会而言的道德恰当性表现在何处呢？依照周濂的研究，它表现在两个方面，一是客观的方面，一是主观的方面。他认为亚里士多德的重大理论贡献就在于“勾勒了正当性概念的两个主要面向：一方面，政治正当性是基于被统治者的意志表达，如信念、认可或者同意，这是正当性概念的主观面向；另一方面，作为某种外在的规范，正当性又有客观面向”①。我们上面的论证已经告诉我们，正当性的客观面向是十分清楚的。可以说，许多政治学说对此都倾注了极大的理论努力，虽然各自的设计和推理并不相同，但对政治必须遵循某些客观的、普遍化的规则的看法，则是相同的；倒是正当性的主观面向，在以前的统治性政治中，通常很少考虑。在我们的分析中，若说政治的正当性源于政治对于群体行动进行某种强制的道德恰当性，那么，这种道德恰当性实际上首先是指政治使得人们最初对某些任性自由的放弃得以制度化，因为这种放弃是人们在进入到社会生活中所必须进行的，而政治权力的存在就是为了使这种放弃必然能够进行，目的是为了使人们可以正常地进行社会生活，所以，我们可以把政治的外在的普遍规范的出现看作是人们公共意志的体现，它具有道德上的恰当性。而至于正当性的主观面向，即被统治者的同意或认可，实际上也是政治结构的一个必然性维度，而至于在历史上或现实中的政体在这方面做得如何，则是另一问题。即使历史上有些政体根本就是压迫性的，在这种政体中，被统治者没有任何参与权，也不能证明政治不需要正当性，而只能证明这种政体尚未具备正当性，也没有道德上的恰当性。在我们看来，为什么被统治者的同意和认可是重要的，是因为政治是所有人的事务，被统治者不能只是默默地被动承受各种政体及其政治措施对自己生活的影响。所以，被统治者需要表达自己的意志或意愿，并且其意志和意愿都应该被整合到政体的构成和政治措施之中，否则他们就只能是纯粹被动的臣民。从这个意义上说，政治的正当性的主观

① 周濂：《现代政治的正当性基础》，生活·读书·新知三联书店2008年版，第8页。

面向是其道德恰当性的一个更为重要的方面。符合了这两个要求的政治权力，就转化成了政治权利，即政治获得了其存在的当然性，也就有了“权威”[①]。只有权威，才能使权力转化为权利，并且把服从转化成义务。

于是，我们看到，作为强制权力的体现的基本正义和宪法根本的表达首先是禁止性的，即对人们相互侵害的禁止。这一点也表明国家存在的基本目的是要求人们彼此放弃某些自由，并保卫人们的权利。这是前提，而至于国家的政治行动中有促进人们的团结互助、促进公共利益的目的，以及对官员的政治品质要求和对公民的政治意识的要求等，都是在这一前提基础上的进一步要求；同时，我们也要看到，政治道德的另一重要前提是公民们的同意或认可，这表明我们的政治尊重所有有理性能力、反思能力的公民，尊重他们自己合理的好生活观念，对政体结构、政治措施都要给公民以一种具有明确的公共理由的解释，同时也要接受公民们的质询，并接受其合乎公共理性的观点。所以，我们不应只囿于最小国家的概念，而是应该进一步思考国家所能起的更大的积极作用。虽然国家必须保证个人由放弃自由而获得的基本权利不受他人包括国家自身的侵害和干预，但是在这一基础上，我们还须进一步考察国家及其公共行动对人们的品格、气质、生活方式和政治美德的塑造作用。

二 政治美德的性质

我们认识到，政治的确是与正规的强制权力的使用相关的，当然其目的是服务于个人权利保护和提供公共利益，从这个意义上说，政治有着强烈的道德价值追求。从其与公共善的关联看，这种政治行为所对应的心灵品质就是美德性的，因为它是能够完成服务于公共善的目的的卓越品质。

以上已经证明，政治的强制权力是从集体行动的逻辑中分离出来的。强制权力必须存在，这是一种客观要求，但是，强制权力的使用却必须适当。我们看到，强制权力的具体表现是，它有权要求人们都必须遵守社会的宪法根本和基本正义原则。

所以，政治美德的首要义务是要尊重和保护人们的基本权利，这种权利是社会的法定权利，而非所谓自然权利。它们不是个人与个人之间的任性愿欲互不干涉之对待，而是尊重并保卫所有个人追求自己合理的生活愿

---

① Roderick Martin, *The Sociology of Power*, Routledge & Kegan Paul, 1977, p. 42.

景之权利，对公民之间合法权利的相互侵害进行禁止，对所有人的不合理性的任性愿望的客观表达进行制止。这种强制性是相当刚性的。我们要培养政治美德，首先要对政治的强制性的这类性质形成理性理解。我们可以从政治存在的性质中判断出，个人的生命、财产、自由权利都必须得到保护，前二者是个人生活的基础，后者是个人选择并自由追求自己所认为的好生活的基础。宽容、平和、愿意倾听别人的不同意见，并愿意调整自己对好生活的观念，愿意通过平等的公共讨论达成共识，并进行合作等等，也是我们所能赞赏的。它是关于政治性的对错、善恶的基本知识图景。

我们应该能够有此志向，那就是强制力量应该得到合理、合法的使用，除非必要，不使用强制力量。我们因为自觉到个人的认识、能力的不完善，所以才自愿地接受必要的政治性强制，于是，我们可以把这种强制理解为自我强制，我们自愿地接受宪法根本和基本正义原则对我们的约束。这是我们基本的政治品质。在进一步的分析中，我们可以看到，这种品质可以发展为政治领域中的卓越品质，所以是一种政治美德。

第一，我相信，形成了对宪法根本和基本正义的理解，一定是我们的理性能力对政治事务的应然状态进行了理性推论的结果。即使我们承认，政治国家的存在对人的生存来说是必然的，我们如果不发挥自己的理性在政治推论方面的功能，我们也许不能达成对宪法根本和基本正义的理性认识。由于政治领域面对着广大社会公民，其原则必定只能是普遍的、统摄性的，所以，必须发挥理性的抽象推论能力，才能形成对基本正义原则的认同，并对其进行理性讨论，从而使我们的理性能面对公民而公开使用，能够思考、衡量正义原则的合理性之所在。这一点是对传统社会中“民可使由之，不可使知之”的蒙昧状态的启蒙。可以说，在正常状态下，能够公开地使用理性能力的人越多，则政治局面就会越好。同时，我们可以看到，公开使用自己的理性，则我们就能超出仅对个人利益进行思虑的狭隘眼界，而使我们获得一种公共视野，心胸也就得到更大的扩展。这与那种其理智只能私人运用的心灵状态相比当然是更加优秀的状态。

第二，对权利的尊重和保护，将为人们获得自尊而尊人的情感品质提供良好的制度前提。康德曾经说，人之所以有尊严，是因为人是一个有理性者。人，既是现象界的存在者，又是本体界的存在者，其尊严只能来自其作为本体界成员的自由人格，它没有可比的价格，只有无上的价值，也就是尊严。即使我们去除康德的这类形而上学的幻觉，我们也可以认为，只有人能够进行理性思考，理解到我们必须限制人们的任性意志冲动而造成的相互伤害，从而推论出人与人、政治与所有公民的非个人性的、普遍的、客观性的交往之道，我们才能使自己成为法治文明世界中的一员，因而获得了尊严，并且相互尊重对方的人格。

理解了以上论证，我们就可以发现，政治正义只能建立在抽象的人格平等基础之上。这种人格平等指的是，我们在最初的层次上，有一种必要性，就是通过放弃原初的任性自由，而获得了社会权威机构所拥有的强制力量的保护，从而保证了我们的法律自由。也就是说，只要我们放弃侵害他人的意向，我们就会获得法定的自由权利。在法律的范围里，我们可以自主地追求、调整、修正自己的善观念，不受别人或社群、国家的粗暴干涉。正是在这个层面上，我们大家都同等拥有人格尊严，也可以要求人们尊重这种人格尊严。宪法根本和基本正义首先就是要保护大家的人格平等。在这个基础上，如果我们要订立契约的话，那一定是建立在人们相互尊重对方的人格尊严之上，并真正平等地、理性地协商社会合作的诸项目，追求自己的生活前景。

第三，政治美德是在自由民主的政治环境下所孕育出的一种精神气质。它首先要求的是对公民们的自由的保障，这也许不是一种与生俱来的气质，当我们的行为要施于人时，必须在尊重对方的合法权利，以及尊重对方合理地形成、调整、修改自己的善观念的自由的基础上来进行。政治权力的强制力量不能扩展到在公民中宣传、鼓励某些特定的善观念，剥夺公民的选择自由之上。政治上的为善，应体现在为提高公民的选择能力和扩大自由选择的范围上。我们认为，阻止公民们的相互侵害，是政治的最基本责任；为公民提供追求自己的好生活愿景的各种条件，是政治的最高尚责任。所以，对权力拥有者来说，必须明确自己手中的权力是公民们赋予的，是为了完成以上两方面的责任而设定的。所以，他们应该抑制自己的权力意志的冲动，规范权力的使用，对公民的合理合法诉求予以积极、负责任的回应。

第四，政治美德还表现在对具有正义价值的政体的维护上。这就要求人们必须理解政体的正义价值，并理解它是政治文明发展的必然趋向。即使时下政体与正义的价值要求还有距离，公民们也都负有促使政体朝着实现正义价值的方向不断前行的责任。比如，在公共事务中，公民应该与政府一道去决定什么是公共利益，需要参与对公共事务的广泛的理性讨论。当然，国家也并不能强行要求公民们参与，他们有沉默的权利。政府需要做的事情是，公布公共事件的真相，引导民意的合法表达，提供民意表达的公共平台。

政治美德，在其实质意义上说，就是能够促使具有正义价值的政体顺利运行的必要的、优秀的品质。在这里，我们不能讳言政治美德有其工具性的一面，这实际上也是作为美德的品质的一般特点，但我们也可以指出政治美德具有内在的价值，或者本身就好的价值。我们认为，美德实际上是工具性和目的性的统一，政治美德就更是如此。纯粹从品质的构成性质及其内在特点出发，我们难以发现政治美德的自身价值。这是因为政治是一种独特的领域，有其自身的结构、任务和存在目的。作为以优秀的（或足够好的）方式应对政治环境任务的足够好的品质的政治美德，不可能不受到政治结构及其价值原则的范导和制约，也就是说，这种品质必须不违背最基本的政治价值，如正义原则。所以，政治美德似乎没有自己的独立性，而是依附于政治结构及其价值原则。而至于一般的美德究竟有什么特性，我们可以考虑一下个人与个人交往的美德以及独处的美德。比如幽默、风趣、仁爱等，虽然可以说是心灵中的美好情愫，但是它之所以是美德，也是因为它们能够给周围人带来快乐，并引起人们的钦羡，从这个意义上看，它们也有工具性的一面。而个人的心灵美德，如对真理的热爱、对美的观照等，似乎纯粹是目的性的、自身就好的价值，如果不与人群产生关系，对个人的生命成长来说，倒可以说它们有着纯粹内在的意义。但是，对这些价值的追求却不能建立在对他人的权利的侵害上，所以，它们实际上也并不具有自足的价值。诚如亚里士多德所说，纯粹的思辨才能是完全自足的快乐，是最高的、最内在的美德，但是，这类美德在政治上却并不具有实质意义。

在政治领域中，关于外在行为和内心品质的关系问题，我们可以这样看：的确，从政治措施与其所施及的对象的关系中，我们可以看出，政治措施只与外在行为有关，因为政治措施可以只要求实际效果，比如阻止人们相互侵害对方的权利，要求人们尽某些法定的义务，等等，只要公民们的行为合乎政策法规的要求，我们的确无法再进一步追究其内在动机。但是，在更深入一步的思考中，我们发现，第一，诚如麦金太尔说，“只有那些拥有正义美德的人才有可能知道如何运用法律”①。也就是说，没有

① 麦金太尔：《追寻美德》，宋继杰译，译林出版社 2003 年版，第 192 页。

形成相应的政治美德，则守法的行为虽然可以做出，但是对这种行为却是无法作稳定期待的，一旦有条件，就有可能违背法则。所以，在政治领域中，对人们具备政治美德，始终是一种合理期待。因为政治美德作为一种卓越的品质，是心灵中获得了一个理性地推论和理解社会的正义原则的能力，并且逐渐形成了出于（而不仅仅是按照）这种原则而行动的欲望品质，所以，形成政治美德是人们政治行为的极好内在品质基础。第二，在政治领域中，法规也不能穷尽对人们的所有行为而言的规范，所以，总是为公民留下了许多自主选择的余地，为官员们留下了许多自由裁量空间。面对各种具体的情境，都需要我们做出本着自身已有的品质的判断，只有这样，我们才能完善我们的政治参与，才能让官员们既负起客观责任，又在自己的自由裁量权范围里，负起主观责任。客观责任是社会法律和行政法规规定的岗位责任，而主观责任则是官员们本着服务公民、促进公共利益的目的而主动做出的负责任行为。也就是说，在政治领域中，我们所追求的不仅是对外在行为的评价，也不仅是对外在行为的约束，而且也期望人们能够做出本着自己的政治美德的行为。

三　政治美德究竟应该如何培养？

对这个问题，我们需要从三个角度来进行辨析、论证。

第一，有人认为，国家要鼓励、培养人们的某些政治美德，就会导致采用恐怖与暴力的手段。原因是，国家在这样做的时候，显然是推行着国家决策层认可了的一套特定的美德观念，并认为，使人们都培养起这样的美德是国家的重要任务，或者说，只有这样，国家的统治才能和谐、有秩序，所以，应该对缺乏这种美德的人们实施惩罚，对努力修养这样的美德的人特别是具备了这种美德的人进行褒扬。这种国家学说，显然认为自己在道德问题上真理在握，从而认为获得这种美德是每个人的生活目的之所在，也是一个人的真正幸福之所在。所以，国家的任务就是要动用一切办法让人们认识到这种道德真理，因为在他们看来，这种道德真理是基于人性的特征、人情的实际的，违背它，就失去了做人的资格。

但是，我们知道，个人的自由和自主是可贵的，它是个人自己选择自己所认为的好生活的基础能力和资格。所以，维护这种个人的选择自由和自主，应是对国家行为的一项重要要求，因为剥夺了个人的这种权利，就是剥夺了他做人的基本资格。个人所选择的生活或者美德观念，是基于他们个人的性格、经验、志趣、生活目标感等之上的，从这个意义上说，选择什么样的好生活或美德观念是别人所不能代劳的。一些人即使再聪明智慧，其好生活观念和美德观念也不能成为任何其他人所能完全认同的。个人不能做到这一点，国家也不能。所以，在关乎个人自由选择的问题上，所有的普遍一致的观念对个人来说都是一种强制，哪怕是一个人们真诚相信的美德观，也不能强求别人的同意。凡是持有希望国家的每个成员都获得同一类型的美德的国家政策，在我们看来，在一般情况下，都表现为一种绝对强制的倾向，在特殊的情况下，也许会诉诸恐怖和暴力。中国清代的“以理杀人”的文化专制局面、法国大革命期间的恐怖都是如此，卢梭认为可以强迫他人自由的想法也内含着这样的思维逻辑。黑格尔对这种思路的不合理性作过一个分析，他认为，在法国大革命时期，个人的意志成了无约束的意志，而作为普遍意志的政府又肯定要与个别意志处于相互分裂之中，所以，政府的普遍意志认为每个个人意志都有“嫌疑”，而有“嫌疑”就是有“罪过”。“为对付这种深藏于单纯内心意图中的现实而采取的外在行动，就是干脆地把这种存在着的自我或个人消除掉，这种自我除了它的存在本身而外，是没有任何别的东西可供消除的。”① 所以，政府要求每个人都具有服从政府的普遍意志这样一种政治美德，那么，个人意志就都处于其对立面，所以必然导致恐怖。在这种特殊情况下，就会产生罗伯斯庇尔所说的局面：“如果在和平时期，人民管理的工具是美德，那么在革命时期，这个工具就同时既是美德又是恐怖：没有美德，恐怖就是有害的；没有恐怖，美德就显得无力。恐怖是迅速的、严厉的、坚决的正义，从而它是美德的表现……”② 由此，他为美德要求通往恐怖手段架设了桥梁。显然，我们可以看出，这一条思路是不可取的。

第二，完全尊重个人的自由选择，认为这样才能发展人们的独创性，这才是人生和精神品质兴盛的必由之路。这样一种思路，就必然要求对国家行动的限度予以严格的界定。洪堡对此进行了一种较为彻底的论证。他认为，首先我们应该从单一的人及其存在的最终目的——“把他的力量最充分和最均匀地培养为一个整体”③ ——出发，来考察国家行动的限

---

① 黑格尔：《精神现象学》（下卷），贺麟、王玖兴译，商务印书馆 1979 年版，第 120 页。

② 罗伯斯庇尔：《革命法制与审判》，赵涵舆译，商务印书馆 1965 年版，第 176 页。

③ 威廉·冯·洪堡：《论国家的作用》，林荣远等译，中国社会科学出版社 1998 年版，第 30 页。

度。在他看来，为了达到这个目的，“自由是首要的和不可或缺的条件”，同时，还需要“环境的多姿多彩”。国家的作用就是要维护这两种必要条件，而不能超过。从个人来说，自由就是其自主性的前提，而自主性则是其个性发展的绝对基础，同时，在克服外在的障碍的过程中，他才能发展其坚忍不拔的精神和责任感；而只有外在环境是丰富多彩的，个人才能吸收他人的精神成果而使之似乎成为了自己的本质，从而可能最为充分、均匀地培养自己的力量。这就是一种自我教化。于是，在他看来，国家作用的实质是保卫公民的安全，除此而外，就不应该再有什么积极的作用，包括对国民的正面福利，尤其是物质福利的关心。因为这是有害的，会导致形式的单调，消除了能够塑造公民精神的外在障碍，妨碍个性和特长的发展等等。所以，洪堡说：“在不是直接关系到一个人权利被另一个人所损害的地方，国家任何干涉公民私人事务的尝试都须受到鄙弃。”[①] 既然美德是一个人的精神基于自由而生长的意愿的结果，所以，国家的任何促进公民美德成长的努力都应加以限制，“因为除了强制和领导永远不会产生美德外，它们还总是削弱力量”。[②] 我们认为，这种观点，从形式上看是对的，但是，他忘记了一点，那就是国家还应该提高人们的物质生活水平，确保人们能有尊严地生活，尽量建构必要的公共讨论平台，使人们能够发挥自己的理性反思能力，形成对正义原则的理性认识以及相应的情感认同，这是一种积极的引导，从而对人们的政治美德塑造会产生积极的影响。

第三，认为政治正义、社会基本结构是大家所必须维护的，而且遵守正义原则的精神品质是公民们之间可以相互要求的，国家对事关社会基本结构稳定的基本正义和宪法根本是需要大力教导、培养、鼓励的，而对违背这些原则的行为则应加以惩罚。他们认为，这是对人们的自由的成全，自由作为政治自由，是需要有制度来保障的，国家的强制力量的合法性也应由此得到证成。但是只限于此。而在这个基础上，人们拥有选择自己的生活目的、志向、美德观念的绝对自由。他们认为，在这样一种政治环境下，一方面，可以期望正义原则成为人们达成重叠共识的核心，能够使人

---

① 威廉·冯·洪堡：《论国家的作用》，林荣远等译，中国社会科学出版社 1998 年版，第 37 页。

② 同上书，第 107 页。

们达到对于得到了理性理解的公共正义原则及基本社会结构的忠诚；另一方面，人们的自我反思、尊重对方的理性能力、自我节制、宽容、自由选择、以理服人、以理服己、负责、参与公共的理性讨论，不断形成、修正自己的善观念等精神气质会得到不断地发展和繁荣。

在以上的比较中，我们发现，第三条途径更为谨慎有效。按照我们的分析，政治正义的要求是普遍的，是任何人都不能例外的，这一点其实对应着我们在最初的交换中对任性自由的放弃，而这种放弃是必须的，同时也是政治的某种普遍的、无例外的强制力量的根源。在这种强制体系中，我们的自由并没有被取消，反而是被成全了，并具有一种现实的可能性。

马塞多近年来对这第三条途径进行了有力的辩护。他认为，“一个正义的自由社会不只有正义可足称道——在这样的社会里，我们能够认识到社群、美德以及人类繁荣等积极自由的理想。”[①] 按照我们的理解，在这种思路里，必须回答以下问题：第一，在自由主义社会中，公民身份、社群、美德会受到忽视吗？这主要是要应对社群主义的挑战。第二，在自由主义政体中，国家能对所有的价值观念都保持绝对中立吗？国家应该鼓励一些特定的善观念或好生活观念吗？第三，国家能够以何种方式对公民的政治美德进行培养和塑造？

首先，社群主义者们认为，真正的公民身份是来自于具体国家和社群的文化传统、政治现实，而自由主义学说把个人看作是一个没有文化背景的、抽象的、分散的“原子”式的个人，从而虚化了其公民身份。这种指责其实误解了自由主义对个人的抽象。个人在政治的层面上是作为一个具有道德能力即既有形成正义感的理性能力，又有制订自己的生活计划的能力的个人，这样的个人，自由主义者称之为道德个人。这两种能力并不排斥个人已经是处在家庭、社群中的人，但是，即使是家庭，也要受到政治的正义原则的指导和制约，比如说，我们要把婚姻视为自由而平等的异性公民的结合形式，把孩子视作未来的社会公民，违背这种政治原则的婚姻和家庭关系就必须要受到法律的干预和纠正。作为社群中的一员也是这样，真正的自由主义社群必须作为自由而平等的公民因为要实现共同需要和共同目标而结合成的团结互助、相互提供服务的群体。至于那些反对社会正义原则的团体，它们虽然可以存在，但其活动必须是在法律许可的范

① 斯蒂芬·马塞多：《自由主义美德》，马万利译，译林出版社 2010 年版，第 12 页。

围内。对此，马塞多一言中的，他说，比如即便有些社群是纳粹主义的团体，在自由宪政中，他们的行为会受到法律的严格约束，以至到最后，只能是“在玩玩罢了”[①]。所以，在我们看来，公民们必须首先服膺社会正义原则和政治结构，并使此种原则与自己的志向保持距离，然后我们才会在正义原则的基础上为寻求共同的善而组成社群，改造社群。这样的人，在自由民主社会中，才能真正获得其公民身份，并能够促进社群生活的繁荣。

其次，自由主义国家也不是对所有的价值观念都持一种中立立场。因为自由主义国家有着自己的政治正义原则和权力运行原则，这一点表明自由主义者认为自由主义正义原则和权力运行原则就比等级制度和绝对主义国家要更加合理，因为它更加符合正当性的客观面向和主观面向。所以，它不可能在这种种正义原则和权力运行原则中保持中立。正如赫费所说，既然国家必须秉承正义的道德价值基础，所以，“国家对正义负有责任”。他明确认为，“正义必须被理解为法概念而不是个人道德的范畴”[②]，这正是国家所需要推行，并加以制度化的实现的。而且，自由民主国家一方面要求公民遵守正义原则，并鼓励公共讨论，官员们也要对自己的政策进行合乎公共理性的解释；另一方面，公民有着形成、追求、修改自己的善观念的自治能力，当然是在被公众证明了的普遍的、非个人性的正义原则的支配下进行的。马塞多认为，在“这一理想中，自由价值得到公共官员与公民的确认，并被视为体现了我们相互之间的道德责任，被视为对‘什么是我们的最佳生活方式?’这一问题的最佳回答”。[③] 也就是说，自由主义不对个人具体的生活方式选择提出一些特定的、强制性的指导，它也没有这个能力，但是它认为，在自由主义价值指导下的个人选择、自我负责的生活方式，就是我们的最佳生活方式。

最后，自由国家以一种有限制的方式来促使公民们培养政治美德。国家应该致力于使政治正义原则成为人们达成重叠共识的核心。这种设计有很重要的道德影响。第一，提升人们的自利动机。我们不必假定所有人在现实的政治生活中都能有一种利他主义的品质，但是我们应该在理解正义

---

① 斯蒂芬·马塞多：《自由主义美德》，马万利译，译林出版社 2010 年版，第 246 页。

② 奥特弗利德·赫费：《政治的正义性——法和国家的批判哲学之基础》，庞学铨等译，上海世纪出版集团 2005 年版，第 11 页。

③ 斯蒂芬·马塞多：《自由主义美德》，马万利译，译林出版社 2010 年版，第 12 页。

原则的基础上，把自己的行为限制在符合正义原则的框架里，实现自己的人生抱负。在这个框架中，我们的纯粹私人动机会被提升、改塑而得到升华。比如我们会力图成为一个好公民以获得其他公民的信任和赞赏，公共官员可以在追求良好政声中实现自己的人生理想等等，而这种升华了的自利动机就是一种政治美德。第二，为人们提供参与社会合作项目的共识基础。当人们都持有一套具有正义价值的原则，并对之达成共识，则我们作为公民就能进入一种相互性关系之中，因为它保证我们受到一视同仁的对待，从而引导大家彼此视对方为自由而平等的公民；进而，我们在追求自己的合理的善观念的过程中就受到相互性理念的约束。由于公民们的合作是必须进行的，所以，在共识的基础上开展合作，将能实现互利的目标。这也将使人们的纯粹自利动机受到改塑和提升，因为它会使纯粹自利动机无法畅通无阻。正如马塞多所说："自由主义为探索关于善的多种不同理解设置了框架：自由、和平、反思的并且头脑清醒的理性态度。"[①] 第三，政府应该为人们充分发挥其反思精神提供公共平台。在有关公共政策的问题上，大家都能进行理性的思考，都能公开地提出自己的理由，向自己的伙伴提出公众证明，这将能促使人们发挥自己的理性能力。第四，为人们的相互尊重和宽容、自我节制等政治美德提供生长基础。我们把所有有理性能力的人都视为值得尊重的人，相互尊重的情感实际上是在这个层面上获得的一种新的情感。所谓宽容，实际上是对所有有理性的人都有可能会想得与我们不一样这一真理的认同。即使你再真诚地持有你的观点，你也得承认对方所持有的与你不一样或相互冲突的观点也可能是有道理的。这种要求会让人们在相互冲突的合乎理性的观点中持一种宽容态度。同时，更进一步说，这将会使人们克制自己的激情，辩论应该遵循以理服人、以理服己的原则，而摒弃任何强加于人的无理性冲动行为，不强迫人们认同己见，这是一种必需的自我克制态度。自我克制正是针对激情的自我约束。第五，为个人的自由选择、主观意愿也留下足够的容许地带，从而不会使人们完全处于道德至上的压力之下。比如，即使有人在现代社会中，没有选择成为一个英勇顽强的人（但不违背正义原则），从而选择了一种卑微的生活，那么他就那么万劫不复吗？不，在我们社会中，可以允许各种各样的性格，我们相信，这些选择是与他们个人本真的生活愿望密切相

① 斯蒂芬·马塞多：《自由主义美德》，马万利译，译林出版社2010年版，第267页。

关的，不是所有的人都能做得起英雄。甚至，即使有人选择懒散、不上进，或者选择隐居生活、不参与公共讨论，只要他们的行为没有违背社会法律，那么也是可以容许的。所以，自由主义政治学说不是道德完善主义，它只是一方面给出基本要求，另一方面又提供人们继续发展、提升自己的品质的基础和空间。这样的社会不是更加可欲的社会吗？在这样的社会中，每个人既要遵守基本的正义原则，又有追求自己的善观念和好生活的充分自由空间，鼓励人们发挥自己的反思能力，进行广泛的公共讨论，唯理是从，并且容许人们不断试验，使得我们的生活选项不断增加，显然，这将使人们的各种生活样式得到繁荣发展。

在马塞多看来，自由主义政体以尊重他人权利为核心。这种原则如果得到充分贯彻的话，就会鼓励多元性、宽容，鼓励人们发挥自己的反思能力和自由选择，鼓励人们相互尊重，容许试验，使人们具有更多的生活选项，这样人们就将能够实现自主和自我控制，“发展这些能力，就是培育某些自由主义形式的卓越品质”。比如，“广泛的同情心、自我批评性反思、愿意试验、愿意尝试并接受新事物、自我控制和积极自治的自我发展、对继承的社会理想赞同，以及对自由主义公民同胞的眷恋乃至利他主义关怀”①，等等。这些美德超越了个人中心的视角，是一种宏大的精神品质，也是心灵品质卓越的一种标志，称之为美德是当之无愧的。

四 当代政治制度的美德要求

以上我们拒斥了政治上的无政府主义，也对道德完善主义做出了限定，并对自由主义的政治美德理论作了详细的梳理。我们认为，自由主义在强调国家对个人权利的保护方面奠定了一个坚实的基础。但是，在关于国家能否鼓励和促进人们的美德培养方面，自由主义内部也有许多纷争。比如洪堡的“不干预”策略，以及现代自由主义者所持的国家“中立性”立场，还是没有能够思考国家在促使公民变得有美德方面的应有功能。我们认为，在保障了“消极自由”的基础上，国家还应该对国民负有必要的积极责任。这既是国家的制度性美德要求，同时也对国民的政治美德有积极的塑造作用，当然这种积极作用也是有限度的。

保护所有个人的自由和权利，就体现了一个政权的公共性质，也就是

① 斯蒂芬·马塞多：《自由主义美德》，马万利译，译林出版社2010年版，第254页。

从防止相互伤害的意义上而为人们所共有。同时，我们还可以进一步说，政治权力是人们所共同赋予某些机构或官员的，只有当他们服从于公共利益时，才能转变为政治权利。所以，官员们对各项政策都负有向公民们作符合公众理性的证明之责任。这是保障政治权力的公共性的必然要求，所以，公共官员的任性意识也得到了约束和提升，从而成为官员获得政治美德的有效途径。另外，我们看到，正如从人们放弃自由中出现了具有强制性的政治权力一样，我们发现，在人们的公共生活中，“社会和公共拥有这样一种利益，它至少不能被按照”一些特定的方式而“约简为其成员的利益”，比如全体人发展所需要的公共制度和设施、可再生资源、生态利益、国际交往中本国的利益、后代人的利益等，这些都是作为分散的个人所无法提供的。① 所以，公共权力机构的存在，必须负起提供公共利益和公共服务的责任。在这个过程中，公共权力机构及其官员和行政人员的远见、谨慎、责任心等政治美德也将能够兴盛起来。当然，由于公共利益与私人利益之间的某种紧张，特别是公共权力机构和公共官员也是有着部门（私人）利益或个人偏好的，所以，也彰显了那只“肮脏之手”的存在可能性，从而也揭示出反腐败的紧迫性、艰巨性和长期性。

还有，国家有一种责任即对社会成员的普遍关心，特别是对弱势群体的关怀，反贫困、纠正两极分化等也是政府的重要政治——伦理责任。贫困对个人来说是一种恶，因为贫困会影响个人及其家人的生活前景和作为一个平等自由的社会成员的能力；两极分化则是一种社会之恶，因为它会影响社会的安定、和谐、团结，影响社会的可持续发展。逐步消除两极分化、达到共同富裕，是社会正义的正面要求，也社会主义制度的本质要求之所在。胡锦涛同志在党的十七大报告中指出：“必须坚持以人为本。全心全意为人民服务是党的根本宗旨，党的一切奋斗和工作都是为了造福人民。要始终把实现好、维护好、发展好最广大人民的根本利益作为党和国家一切工作的出发点和落脚点，尊重人民主体地位，发挥人民首创精神，保障人民各项权益，走共同富裕道路，促进人的全面发展，做到**发展为了人民、发展依靠人民、发展成果由人民共享**。”② 这将是社会制度的美德

---

① 杰弗里·托马斯：《政治哲学导论》，顾肃等译，中国人民大学出版 2006 年版，第 273 页。

② 《中国共产党第十七次全国代表大会文件汇编》，人民出版社 2007 年版，第 15 页。

之体现。

同时，我们必须明白，在先进的社会制度中，政治作为一种管理和引导，一方面，国家有责任提供发展成果由人民共享的机制，这是社会正义的积极要求，满足这一要求，人们就能够产生对社会的信赖和对国家的热爱之情，从而为公民们培养自己的政治美德提供足够的动机和制度环境；另一方面，又必须为国家在对公民的政治美德要求方面给予明确的限定：国家在这方面只能提供制度引导，提倡基本正义原则，并使之体现于制度现实之中，这会给人们的性格和品质以一种环境性的影响。在这种制度环境中，人们本着自己选择自己的生活道路的自由意愿，心灵品质能够得到自我成长。这是因为，政治美德的成型与个人对公共正义原则的认同与服膺的程度有关，也与在公共正义原则的指导下，自由追求自己所中意的好生活的能力有关，更与人们在政治行动中进行以理服人、以理服己的公共辩谈的能力有关。政治美德作为这样一种能力概念，显然可以有高低之分、强弱之别。其底线就是不违背公共正义的消极性规则即“不伤害”规则，这一规则有着绝对的强制性；而追求高阶的政治美德，则不属于政治的强制范围。

所以，在我们看来，在这个基础的政治关系框架中，在社会的基本正义原则的指导下，政治美德既有基准的要求，又有能够容纳对我们所能想象的崇高的政治美德的期望，并为其繁荣发展提供足够广阔的空间。同时，政治对公民们的塑造基准政治美德方面有着强制性作用，而对更高的政治美德的培养则更应该诉诸制度引导，激发人们精神自我成长的意愿，对这一点，非政治强制所能奏效。

第四节　“正义是社会制度的首要美德”之学理根据

在西方政治伦理学发展史上，正义问题一直是一个关键问题，它是贯穿在西方伦理学和政治哲学发展过程中的一条红线。对个人而言，正义是一种美德，即个人的公正的心灵品质，并由此人们可以做出公正的行为。“所谓公正，是一种所有人由之而做出公正的事情来的品质，它使他们成为做公正事情的人。由于这种品质人们行为公正和想要做公正的事情。”①

① 《亚里士多德选集·伦理学卷》，苗力田编，中国人民大学出版社 1999 年版，第 101 页。

在亚里士多德看来，个人的正义品质与守法意识和习惯相关；对社会制度来说，人们也认为，正义是社会制度的一种美德（当然首先是正义原则），而且，当代著名政治伦理学家罗尔斯在其名著《正义论》中开篇即说："正义是社会制度的首要美德，正如真理之于思想体系一样。"[①] 但是，为什么制度有美德，并且正义是其首要美德，其根据何在？

一　美德、制度及制度美德

1. 何谓美德？在伦理学史上，美德大致被从三个相互关联的方面加以界定。一是认为，任何物品的组成要素的功能发挥到优秀状态，则表明此物有美德。比如刀子割得快，就是刀子的美德；马强壮有力，并且能够负重、跑得快，就是马的美德等。这是古希腊语 arete（美德）的原义。至于说到人的心灵，当人心灵的各种因素如理智、激情、欲望等的功能发挥到优秀状态，即是它们各自的美德，而它们各自的功能既得到了发挥又能够和谐协调，就是心灵的总体美德。二是认为，美德是一种优秀的心灵品质。从纯粹内在的方面说，美德是指人们心灵中的各种成分如理智、激情、欲望都得到了扩展，并变得深厚，同时三者相互融合起来，成为一个整体，有了高度的人格统一性，这样的心灵品质状态就是优秀的，其相反的状态则是不好的。三是认为，从品质与行为的关系来看，如斯万顿所说，美德就是一种能够以优秀的（足够好的）方式应对环境任务的心灵品质（美德所关乎的领域中的事项有人、对象、处境、内心状态或行为等等）[②]，因为行为是内在品质的外在表现和验证。总之，美德就是一种稳定的、实有诸己的、能有效应对环境任务的情感欲望品质。

有两种关于美德的性质的学说：一是认为美德本身就好，自身就有内在价值；一是认为美德是实现其他目的的有效工具。第一种观点可命名为"作为自身目的的美德说"。这种观点认为，塑造、形成美德是我们生活之好的内在组成部分，也就是说，有美德就表明我们的心灵品质获得了内在整体的生长和提升，是我们的精神生命获得了力量、达到极盛状态的证明，它是我们的"好生活"的最本质要素。当然，为了培养美德，我们

---

① John Rawls, *A Theory of Justice*, revised edition, Cambridge, Massachusetts: the Belknap press of Harvard University Press, 1999, p. 3.

② Christine Swanton, *Virtue Ethics, A Pluralistic View*, Oxford, New york: Oxford University Press, 2003, p. 1.

的社会环境应该被构造得有利于美德的成长，而不能对人们涵养美德构成阻碍；同时，有了美德，我们就能有效地处理人际关系和追求公共利益；第二种观点可命名为“工具性的美德说”，它认为，美德是实现一些特定目的的工具，它并没有自身的标准。比如说，我们首先确定一种生活的目的，如获得快乐，则我们能够获得快乐的心灵品质就是美德；能够恰当地比较计算快乐量的大小，并做出选择，就是审慎之德；能够克制眼前快乐的冲动而追求长远的、更持久的快乐就是节制之德，等等。而至于这种种快乐的获得是否有道德价值，则非其所计。我们认为，“作为自身目的的美德说”更能够彰显美德的存在性特点，因为它是心灵获得了内在的、整体的成长的标志，所以它有着自身的衡量标准；而“工具性的美德说”则遮蔽了美德的本质，因为它以达成某些外在目的为标准。一般而言，美德是自身目的性和工具性的结合。

从以上对美德的基本性质所作的考察中，我们可以看出，说个人有美德是容易理解的，因为个人有主体的心灵，有着内在的情感、欲望、理智，从其品质的外在表现中我们判定其是否有德，当然我们更可以自知其德；但是说制度有美德，却不易理解，因为制度无心灵，虽然制度是人们活动或建构的结果，但毕竟是与人相互外在的。然而，如果我们不囿于从个人的心灵和行为来确认美德，则我们可以从制度的存在方式、运作目标和模式中，可以发现制度也能具备美德。如果一个制度有其稳定的、善的价值的目标指向，有其指导者和运行者，有着内在的精神气质和集体性的价值态度，其各种构成成分的功能发挥得好，在运行中又能和谐协调，它内含着道德关切，在应对环境任务时有着足够好的行为方式和足够好的集体的精神气质等，则我们可以认为，这个制度是具备了美德的。

2. 何谓制度？制度是人们在共同生活中构建的一套保证使共同体得以存在并实现其目标的权力设置和行为规则、程序的总和；或者是人们在共同生活中通过相互交往而逐渐形成的有权威性的惯例的总和。它对共同体中的人都有约束力，一方面把大家引导到制度中来，形成本共同体的规则意识；另一方面对违背这类规则的人施以制裁，使其行为重新回归到制度规则中来。制度从其组成来说，存在着以下两类因素：一是制度实体。任何一个制度都是把行为者的行为约束在一定范围内的实体性存在，它们都拥有某种正规强制性或权力，生活于制度中的人都能感受到制度的约束力；二是规则、程序、惯例制度。在制度中生活的人，通过公告或者是通过学习，了解到规则、程序、惯例的具体要求，从而能够获得一种规则意识。其中有最正规的规则即国家的法律体系；还有一般部门的规则和程序，以及人们在相互交往中形成的风俗性的惯例体系。

实体性制度有着某种刚性的特点，因为它以某种高于个人的实体的方式存在，可以给人们以垂直的约束，可名之为“刚性制度”；同时，在制度中生活，人们由于长期交往，在制度的引导下，必定能够形成相互之间的意识、行为、情感的呼应，从而形成某种共享的价值观念，或共同的行为形式和价值态度，这在个人言“习”，在群体则言“俗”，可名之为“柔性制度”。总之，一个制度若能具备明确的价值原则和目标、明晰的合理性程序、办事规则、人们的相互信赖和责任心等公共的精神气质，则这个制度就具备了美德。

3. 何谓制度的美德？它是指制度设计的合理性和制度对人们有规导力，能够使人们在其中形成对制度的运行方式及制度中的人们行为的理性期待，从而产生情感的沟通和行为之间的相互指涉响应，并形成相互信任。比如在制度中，权力的划分与统合能够使各个部门和人员发挥其功能，达到较好的效率；对人们的权利的保障和实现是有力的；规则是合乎人情事理的，既有利于办事的流程顺利展开和完成，又有利于行为人满足自己的成就动机，获得自尊和社会荣誉等，可以说，这是制度设计中的明智之美德，有此美德，则制度中的各个因素都能较好地发挥自己的功能，有效地实现制度的目标。可以说，这是从功能论的角度来考察制度的美德；同时，制度在运行过程中，人们的行为能够形成一种指涉响应性，即一方面人们能够理解制度的合理性，从而依照制度分配给自己的角色而尽自己的职分，另一方面又对他人也会尽自己的职分抱有一种理性的期待，从而确信自己的尽职行为能够与他人的行为相互协调，而不会被他人所利用或者被他人所阻碍，于是就会对整个制度产生一种信赖之情。这种彼此信赖之情感就能够营造本制度中的内在的情感氛围，形成一种类似于个人的情感品质的“制度品质”。可以说，这是从“品质”的角度考察的制度美德。一个制度只要具备了这两种特征，就是有美德的制度。

但是，也有些思想家认为，个人具备美德是可能的，而社会制度要具备美德则基本上是不可能的。他们认为，这是由集体行动的内在逻辑所决定的。尼布尔就是其中的代表人物，他的基本态度是：“长期以来，在群体关系中起决定性作用的是政治关系，而不是伦理关系。也就是说，群体关系的性质取决于每个群体所占权力的多寡，而很少取决于对每个群体的需要与要求进行理性与道德的考虑。在政治关系中，很难明确地把强制的因素与纯粹道德和理性的因素区别开来加以定义，也不可能精确地估计理性的因素与强力的威胁在解决社会冲突中各占多大的比例。”① 由于以下原因，政治制度无法具备道德美德：第一，由于人心中有两种因素即自然本能与理性，个人能够具备美德。人类的自然本能中有着仁慈、利他的成分，同时还有着道德想象力，所以，我们在一定程度上可以突破自私的限制，而获得某些道德良知；而理性则能思考人类交往的普遍规则，能够站在超出个人的情感感受和欲求之上，而思考对大家都一视同仁的人人相与之道。但是，这些本能、想象力和理性都是有限的，所以，只有个体才能勉强达到这种道德的水平。但是这肯定超出了人类社会的能力范围，因为社会不可能被置于这两种道德力量的统辖之下。在社会中，由于相互的关系很复杂，我们本来就有限的理性就变得越来越弱，越来越消极，所以在群体中难以形成共同的心智和目的。“因为在社会群体中共同的心智与目的总是瞬间即逝，不易形成，故而社会群体只能依靠共同的冲动来维系其存在。”② 第二，在大范围的社会合作（超出最亲密的社会群体之外）中必然有一定程度的强制，只是在国家的政治制度中强制现象更为明显，虽然纯粹靠强制，国家也许难以维持其统一，但是没有强制，国家却根本就无法维持其存在。强制的存在使群体之间的理性和道德态度不可能出现。第三，人们幻想着通过正确的道德教育使社会能够朝着合乎理性和道德的轨道前进，总有一天会进向圆满，但实际上，“道德良知和人类社会存在着不可逾越的明确界限，越过这一界限，即使是最充满活力的宗教和最充满智慧的教育计划都无法解决社会群体的问题……社会绝不可能非常明智地把所有的权力都置于这些方法的控制之下”③。而且，随着社会组织的复杂化程度越来越高，我们之中根本无法找到那种不受社会控制的、完全能够自我限制和正直诚实的人来控制这些掌握社会权力的人。“要想确保道德解毒剂能够充分有效地化解权力毒素对权力占有者的效力，是绝对不

① 尼布尔：《道德的人与不道德的社会》，蒋庆等译，贵州人民出版社 1998 年版，第 14—15 页。

② 同上书，第 28 页。

③ 同上书，第 16 页。

可能的。”[①] 总之，个人由于其情感、欲望和理智处于自己的心灵之中，所以还有望形成人格统一性，形成道德意识和道德品质，但是，要在社会中形成统一意志和统一人格，即要形成制度美德，那是不可能的。

尼布尔的确雄辩地论证了要形成制度美德的艰难性，但是他也并没有完全绝望，他仍然认为，通过努力，我们的制度能够在道德化的道路上取得有限的进步。他说，我们所能关注的未来社会，“不是一种无强制的充满和平与公正的社会，而是一种既有足够公正、又尽量用非暴力的强制来避免其共同事业陷入大灾难的社会”[②]。

我们应该承认，制度所能获得的美德确实有一定的限度，但也不是不可能的。这就需要我们探讨制度美德的特征，从而给我们追寻制度美德以理论的证成和实践的指导。

制度要具备美德，首先应该考察制度本身的合理性，这就需要为制度设计一种基本的前提性的价值。制度的存在是为了人，而不是人为了制度。所以，制度一定是一种框架性的结构，也就是要把对基本的人伦关系结构的保障加以制度化，并获得优先性。在这个前提下，引导人们按照自己的意愿自由选择，发挥自己的能力，追求自己的成功和幸福。制度的某种强制性，首先就表现在对其前提性的结构框架加以刚性的约束之上。在历史上，所有正规制度都明确维护社会的基本结构。比如在等级制社会中，统治者都首先极力维护等级制度。中国先秦时代的礼制，就规定了各种身份特权，如“刑不上大夫，礼不下庶人”；亚里士多德也明确地维护奴隶制度等。而在个人自由和平等的权利成为道德哲学和政治哲学的基本事实的今天，制度的美德则表现为以一种历史演化的方式不断保障并实现这些权利。

我们看到，为了维护制度，可以诉诸多种美德。比如，在古代政治治理中，可以采取一种道德化的礼治方式，即具备“守礼”的美德。礼治国家的理念和实践之初衷，在西周周公的“制礼作乐”中可以看得很清楚，那就是把人伦关系刚性化为政治关系，在其中贯注一种道德精神。周公用繁复的“礼制”来纲纪天下，实际上就是把血缘亲情原则外展为社

① 尼布尔：《道德的人与不道德的社会》，蒋庆等译，贵州人民出版社 1998 年版，第 17 页。

② 同上。

会制度原则。所以，西周礼制包括典则、仪则，都浸透了一种亲情道德要求，而且这种道德比如父慈子孝、兄友弟恭等成了一切政治美德的源头，从而使礼成为治国之大经。

另外，在政治治理中，可以要求所有人特别是居上位者具备“仁爱”的美德。在儒家文化中，政治制度的第一美德是仁爱，即要求实现仁政。仁爱的美德以爱人的情感为本，也就是说，心中要有亲情这一最自然的情感倾向，并使这种内在的情感现实化为社会制度的安排，外推到社会中所有的人，即孟子所谓“老吾老，以及人之老；幼吾幼，以及人之幼”①；对弱势群体要有不忍之心，特别是对社会中的鳏寡孤独、残障之人要心怀恻隐，保障他们最基本的需求；政治制度应该关注所有人物质生活的基本满足和在道德上成人，实现“仁政”。仁政表现在以下两点上：

第一，在古代，由于社会分化不够，而且国家统辖了社会，所以，个人实际上主要生活在家庭或家族的血缘情感联系之中，奉行的是以血缘亲情为纽带的互爱原则；同时，个人在外部世界中就直接处于与政治国家的关系之中，中间缺乏广大的社会关系（社会没有独立的原则，即发育不充分）。国家政治不管是仁政还是暴政，它与人民之间都缺少成熟的社会关系作为中介来起缓冲作用。这样，政治的原则就只能从个人与家庭亲情原则中借贷。中国古代儒家对此有十分明确的意识，所以就必然认为，社会制度的首要美德是仁爱，即实行所谓仁政。孔子弟子有子就说：“其为人也孝悌，而好犯上者，鲜矣；不好犯上，而好作乱者，未之有也。君子务本，本立而道生。孝悌也者，其为仁之本与!”② 明确地把家庭亲情原则外展为政治原则。于是，期望国君行仁政就必然是一种理论期待和实践追求。

第二，对社会成员、官员和国君在政治方面的要求就只能希望他们有道德自觉并进行道德修养。孝是众德之本，要培养品德，首重孝行，此是修身之根本，对所有人都是如此，所以说“自天子以至于庶人，壹是皆以修身为本”③。从社会的政治治理来说，首先是期望君主能够为政以德，特别相信君主的美德能够直接地感化百姓，起到政治示范、人心归附、醇

① 《孟子·梁惠王上》。
② 《论语·学而》。
③ 《大学》。

化风俗的巨大作用。“为政以德，譬如北辰，居其所而众星共之。”① 他们认为，美德对人们有着情感性的感染力，能够感发人们的共情想象，并产生情感上的响应，无往弗届，这比任何强制措施更符合人心的特点，能够入人也深，化人也速，有助于人们在道德上成人。孟子曾引孔子之言来形象地说明这一点：“孔子曰：德之流行，速于置邮而传命。”② 足见孔子对仁德的感染力量的重视。而对官员和士人来说，就要求他们在上则美朝政，在下则美风俗，因为“君子之德风，小人之德草，草上之风，必偃”③。这充分体现了儒家注重道德感化的政治功效的特点。

在古代，正因为社会没有充分发育起来，所以，政治治理并不特别看重行政的和法律的治理技术，他们相信制度中有美德的人特别是有仁爱之德的统治者能够直接影响到治下的百姓，认为政治的目标既在于解决人们的生活资源的供应，又着重于培养所有人的美德。

但是西方从近代以来，身份制逐渐向契约制过渡，到现代，人们再也不能给出维护身份等级制度的合理合法的理由，不可能对等级制做出合理的辩护，自由和平等权利进入了政治哲学和道德哲学的核心部位。在近代以来的社会中，自由和平等权利有着前提性的道德价值。我们看到，人们的自由和平等权利得到了越来越多的尊重、保护以及实现，至少，人们的自由和平等权利意识越来越强，社会也在保障规则平等、起点平等，甚至在一定程度上的实质平等方面取得了越来越大的成就。

二　正义为什么是社会制度的首要美德？

人类历史进入到社会高度分化的状态之后，在政治领域中情感性的美德就未必能够起到很好的感化作用，而必须在一种人人都拥有自由和平等基本权利的前提条件下，给社会提供一个大家都能一致同意的、被评价为正当的治理原则，即正义原则。一个能够在自己的治理程序设计、条件保障、执行力量、权利义务分配等方面体现正义要求、维护正义原则的制度，就是有正义美德的制度。对制度来说，正义原则是首位的、前提性的价值，在这个前提下，人们可以自主地追求自己的好生活或者幸福，于

① 《论语·为政》。

② 《孟子·公孙丑上》。

③ 《论语·颜渊》。

是，对制度来说，具备正义美德就是对制度的精神气质和品质的首要要求。正义美德不是以爱人情感为核心的美德，而是以尊重并保卫自由和平等权利为核心的美德。所以，在近代以来的社会中，不是仁爱之德、礼义之德、公民友爱之德成为社会制度的第一美德，而只有近代以来的正义美德可以充当这一角色。

西方近代对工具性正义美德进行了凸显。作为西方政治哲学和道德哲学近代转型的关键人物的霍布斯，在谈到要在自然状态中达到正义的目标是使人们避免"人对人像狼"的状态时，主张在自然状态下由于没有人为的制度，所以，就应该具备主观的美德，而这种美德就完全是由于要达到正义状态所要求的，一种品质要能成为美德，就必须符合正义原则，有利于正义目标的实现。他反对古代认为美德有其内在标准（如"激情的适度"等）的看法，而主张任何一种品质，只有"作为取得和平、友善和舒适的生活的手段"[①] 才能成为美德。而至于在政治国家状态下，他认为只有通过国家制度的正规约束才能达到公民状态的正义，正义美德在这里只能起辅助性作用。但由于他认为正义是目的性的价值，所以，作为实现正义目标的工具的正义美德当然是首要美德。

霍布斯此论一出，应该说奠定了近代西方的政治哲学和道德哲学的基本方向，虽然后来的学者们在构建正义原则方面与霍布斯多有差异，但是大致都认同正义是社会制度的首要美德这一观点。洛克就以对财产权的保护作为制度的首要美德；卢梭要求在公民状态下人们都应该摒弃任何感性的私欲私利的考虑，从而与公共意志一致，这就是他所构建的道德理想国所要求的正义美德；康德则从人作为有实践理性者推论出人的基本权利，认为法理是通过约束人们的外在行为而使每个人的意志自由能够共存于一个法律体系之中；而伦理美德则要求"把权利的实现成为我的行动**准则**"[②]。同样是把正义看作是社会制度的首要美德，等等。他们都是从工具性意义上来为正义美德定位的。

西方近代对作为自身目的的正义美德也作了探索。虽然近代以来的思想家对正义原则作了许多探索，并认同正义是社会制度的基本原则，

① 霍布斯：《利维坦》，黎思复等译，商务印书馆1997年版，第121页。

② 康德：《法的形而上学原理——权利的科学》，沈叔平译，商务印书馆1997年版，第41页。

但有些思想家仍然认为正义美德具有自身就好的价值，而不仅仅具有工具性价值。密尔认为，就正义最终有助于社会功利的增进而言，正义美德的确有着工具性的价值，但是，正义美德也有某种目的性的价值。自由优先的正义制度，必须保证在制度中提供一个能够让个体发挥其自主性和创造性的环境。因为自主性和创造性对个人的生活而言有一种内在价值，实现了这些内在价值的制度才是有正义美德的。他认为，正义所致力于保护的自由权利是我们的好生活的内在组成部分，自主性和创造性只能存在于自由之中，而它们正是个人生命达到极盛状态的基础。如果制度妨碍人的自由，就必将妨碍个体的自主性和创造性的发挥，这样一来，个人的精神生命之花必将枯萎。他在论证这一点时，是诉诸功利的，但对这种功利作了最广义的理解，包括了自由和个性、创造力等因素。而对个人任性自由的限制，在他看来，如果这种自由不关涉他人的利益，制度施行限制的效果远不如让个人自己进行自由调整来得好；他又主张，个人的任性自由在妨碍了他人和社会的利益时，就必须加以制度性限制，这正是从增加社会功利量来立论的。总之，他认为，保护个人的自由，就必定能激发个人的自主和创造力，这是精神成长的唯一基础，也个人生活的重大利益，“只有培养个性才产生出或者才能产生出发展得很好的人类”①。因此，密尔所认为的制度的正义美德显然是人们好生活的组成部分，具有内在价值。

当代对正义作为社会制度的首要美德进行了考量。第一，正义作为社会制度的首要美德，是因为正义原则是我们在社会生活中能够得到公平对待的框架性的、前提性的价值，所以，正义原则是社会制度所要遵守的首要原则。当人们一致把一种社会制度安排及其内部的权利和义务分配机制和尺度评价为正当的，则这种制度就是正义的。不管是作为“公平的正义”（justice as fairness）、作为“公道的正义”（justice as impartiality），还是作为“尊重权利的正义”（justice as the respect for rights）、作为“平等的正义”（justice as equality），等等，都应该能够为人们所一致同意。这种同意不是建立在所有个人的自身利益上，而是建立在人们对在其中相同情况能够得到同等的对待，每个人可以追求自己所认同的好生活或幸福的制度的理性认可的基础上，所

① 约翰·密尔：《论自由》，程崇华译，商务印书馆1982年版，第77页。

以，这种同意是站在超越个人性的立场上对社会基本结构的价值的共同构造活动。我们从纯粹个人的自我意识中无法发现人们一致同意的基础和趋向，只有在人们的普遍自我中才能发现它们。比如罗尔斯的作为公平的正义原则的构造，就是设定一种原初状态，在此人们能够超越自己的个人偏好和屏蔽个人的任何信息，从而公平地设计一种大家必须生活于其中的制度的首要价值，即正义；作为尊重权利的正义，实际上建立在对自由和平等权利的相互承认和尊重上。尊重，既要求人们相互尊重，更需要以制度化的方式加以刚性的保障；作为平等的正义的含义是：社会对所有成员应该给予平等关注，对社会过程落实在个人身上一定程度上的结果的平等给予制度性的关注，当然只能逐步地实现，因为在现实中，结果的绝对平等是无法达到的，同时也会引起不良的社会后果；作为公道的正义也要求人们对现实生活中的权利和义务分配要能合情合理，对任何人都无所偏颇。这些原则，应当是所有人都能一致同意的。

第二，无论是作为工具性的价值还是作为内在价值，正义美德都是社会制度的首要美德。作为工具性的价值，正义美德是为维护和实现正义原则服务的。一个制度具备了正义美德，它就能够有效地保卫社会的正义结构，并让所有人都对制度本身产生信赖之情，对他人在制度中会按照正义要求去做抱有一种理性的期待。在此前提下，个人可以追求自己所认定的好生活的目标。社会不能就什么样的生活是好生活，什么样的美德是值得追求的进行强行规定，强行要求人们去过某种类型的生活，教导人们培养某种特定的美德。从这个意义上讲，正义美德的确是处于前提性的先在位置，因为其他的美德只有在制度具备正义美德之后才能得到充分的、自主的追求；而在那些认为正义美德有着内在价值的学者看来，正义美德仍然是首要的。比如，德沃金认为，作为平等的正义是至上的美德，而平等对人的生活来说有着内在价值。这里的平等并不是指结果的平等，也不仅仅是指起点平等或条件平等，而是指资源平等。资源平等是个人根据自己的个性、能力在社会中创造自己的好生活的首要条件，如果资源不平等，就会成为人们发挥自己的潜能，争取个人成功的根本障碍，这种障碍会使某些人的生命白白地被浪费。这里有两个哲学基础，即第一，“重要的是每一个生命都应该成功而不被浪费，过好的生活而不是坏的生活”。无论我们的能力如何不同，这一点都应该得到平等的关切；第二，我们都应该负起自己的特殊责任，即“对自己的一生是否成功负有主要责任”①。自己的成长是建立在其性格和能力的基础上的，不必雷同。但每个人的生命都不应该被浪费，这正是我们的基本权利，这是需要认真对待的。所以，只有我们的制度具备了作为平等的正义美德，我们的生活才能按照自己之所愿而得以展开，达到兴盛。

第三，相对于制度的其他美德来说，正义美德是优先的。我们认为，在当今，制度的其他美德都必须在正义美德的导引下，才能真正成为制度的美德。比如作为制度美德的勇敢，如果它不关注正义美德，则它可以为了群体的强盛而肆意践踏个人的平等自由权利，奉行强者生存的“丛林法则”；致力于福利平均分配的制度美德显然会破坏社会的正义制度。在仍然需要靠保护私人产权，鼓励竞争以激发人们的创造力和劳作热忱，由此增加社会福利总量的当今时代，平均分配福利无疑会打击人们的创造热情，侵害部分人的基本权利；对于仁政来说，在缺乏正义的前提下，普遍的仁爱也许只能流于主观的好心肠，是无法真正得到推行的。比如，面对有着不同利益诉求、多元价值观、无限繁复的生活期望的人群，仁爱作为爱心的发用，如果没有对利益分配的合理尺度的明确判断，那么，单纯的仁爱之德在制度体系中是无法得到施行的，正如罗尔斯所说：没有正义，“仁慈就不知所措”②。

三　制度的正义美德的塑造

正义作为社会制度的首要美德，不可能自动形成，而需要加以自觉的培养。

第一，要求制度设置能够实现正义的基本要求。各种政治哲学理论有多种不同的正义原则，也进行了多种不同的论证，但是，以下的正义要求基本上是人们都能认同的：即要求我们的社会制度能够明确规定人们的基本自由和平等权利，比如法律上的平等权利，不能有人享有法外的特权；给每个公民以平等的关切，应该去除制度性的歧视，比如在社会资源的分配中，不能制度性地给处境较好的人群以特殊待遇，而漠视处境较差的人群，而是应该设计一种制度，使人们有大致平等的起点，并保障人们的机

① 德沃金：《认真对待人权》，朱伟一等译，广西师范大学出版社 2003 年版，第 18 页。

② 罗尔斯：《正义论》，何怀宏等译，中国社会科学出版社 1988 年版，第 463 页。

会平等；同时，对人们发展自己的身心予以足够的关注，不致使某部分人的生命被白白浪费。比如保障人们平等的国民待遇，去除身份制度的限制，并关注人们的社会保障和社会福利的增进，使人们能共享经济发展和社会进步的成果，等等。这是正义的制度建设的目标，也是一个制度的正义价值之所在。

第二，制度要能够足够好地实现正义原则，就需要制度中的人们形成与正义原则相互适应的精神气质。首先，要求制度的执行者具备普遍性的正义美德。正义美德从品质要求来说，就是执行者需要去除偏私的立场，获得公道的立场，这是从当代的正义原则的特点中推论出来的应然要求。原因是，当代社会是一个高度分化、复杂的社会，传统的熟人关系日益让位给陌生型关系，即人与人之间所通行的关系模式不再是“我—你”的关系，而是“我—他”的关系，从这个关系模式中分离出了一个非人格的制度管理层。比如，在司法制度设计中，“由于我们认识到了偏私（partiality）的影响，因此，我们要求，如果法官在案件中受贿或与涉案人有私人关系，他们就会被取消审案的资格”，也就是说，偏私就是“将私人因素引入到公断之中”[①]。所以，公道是公务人员的首要美德，正如马克斯·韦伯所说：“官僚制发展得越完善，‘就越缺少人性化特征’，就越能够完全成功地消除官员事务中的爱与恨，所有纯粹私人的、非理性的和情感因素也就是不计算在内了。”[②] 偏私的不合正义性是指偏私之人的内在品质上的缺陷，但要去除这种缺陷又谈何容易，所以，公道的美德需要靠完善的制度来加以导引，并对官员的失德加以制度性的监督和惩处。当然，社会也期望官员能够从情感、欲望品质上适应正义的普遍原则。其次，制度中的人们应该普遍认同正义的基本要求，并且彼此分享对正义的理解，获得正义感；同时，人们之间相互作用的行为能够相互共存，并在一种相互响应的过程中形成对对方也会按照正义的要求去做的合理期望以及彼此的信赖。在这个过程中，制度内部就能形成一种与正义原则相适应的精神气质，这是一个制度形成了正义美德的根本标志。

第三，在哲学思考的层次上，我们不能把个体完全原子化，只从纯粹

① 布莱恩·巴利：《作为公道的正义》，曹海军等译，江苏人民出版社 2008 年版，第 15 页。

② Max Weber, *Economy and Society*, edited by Guenther Roth and Claus Wittich, Berkeley and Los Angeles: University of California, 1978, p. 225.

的个人利益的角度出发来考量制度的价值，包括工具性价值和目的性价值，而是应该认识到，制度不仅仅要给个人的追求提供一个外在的框架或者前提，哪怕这个前提是个人生活之好的内在部分，也要对个人利益和个人目标进行整合提升。实际上，制度的本质是个人之间的相互认肯和承认，可能要通过斗争和冲突才能达到，也就是说个人的个别性通过相互承认这一中介，而成为制度的普遍性内容。否则，我们就只能让制度与个人相互分立，不管我们如何想把它们联系起来，但实际上只能形成外在联系。从哲学上说，通过个人的个别性相互作用，达到相互承认，而形成了制度，这种制度就实际上成为个人的本质，制度也包含了个人的各种主观诉求。这就是黑格尔式的制度观。不抱偏见地说，黑格尔的制度观更加接近制度美德的真实存在性质，能更好地说明制度美德的形成过程及其特点。他认为，个人的个别性偏好只有在制度实体中才能被转化成合理性的追求，个人的个别性才能被塑造成他的个性。一个人只要想实现自己的偏好，就必须把它整合到制度之中，获得制度实体的伦理本质。所以，制度的存在和发展不是为了阻止个人有益的偏好，反而是为了让人们发展自己的偏好。一个能够让所有个人在其中实现自己的正当权利的制度，才是有正义美德的制度；反过来，对个人来说，“伦理性的东西，如果在本性所规定的个人性格本身中得到反映，那便是德”①。

我们认为，个人同化制度的本质的过程，就是获得伦理美德的过程。黑格尔的美德定义就表明了这一点。美德不仅仅是一种主观的精神气质，更是一种现实的精神品质。不采取这一思想方法，就无法理解制度的美德的真正含义。只有伦理性的美德才能具有现实的、普遍性的客观内容，这才是制度美德的总体面貌。正义作为社会制度的首要美德，需要生活于制度中的人们秉承正义制度的普遍的伦理本质，从而形成制度整体的、合乎正义原则的有机的价值态度和集体的精神气质，才能得以成型。只有这样，我们的制度才能具备正义美德。

① 黑格尔：《法哲学原理》，范扬、张企泰译，商务印书馆 1979 年版，第 168 页。

第八章 马克思主义正义观与当代美德政治学

我认为，西方近代以来的政治哲学重点关注正义问题是必然的，这主要是因为，西方近代以来人们都成为独立的利益主体，并获得了自由与平等的权利，比如对生命权、自由权和财产权的确立与保护，采用市场经济体制，从而激发了人们的求利欲求和勤奋、探索、进取精神，于是，这些制度安排就是要在既定社会制度的前提下，合理地分配社会基本权利并合理地分担社会义务。他们把这种尺度确定为正义原则，并使之成为近代西方文明的基石。诚然，西方历史进入到近代，确立了自由与平等权利制度，是历史发展的必然，也是历史的进步，但是，把一个在历史的某个时期所采用的制度说成是人类最后的制度，是完全符合正义理想的，认为人类历史只需要在这个框架下修修补补，则是非历史主义的观点。实际上，西方资本主义制度所实现的只是正义的形式性方面，在正义的实质内容方面则是有欠缺的。在早期资本主义时期，甚至其正义的形式性方面也有很大缺陷（比如男女不平等问题、选举权的财产资格问题等），其实质性方面则更是直接违反正义原则的（比如劳动异化问题，工人的贫困化和心智退化问题等等）。当代发达资本主义在正义的形式性方面有较大改进，在劳资关系、工人的劳动保障和心智发展等正义的实质性方面也取得了较大进展，但是，这只是在资本主义制度前提下的改进，并且是建立在以技术优势对世界的经济掠夺，甚至谋求世界霸权的基础上的，所以，从实质上说，仍然是不正义的。

于是，我们可以看到，正义的实质要求不仅是权利的平等、政治上的平等，而且从根本上说，是经济的平等、社会的平等，一句话，是道德的平等。所以，实质正义是一种远景性、范导性的政治观念，其要求应该落实为人的自我实现和全面发展。形式是为内容服务的，所以，从根本上说，法律权利是建立在私有制基础上的，它有着很大的历史合理性，但是，从自由和平等权利的真正实现的远景来说，那就应该指向消灭私有制，这也有历史的必然性。在生产力高度发展，社会财富极大涌流的未来，人们的劳动就不再是为了谋生，而成为自己的第一需要，也不再受到分工的限制。在自由劳动中，我们可以全面地塑造自己的精神品质，达到自我实现和全面发展。虽然社会主义国家在当代还不能完全达到人们的自由而全面发展这一实质性的正义要求，但是，我们的正义追求却需要在这一立场、视景中来进行，即在社会主义制度下，虽然首先需要实现正义的形式要求（因为它能解放生产力，发展生产力），但同时也应该把在现实条件下促进人们某种程度的自我实现和全面发展作为正义的政治目标。当代的美德政治学，既要重视培养基于权利的政治美德，同时也要在人们的自我实现和全面发展的视野中，主张国家应提供物质和精神文化条件，把促进人们的能力完善作为重要的理论任务和善政目标。这个立场，有着十分坚实的马克思主义政治伦理的价值基础。

第一节　马克思主义正义观的辩证结构

正义问题在西方政治哲学中处于核心地位。西方学术界普遍认为，正义之所以显得必需，是因为社会中广泛存在着“正义的环境”，即资源的相对稀缺和人们生活目标的多样性，而且，这两大环境是人类社会的长久特征，不可能在短期内消除，所以，正义必然是政治的首要价值关怀。言下之意是，只要正义的这两大环境被消除，则正义就不再成为问题。所以，在西方思想家的心目中，正义就只是一些补救性的、纠正性的原则、制度和美德；并且，在任何消除了正义的环境的社群组织中，比如在家庭中和目标基本一致的社团中，正义就不再是所谓首要美德，甚至在某种意义上说，就不再是美德。在这种团体里，盛行的应该是爱、团结、友谊和信任等美德。由于正义问题被限制于这样的论域之中，所以，关于正义的地位、尺度和适用领域就成为他们反复争论的对象，正义理论成为一个聚讼纷纭的领域。马克思主义则认为，把所谓“正义的环境”作为正义观的前提条件是狭隘的，它掩盖了产生社会正义问题的物质生产方式矛盾运动这个实际基础。马克思主义经典作家认为正义问题并不是在所谓的“正义的环境”中产生的（这不过是正义问题的一种表现方式），而是人们对社会的具体的生产方式即生产力和生产关系及其现实矛盾运动做出的意识反映和选择，认为正义问题不过是在生产关系中处于不同地位的人们对社会的应然秩序的追求。马克思主义从无产阶级的立场及其使命中，分析了社会上占主流地位的正义观念的实质以及人类社会发展的最高目标，以此为基础，形成了自己的正义观。它有如下辩证结构：①社会上占主流地位的正义观的本质是：正义是在一定社会的物质生产方式基础之上的政治治理、利益分配和人的发展等方面的价值追求，也是占统治地位的阶级评价为具有正当性的原则、制度和美德等观念；被统治阶级则有不同的正义观，但不占主流。正义观会随着历史的不同发展阶段而具有不同的内容和标准。②对于资产阶级正义观的进步性给予了历史性的肯定，即肯定它完成了对平等、自由和正义的形式性的揭示和论证，又揭露了在资本主义制度下存在的实质性不平等、不自由和实质性的不义。③认为通过大力发展社会生产力，最终废除私有制，使所有人从异化劳动中解放出来，社会成为自由人的联合体，这是达到人的自我实现和全面发展这一人类社会发展的最高目标的社会正义条件。④正如在奴隶社会中人们会认为实现奴隶制是天然正义的；在封建社会中，人们会持有一种基于门第、社会等级身份的应得正义观；在资本主义社会中，贵族身份、门第等就不再是决定分配的因素，只有在资本主义经济过程中通过符合市场规则的公平交换所获得的利益份额才是正当的；于是，消除资本主义私有制所造成的劳动异化，获得人的全面发展的条件就将是未来社会的正义的最高条件。这种正义观的历史发展，其基础都是不同时代的社会生产方式的变革。有人说，“人的全面发展”不是一种伦理因素，而是一种社会学或人学的因素，所以不能作为衡量正义的标准。我认为这种观点无视正义对人的道德完善的实质性关怀维度。实际上，从最宏大的人类历史背景上说，正义不仅仅是所谓社会基本善的分配尺度，其实质更是使人的全面发展得以实现的社会条件的达成，所以，人类社会的正义理想才如此激动人心。

一　马克思主义对资产阶级正义观的历史评价

马克思、恩格斯对资本主义生产方式的阶段性正义有着恰切的评价，对资本主义社会中的抽象的人格平等和自由，以及经济领域中的等价交换的正义性进行了肯定。

1. 抽象的自由和平等权利

在资本主义社会中，人们都成为独立的利益主体，摆脱了人身依附，所以，每个人从人格上说都可以被认为是自由而平等的。这是在社会成员日益分化为两大阶级即资本家和无产者的过程中必然会出现的现象。马克思认为，这是一种历史的进步，也是社会正义的一种发展。从历史发展的必然进程而言，马克思反对那些一直不愿意放弃自己的地产和农奴制度，拒绝社会进步的封建领主，当然最后这些人也必然会自愿或不自愿地消失；他认为农奴、手工业者等必然会进入到无产阶级行列；而无产者也有可能例外地通过积累自己的财富而成为资本家，资本家也有可能由于投资或经营失败而变成无产者。在成熟的资本主义社会，无产者都必然去除了人身依附，而获得了人身自由和平等人格。许多人把这种自由和平等看作一种实质性的正义，而实际上，这种自由和平等只是纯粹形式性的正义，因为只要进入实际的社会物质生产过程，就变成了实质性的不平等和不自由，即无产者只能受到雇佣劳动的奴役。

能够主张形式上的平等和自由，并以法律的方式予以保护，当然是社会政治的一种进步。在成熟的资本主义社会中，那种以所谓的自然秩序为由，主张人与人是天生不平等的，并把人区分为不同等级的意识观念和制度再也站不住脚了。在资本主义社会中，人们不可能再像亚里士多德那样论证奴隶制度的天然合理性，也不能以社会等级来论证人们享有法律上的不平等权利和负担不平等义务，以及人格或道德价值上的高低差别。恩格斯站在历史唯物主义的立场上，指出了普遍的平等权利观念得以出现的社会生产方式的基础，认为它也必然是历史发展的产物："由于人们不再生活在像罗马帝国那样的世界帝国中，而是生活在那些相互平等地交往且处在差不多相同的资产阶级发展阶段的独立国家所组成的体系中，所以这种要求就很自然地获得普遍的、超出个别国家范围的性质，而自由和平等很自然地被宣布为**人权**。"① 但是，它保卫的是资本家的私人财产占有制度以及商品交换的平等权利，所以，它是一种表面的、制度层面的作为自由平等的正义观念，而非"社会的、经济的平等要求"②。在资本主义社会

① 《马克思恩格斯选集》(第三卷)，人民出版社 1995 年版，第 447 页。

② 同上书，第 448 页。

中，由于出现了无产阶级，所以，他们会站在自己的阶级地位上提出平等要求，这些平等要求或者是对极端的社会、经济的不平等，即资本家和雇佣劳动之间的实质不平等的一种自发的反抗；或者是从资产阶级的普遍平等要求中产生的，因为这种平等要求可以进一步发展为社会和经济的平等要求，因此必然指向“消灭阶级”。

所以，资产阶级的法律上的平等观念，虽然有着历史进步性，但同样有着保护其阶级利益的虚伪的一面。“法律上的平等”是一种外在的平等保护，而对所保护的内容则是不管的。实际上，这是一种形式上的平等。在这种形式下，私有制不会受到任何触动，只要保证资产者投资的自由权利，以及工人选择雇佣者的自由权利，就可满足所谓正义的要求。许多资产阶级学者囿于其阶级地位，不能认识到这种形式上的自由权利恰恰会损害人们的真正自由。要获得真正的自由，一定要消灭私有制，因为只有这样，劳动的异化状况才不会再出现。

当然，在私有制下，能很好地行使这种法律自由比没有法律自由要更加公正，比如，自由主义“试图为每个人确保促进她在一种事实上是好的生活中的根本利益的条件。正因为自由主义者相信政府要把所有人当作平等者来看待，正义要求平等地为每个人保证审视我们关于价值的信念并根据它们行动所需要的自由权和资源”[①]。但是它本身是有缺陷的。它不会要求其他更全面的平等，如要求社会生产资料公有，也无法要求按需分配，甚至无法把这些作为正义的发展目标。

马克思肯定认为，在争取人们成为真正平等的过程中，这种法律上的平等是值得欢迎的。所以，金里卡说，“把人们当作平等者来对待这个观念对马克思是根本性的。它出现在马克思那里的形式与出现在康德那里的形式是一样的。即要求我们应当把人们当作目的而不是手段”[②]。但是，只有马克思，才真正发现了把人作为目的的社会现实条件，那就是通过社会的生产方式的变革，社会财富极大涌流，消灭了私有制，这是人们能真正达到平等的物质基础，而不仅是一种形式或主观愿望。

需要注意的是，从理论上说，资产阶级这种法律上的平等并不是马克

① 威尔·金里卡：《自由主义、社群与文化》，应奇等译，上海世纪出版集团2005年版，第102页。

② 同上。

思主义正义思想的出发点，只有道德上的平等才是。这个问题牵涉一个更为彻底的要求，那就是社会正义的最终目的实际上是所有人的道德完善，这要通过彻底实现人的道德平等才能达到。所以，马克思主义的道德平等观并不是一种抽象的概念，而是只有在现实的历史运动和社会生产方式的变革的长期历史过程中才能达到。关于这一点，我们留待第三节来论述。

2. 交易领域中等价交换的正义性

马克思对资本主义生产方式在极大地促进生产力发展方面有过高度评价，同时，他也认同人们对等价交换的正义性的描述。在资本主义社会中，虽然实行了生产资料的私人占有形式，但是，物质财富的增进却必须在等价交换的交易过程中才能实现。也就是说，在这种社会条件下，人们只有通过分工和商品交换而获得彼此利益的增进。至于工人受到剥削的事实，那是另一个问题，即财富再分配的问题。从纯粹的交易过程来说，这种方式是有着正义性的，因为商品的价值被按照一个独立的标准即凝结在商品中的一般人类劳动而得到衡量，并且可以从中分离出货币这样一种最一般等价物。所以，马克思说，“商品是天生的平等派”①。这样一来，交易可以通过平等契约来进行，并且会受到国家的法律保护。于是，马克思认为，“生产当事人之间的交易的正义性在于：这种交易是从生产关系中作为自然结果产生出来的。这种经济交易作为当事人的意志行为，作为他们的共同意志的表示，作为可以由国家强加给立约双方的契约，表现在法律形式上，这些法律形式作为单纯的形式，是不能决定这个内容本身的。这些形式只是表示这个内容。这个内容，只要与生产方式相适应、相一致，就是正义的；只要与生产方式相矛盾，就是非正义的。在资本主义生产方式的基础上，奴隶制是非正义的；在商品质量上弄虚作假也是非正义的”②。马克思说得很明白，在各种实现商品交换的经济制度下，等价交换都是一种正义要求。同时我们要看到，等价交换的根本前提是个人的自由而平等的意志，所以，奴隶制、强买强卖、弄虚作假、垄断价格等都是不正义的。

马克思认为，一个社会有其自身的公平分配，那就是在现有的生产方式基础上的唯一公平的分配。他追问道：“难道资产者不是断言今天的分配是‘公平的’吗？难道它事实上不是在现今的生产方式基础上唯一

① 马克思：《资本论》（第一卷），人民出版社 1975 年版，第 102 页。

② 马克思：《资本论》（第三卷，上册），人民出版社 1975 年版，第 379 页。

‘公平的’分配吗？难道经济关系是由法的概念来调节，而不是相反，从经济关系中产生出法的关系吗？难道各种社会主义宗派分子关于‘公平的’分配不是也有各种极不相同的观念吗？”① 所谓法权，就是从现实经济关系中产生的法的关系。所以，在不同的社会历史阶段，所谓的公平观念也就是不同的。在资本主义生产方式下，一方面赋予人们包括工人以抽象的法律平等权利，在商品交换中实现等价交换原则，给予工人以工资报酬等等，看上去就是这个社会中的唯一的公平形式；但是另一方面，这是建立在高度发达的私有制基础上的，工人的劳动受到雇佣劳动的剥削，所以，工人和资本家的实质权利是不平等的。更为重要的是，正如胡萨米（Ziyad I. Husami）所总结的：马克思认为，资本主义“是一种人统治人、物统治人、非个人性力量统治人的体制”，在这种体制中，“生产由利润驱动，而非由满足人的需求来驱动”②，它会极大地阻碍人的全面发展，所以，资本主义体制中内含着实质的不正义。

如果废除了私有制，则资产阶级法权会逐渐消失，交易正义也会逐渐消失。所有社会成员都将成为实质平等的，社会不再是为买卖而生产，而是为了满足人民的物质文化生活需要而生产，在这个过程中，每个能够劳动的人都从事自由自觉的劳动，从而确证了自己的本质力量，获得自己的幸福，这也是社会的幸福。这样一来，就可以克服人们的自我牟利动机，而使自己的劳动成果归入社会所有，个人的发展也成为每个人发展的条件，而不是障碍。

所以，马克思恩格斯给了我们思考正义问题的一个更为宏大的视野，一个具有分辨一种观念和制度背后的物质生产方式基础的立场，一个明确地把人的自我实现和全面发展作为最高善的目标的理论框架，在这个框架中，没有任何现存的东西是完满的、固定的，而是需要被扬弃的。实现真正的道德平等，促进人的自我实现和全面发展，这才是正义的真正目标，而不是仅仅获得法律的平等，我们更不能把这种平等看作我们所能要求的实质平等。在马克思主义理论中，正义，只有在使产生现存的实质性的非正义问题的条件消失之后，才能得到最高实现。这种正义就不再仅仅是法

---

① 《马克思恩格斯选集》（第三卷），中共中央编译局 1995 年版，第 302 页。

② Ziyad I. Husami, Marx on Distributive Justice, *Philosophy and Public Affairs*, Vol. 8, No. 1. (Autumn, 1978), p. 27.

律正义、分配正义、交易正义，而是完善论的社会正义。

二 异化劳动及资本主义的实质非正义性

马克思恩格斯认识到资本主义作为私有制的最高阶段，产生了一些合乎正义的原则和制度，但是，这些合乎正义的原则和制度，却只有某种形式性的特点，在实质上却存在着典型的非正义性。要理解这一点，就需要深入到现实的物质生产活动之中去揭示其内在矛盾，因为只有在现实的生产活动中，才能理解资本主义财富的本质及其分配方式，及其给人的全面发展所带来的实实在在的而非想象中的危害。

马克思主义认为，只有把生产对象、生产工具与劳动结合在一起，才能创造财富。而劳动的过程则是人的本质力量外化的过程，即使得自然界人化的过程。显然在劳动对象、生产工具还处于自然状态，或者还是任人自取的时代，劳动成果和劳动者就不至于分离开来，或者说，劳动者可以支配自己的劳动成果，即作为自己的消费资料，或者是个人自己占有，或者是由一种初级的共同体共同支配，保障共同体所有成员的生存。但是，在人类的生产力得到了较大发展，并且有了剩余财富之后，就会有人单独占有这些财富，并把它们充当扩大再生产的资料，也会把战争中的俘虏作为自己的财富，充当劳动力，从而出现了奴隶制度。于是，财产拥有者就同生产过程分离开来，并且独占所有的劳动产品，劳动者却不能占有自己的劳动成果，所以，社会成员也就分化为阶级。这样的劳动就由外化劳动变成了异化劳动。后来生产资料的占有方式和生产方式均经过了漫长的变化，发展到资本主义社会，社会分化为两大对立阶级，即资本家和工人，异化劳动也就发展到了极端。

所以，马克思说："劳动不是一切财富的源泉。"原因是，自然界与劳动一样也是使用价值，物质财富就是由使用价值构成的。换句话说，去除对劳动资料和劳动对象的占有方式，而谈什么劳动是一切财富的源泉，是罔顾社会生产资料的占有方式在财富创造和财富分配中的基础性作用。"只有一个人一开始就以所有者的身分来对待自然界这个一切劳动资料和劳动对象的第一源泉，把自然界当作属于他的东西来处置，他的劳动才成为使用价值的源泉，因而也成为财富的源泉。"① 而劳动资料和劳动对象

① 《马克思恩格斯选集》（第三卷），中共中央编译局 1995 年版，第 298 页。

与劳动者的分离，正是在资本主义社会才发展到顶点，劳动者受到了雇佣劳动的全面奴役。占有劳动资料和劳动对象而不劳动的人却占有劳动产品，而工人作为劳动者却只能获得维持自己的生存和人口再生产的最低标准的工资，同时，劳动者只能进行片面的劳动，在劳动中只是受到损害，使自己畸形、精神残缺，感到不幸，这就是一种基本的不正义。

让我们回过头来阐述马克思的异化劳动理论在揭示资本主义生产方式的实质非正义性方面的巨大贡献。首先，在资本主义生产方式下，“把无产者，亦即既无资本又无地租，而只靠劳动，而且是片面的抽象的劳动为生的人，只看作劳动者……国民经济学不考察不劳动时的劳动者，不把劳动者作为人来考察”①。而“资本是对劳动及其产品的支配权。资本家拥有这种权力并不是由于他的个人的或人类的特权，而只是由于他是资本的所有者”②。也就是说，这个时代只把人看作“经济人”，即把人看作生产物质财富的人，而不是看作有着丰富的人类本性的人。无产者和资本家都被局限在经济领域中，所以都是片面的人。本来，劳动是我们自我的“人类机能”，“劳动本身、**生命活动**本身、**生产生活**本身……就是类的生活，这是创造生命的生活。生命活动的性质包含着一个物种的全部特性、它的类的特性，而自由自觉的活动恰恰就是人的类的特性”③。（**加黑的文字**为原文所有——引者注）而在资本主义社会，工人被只看作物质财富的生产者，成为工资的奴隶，或雇佣劳动制度下的奴隶。不消说，这一切都是在保障所有人的自由平等权利这一形式化的正义原则下发生的。这就是一种总体的异化。

其次，马克思分析了资本主义条件下的劳动的全面异化。从经济事实来说，劳动牵涉劳动者和劳动产品、劳动过程、人的类本质力量、生产资料的占有形式等方面。马克思通过分析这些经济事实，发现在资本主义制度下，劳动在每个方面都发生着异化。所谓异化，就是自己的本质力量外化之后，不能回归自身，而是同自己相对立，进而来统治自己、宰制自己。劳动异化分为四个方面：①劳动者与其劳动成果即劳动产品的异化。这表现在：劳动对象和生活资料是被给予的，而不是自己主动获得或占有

① 马克思：《1844 年经济学哲学手稿》，刘丕坤译，人民出版社 1979 年版，第 12 页。

② 同上书，第 18 页。

③ 同上书，第 50 页。

的，所以劳动者处于一种奴隶状态，其顶点就是："他只有更多地作为**劳动者**才能维持作为**肉体的主体**的生存，并且只有更多地作为**肉体的主体**才能是劳动者。"[①] 这表明他受到自己的劳动产品的奴役，他生产得越多，也就越贫穷。由于自己不能占有自己的产品，所以，他们生产的物质财富和美的、智慧的事物越多，他们就越贫穷、越畸形、越愚钝。②劳动者与其劳动过程的异化。主要原因是劳动不是为了劳动者本身，而是为了别人，从而劳动实际上是属于别人的。于是，"在这里，活动就是受动，力量就是虚弱；生殖就是去势；劳动者**自己的**肉体的和精神的能力，他个人的生活（因为，如果生活不是活动，那又是什么呢?），就是掉转头来反对他自身的、不依赖于他的、不属于他的活动"[②]。③劳动者与自己的类本质的异化。在马克思看来，"自由自觉的活动恰恰就是人的类的特性"[③]。就应然的角度而言，劳动应该是人的类本质力量自由自觉地对象化到生产对象中，从而使自然人化；同时，我们又应该能够完整地拥有自己的劳动产品，这样我们才能在劳动中肯定自己，从而使自己的类本质力量在劳动中得到确证。也就是说，我们的类本质力量就表现在能够进行全面的、甚至摆脱了肉体需要的、按照内在的、固有的类本质的尺度也即美的规律来进行真正的生产，这就是普遍的、自由的劳动。但是，在资本主义制度下，劳动者在运用自己的类本质力量进行生产的过程中，却使其发挥只成为自己维持肉体生存（即动物性生存而不是真正的人的生活）的手段，即把本来是目的的东西变成了纯粹的手段。④劳动造成了一个劳动之外的强大存在者即资本家与劳动者相对立。劳动产品、劳动对象和劳动本身都不属于劳动者，那么它们到底属于谁呢？只有那个"**异己的、敌对的**、强有力的、不依赖于他的人"[④]，即资本家，他们才是整个劳动的主人，借占有生产资料而拥有了对整个劳动包括劳动者的绝对支配权。

所以，如果说，资本主义生产方式要求国家保护人们形式上的自由与平等权利，并且把对这种权利的保护作为自己的正义目标的实现，那么这就是在竭力掩盖资本主义制度下的实质性的非正义。劳动的全面异化的事实，就是这个制度实质的非正义性的典型表现，其高度发展的、最高形态

---

① 马克思：《1844 年经济学哲学手稿》，刘丕坤译，人民出版社 1979 年版，第 46 页。
② 同上书，第 48 页。
③ 同上书，第 50 页。
④ 同上书，第 53 页。

的私有制就这种实质的非正义性的根源。

我们需要注意，马克思是从分析资本主义制度下的劳动的客观结构中得出这一结论的，所以，这个社会中某些方面的改善并不会改变这种客观结构的非正义实质。比如，争取使资本家给予工人以更高的工资，可能是某些人所努力奋斗的目标，但是，在马克思看来，即使这一点能做到（当然需要靠强力来争取和维持），但这也“**不过是给奴隶以较好报酬**，并且不会使劳动者，也不会使劳动赢得人的身份和价值”①。所以，如果把消除异化，使人们获得全面发展的条件，看作是正义的最高目标，那么废除私有制就是一种必然选择。但是，依照马克思主义的基本观点，最终的正义目标，必须在现有的物质生产的条件之上，尊重生产力发展规律，通过大力发展社会生产力，废除私有制，才能逐步得到实现。

三　正义的最高尺度：人的全面发展的条件

于是，我们可以看出，马克思对正义的追寻根源于一种关于人的学说。在《1844 年经济学哲学手稿》时期，马克思确实还保留有费尔巴哈的人本主义痕迹，但已经站在历史唯物主义立场上来分析造成人的异化的物质生产的根源。劳动异化理论贡献了揭露资本主义制度的非正义实质的最深刻洞见，从而原则上正确地指出了通过废除私有制而克服异化，推动人类社会前进到共产主义社会的道路。共产主义是正义的真正的、全面的实现。消除异化，将能够使人的类本质能力可以通过劳动者自由自觉的活动而发挥出来，创造出各种物质的和精神文化的产品，并且又能够完全地拥有这些产品，从而能够在产品中确证自己的本质力量，只有在这样的社会中，正义才获得了完满的实现。所以，我认为，马克思主义在论述正义问题时，并不是只专注于近现代资产阶级学者所说的“正义的环境”即物质资源的有限性和目标的多样性，从而认为正义是一种调节性的原则，也是一种补救性的美德，而是把创造达到人的自由自觉的自我实现和人的全面发展的现实条件作为正义的最高标准。真正正义的制度就是能够引导和促进所有人的自我实现和全面发展的制度，所有妨碍这一目标实现的制度都有着实质的非正义性或者还缺乏正义性。所以，马克思主义的正义学

① 马克思：《1844 年经济学哲学手稿》，刘丕坤译，人民出版社 1979 年版，第 55 页。

说是建立对社会物质生产方式这一感性的、具体事物的考察基础上的，集中关注生产资料的占有形式对正义的决定性影响。

马克思主义的人的本质学说，一方面继承了费尔巴哈人本主义的某些因素，但另一方面，这种人本主义不再是空洞的概念，或仅仅是对人的自我实现的理念性诉求，而是要经过整个人类社会发展的历史运动才能完成的，其中的活动要素就是劳动。正义，就是指完全社会化的劳动能够塑造人的完整本质，从而达到自我实现和全面发展的价值尺度。所谓全面发展，就是人的肉体的和精神的机能都能以最无愧于人性的方式加以实现。但是，在私有制下，虽然人们也从事着各种生产，包括物质生产和精神生产，但是任何个人都必然是为了谋生而生产，从而形成分工，这样个人就只能发展自己的职业所要求的素质和能力，而其他素质则难以得到发展或者被高度抑制了。

于是，正义的实现表现在于以下几个方面：在社会财富极大涌流的情况下，人们的物质生活资料充分丰足，没有人因为要谋生而不得不进行奴隶般的劳动；废除了私有制之后，生产资料就归整个社会所有，也就是为所有个人所有。于是，（1）其产品都归社会所有，也为所有人所自由分享，所以，对个人来说，他既是为社会生产，也是为自己生产。于是，他就是一个完全的社会的个人，与每个人都一样是社会的有机分子。这样，他生产得越多，他的内心就越丰富、越优美、越智慧。（2）从他与生产过程的关系而言，他的生产是自由自觉地进行的，从而是由自己控制的，是自己的自由意志的表达，所以不是为某个控制自己的人而生产。（3）不存在置身于劳动之外而又直接支配劳动和劳动者的资本家，社会不再分裂为敌对的两大阶级，人们都是劳动者，劳动成为人们的第一需要。生产资料的分配是按需分配，即人们都能得到自由发展自己的本质力量的资源，从而使自己的潜在素质得以完整地发展起来。对个人来说，不会因为资源不足而无法发展某些素质，这样，人的全面发展就有了资源的保障。可以设想，在这样的社会中，到处是自由自觉的劳动，到处都是活泼泼的创造，到处都是确证了人的本质力量的幸福享受。总之，在共产主义社会中，每个人都获得了全面发展的条件，而不会因为经济制度的原因而受到他人的奴役，也不会因为资源不足而使自己只能片面发展，他们可以自由发展自己的理智能力（哲学、科学等）、实践能力（各种生产技能、运动技能和道德实践）和艺术创造能力（文学、音乐、绘画等），他们的各种素养和才能都将能达到相当的高度。这才是正义的最高尺度：人的道德平等得到完满的实现。

这个过程从社会演化的角度说，就是个人成为完全的“社会的个人”，这也是个人获得自己的属人的丰富本质的过程，即获得人的全面发展。真正的共产主义是“**私有财产**即**人的异化**的**积极的**扬弃，因而也是通过人并且为了人而对**人的**本质的真正**占有**；因此，它是人向作为**社会的人**即合乎人的本性的人的自身的复归”[①]。表现在以下几个方面：（1）人的肉体和精神的机能的发挥是一种使自然人化的过程，这是人的本质力量的表征。在这个过程中，我们造成一个人化的自然界。由于人的本质是社会劳动和社会交往的产物，所以，我们在使自然人化的过程中，就是在实现人的社会化。扬弃了私有制，则我们的物质生产和精神生产的产品都会归社会全体成员所有，所以，不再存在着自己的产品外在于自己，成为反对自己的异在力量的情况，也不会造成人与人的阶级对立。（2）“**社会**是人同自然界的完成了的本质的统一，是自然界的真正复活，是人的实现了的自然主义和自然界的实现了的人道主义。”[②] 社会是在生产基础上的人与人的关系，劳动的本质是塑造自然界，同时又塑造人自身，这个过程就是所有个人获得社会的普遍本质的过程。在共产主义社会中，这个过程是统一着的，而不会造成对人的损害。所以，我们在劳动的过程中，既能解放并确证自己的各种力量，又能培养各种属人的、能够进行审美的感觉能力，能够真正“按照美的规律来塑造物体”。（3）所谓人类的物质文化、制度文化、精神文化和生态文化都是人的本质力量对象化的产物，“工业的历史和工业的已经产生的对象性的存在，是人的本质力量的打开了的书本，是感性地摆在我们面前的人的心理学”[③]。各种文化是具体的、处于现实的生产方式之中的人创造的，其现实活动就是社会性的，所以，不能“把‘社会’作为抽象物同个人对立起来。个人**是社会的存在物**”[④]。（4）在这个视野中，个人与自然界、社会之间的关系就是逐渐获得了统一性的关系，但这必须在积极扬弃了私有制之后才有可能，因为“私有

---

① 马克思：《1844 年经济学哲学手稿》，刘丕坤译，人民出版社 1979 年版，第 73 页。

② 同上书，第 75 页。

③ 同上书，第 80 页。

④ 同上书，第 76 页。

制不能把粗野的需要变成**人的**需要"①。只有在共产主义社会中，我们对物的需要和享受，才能失去其利己主义性质，而成为社会性的；自然界对人而言就不再是赤裸裸的有用性，而是具备了人的效用，也即是社会性的。所以，如果说，共产主义是人的本质的复归的话，那么"这种复归是彻底的、自觉的、保存了以往发展的全部丰富成果的"②。

唯有理解了马克思的以上观点，我们才能理解为什么马克思作了以下断言："这种共产主义，作为完成了的自然主义，等于人本主义，而作为完成了的人本主义，等于自然主义。它是人和自然界之间、人和人之间的矛盾的真正解决，是存在和本质、对象化和自我确立、自由和必然、个体和类之间的抗争的真正解决。它是历史之谜的解答，而且它知道它就是这种解答。"③

但是，实现这种实质性的正义的目标是一个长期的过程，中间还必须经过一个共产主义的低级阶段，即社会主义社会。它是从资本主义社会中脱胎而来的。虽然在社会主义社会中，也消灭了私有制（当然也可能是生产资料公有制占主导地位，多种经济成分共同发展），"在一个集体的、以生产资料公有为基础的社会中，生产者不交换自己的产品；用在产品上的劳动，在这里也不表现为这些产品的价值，不表现为这些产品所具有的某种物的属性，因为这时，同资本主义社会相反，个人的劳动不再经过迂回曲折的道路，而是直接作为总劳动的组成部分存在着"④。但是，"它在各方面，在经济、道德和精神方面都还带着它脱胎出来的那个旧社会的痕迹"⑤，所以，社会主义制度在经济上的表现，就是生产者的产品在作了各项扣除后，他还能从社会中领到自己的东西。在这里，正义有两个方面的衡量尺度：（1）他从社会中作为工资（扣除他为公共基金而进行的劳动）领回的，就是他给予社会的劳动量。（2）这种分配方式还留存着资产阶级法权的性质，但是内容和形式都改变了，第一，这里通行的也是一般商品交换原则（当然是等价交换），但是，人们除了自己的劳动，没有其他东西进行交换；而且他的劳动收入只是作为消费品而成为自己的财

① 马克思：《1844年经济学哲学手稿》，刘丕坤译，人民出版社1979年版，第86页。
② 同上书，第73页。
③ 同上。
④ 《马克思恩格斯选集》（第三卷），中共中央编译局1995年版，第303页。
⑤ 同上书，第304页。

产，而不会变为投入再生产的资本，因为生产资料已经是共同所有或集体所有；第二，在社会主义社会中，只有劳动成为衡量一切的标准，平等就在于以同一尺度即劳动量来计算，这就意味着生产者的收入是同他们提供的劳动成比例的。于是，如果一个生产者为社会提供的劳动是其所得的唯一衡量标准的话，那么，劳动能力的大小就成为生产者之间不平等收入的根据。注意，这里并没有阶级差别，只有不同等的个人天赋即不同等的工作能力，以及家庭的人口数量会影响自己的消费水平，这是实行“各尽所能，按劳分配”的原则的结果。也就是说，马克思同意在社会主义社会中，只有自然的偶然性会成为影响公正的因素，而社会的偶然性则被消除了。相对于资本主义社会，这当然是一种进步，但仍然存在着让自然的偶然性发挥作用的余地。也就是说，在社会主义社会中，权利的平等仍然会造成社会的不平等，因为如果不能消除自然偶然性的影响，作为劳动者，他们的生活前景就会是不同的。虽然这仍然是一种弊病，但是，这在共产主义的低级阶段是必然要经历的，而不是可以逾越的，因为“权利决不能超出社会的经济结构以及由经济结构制约的社会的文化发展”①。

只有在共产主义的高级阶段，社会主义社会的这种弊病才能得到消除。共产主义社会是自由人的联合体，在这种联合体中，个人的发展是其他所有人发展的条件，个人能够得到全面发展，异化劳动被消除，这样就不再需要资产阶级法权。共产主义条件下，其原则是“各尽所能，按需分配”，这个“各尽所能”，就不仅仅是指生产生活必需品的能力，更指人的全面发展的能力。在社会主义社会中，还要为自己的生活必需品而生产，而在共产主义社会则为自我的全面发展而生产。所以，在我们看来，马克思主义对正义的理解，一方面有着对在一定的社会生产方式基础上的法律正义、分配正义和交易正义的考量；另一方面，又有着人的自我实现和全面发展的完善论社会正义的最高标准。而且，各种社会中的正义观只有在完善论的社会正义标准的衡量下，才能判定其进步的程度。

四　马克思主义正义观的革命性意义

马克思主义正义观不是一种对现存社会的改良方案，而是一种革命性的思想。这种革命性的思想是建立在对人类历史发展的客观规律的把握之

① 《马克思恩格斯选集》（第三卷），中共中央编译局 1995 年版，第 305 页。

上的，并深刻认识到了推动人类社会发展的内在动力即生产力和生产关系的对立统一、经济基础与上层建筑的对立统一。从这个意义上说，马克思主义的社会历史观首先是科学的，是求真的，但同时又有对人类社会应该能够发展到的状态的向往，所以，又含有应然的、价值的维度，也就是说，价值追求建立在对历史事实和客观的历史发展规律的考察之上，因此，马克思主义认为，空想社会主义者由于不能揭示社会发展规律，所以他们只是对当时的剥削制度进行道德批判，而找不到推动社会发展的正确道路。马克思说，各种空想社会主义宗派的创始人“虽然在批判现存社会时明确地描述了社会运动的目的——消除雇佣劳动制度和这一制度下的阶级统治的一切经济条件”，但是，他们只是“企图用新社会的幻想图景和方案来弥补运动所缺乏的历史条件，并认为宣传这些空想的图景和方案是真正的救世之道”①。

在马克思主义经典作家的著作中，以下观点是十分明确的，那就是，社会道德思想作为一种意识形态，是对社会经济基础的反映，所以，从主流来说，这个社会必定把能够体现、维护和发展这个社会的物质生产方式的思想、情感和行为评价为道德的、正义的。我们可以看到，亚里士多德会认为奴隶制是天然合理、合乎正义的；孟子会把“劳心者治人，劳力者治于人”看作是天经地义的；资产阶级思想家会宣扬私有财产神圣不可侵犯，是人类文明的基石，等等。生活于资本主义社会中的马克思、恩格斯，却能站在无产阶级立场上，对资产阶级思想家大肆宣扬的人类普遍道德、永恒正义等观念进行了无情批判，因为这些思想家力图以道德的词语来论证资本主义制度将永恒存在，并掩盖资本主义生产方式下产生的实质性的非正义，这是违背客观的历史发展规律的。

从以上视角看马克思的正义观，我们就能对他的某些论述做出较好理解。

首先，马克思对使用道德的语汇十分谨慎。在指导现实的工人运动时，他拒斥一般性地诉诸正义的理想。他主张，我们必须先研究人类社会发展的客观规律，分析现实的历史条件，如资产阶级和无产阶级的力量对比，工人阶级的觉悟如何，是否已经形成了一种现实力量登上历史舞台，斗争的具体途径，等等。在这个问题上，空谈人类的“永恒公平”“永恒

① 《马克思恩格斯文集》（第三卷），人民出版社2009年版，第208页。

公道”“永恒互助”以及其他种种“永恒真理”，是没有什么用途的；在《哥达纲领批判》中，他又一次拒斥了道德词汇：“我较为详细地……谈到‘平等的权利’和‘公平的分配’，这是为了要指出这些人犯了多么大的罪，他们一方面企图把那些在某个时期曾经有一些意义，而现在已变成陈词滥调的见解作为教条重新强加于我们党，另一方面又用民主主义者和法国社会主义者所惯用的、凭空想象的关于权利等等的废话，来歪曲那些花费了很大力量才灌输给党而现在已在党内扎了根的现实主义观点。”[①]

事情很清楚，马克思并不认为道德观念没有任何意义，实际上，有些道德观念“在某个时期曾经有一些意义”，因为那时它们反映了社会生产方式的发展要求和人性的美好，比如在推翻封建主义建立资本主义制度的过程中，资产阶级法权观念就反映了当时的生产力发展要求，有历史进步意义；但是在工人运动风起云涌的历史阶段，如果还将这些道德观念作为工人运动的指导思想，那必然会对工人运动造成阻碍。理解了历史规律的工人阶级知道，“为了谋求自己的解放，并同时创造出现代社会在本身经济因素作用下不可遏止地向其趋归的那种更高形式，他们必须经过长期的斗争，必须经过一系列将把环境和人都加以改造的历史过程。工人阶级不是要实现什么理想，而只是要解放那些由旧的正在崩溃的资产阶级社会本身孕育着的新社会因素”[②]。虽然马克思说工人阶级不是要实现什么“理想”，但这种“理想”实际上是指那些不是建立在对历史发展规律的确切理解基础上的空想；而工人阶级要解放出的“新社会因素”，则可以看做一种有现实可能性的理想。所以，马克思并不是根本拒斥道德和正义观念，只是时刻提醒大家，主流的道德和正义观念与当下的社会生产方式是相适应的，人们所持的正义观也有着其阶级立场。

那么，马克思、恩格斯的正义观的实际结构是怎样的呢？我们认为，首先，马克思、恩格斯都认为，存在着一些对人类有普遍约束力的道德和正义观念，比如，在1864年，马克思帮助起草了《国际工人协会共同章程》：要求协会成员承认“真理、正义和道德是他们彼此间及一切人的关系的基础，而不分肤色、信仰和民族”，又提出“没有无义务的权利，也没有无权利的义务”的原则，而工人阶级的解放斗争则被描绘成了“争

---

① 《马克思恩格斯文集》（第三卷），人民出版社2009年版，第436页。

② 同上书，第159页。

取平等的权利和义务，并消灭任何阶级统治”的斗争。[①] 在《国际工人协会成立宣言》中，马克思强烈要求工人“努力做到使私人关系间应该遵循的那种简单的道德与正义的准则，成为各民族之间的关系中的至高无上的准则”[②]。我们要注意到，马克思只是在最普遍的意义上，即人之为人的意义上使用这些道德概念的。这样的使用，一方面表明，马克思主义对人类社会发展规律的揭示，实际上立足于对人本身的历史发展的信念，因为历史中的人类共同生活必定会形成人的尊严的观念、人与人之间、各民族之间的关系的最一般准则。另一方面，必须明白，这些道德观念并不能指导现实的工人运动，所以，对其使用要加以适当限制，妥为安排，即只是要求工人阶级在日常交往中要遵循和弘扬这些人类一般通行的道德准则，并不能上升为指导思想。所以，他在 1864 年 11 月 4 日给恩格斯写信，解释了他这样做的原因，为了适应工人们的理解水平，他必须在《章程》中“采纳‘义务’和‘权利’这两个词，以及‘真理、道德和正义’等词，但是，对这些字眼已经妥为安排，使它们不可能造成危害”[③]。

其次，马克思、恩格斯对资本主义社会确实也进行了道德批判，其锋芒之犀利，文辞之激烈，古今罕有。我们认为，马克思、恩格斯对资本主义制度的历史进步性给予了高度赞扬，也肯定了其商品交换中的平等原则和政治领域中的法律平等对封建主义等级制度而言的进步性，但这些平等只是形式性正义的要素。在这个理论视野中，马克思认为，资本主义生产方式是必然从封建主义生产方式中产生的，在这种生产方式中经济利益的分配方式，即资本榨取工人劳动的剩余价值，也是必然的，从正义就是适应于该时代的生产方式而言，资本家获得剩余价值也不是不正义的。所以，马克思说，“劳动者维持一天只费半个工作日，而劳动力却能劳动一整天，因此，劳动力使用一天所创造的价值比劳动力自身的价值大一倍。这种情况对买者是一种特别的幸运，对卖者也绝不是不公平”[④]。“在我的论述中，‘资本家的利润’事实上**不是**‘仅仅对工人的**剥取或掠夺**’。相反地，我把资本家看作资本主义生产的必要的职能执行者，并且非常详细

① 《马克思恩格斯文集》（第三卷），人民出版社 2009 年版，第 227 页。
② 同上书，第 14 页。
③ 《马克思恩格斯文集》（第十卷），人民出版社 2009 年版，第 215 页。
④ 《马克思恩格斯全集》（第二十三卷），人民出版社 1972 年版，第 219 页。

地指出，他不仅‘剥取’或‘掠夺’，而且迫使进行**剩余价值的生产**，也就是说帮助创造属于剥取的东西；其次，我详细地指出，甚至在**只是等价物**交换的商品交换情况下，资本家只要付给工人以劳动力的实际价值，就完全有权利，也就是符合于这种生产方式的权利，获得**剩余价值**。”① 资本家获得剩余价值对工人而言不是不公平的，这实际上说，在这种生产方式下，对剩余价值的榨取进行道德批判，是没有意义的，因为这正是资本主义生产的必然性的表现。但像伍德那样认为马克思是说资本家对工人劳动力的剥取是正义的，因为“它没有侵犯他们的任何权利，其中没有任何东西是错误的或不正义的”，也是一种过度诠释，因为伍德也承认马克思揭露了资本主义剥削“使工资劳动者异化、失去人性并且降低了身份”②。请问，如果说这不是一种道德批判，又是什么呢？所以，我们认为，马克思、恩格斯对资本主义的确进行了严厉的道德批判，但针对的是资本主义制度形式性正义下面所掩藏的实质性不正义，这种实质性的不正义，就是资本主义生产方式造成的。比如，在《1844 年经济学哲学手稿》中，马克思对资本主义劳动的异化现实的全面揭示，就是一种最深刻的道德批判，深入地揭露了资本主义制度形式正义表象下所掩盖的实质不正义。在此之后，马克思更深入到资本主义经济过程内部，揭露其掩藏着的实质不正义。马克思批判了资本的不正义性：“资本是死劳动，它像吸血鬼一样，只有吮吸活劳动才有生命，吮吸的活劳动越多，它的生命就越旺盛。”③ 这既是对资本的本性及其运行方式的客观描述，同时又是在对其进行道德批判，即揭露资本在运行过程中，在等价交换的形式正义下，内含着使人的精神、品质、身体健康受到损害的实质性不正义，这些损害既是资本主义社会中常规发生的日常事实，同时，从道德上看也是恶劣的。于是，马克思进一步揭示资本主义生产方式“作为与工人相对立的资本的独立力量，因而直接与工人本身的发展相对立”④。在这个事实基础上，他才可以有这样的道德判断：英国资本主义“更无耻地为了卑鄙的目的而浪费人力”⑤。在资本主义条件下，“物的世界的**增值**同人的世界的**贬值**

① 《马克思恩格斯全集》（第十九卷），人民出版社 1963 年版，第 401 页。
② Allen Wood, *Karl Marx*, London: Routledge and Kegan Paul, 1981, p. 43.
③ 《马克思恩格斯全集》（第二十三卷），人民出版社 1972 年版，第 260 页。
④ 《马克思恩格斯全集》（第二十五卷，下），人民出版社 1974 年版，第 996 页。
⑤ 《马克思恩格斯全集》（第二十三卷），人民出版社 1972 年版，第 432 页。

成正比”[①]。所以，马克思对资本主义进行了非常深入、全面的道德批判。在这种对资本主义的道德批判中，我们感受到的不只是一种道德义愤，而是揭示了资本主义生产方式造成的对人的本质力量的实质性损害，所以是对人们的自我实现和全面发展的阻碍，正是在这个意义上，马克思认为资本主义蕴含着实质性的不正义。

最后，马克思主义正义观的最终衡尺是人的解放、自由而全面的发展或自我实现。从本书所彰显的马克思主义正义观的辩证结构形态看，马克思主义认为，正义实际上是在一个社会发展阶段中人们对什么样的社会人伦关系结构是合理的之判断，由于社会物质生产方式必然会经历历史性的发展，所以，社会人伦关系结构在不同的历史阶段也会有不同面貌，从而也会有不同的正义观。恩格斯说得非常明白：“我们断定，一切以往的道德论归根到底都是当时的社会经济状况的产物。而社会直到现在还是在阶级对立中运动的，所以道德始终是阶级的道德；它或者为统治阶级的统治和利益辩护，或者当被压迫阶级变得足够强大时，代表被压迫者对这个统治的反抗和他们的未来利益。”[②] 马克思主义的正义观正是“代表被压迫者对这个统治的反抗和他们的未来利益”，但是，劳动的解放将是所有人的解放，所以，从根本上说，马克思主义正义观就是为全人类的解放立言的。从人类历史发展的总体视景中，我们认为，衡量一个历史时代合乎正义的程度就是要看它在什么层面、范围内促进了人的全面发展。显然，人类社会历史是朝着不断促进人的全面发展的方向前进的。所以，马克思主义不会偏重于鼓励和促进某些特定形式的道德，因为这些特定的道德无非是“一定条件下个人自我实现的一种必要形式”。马克思、恩格斯说：“共产主义者既不拿利己主义来反对自我牺牲，也不拿自我牺牲来反对利己主义，理论上既不是从那种情感的形式，也不是从那夸张的思想形式去领会这个对立……共产主义者根本不进行任何道德说教，施蒂纳却大量地进行道德的说教。共产主义者不向人民提出道德上的要求，例如你们应该彼此互爱呀，不要做利己主义者呀，等等；相反，他们清楚地知道，无论利己主义还是自我牺牲，都是一定条件下个人自我实现的一种必要

① 《马克思恩格斯文集》（第一卷），人民出版社 2009 年版，第 156 页。

② 《马克思恩格斯全集》（第二十卷），人民出版社 1971 年版，第 103 页。

形式。”①

既然资本主义的非正义性表现在对人的损害之上，所以，未来的共产主义社会必定是在接受了在资本主义制度中获得了高度发展的生产力基础上（在生产力落后的国家建立了社会主义制度，则其首要任务就是解放和发展生产力），进一步摆脱了生产领域的经济必然性的约束，而进入到自由王国中。在这里，“作为目的本身的人类能力的发展，真正的自由王国，就开始了。但是，这个自由王国只有建立在必然王国的基础上，才能发展起来”②。从根本上说，这个目的王国的价值意义就在于消除了异化，从而使人的全面发展或自我实现，即“发展人类天性的财富这种目的本身”成为可能。③ 所以，它就是下一个历史时代的正义的实现，即真正的人的道德的实现。所谓真正人的道德，就是不损害任何人，而使人得到全面发展或自我实现的道德。在这个问题上，我认同史蒂文·卢克斯的观点：马克思“整个一生的著作和事实上都充满了这种批判性的评价，而这种评价只有在他显而易见的社会统一与个人自我实现的理想背景之下才有意义”④。

但是，有一些学者认为，正义由于根源于正义环境，如资源的相对稀缺、人性的有限慷慨，而在共产主义社会中，社会财富达到极大涌流，人们也不再有私有意识，所以，到那个时候，正义的环境也就消除了，于是断言，共产主义社会超越正义了。比如金里卡就认为，马克思“否认平等能够在任何公平分配或平等权利的理论中被赢得。……共产主义社会将超越正义，这种社会不是由公平的份额或平等权利的理论定义和支配的”⑤。金里卡抓住了马克思关于在资本主义社会中，实质性的平等并不能在公平分配或平等权利的理论中获得的观点，从而得出结论说，马克思认为共产主义社会将超越正义。但是，根据我们前面的考察，马克思的本意却应该是，在资本主义社会中的公平分配或平等权利理论，都只能追求形式性正义，却无法实现实质性正义。于是，逻辑的结论应该是：只有在

---

① 《马克思恩格斯全集》（第三卷），人民出版社1965年版，第275页。

② 《马克思恩格斯全集》（第二十五卷 下），人民出版社1974年版，第927页。

③ 《马克思恩格斯全集》（第二十六卷 II），人民出版社1973年版，第125页。

④ 史蒂文·卢克斯：《马克思主义与道德》，袁聚录译，高等教育出版社2009年版，第12页。

⑤ 威尔·金里卡：《自由主义、社群与文化》，应奇等译，上海世纪出版集团2005年版，第105页。

共产主义社会中才能充分实现实质性正义，而实质性正义的标准就是获得了人的全面发展或自我实现的社会现实条件。

关于这一点，实际上早就有学者指出过，比如卡尔·雅斯贝尔斯总结了马克思主义眼中共产主义社会的特征："在这个社会中，将没有意识形态，因此也就没有宗教（宗教只是诸意识形态中的一种）；也没有国家，因此就没有剥削。人类将作为一个联合起来的社会而生存，这个社会具有完善的正义和充分的自由，它将保证所有人的需要得到满足。"① 虽然他主要是从共产主义社会中自由人的联合体的人伦关系及其生存方式来说明这个社会的正义价值，但我们可以推论出，只有这个社会才能实现人类的实质性正义，即能够全方位地促进人的全面发展或自我实现。

所以，马克思主义的正义观超越了历史上任何形态的正义观，其革命性意义就在于，它把正义价值的追求落实在对人类历史发展的客观规律的把握之上，落实在对现实的社会物质生产方式的考察之上，这将使其正义观具有客观的事实基础，从而不会流于空洞抽象的说教；马克思主义正义观摆脱了所谓"正义的环境"的论说，从其对形式性正义和实质性正义的辩证关系的阐述中，得出了正义标准应该是获得能够促进人的自由解放和全面发展的社会条件的观点。马克思主义的正义原则，将能指导我们切实地考察现实社会中的正义问题，并有效地批判各种抽象的正义观念。

第二节　正义与好生活观念的关联方式

正义与好生活观念应该如何关联的问题，是由罗尔斯"正当（权利）优先于善"的著名主张所引发的。按照桑德尔的理解，这个主张包括两个层面：一是指"某些个体权利如此重要，以至于哪怕是普遍福利也不能僭越之"。二是指"具体规定我们权利的正义原则，并不取决于它们凭借任何特殊善生活观念所获得的证明；或者按照罗尔斯最近所说的，凭借任何'完备性'道德观念或宗教观念所获得的证明"②。桑德尔反对的是关于权利优先于善的第二层主张。对于罗尔斯来说，这第二层

---

① 卡尔·雅斯贝尔斯：《时代的精神状况》，王德峰译，上海译文出版社 1997 年版，第 140—141 页。

② 桑德尔：《自由主义与正义的局限》，万俊人等译，译林出版社 2001 年版，第 3 页。

主张是十分明显的。因为他的目的是制定一种对任何人都有约束力的正义原则，所以，它必须优先于任何特定的好生活观念而独立地由某种理性选择程序来择出，从而可以“有效规导”一种“秩序良好的社会理念”①。在这种正义原则的约束下，每个公民都自主、自由地形成、修正和追求自己的好生活观念。因此，正义原则是独立的政治观念，只是人们选择自己的好生活过程中的一种框架性前提，而不能对任何好生活观念作出实质性的价值判断。而桑德尔恰恰认为，正义原则与好生活的关联方式的更为可信的可能性是：“权利及其证明依赖于它们所服务的那些目的的道德重要性。”② 依这种看法，则那些作为生活目的的特定的善观念就应该优先于权利（正当）。那么，权利、正义与好生活观念到底应该如何关联？我们认为，必须明白，自由主义的正义原则的形式性特点（即使他们强调社会要对公共资源进行公平分配也是如此），是启蒙运动的积极成果，在当代社会中还是有着合理性的，所以，普遍的正义原则对善还是有着某种优先性的，但这种优先性是相对于个人形成、修正和追求自己的好生活观念的自由而言的。然而，正义原则的目的就是为了促进人们的好生活，好生活观念本身也并不只是纯粹个人选择的问题，而是有着某种客观的标准。只有在这样的理论视野中，正义原则与好生活观念才会建立起某种实质性的关联。

一　当代自由主义者对罗尔斯“正当优先于善”命题的维护和修正

罗尔斯“正当优先于善”的命题，的确给自由主义者以很大困扰，原因是，制定一种正义原则，其目的本来就应该是为了促进人们的各种利益，否则我们为什么要制定正义原则呢？于是，罗尔斯关于正当性原则应该独立于特定的好生活观念而被制定的主张就需要细致地分析其范围。要思考正当与好生活的政治性关联方式，在自由主义的语境中，以下要点是必须贯彻的：一是基本善的正义分配，这是个人选择的基础，无此，个人的生活必定会受到影响。当然有人说，我即使处于贫困之中，也能不改其乐，我们认为，即使这可能是事实，也只能是例外情形。二是要重视对在正义原则的指导下的心灵品质即美德这一主体素质的培养，因为美德是一

① 罗尔斯：《政治自由主义》，万俊人译，译林出版社 2000 年版，第 15 页。

② 桑德尔：《自由主义与正义的局限》，万俊人等译，译林出版社 2001 年版，第 4 页。

个人过好生活的主体素质基础。自由主义之所以如此看重正义的前提性框架作用，就是因为其具有某种非个人的性质。这当然要求人们能够形成与之相应的情感、欲望品质。这种正义原则应该能够与个人自己的志向保持一种距离。这种距离是我们精神成长的必要空间。我们试想一下，假如一个人只是专注于自己的个人目标或好生活观念，那就是纯粹的主观主义。个人的好生活观念要具有合理性，就必须基于以下三点：（1）必须不能违背普遍的正义原则，这是对其框架性的约束和引导，也就是说，其好生活观念不可能是纯粹主观任意的。（2）其好生活观念必须是经过批判性的反思而自己信奉的，并且能够从自己的内部来过的生活观念。即使有些好生活观念是自己心悦诚服的，但是如果自己的性格、能力无法胜任，那也无法成为有效的好生活观念。（3）好生活观念与美德有着内在的关系。因为美德就是在实践中能够获得其内在利益的主体素质。这就又牵涉国家在促进人们的好生活观念时所应担负的责任。国家在这方面首先是维护良好的社会秩序，并且开放广泛的理性讨论的公共平台，它不能保证具体的讨论结果，是引导而不是强制大家进行讨论，在这种安排中，能够塑造人们的品质和人格。

自由主义在这种理论辩护中，从不触及生产资料的所有制形式对正义的实质性影响。所以，它要为自己辩护，就只能停留在形式性正义层面，而不想牵涉任何实质性的善观念。于是，进一步的辩护认为，要使自由主义能够有效论证自由主义实践可以形成社群、公民身份和美德，就只能在形式性正义的引导下，通过社群性互动来形成相应的美德。也就是说，认为正义原则能够塑造社群，引导社群生活，这种社群将是解释性社群，即大家相互解释自己的行为理由的社群。在现有制度下，这是辩护的唯一进路，这激起了自由主义者们的某种一致反应，那就是主张自由主义并不需要确立一种超历史、脱离社会文化传统的个人观念，个人自由也不需要建立在这种个人观念之上，因为个人自由可以是一些被已有社群文化和价值观塑造了自己的品质的个人的理性反省、选择能力。细分一下，这种反应有如下三种类型。

第一类认为，我们的根本利益就在于过一种好的生活，正义原则的目的也是为了促进我们的利益，所以，正义必定要对我们过一种好生活起促进作用，也就是说，正义要能够让人们拥有一种好的生活所包含的东西。人们在日常生活中都认为自己是在追求好生活，但是正如金里卡所说：

“过一种好的生活与过一种我们通常认为是好的生活并不是一回事——就是说，我们认识到我们在通常所做的事情的价值上可能会犯错误。”① 所以，我们需要一种正当的观念来校正自己的好生活观念。这种正当的观念应该为我们能够自主、自由地改正自己的好生活观念提供基础。它应该包括理性的批判性的反思、自由选择能力，也就是说，我们对自己身处其中的社群的价值观和传统能进行独立的反省和判断。所以自由主义者必须捍卫个人理性反思的核心地位，把它作为正当性的根基，并要求公共权威机构能保护个人行使这种能力的自由。另外，人们的生活必须靠自己内在地来过，“没有一种生活会通过外在的根据那个人并不信奉的价值来过而变得更好。我们的生活只有根据我对价值的信念并由我自己从内部来过才会变得更好”②。这就是说，我们对能赋予我们的生活以价值的东西需要我们自己去发现，这就需要运用理性反思能力的自由；同时根据这些价值信念来内在地过生活，我们的生活才能变得更好。这是实现我们过一种好生活的根本利益的两个前提。当然，从政府的行动来说，既要保障人们的这种自由，又必须给人们公平地提供某些基本资源，这才是“用平等的关心和尊重把他们当作平等者来看待”③。金里卡认为，这就是现代自由主义的政治道德。所以，正当与个人的好生活观念就有着实质性的关联，甚至可以说，正当也成为个人的好生活观念的实质性部分。

好生活的观念不是固定的，即使我们一开始赞同自己所处的社群的文化价值观所规定的好生活观念，但是这种赞同只有通过理性反思的认可才能成为自己的内在价值信念；同时，它又是向广阔的社会生活开放着的，也可能是错误的，所以总是要处于我们自己的质疑、反思之下，而且可以凭借某种好的理由而得到修正和改进，这就是罗尔斯着力论证一种独立于各种完备性善观念的正当性原则的原因。“独立的”这个词，有可能让人误解成要采取非历史的、脱离社会文化传统的立场，实际上，它可以是源于一种广泛地共享的价值观念，比如每个人的自由和平等权利观念，虽然是历史发展到近代以后才出现的，但是它们的确达到了某种非个人性的抽象程度。所以，相对于我们个人的好生活观念的追求来说，它们毕竟是一

① 威尔·金里卡：《自由主义、社群与文化》，应奇等译，上海世纪出版集团2005年版，第10页。

② 同上书，第12页。

③ 同上书，第14页。

种前提性的约束，只有在这个意义上，我们才可以维护“正当对善的优先性”。

第二类认为，既然我们是在生活着，我们肯定要追求自己的好生活，所以主张“正当优先于善”这样一种观点并没有什么用途。马塞多曾细致论证了自由主义能够导致社群生活和相应美德的繁荣，他主张，罗尔斯的这个观点在其理论中实际上并不起作用，所以，不想卷入关于这个观点的争论之中。他认为，其实罗尔斯对这个论点的论证似乎并不成立，因为罗尔斯在建构正义二原则时，就特别重视所谓基本善。也就是说，罗尔斯的正当性原则并不是独立于基本善的，反而必须参照基本善才能获得其内容。我认为，马塞多对罗尔斯的这个观点是有误解的，因为罗尔斯并不是不知道其正当性原则需要参照基本善而得到制定，但是，他认为这并不影响正当性原则的优先性。因为基本善并不是特定的善观念，而是我们要追求自己独特的善观念过程中的基本的必要资源，换句话说，人们只要想生活得好，则拥有自由和机会、财富和收入、自尊的基础等都是必需的。所以，这些东西构成我们的基本善，需要社会公平地分配，这种分配的公平尺度，即为正义原则的本质特征。它们其实只是构成好生活的社会性的、形式性前提框架，而并不为个人独特的好生活观念负责，也不鼓励和促进任何具体的好生活观念。很显然，这些基本善的合乎正义原则的分配尺度，与个人的好生活有密切关联，即作为前提引导和约束着个人的好生活追求，但是并不决定个人好生活的具体内容。罗尔斯只是说，正当优先于善，甚至可以说，正当性原则应该独立于个人的好生活观念而被制定，但他的确没有说，正当性原则与个人的好生活观念没有关系，当然，这种关系是指个人在遵守正当性原则的前提下，可以自主地形成自己的好生活观念，并且如果自己的好生活观念非要以违背正当性原则为代价才能得到贯彻，则必须加以修正和调整。罗尔斯十分强调这一点。马塞多对正当性与善的这种关联是十分维护的，但是，他更进一步认为，自由主义正义原则重在把每个人都视为平等、自由的公民，而按照罗尔斯的观点，一个人只要具备两种基本能力，即正义感的能力，以及形成、修正和追求自己好生活观念的能力，就是平等、自由的公民。这就是说，这样的公民是有理性和合理性能力的个人，这两种能力的发挥就是要把自己最深刻的政治观点拿出来与他人讨论，并向他人进行公众证明，以理服人、以理服己，总之成为一个自我批评、讲道理的人。这样的要求，在罗尔斯那里，可能更加重视其前提地位，而没有充分意识到这与个人的好生活观念之间的关联。在罗尔斯看来，似乎好生活观念只是个人的主观观念，而没有充分意识到好生活观念还需要靠理性反思、自我批评和公众证明来塑造。于是马塞多进一步认为，第一，如果我们对自己的某种身份感到光荣，这当然就是我们的好生活的实质性部分，比如，我们作为有理性者，就需要能够在公众中公开讨论自己的政治见解，因为愿意进入公开讨论，就表明我们不想以势压人，以权压人，而是想以理服人，当然，这首先要求我们对自己的政治见解进行理性反思。这样的人，就能感受到自己作为有理性者的光荣。"除非我们将自己最深刻的政治观念拿出来与他人讨论（不论那是什么样的理念），否则我们就不能以自己作为有理性者的生命这一身份感到光荣。"① 第二，他认为，我们做一个自由主义者的最佳生活方式不是随便地、任意地过什么样的生活，而是"做一位自我批评、讲道理的人，就是一种做自由主义者的最佳方式，也是一种（自由主义者会认为的）好的生活方式"。② 这主要是因为，做这样的人，我们一方面能够体现作为有理性者的尊严，另一方面还能够使我们保持开放的心胸，不断尝试新的生活选项，把自己的价值观念向公众作合理性的证明，从而使之去除其纯粹的主观性质，而获得某种普遍的客观性质，并且在这个过程中使之修正得更加合理，更符合自己的本真信念，从而使我们能从内部来过这种生活，难道这不就是我们所能设想的好生活吗？第三，如果在社会中建构了基于自由主义正义原则的制度，则它将具有决定性的、长期的社会影响，对社会成员的品行与目标，即他们想成为什么样的人，起着重要的塑造作用。马塞多明确认为，塑造了这种品行与目标，则我们就成为自由主义的个人，我们就能本着这种美德、品格，而实现自己的生活目标，这样的生活，对自由主义者而言，就是一种实质性的好生活。所以，马塞多持有一种明确的自由主义的派性意识，并认为，自由主义的生活方式与其他的生活方式比较，具有更好的价值。他也只有站在这个立场上，才能为自由主义的好生活观念进行辩护。

第三类认为，我们可以部分地维护罗尔斯所持的"正当优先于善"的立场。这是因为罗尔斯准确把握了近代启蒙运动以来所获得的政治、文化

① 马塞多：《自由主义美德》，马万利译，译林出版社 2001 年版，第 56—57 页。

② 同上书，第 57 页。

和社会制度成果。墨菲认为，“在现在民主制中，正义原则必须独立于任何道德的、宗教的和哲学的观念而被抽引出来，并且对决定那些特定的善观念而言是可接受的框架”①。启蒙运动带来了如下积极后果，即个体的出现，国家与教会的分离，宗教宽容的原则，市民社会的发展，政治学与那些变成道德领域的东西发生分离，道德和宗教信仰成为私人事务，国家不再对它们立法，多元主义成为现代民主的关键特征，这种民主以缺乏实质性的公共善为特征等，这已经构成了一种近代文化，也塑造了近代以来的政治制度。罗尔斯认为通过纯粹理性的选择程序而择出的权利观念与正义原则，他一开始认为它们对所有文化社群和制度而言都是最合理的，也就是说，它有着绝对的普遍性。正是在这个意义上，他认为权利和正义原则优先于任何特定的善观念。但是，墨菲认为，“一旦认识到，权利和一种正义观念的存在不能优先于和独立于政治联合的独特形式，这些形式按照定义又隐含了一个善的观念，则事情就变得很明显，即永远不可能存在着正当对善的绝对优先性”②。所以，后来罗尔斯实际上也承认了，通过理性选择程序而择出的正义原则内在于西方自由民主制度所共享的政治文化之中。

但是，我们拒绝罗尔斯的正当优先于善的绝对性，并不等于我们应该返回到前现代的实质性的公共善的观念之中。前现代的政治哲学若不能创造出一种实质性的公共善观念，就无法存在。因为前现代的政治共同体是围绕着一个关于实质性的公共善的简单观念而组织起来的，伦理学与政治学也没有真实的区别，政治学实际上归属于公共善。这与现代的民主政治制度有相当大的不同。我们必须以现代政治文化及其制度特征为基础，来思考如何在正义原则的框架中推进人们的好生活。

在什么是政治这个问题上，墨菲认为，罗尔斯的“政治”概念是不充分的：(1) 罗尔斯在设计政治的正义观念时，实际上是把政治学还原为那种“利益的政治学”，即认为政治领域就是人们在一种普遍的正义原则指导下而追逐自己的私人利益的领域。这从他把原初状态中的人设定为自由而平等的理性自利者可以看出。(2) 在政治的统一性方面，他又想以正义原则为核心，使持有各种好生活观念或道德的、哲学的和宗教的多元善观念的人们之间达成一种重叠的共识，从而维持社会合作体系的长治久安。

---

① Chantal Mouffe, *The Return of The Political*, London, New York: Verso, 1993, pp. 45 – 46.

② Ibid., p. 46.

在他的政治观念中，只有维护普遍的正义原则可以成为国家强制行动的理由，而达成重叠的共识则是政治的真正任务，这实际上是把政治任务理解为一项道德事业，即想把所有人都整合为“我们”。但是，墨非吸收施密特的政治观念，认为政治一定是建立在区分“我们”和“他们”之上的，因为要达成一种关于公共善的最后一致同意是不可能的，所以，我们必须把不同的利益联系到一个共同规划之中，并建立一个前线去定义反对性力量，即“敌人”。这种多元的、有着不可通约性甚至是相互冲突的诉求的存在，是现代政治的一个永久特征，我们不能把它看作一件需要被消灭的事情，而是要把它看作一个应该被宽容的事情，甚至可以被看作一件好事。

于是，对于墨非来说，罗尔斯的正义原则的优先性一方面可以得到承认，因为它明显地维护了近代启蒙运动以来的成果，也就是说，正义原则有着某种抽象性和普遍性、非个人性；但同时又必须认为，这种正义原则只有对一定类型的政治联合（比如现代民主制度）才是有效的。于是，我们可以这样来看现代政治的本质：（1）现代政治共同体并不围绕着一个关于公共善的实质性观念（因为根本就没有这样的观念）而组织起来，它只能由于一种共同纽带，即一种公共关切而拢在一起。所以，现代的政治共同体是没有确定形式或确定实体的，它要做的其实是提供关于公共善的广泛的公共讨论平台，通过辩论而形成关于特定的公共善的决定和政策，并且诉诸实施。既然最后的一致同意无法达成，但政治决定又是必须做出的，所以，政治必定要支持一部分人的诉求，而又拒绝另一部分的诉求。然而，这不是在判定被拒绝的诉求是不应该得到满足的，而是认为，这些被拒绝的诉求只能在未来的政治决策中加以公平的考虑的。这才是“把每个人都视为自由而平等的公民”的政治正义原则的题中应有之义。（2）政治的规范之源是伦理的政治学，而不是道德学。这就是说，“这是一种通过集体行动和一个政治联合体的共同所有物来实现的价值”，政治应与道德分开，“在现代条件下，个体与公民并不重合，因为私人与公共已经分离，这就要求有一种对政治的自律价值的反思。这才是政治哲学的精确内容，必须与道德哲学作出区分。”① 也就是说，我们不能把个人道

① Chantal Mouffe, *The Return of The Political*, London, New York: Verso, 1993, pp. 113 - 114.

德要求推广到政治学之中，而是应该从政治的现实价值中吸取其公共伦理价值观念。比如说，自由民主政体当然要求把所有人都视为自由而平等的公民，这是政治的正当性原则，“它们组成了对这个政体而言明显的政治公共善”[①]，它属于一种公共伦理价值，但它如何在政治行动中得到体现，如何化为制度安排，却是一件存在着多种可能性的事情。“永远存在着对自由和平等原则，以及它们会被应用于其中的社会关系类型，它们的制度化模式的相互竞争着的解释。这种共同善永远不可能实现，它不得不作为一个虚的焦点，人们必须持续不断地参照它，但是它永远不能成为真实存在。”[②] 墨菲反对把政治建立在一种无扭曲的理性交往而达成的理性共识，从而达成一种社会统一之上，认为这种理性主义热望是反政治的。因为这种热望“忽视了激情和效果在政治上的关键地位。政治学不能还原为合理性，完全是因为它本来就标示了合理性的限度”。[③] （3）由于大家持有的不同的好生活观念把我们分开，会有争执与对抗，所以，我们需要公共规则，这首先就要求相互尊重。虽然在具体的政治决策中，有些人的诉求被否定了，但是这并不是否定他们的权利，也不会取消其义务及其社群的成员身份，因为公共讨论仍然是公开的、持续的，所以，不应诉诸暴力性的强制。在这个意义上，一种公共的好生活理想就是值得追求的，并且能够构成我们作为公民的义务。也就是说，经过历史的发展，这种把所有人视为自由而平等的公民、平等尊重、理性对话等规范已经构成了民主社会的共同生活，这种规范是正确的、有效的。从这个意义上说，它并不是政治上中立的，所以它应成为自由民主社会中公民忠诚的对象，也是我们的政治美德的培养之所，因为“这是一种普遍的生活方式，是对所有人的自律和个性价值的提升”[④]。在这一点上，墨菲与马塞多持同样的见解。也就是说，正义与好生活只能在公共政治的层次上才能产生关联。

二 “自我实现”作为好生活观念的合理性之探索

自由主义坚持正义原则的形式性特点，而把社会的物质生产方式置于其视野之外，所以，他们只能把社会的进步看作人们的理性能力得到充分

① Chantal Mouffe, *The Return of The Political*, London, New York: Verso, 1993, p. 114.

② Ibid., p. 115.

③ Ibid..

④ Ibid., p. 151.

运用的过程。罗尔斯关注的就是如何在西方现有的私有制基础上来建立和巩固社会合作体系，所以，其着眼点就落在资源的公平分配和负担的公平分担上。正义原则保证自由与权利的平等分配，收入与财富的机会平等以及最少得利者的惠顾，以保障其自尊的条件，也就是为个人追求自己的好生活提供基础条件，这是一个实行私有制的政治国家所能达到的正义的最高限度。其问题就在于，这样的条件保障对好生活观念没有任何实质性的判断，而是认为好生活观念是人们在普遍正义原则的约束下的自由选择问题，亦即私人领域的问题。对罗尔斯此种观点的修补只能依照以下方式进行：主张正义原则与好生活观念的关联就在于，一是认为，正义原则所体现的公共文化及其价值观是作为自由主义者的社会性的好生活观念，而个人的好生活观念受到其约束和引导，虽然可以是自由选择的，但是自由主义的社会性好生活观念应该成为自由主义个人的好生活观念实质性的组成部分；二是认为，正义原则所体现的公共文化及其价值观具体化为制度，人们的制度化生活使得这些文化及其价值观能够对我们的公民身份、社群文化、人格、美德起到深入的塑造作用，而这些就是我们在公共领域中追求自己的好生活的实质性基础。他们力图证明，虽然正义原则是普遍性的、形式性的、非个人性的，但是它能被整合到我们的社会性生存中，从而构成我们个人好生活观念的组成部分，但显然仍然是形式性的、前提性的部分。正因为如此，自由主义者回避任何关于好生活的完善论观点。

从这个方向去探讨正义原则与好生活的关联不可能取得更具有实质性内涵的进展。社群主义者们质疑一切这样的努力。但由于他们想要确立传承下来的、具体的小型共同体的价值观的优先性，反对任何自由主义的抽象的个人、理性反思、自由选择等概念，认为只有真实生活于其中的社群文化价值观才能构成性地塑造社群成员的自我观。这样他们就把近代启蒙以来所取得的积极成果抛弃在一旁。这样的思路显然也是不合理的，因为它无法解释近代以来的政治生活，而想恢复前现代的具体的实质性公共善观念，并以此为核心来组织社群生活，这是不可能行得通的。

这充分反映了这种形式性的正义原则的局限。在进一步的思考中，我们认为，自我实现才是好生活的实质观念，而自由主义正义原则的形式性特点使之必然排除对好生活的实质内容的政治考量。我们认为，按照马克思主义的基本观点，正义作为一种社会意识，也必然是对现实的社会经济基础的反映。马克思已经洞察到资本主义制度下的正义的形式性特点，并且深刻地、无可辩驳地揭示了资本主义生产方式条件所必然产生的实质性的非正义，包括工人的受剥削的事实以及使工人道德素质退化、精神能力片面化等等实质性的非正义事实。马克思认为，人类的实质性正义就在于消灭私有制、剥削和劳动异化，为人的自我实现和全面发展创造物质的、所有制的以及社会文化的条件。所以，真正的好生活就是能达到人的自我实现和全面发展的生活。由于马克思主义的正义原则是立足于对产生各种实质性非正义的私有制的批判之上，从而得出了人类历史发展进步的规律，就是私有制必将被消灭，社会将成为自由人的联合体，只有这样，个人才能获得自我实现和全面发展的现实社会条件。这种现实的社会条件的达到，到现在当然仍然是一种理想，但同时也是一种现实运动。

把好生活理念看作是个人的自我实现和全面发展，才使好生活观念获得了实质性的内容。人的自我实现不只是指获得了某些资源，并能够进行自由选择、尝试足够多的生活选项，在公共辩谈中诉诸理性反思，并且修正自己的好生活观念，而是指人们能够自由地全面地培养自己的各种属人的机能，包括物质技术、审美、哲学沉思等的能力，而不再有劳动的异化，也不再受到分工的限制，使自己的潜在能力被荒废。这一切，只有在社会财富极大涌流，私有制和阶级被消灭，劳动成为人们的第一需要的社会状态下，才能得到完满实现。正如马克思所断言的："只有完全失去了自主活动的现代无产者，才能够获得自己的充分的、不再受限制的自主活动，这种自主活动就是对生产力总和的占有以及由此而来的才能总和的发挥。"① 也就是说，个人的劳动直接归入了社会的总劳动，而不存在劳动者的劳动成果为私人占有的情况，这时，劳动就获得了其固有本质，即劳动者的人的本质力量的对象化，并能够作为社会成员一道占有社会总劳动成果，这就是新的财富观，它标志着人的解放，首先是人的感觉的解放。它将塑造全新的感觉。这种社会，"作为自己的恒定的现实，也创造着具有人的本质的全部丰富性的人，创造着**具有深刻的感受力的丰富的、全面的人**"②。

但是，在现实的社会中，人的自我实现是难以完满实现的。资本主义私有制从性质上说与社会化大生产是相矛盾的，所以，私有制必然最终要

---

① 《马克思恩格斯全集》（第三卷），人民出版社 2002 年版，第 76 页。

② 马克思：《1844 年经济学哲学手稿》，刘丕坤译，人民出版社 1979 年版，第 80 页。

质力量，社会只能在一定程度上促进人的自我实现。我们时代的正义原则的实质性内容应以自我实现为标准，来考察我们现实中的政治安排如何能够促进人们的自我实现。

首先，自我实现要求政治安排不再把人作为纯粹的消费者来看待，而应看作积极的自我实现者。人们的被动消费行为并不能导向自我实现，因为它“不会为一些进一步的目标或目的所定义”，纯粹的消费行为不久就会变得琐碎，或者索然无味。而自我实现行为一定会有一个行为之外的更高目标，比如我们从事劳动，其目的不仅是去获得生活必需品，而是要去提升、塑造我们的理智、情感和意志能力和品质，这才是自我实现的题中应有之义。自我实现的行为的目的应该被赋予某种程度的复杂性和挑战性，但又不能太难，从而使追求这些目标的行为者既不会产生厌倦感，又不至于产生挫折感。“这种行为一定要提供（行为者）能够应对的挑战。”①

埃尔斯特把马克思主义的自我实现观分为四个方面，即一是充分全面的自我实现，他认为，这是达不到的，因为没有一个人能够完成自己的充分全面的自我实现，所以，他不准备为这种自我实现观进行辩护。二是自我实现的自由，即对社会而言，我们可以要求在决定发展哪些能力或力量方面有自己的自由。如果一个人不得不从事自己并不擅长，也没有自我成就感的事业，那么他的自我实现就被阻碍了。所以，社会应该保护个人这方面的自由，这正是一个有限意义上的自律的价值。三是“自我—现实化”，这是指我若有某种禀赋，则我应该把这种能力发展起来以至于成熟，使得这种能力能够成为现实，否则它们就只是处于潜在状态，就不可能是自我实现。四是“自我—外在化”，这是指这种发展了的能力或力量要体现在公共领域，而不只是自我满足。也即是说，自我实现是在人际关系中得到证实的。从以上四个方面看，自我实现既可以是个人的，也可以是集体的。每个人的才能或力量是不同的，所以，每个人都有自己的自我实现领域。之所以说自我实现是个人的好生活的实质内容，就是因为这一点。

其次，我们考察物质生产领域中的自我实现。在社会生活中，劳动是

① *Alternatives to Capitalism*, edited by Jon Elster and Karl Ove Moene, Cambridge University Press, 1989, p. 130.

其基本现象，从人与劳动的关系而言，劳动可以成为自我实现的一种途径。伽达默尔曾总结道，黑格尔关于劳动的使命的基本观点就是："由于劳动着的意识塑造了物品，它也就塑造了自己本身。"① 这个论断是正确的。但是，黑格尔所说的劳动只是劳动着的意识，也就是意识发展的一个环节。马克思主义则考察现实的物质生产劳动过程，认为人的本质力量要通过劳动过程才能得到运用并发展起来，它一方面生产出物质产品而进入到社会之中，供人们消费；另一方面劳动过程与劳动者本身的素质、能力、品质有很大关系，并且受到生产资料所有制形式和利益分配方式的结构性影响。马克思的劳动异化理论提醒我们，在私有制下，劳动的异化现象是必然要发生的，本来是作为人的本质力量的外化或对象化过程的劳动，却成为对劳动者的人的本质力量的剥夺，实质上是对劳动者的损害，对劳动者的自我实现的阻碍。

在现代社会物质生产活动中，虽然由于资本的逐利本性，仍然会发生把劳动者局限在某种非人条件下进行劳动的事情发生，但是，文明社会必须对此加以坚决阻止和惩罚。社会应该不断改善劳动条件，包括劳动强度的降低，休闲的增加，收入的提高，以及劳动自主性的增加和对生产各项事务的参与程度的加大，这些都将使劳动者能够享受到某种自尊感，并使劳动者在劳动过程中能较自由地发挥自己的创造力，培养出熟练的劳动技能。而由于生产的社会化，生产者、商人、研发人员、企业联盟、跨国公司、市场拓展行为等，都会负有社会责任，比如提供真实的产品，按照有关标准进行生产，改进产品质量、创新促销手段、诚信经营等，这些行为要求也能促进我们各种品质的提升。但是，如果企业的生存压力不能得到制度性的缓解（如合适的公共税收政策等），企业规模受到限制，创造能力欠缺等，都可能使经营者表现出不良倾向，从而败坏其人格，他们也更不能得到真正的自我实现。

我们必须承认，现行的财产权制度仍然会产生某种实质性的不正义，这对人们的自我实现显然是一种历史性的阻碍，对这一点我们毋庸讳言。张盾认为，这证明了"为什么作为自由前提的财产权会因为其不义性而成为现代人自由的（至今无法解决的）最大难题。同时也印证了，马克

① 汉斯—格奥尔德·伽达默尔：《真理与方法》，洪汉鼎译，上海译文出版社 1999 年版，第 15 页。

思反对剥削，主张‘联合起来的个人对全部生产力的占有’，这才是对‘道德政治’最高、最彻底的要求”①。

最后，精神文化生产领域中的自我实现。按照马克思的设想，精神文化领域中的劳动以艺术创造和科学活动为范本。在生产力高度发达，社会财富极大涌流，废除了私有制的社会条件下，劳动成为人们的第一需要，而不仅仅是谋生的手段。在这种条件下，人们的精神创造活动，就只是发挥其属人的机能，能够展示自己的人性之美，而且人们的感觉也被解放出来了，能够形成欣赏音乐的耳朵，欣赏美的事物的眼睛。精神文化产品的创作与欣赏，是一种需要获得高度教养而成的品质、能力、技巧、直觉、天才的活动，它标示着人性所应达到的高度。进行精神文化创造，需要人们的理智、情感、意志等方面的素质被提升到了普遍性状态，同时有着高度的个性，它需要经过艰苦的训练和培养才能形成，也只有在一种宽容失败，有着广阔的自由探索空间，允许不断实验，广泛的思想交流碰撞、相互激发的社会文化环境中才能得到提高。真正有价值的文化创造，是人精神素质的培养所能取得的成就的表征。它们也会通过公众的评论、鉴赏而在人们之中得到普遍培养，提升人们的精神文化品位。在这个过程中，人们甚至能够超越谋生需要，而从事这种真正的属人的精神文化活动。它们当然也有着价值标准，那就是深刻性、独创性、精神的自由表达性，能引起无功利的愉悦感等特性。能够在一定程度上进行这种精神文化的创造和欣赏，显然表明我们达到了一定程度的自我实现，也是我们的好生活的实质内容。

然而，在现实社会生活中，各种精神文化样式的创造都还受到经济必然性和市场规律的结构性影响。我们还必须借助于市场运作来推动文化创造，文化创造者还有谋生和功利的考虑。以这种方式推进精神文化的创造，我们可以尽量满足人们的精神文化需求，又通过公众的鉴赏，一方面能够提高人民群众的文化素质和精神境界，又能反过来推动文化创造者水平的提高。这是我们促进人们的自我实现的方式和途径。但不可否定，这种运作方式对文化创造和欣赏也会产生许多负面效应，如出现大量的感官刺激、拙劣模仿、粗制滥造、抄袭造假的现象，文化消费主义、快餐化蔓延，等等。这是需要加以制止和引导的。

---

① 张盾：《道德政治谱系中的卢梭、康德、马克思》，载《中国社会科学》2011年第3期。

三　正义原则如何现实地促进人的自我实现

按照马克思主义的基本观点，考察一个社会历史时代的正义观的适用性，应该进入到这个社会的物质生产方式这一基础之中。在当今时代，我们的正义原则应该从以下三个方面来促进人的自我实现。

第一，我们要从理论上透彻理解马克思主义的正义观的实质内涵是促进人的自我实现，这是一种完善论的社会正义理论。按照现在的学术语言来说，就是正当性原则不能脱离适当定义了的好生活观念而得到界定。但同时我们要明白，这种适当定义了的好生活观念，就是指每个人都能充分自由地发展其全部的人的肉体和精神的机能，从而能够获得丰富的社会性本质，即达到全面的自我实现。人类生活，从历史的总体进程来看，没有能够超出这个最终目标的目标。人类的历史，可以被理解为朝着这个目标前进的历史。在这个漫长的历史进程中，由于生产力发展的客观要求，人类甚至还经历了一种最不正义、最不人道的社会制度，即奴隶制度。然而，就是在这种社会历史阶段中，虽然奴隶们受到了非人的待遇，但是，奴隶们也取得了重大的物质文明的进步，而摆脱物质生产劳动的奴隶主们，也创造了辉煌灿烂的人类早期精神文明，这些也都是后世的人类在达到自己的自我实现的过程中所能加以利用的精神食粮。用马克思的话来说，有些早期文明样式如古希腊文明还是后世的人类所高不可及的范本。他们也有自己的与当时的社会物质生产方式相适应的正义理论，比如亚里士多德认为，把人群区分为奴隶与奴隶主是天然正义的，在分配方面，同等的人之间讲究平等，在不同等的人之间讲究不平等，就是正义的。而奴隶没有财产，所以，交易也就不可能；平等交易在有财产的人之间进行，就是所谓交易正义等。而在西方封建社会中，地产主占有土地，而把农民作为佃农而束缚在土地上，使财富以地租的形式向地产主集中，但佃农们也能得到自己的一份，他们也论证这种分配方式就是正义的，甚至赞扬在这样的社会中充满着田园牧歌式的、与土地血肉相连的、地方性的、温情脉脉的人与人之间的关系。不消说，在这种社会中，人们的总体自由比在奴隶社会增加了，社会生产力也能得到进一步的发展。资本主义社会中，必须承认所有人都不存在人身依附关系，都是独立、自由和平等的利益主体，同时它的商品生产和交换以不断扩展其规模的市场的力量，向整个世界蔓延，极大地促进了社会生产力的发展。在这个过程中，人们的自由和平等权利得到法律的保护，等价交换的原则也得到法律的保护，人们得到了法律上的平等权利，但是，在资本主义生产方式中，社会却分化为两大对立的阶级，即资本家和无产者，资本家私人占有生产财富的源泉——生产资料，而工人就只能成为雇佣劳动的奴隶。它一方面赋予人们自由选择的权利和对人的尊严的保护，从这个意义上说，它朝着人的自我实现前进了一步；但另一方面又使工人成为异化劳动的奴隶，极大地损害了他们的自我实现的机会。所以，进一步的发展就必然要求废除私有制。在继承了资本主义高度发展的生产力的基础上，废除私有制，就能使法律上平等的形式性正义逐渐转变为人的自我实现的实质性正义。这就是宏大的、有着整个人类历史纵深感的正义前进的历程。我们理解马克思主义的正义理论，必须把自己置于这样一个总体的历史视景之中，否则，极易发生理解上的偏差。

第二，以以上对马克思主义正义观的宏观把握为基础，我们就可以较好地回应一些当代正义理论家的学说。这里，我选取两个当代著名的正义理论家的观点来作一回应。比如，罗尔斯的《正义论》和《政治自由主义》，可以说是当代西方自由主义正义理论的最高成就。那么，罗尔斯的正义理论关怀的对象是什么呢？在《正义论》中，罗尔斯认为，他所设计的正义理论既适合于私有制社会，也适合于社会主义社会，也就是说，生产资料的所有制形式对他的理论没有实质性的影响，因为“市场制度对私有制和社会主义这两者都是相同的”[①]。他的策略是这样的：正义原则的根本特征是处于不同处境中的人们都要能一致同意社会基本善的公平分配和社会负担的公平分担的尺度。一致同意当然只有通过理性推论程序才能达到。于是，他设计了一个“原初状态”和“无知之幕”来获得这样一种理想的契约环境。前者是要得到作为订约者的自由和平等的个体，他们有理性能力，并且只关注自己的利益；后者则是为了排除在订约过程中的任何可能引起偏袒的关于任何个人的特殊信息，比如说，社会地位、家庭情况、个人天赋、个人志向，甚至个人所持的特定的道德观、宗教观和价值观。以这样的方式，通过不断修正，所得到的正义原则就一定是以下两个：第一正义原则：“所有社会价值——自由和机会、收入和财富、自尊的基础——都要平等地分配，除非对其中的一种价值或所有价值的不

① 罗尔斯：《正义论》，何怀宏等译，中国社会科学出版社1988年版，第264页。

平等分配合乎每个人的利益。”[①] 第二个原则：“社会的和经济的不平等应这样安排，使它们：（1）适合于最少受惠者的最大利益；（2）依系于在机会公平平等的条件下职务和地位向所有人开放。”[②] 其根本特点是，①社会应该保护人们的法律平等；②社会也应该对可以影响人们的生活前景的某些实质性因素加以调节。也就是说，罗尔斯以一种思想实验的方式，既要去除社会性的偶然性也要去除自然的偶然性对人们在选择正义原则时的影响，这似乎是比较彻底的。但是，我们深入到其理论内部，就能发现，他实际上预设了社会经济体制是市场经济，从而即使人们在进入社会之初拥有平等的资源分配，在生产和市场交换的过程中，一段时间之后，也会出现收入的不平等，社会中会出现处境最不利者。这显然是因为采取了私有制或多元所有制形式所致。所以，这样一个彻底地把所有起初物品都看作社会财富的理论设置，与其所默认的经济制度是无法相互适应的。而在马克思所设想的社会主义制度中，所有制形式是明确的，那就是生产资料的所有制形式是以集体或共同占有为基础的，这样，每个人的劳动都直接成为社会劳动的一部分，从而在社会福利方面能够预留合适数量的共享的东西，包括社会保障和国家救济。但是，由于还留存有资产阶级法权，社会财富还不能达到充分涌流的状态，还有社会分工，所以，所有劳动者还需要从社会总劳动中取回一部分作为自己的消费品，这种制度必然还要容允个人的天赋即劳动技能以及家庭成员数量这样一些偶然性因素对个人的生活状态的影响。这充分反映了马克思在这个问题上的实事求是的态度。但是，罗尔斯却不去考虑生产资料的所有制形式的不同性质，而通过假设原初状态和无知之幕去获得一种理想的正义原则，显然是不现实的，因为这样设想的人的确是一种抽象的个人，这充分表明，罗尔斯是想获得一个形式性的正义原则。可以说，罗尔斯永远无法说明，当无知之幕被揭开时，我们如何让那些处境有利者心甘情愿地按照差别原则行事。

而当代的社群主义者则着力于检验自由主义和正义的限度，主要是认为，自由主义的正义学说是建立在对“正义的环境”的预设之上，即资源相对稀缺和目标的多样性。迈克尔·桑德尔就攻击罗尔斯把“正义作为社会制度的首要美德”。他认为，“正义的环境”并不是所有人类制度

---

① 罗尔斯：《正义论》，何怀宏等译，中国社会科学出版社 1988 年版，第 58 页。

② 同上书，第 59 页。

中都普遍存在的，实际上，有一些人类组织如家庭和一些具有一些基本共同的目标的社群中，正义的环境就不那么明显了，至少，在这些人类的社会基本结构中，正义就不再是其首要美德，如果在这些共同体中坚持保护权利，实行正义，那么，就会抑制或损害爱、友谊、利他主义等等美德的生长和培养。他说："个人情感与公民感情的衰败可能代表着一种连足够的正义也无法弥补的道德缺陷。"① 我们认为，社群主义在这个问题上，一方面忽视了现在社会中的人们还是独立的利益主体，对自由而平等的权利的保护还是社会制度的首要任务，也就是说，首先要保障形式性的正义。所以，形式性正义在这个时代必然是最受关注的，要使之成为社会必须首先加以保卫和实现的框架性结构前提。在此基础上，营造爱和友谊的情感氛围当然也是一种可欲的目标。我们不必说，保护权利和正义就一定会使人们相互离散，相互对立。即使我们的法律规定妻子有权自己决定分开居住，无须得到丈夫的同意，那么所有的妻子就都会离开丈夫吗？可是，如果以夫妻均应有爱的情感为原则而规定夫妻必须住在一起，那么，夫妻的自我选择的权利就会受到排斥。我们看到，现在法律规定了惩罚婚内强奸的条款，可见法律是如何保护人们的权利的。我们不能说，这种权利学说是在鼓励夫妻反目。所以，"如果社群主义者真的相信婚姻的法律性质妨碍了爱的关系，那不过反映了他们人性观的贫乏，而不是真实世界的特征"②。另一方面，他们对真正的社群也没有正确的认识。真正的社群，在马克思主义看来，必定只有在废除了私有制，人们成为真正的"社会的个人"之后才能出现，到那时，就不会存在任何压迫性的社群，在这个社会中，所存在的群体就必然只是自由人的联合体，家庭组织才会建立在纯粹的夫妻互爱的基础上，即婚姻关系必定完全是建立在爱情基础之上的；而其他的各种社群，必定是以相互欣赏对方的劳动为基础的，在那里，每个人的自由发展都是一切人自由发展的条件，如果要说有友谊，那么这才是真正的人与人之间的友谊。于是，我们可以明白，社群主义对自由主义的批评之所以是无力的，就是因为社群主义者忽视了在当今时代，对法律的平等权利的保护必定仍然是正义的首要内容，它也为现实社

---

① 桑德尔：《自由主义与正义的局限》，万俊人等译，译林出版社 2001 年版，第 41 页。

② 威尔·金里卡：《自由主义、社群与文化》，应奇等译，上海世纪出版集团 2005 年版，第 121 页。

会条件下的人的自我实现提供着某些前提条件。

第三，在当代中国，我们如何贯彻马克思主义的正义观呢？我国当代所采取的是公有制为主体、多种所有制经济共同发展的基本经济制度，这与马克思当年所设想的社会主义经济形式还不是完全相同的，这是我国还将长期处于社会主义初级阶段的实际国情所决定的。所以，我们现在还需要大力发展非公经济，充分尊重和爱护企业家，鼓励他们合法经营，并奋力开拓市场，我们还要扶助小微企业，鼓励个人创业，只有这样，才能全方位解放社会生产力，并使我国的经济在社会主义市场经济环境中，充分焕发活力；同时，这也是有效地清除封建主义的意识观念的残余的必经途径，因为封建意识与社会化大生产的经济结构及其所要求的法治文化是不相适应的，所以必定会逐渐消失。在这一基础上，我们必须做到：（1）建立健全社会主义法治。在建立和发展社会主义市场经济的过程中，必然需要保护个人的自由和平等权利，这种法律上的形式性正义原则是需要首先得到施行和完善的；同时，马克思所强调的交易正义也必须得到贯彻。在当今时代，必须保证公平交换，消除契约活动中的不平等性，比如消除知识、权力、资本和社会地位的优势在契约活动中对他人的侵害，特别是要以法律来严格制裁假冒伪劣产品的生产、销售行为。这是我国当今时代的社会正义的基准要求。我们看到，到目前，我国社会生活中违背这种法律上的平等和交易正义这种形式上的公正的现象都还所在多有。所以，实现这种形式性的正义还是我们亟待完成的任务。（2）作为一个社会主义国家，我们还必须在现有生产资料所有制形式和生产力发展阶段上，努力彰显社会主义正义的基本方向，即致力于实现广大人民群众的共同富裕。这是纯粹自由放任的市场体制所无法达到的，所以，即使我们尚处于社会主义初级阶段，也应该能够体现社会主义正义的某些基本要求。首先，要尽力创造劳动机会，尽力降低失业率，并为社会成员自我创业提供政策支持；其次，要在国家经济发展的现实条件的基础上，要特别发挥国有企业在创造全民财富方面的巨大作用，并努力形成覆盖全社会成员的社会保障网络。胡锦涛在中国共产党第十八次全国代表大会上的报告中明确指出，要“推动国有资本更多投向关系国家安全和国民经济命脉的重要行业和关键领域，不断增强国有经济活力、控制力、影响力”；再次，应利用国家的公共税收较为有效地调节社会财富的再次分配，要促进劳动者的收入与社会经济发展速度同步增长，全面提高全体人民的福利水平。显然，在这个时期，劳动者的个人天赋和劳动能力及其家庭人口等偶然性因素，还会影响劳动者的生活前景，但是目前我们的国内生产总值已经在世界上排名第二，经济总量是十分巨大的，这表明我们国家通过三十多年的改革开放，已经取得了举世瞩目的巨大经济成就，在这种背景下，我们的社会保障体系应该可以让人们都过上一种较为体面的生活。（3）我们始终不能忘记，社会正义的最高衡量标准是促进人的自我实现，我们现在的政治、经济和社会文化活动都是在为达到正义的这一实质性要求提供现实条件和基础。我们要认真实施素质教育，促进广大青少年全面塑造自己的理智、情感和意志品质，实现德、智、体、美、劳全面发展；从社会的角度说，要大力促进社会物质财富和精神文化财富的发展和积累，促进人们的自我实现和全面发展。正如江泽民同志所指出的："推进人的全面发展，同推进经济、文化的发展和改善人民物质文化生活，是互为前提和基础的。人越全面发展，社会的物质文化财富就会创造得越多，人民的生活就越能得到改善，而物质文化条件越充分，又越能推进人的全面发展。社会生产力和经济文化的发展水平是逐步提高、永无止境的历史过程，人的全面发展程度也是逐步提高、永无止境的历史过程。这两个历史过程应相互结合、相互促进地向前发展。"① 这既是对我国社会如何贯彻马克思主义正义观的前进方向的指引，又是对在现实历史条件下如何促进人的自我实现的辩证过程的深刻揭示。

第三节　政治领域中促进美德的方式及其限度

美德政治学是这样一种学说，它考察政治的道德基础，认为政治学中应该包含美德理论，主张国家应该提倡和促进美德的培养，"使人们变成有美德的人、好人或更好的人"②。在古代，美德政治学似乎是政治哲学的主流，不论是儒家政治哲学，还是柏拉图、亚里士多德的政治哲学以及罗马时期的斯多亚派政治哲学，大都认为，政治就是把道德美德推广应用到政治领域中，从而成就一种更广更大的善业。但是，近代自由主义政治

---

① 《江泽民在庆祝建党八十周年大会上的讲话》，http：//www. people. com. cn/GB/shizheng/252/5792/。

② Ludivig Beckman，*The Liberal State & the Politics of Virtue*，New Brunswick（U. S. A）and London（U. K.）：Transaction Publishers ，2001，p. 1.

哲学兴起以后，“权利”在政治哲学中成为一个核心概念，从而改变了政治哲学的知识图景，使得政治哲学与美德的关系变得曲折、疏离。在当今时代，政治学必然表现为一种权利定向的政治学，这是启蒙运动所取得的积极成果，值得我们认真继承。在这个大背景中，由于对权利的保护成为政治哲学的基本前提，我们就必须思考，在当代政治领域中，我们应该如何鼓励和促进美德，其限度究竟在哪里?

一　古典政治学中的美德观念

古典美德政治学首先会探索什么样的心灵品质状态是优秀的，这要以某种对人性结构的看法为基础，并推测这种人性结构的各成分应该如何提升，以及它们之间如何相互融合才能达到心灵品质的优秀、卓越状态，即塑造了美德。做出合乎美德的现实活动，就是大家羡慕的好生活。然后认为，政治就是一种人群治理之道及其制度设计，其目的就是使治下的所有人都能成为有美德的人，共同过上一种社会性的好生活。这样，政治学就成为伦理学的一种扩展及其在社会政治生活中的应用，伦理学成为政治学的基础。在这种思考框架中，伦理学上的美德的培养理所当然地成为政治学的目标。

于是，我们就能看到，在古典美德政治学中，伦理和政治几乎没有分化，二者没有彼此独立的论证模式，所以，各种美德的论说充满了其政治论说的空间，政治学说及其措施都带上浓厚的美德论色彩。纵观历史上的古典美德政治学，我们可以发现它们有以下几个特点：

第一，把有美德的心灵状态说得非常高迈，以至可以超凡入圣。在他们看来，美德是处于这样一种优秀状态的心灵品质：（1）先构造一种人性结构论，即认为人的心灵中有几个不同的成分。如柏拉图认为，人的心灵中有理智、激情和欲望，而亚里士多德则认为，人的灵魂可分为营养灵魂、感觉灵魂、有限理性灵魂和无限理性灵魂，大致也能包含柏拉图的划分。他们都认为，有美德的状态就是：心灵中的理智、情感和欲望等成分的功能都得到了提升和扩展，不再处于粗野的、片面性的、只追求一己之私满足的状态，而是被提升到了普遍性的文明化状态。（2）被提升了的理智处于优先地位，统辖着情感和欲望，并且三者融合、化通了起来，成为一个整体性的人格品质。有正义美德的人，“首先达到自己主宰自己，自身内秩序井然，对自己友善……使所有这些部分由各自分立而变成一个有节制的和谐的整体……凡保持和符合这种和谐状态的行为是正义的好的行为，指导这些和谐状态的知识是智慧。”① （3）具有至德者是一些聪明睿智、德行巍巍之人，比如，《尚书·尧典》这样描述尧的德行：“帝尧曰放勋。钦，明，文，思，安安。允恭克让，光被四表，格于上下。克明俊德，以亲九族。九族既睦，平章百姓。百姓昭明，协和万邦。黎民于变时雍。”4. 在人我关系、自我与社会整体的关系中，永远是他人优先、社会整体优先，自我被无限缩小，以至于完全无我，自我利益可以为了他人的利益和社会利益而自觉自愿地牺牲。一个人如能公而忘私、博施济众，无一毫人欲之私，则已经跻入圣域。司马迁这样描述大禹的德行：“禹为人敏给克勤；其德不违，其仁可亲，其言可信；声为律，身为度，称以出；亹亹穆穆，为纲为纪。”“禹伤先人父鲧功之不成受诛，乃劳身焦思，居外十三年，过家门不敢入。”②

第二，有最高德行的人应该成为政治统治者，并且认为政治的总体任务就是使民众安居乐业，风俗淳厚，亦是促使人们变得有美德。由于在古代社会中，不可能形成典型的权利意识，所以人们只能把政治看作一种道德事业。柏拉图就希望一个拥有极高智慧，并经过严格、完备教育，具有完整美德的哲学家成为统治者，他将能为所有人的利益进行谋划。在一个安排得很理想的国家中，妇女、儿童公有，不论战时平时，各种事情男女一样干，统治者则是被证明为文武双全的最优秀的人物。他认为，这样的国家是最优秀的，其相应的人是最善良的。只有这样的国家是正确的，其他种种类型的国家都是有缺陷的。要求统治者有最完美的品德的理想在罗马时期也有突出表现。塞涅卡就认为，国王必须有崇高的美德，成为国家的智慧头脑，是社会公共利益的代表。民众应该把公共利益置于自己的私人利益之上，并全心维护国王。而国王就必须具有仁慈美德。“真正的仁慈……意味着清白无瑕，意味着永远不会沾染一个市民的鲜血，意味着真正的自我克制，意味着关爱人类如同关爱自己。”③ 总之，最高统治者应该有最高的美德。在中国古代，儒家无不希望统治者具备美德，也特别重视统治者的美德的培养。孔子对于尧、舜、文王之德大加赞赏，认为他们是为君者的楷模。子曰：“大哉，尧之为君也。巍巍乎，唯天为大，唯尧

① 柏拉图：《理想国》，郭斌和、张竹明译，商务印书馆 1986 年版，第 172 页。
② 司马迁：《史记》，中华书局 1963 年版，第 51 页。
③ 塞涅卡：《道德与政治论文集》，袁瑜琤译，北京大学出版社 2010 年版，第 183 页。

则之。荡荡乎，民无能名焉；巍巍乎，其有成功也。焕乎，其有文章。”[①]他认为，居上位者必须具备宽、信、敏、公等美德，因为“宽则得众，信则民任焉，敏则有功，公则说”。[②]所以居上位者的美德是政治的根本，对治下的人们有着极强的感染力和示范作用，能够诱人于善域，所谓“政者，正也。子帅以正，孰敢不正?”[③]极其强调德化的功效。孟子也极力主张君主应行仁政。

第三，在政治领域中极端重视美德，实际上是把政治领域视为家庭的放大，从而主张一种家长制。在古代政治思想中，由于无法找到政治美德的独立来源，故只能在家庭美德中找到直接的源头和榜样，于是，政治伦理就无法获得一种独立于家庭伦理的形式。在古代中国儒家政治传统中，人们认为，国不过是家的延伸，所以其治理方式与家有着基本的同构性。这在中国古代是有着社会结构形式的基础的。西周实行封建，就是把国作为家的放大，通过分封子弟到列国，使整个国家形成一种各诸侯国拱卫天子的社会结构形式，使各诸侯国的国君与天子都有着血缘亲情关系，于是，这种政治结构使当时的政治思想洋溢着浓重的家庭亲情之谊，从而把家庭伦理原则作为政治原则的基础。春秋末期，虽然封建制遭到了很大破坏，但由于家庭这一社会的细胞仍然有很强的社会型构能力，所以，家庭伦理亲情就还能得到特别的强调，并从中获得政治伦理美德的根苗。这就能理解儒家如此重视孝悌这一类家庭伦理情感的原因。孔子说：“其孝悌也者，为仁之本也欤。”[④]当有人问孔子为什么不从政时，他这样回答，“书云：孝乎惟孝，友于兄弟，施于有政，是亦为政，奚其为为政!”[⑤]孟子也说：“仁之实，事亲是也；义之实，从兄是也。”[⑥]把这种家庭伦理推广到政治领域，就要求统治者“老吾老，以及人之老；幼吾幼，以及人之幼”。[⑦]孟子认为，君主应该“为民父母”[⑧]。在儒家政治伦理传统中，把君主与人民的关系比作父母与儿女的关系，是很普遍的，这主要是强调君主与人民的一体之感，

① 《论语·泰伯》。
② 《论语·尧曰》。
③ 《论语·颜渊》。
④ 《论语·学而》。
⑤ 《论语·为政》。
⑥ 《孟子·离娄上》。
⑦ 《孟子·梁惠王上》。
⑧ 同上。

所以，《左传·昭公三十年》说：“吴光新得国，而亲其民，视民如子，辛苦同之，将用之也。”《左传·哀公元年》又说：“臣闻国之兴也，视民如伤，是其福也。其亡也，以民为土芥，是其祸也。”

这种思路在西方古代政治学中也有体现。柏拉图主张，在理想国家中，护卫者（君主由他们中间选出）应该实现公妻、共子的制度，目的是破除他们在小家庭生活中必然具有的私心、私利意识，化国为一大家庭，因为在这样的制度中，每个孩童与自己都有着分数上的血缘关系，从而缔造一种所有人都有血肉联系之感，在这样的国家中，君主就像是一个大家长，他会关心每个人的利益，每个人都与他痛痒相关。塞涅卡也主张，君主以仁爱之心待其子民，其表现应该是：对人民中已有恶习而良知未泯者，首先想的仍然是谆谆教诲，不厌其烦，但有一线矫治之机，不肯使用雷霆手段；只有那些屡教屡犯，使君主“恐惧多于愤恨”，也即对犯罪者将变得人格败坏而无法救治感到恐惧时，才会绝情法办，故其宽仁慈惠乃是遵从理性的秩序的温情慈爱，这乃是为人父母的本分。真正的君主就应如此行事，所以，我们可以把这样的君主称之为“祖国之父”。他提醒君主，这样做，“乃是要提醒他，他已被寄予了一个父亲的权力，这是一项最为温和的权力，他要照料孩子们，他自己的利益要服从他们的利益”①。塞涅卡所向往的乃是君民一体的关系。

第四，把完备的美德看作政治的根本标准，并化为制度，会导致美德的异化。由于古代美德政治学主张政治不是一个独立于道德的领域，所以，政治的价值原则就是道德原则，美德观念在古代政治哲学中的泛滥就是不可避免的。从政者是否有美德，是评价他的政治行为的最高标准。

在儒家传统中，臧否政治人物，纯以有德无德为标准。这种评价方式使得政治学为道德话语所笼罩，直接从政治人物的行为过程及其结果来逆推其内在动机和品德，从而有所谓诛心之论。绝对彰显道德对政治的评判力量和规范约束力量，这在我们民族的心理意识上留下了深刻的烙印。孔子对管仲的评价，虽然表明孔子对政治人物的道德品质十分重视，但他对政治人物实际有功于人民也给予了很高评价，他还没有把政治人物的道德品质作为唯一的评价标准。但是，按照孟子的说法，“仲尼之徒无道桓、文

---

① 塞涅卡：《道德与政治论文集》，袁瑜琤译，北京大学出版社2010年版，第201—202页。

之事者，是以后世无传焉”，则表明孔门之教，已经专注于王道，而贬斥霸道；到孟子，这种倾向就更明显了。由于他主张义能生利，从而不必言利，所以，他对那些谈论“何以利吾国”的君主都直接晓谕于义。《孟子·公孙丑上》中有一段对话似乎就是专门回答人们关于管仲的评价问题的：

> 公孙丑问曰：“夫子当路于齐，管仲、晏子之功，可复许乎?”孟子曰：“子诚齐人也，知管仲、晏子而已矣。或问乎曾西曰：‘吾与子路孰贤?’曾西蹴然曰：‘吾先子之所畏也。’曰：‘然则吾子与管仲孰贤?’曾西怫然不悦，曰：‘尔何曾比予其管仲！管仲得君如彼其专也，行乎国政如彼其久也，功烈如彼其单也，尔何曾比予于是?’”曰：“管仲，曾西之所不为也，而子为我愿之乎?”

曾参的儿子曾西对有人要求把他与子路作一比较感到不安，但对要把他与管仲相比，却感到恼怒，认为管仲这样的辅佐齐桓公行霸道的人根本不足道。

这样的评价政治人物的方式，是根除个人利益的考虑的，从而使得道德越来越高迈，越来越纯粹，并且把道德看作是解决一切问题的根本。这种观点一旦化为国家的意识形态，就会使道德产生异化，要么有人会利用道德的外表来满足自己的私利，如汉代举孝廉的制度，就产生了许多伪君子。只要能因孝廉之名而被察举，就能够得到官职，所以，就会有人竞相作伪，从而会呈现出后汉桓灵之世“竞相滥举”的乱象，出现“举秀才，不知书；察孝廉，父别居”[①] 的伪善现象；要么由社会舆论的力量来推行某种道德制度，如以“饿死事极小，失节事极大”[②] 为道德标准来规定寡

① 郭茂倩：《乐府诗集》，中华书局编辑部点校，中华书局 1979 年版，第 1224 页。

② 程颐和他的学生有下面一段对话：“或问：‘孀妇于理似不可取，如何?’（程颐）曰：‘然。凡取，以配身也。若取失节者以配身，是已失节也。’又问：‘或有孤孀贫困无托者，可再嫁否?’曰：‘只是后世怕寒饿死，故有是说。然饿死事极小，失节事极大。’”（程颢、程颐：《二程遗书》，上海古籍出版社 2000 年版，第 356 页）虽然人们可以辩解说，程颐此话是从“理”上说，而没有说要绝对禁止孤孀贫困无托者再嫁。即便如此，在程颐的道德观点中，“理”就高于生命，高于凡俗生活。如果这种观念被纯粹化，并且化为一种制度安排，又被国家加以表彰，则在舆论的压力下，就必然会出现许多以死殉节的现象。后来，在明清时期，确实在守贞者孤妻的坟墓上，立起了座座贞节牌坊。这时的社会舆论，以美德的名义对孤苦的生命施加了暴力。

妇不得再嫁，从而漠视人的基本欲求的满足的合理性。

另外，当美德观念取得了一种公共评判的绝对权力，就会反过来压迫人的正常人性欲求。一个人即使在治国理政上有很大才能，如果在道德上有瑕疵，就没有什么价值。孔子就说过，“如有周公之才之美，使骄且吝，其余不足观也已”①。在个人利益、才能、器识等与美德之间，不存在一个合理的中间领域，从而使人的生活处于美德的严厉监视之下而无所逃之。在日常生活中，人们的心灵品质当然难以达到纯善状态，如果用美德观念宰制人的生活，则会造成美德的恐怖。如法国大革命雅各宾派执政时期，“美德”的疑惧之眼无处不察，纯洁、朴素、祖国之友等美德转化成了暴力和恐怖，闪电般地砸向那些达不到这种要求的人，个人的自由和权利在美德的高调要求面前荡然无存。显然，当人们从这种美德的梦魇中醒过来之后，就会激起对这种美德的暴力的反抗，就会直接主张个人利益和生命欲求的合法性和合道德性，并以此来重塑美德观念。

二　权利：个人生活与高阶美德要求之间的缓冲地带

权利概念从近代以来进入政治哲学和道德哲学的核心地带，是人类政治文明发展的极其重要的成果。其重要性就在于：（1）使个人自由和平等权利获得了一个优先性地位，拥有了一个不受打扰的固有领域，比如具有生命权、自由权和财产权等等基本权利，这些权利哪怕是以高尚美德之名也不能加以侵害。但这并不是要个人脱离社会群体，也不是主张个人高于群体，而是因为个人最容易受到强制和伤害，所以最需要得到保护。（2）权利的道德基础就在于权利肯定每个人作为人的内在尊严，在人格上是平等的，其意志是自由的，所以应该受到国家的平等对待。（3）人作为一个脆弱而又有理性的存在者，能够认识到社会合作的必要性，从而应该认同一些公共合作的普遍的正当性原则；人又具有自由选择能力，从而能够追求自己的生活目的，即好生活观念。个人只有以这样的资格进入社会合作，社会合作才能促进每个人的利益。

因此，权利论说使个人脱离了美德论高高在上的鞭打式的目光，能够冷却美德的狂热，而获得了生命、自由、财产等每个有理性的存在者都会珍视的生活基础，允许非法侵害这些基本权利就是不把人当人看。这些基

① 《论语·泰伯》。

本权利对每个人都是一样的，于是，对它们的尊重和保护就构成了人们之间的绝对约束而变成了每个人的义务。显然，这是从抽象层次上说的，但这种抽象是必要的，因为这可以形成人们进入实质性的社会生活时的一种前提性框架结构。如罗尔斯所精心界定的权利："每个人对于所有人所拥有的最广泛平等的基本自由体系相容的类似自由体系都应有一种平等的权利。"① 其最初的想法是确立个人的自主性和自由的范围并彼此防范，以约束人们的外在行为，使之不得相互侵害，其基本要求就是大家的自由体系是可以相容的，所以没有任何高标准的要求。从这个意义上说，它并不要求个人的心灵品质达到优秀状态，即具备高尚美德。高尚美德是作为目标和活动结果而存在的，而不是作为行为的前提。所以，在政治哲学中，权利应该成为思考的出发点。当然，政治的最终目的的确是为了增进所有人的物质和精神利益，从这个意义上说，政治也的确是一项道德事业。但是，在权利成为一个核心概念后，政治的道德目的却必须在尊重和保护权利的前提下来合法地追求。

在权利论的框架中，近代以来的政治哲学与古代政治哲学就有了不同的基本结构。

1. 追求政治目的的善，应该在一种具有道德基础的权利体系框架中来进行。即使政治追求实现人们的生活富足、精神上达到自我实现这样的普遍赞同的目标，也不能脱离权利体系的限制。从这个意义上说，保护个人的权利，就是为了使个人能够获得追求自己的好生活的自主性，这对个人来说是十分重要的前提，因为我们的生活必须靠我们自己内在地来过。

权利体系首先确认每个人都是自由平等的行为主体，确认每个人都有人之为人的尊严。在这里，没有任何东西是额外的、过高的要求，所以是可以平凡成立的。我们只要相互尊重对方的权利，就能进行公平的社会合作，从这个意义上说，尊重权利就是我们天赋的、基准的政治美德。它只是要求人们对各自同等自由的相互限制条件的自觉接受。没有这种限制，则大家的自由体系就将充满冲突。这会有两种表现，一是这种无限制的自由就会允许大家相互损害对方，"互相损害他人的利益，就使得他们那种同任何他人的自由处于'平等'地位的自由所给予他们的满足感荡然无

---

① 罗尔斯：《正义论》，何怀宏等译，中国社会科学出版社 2009 年版，第 196 页。

存了”①；二是由于人的力量的不均等性，若其自由没有限制，则有些人就会利用其更大的力量和优势去侵害他人或社会的利益，而又得不到制裁，这将是一个特权社会。如果社会中总是有人能够通过损害别人的自由和平等权利，去获得自己发展的机会，那么，这个社会就是一个部分人享有特权的社会，不管这种特权以什么方式出现。人的平等尊严层次上的权利的平衡就是被特权所打破的。哪里有特权，哪里的一部分人的权利就会受到损害，而且也会阻碍人们的天赋政治美德的培养和表现，因而特权在道德上是得不到辩护的。如果政治领域的政策或明或暗地容许各种特权的存在，则表明在这个政治领域中，不是所有人都得到了同等的关怀。德沃金说：奉行这种政策，“唯一的原因是他们假定某些人的权利和某些人的生命比其他人的生命更为重要”②。所以，我们认为，权利体系为社会确立一种基准道德，它是对特权的抵制。

同时，若社会缺乏对自由和平等权利的尊重和保护这一基准道德，而又要追求道德上的高洁的话，则道德意识就会脱离对权利的尊重而走向高迈的纯粹概念化，走向对绝对克己、无我、纯洁的良心和完美品德的崇高性的沉迷，从而反过来压垮个人的自由空间，宰制个人的人性欲求。这就是美德的异化。高阶美德本来是人们追求的目标和实践活动的结果，需要在基本权利得到尊重和保护的基础上，通过长期的实践活动才有望得到培养，现在却反过来成为衡量人的一切行为的道德价值的标准，而我们大多数人的品质都不可能符合这个高标准，所以，就会对人们的人性欲求造成压力。于是，我们可以明白，当代政治不能建立在对高阶美德的追求之上，而只能建立在追求基准美德的基础之上。我们认为，只有政治过程建立在尊重并保护个人的自由平等权利的基础上，就能为个人的精神成长和美德塑造提供足够的空间。自由是精神成长的基础，理性能力的发展是其途径，形成公民彼此信任的情感联系和对政体的忠诚，以及追求合理的善观念，是精神得到了成长的标志。国家政治需要保卫这一基础，提供这一途径，使人们能够本着自由成长的意愿去培养和塑造自己的美德，而不是以完美的美德标准来要求所有人。

---

① 安东尼·德·雅赛：《重申自由主义》，陈茅等译，中国社会科学出版社1997年版，第27页。

② 罗纳德·德沃金：《认真对待人权》，朱伟一等译，广西师范大学出版社2003年版，第19页。

2. 权利体系的确立，使基于权利保护的公共行动的正义原则与个人的志向拉开了距离。即使有人真诚地相信某一种道德观念，并真诚地认为培养某些美德对大家的生活有重要意义，他们也只能真诚地以理性反思精神把它们表达出来，并自我加以追求，但不能强迫他人接受我们的道德观念，或强制他人培养这些美德。这一点，也是人们之间如何相互对待的基本道德要求。在政治领域中，那些持有公共权力的人并不能秉着自己的完备性道德观念去制定政策，决定公共利益，而必须依照基本正义原则，把重大公共利益放在公共的理性讨论平台上加以讨论，并就自己的理由对公民作出公共理性的解释，接受公民的理性质询。因为人们的利益诉求是多样的，所以，根本不可能在公共讨论中达到完全一致的意见，这就要求政治人物要吸收公众的合理观点，从全面、长远的公共利益的角度来权衡，然后作出公共决策。当然还要本着这个原则，随着形势的发展、任务的变化，而对公共政策作出修正或调整，也就是说，公民的诉求是需要得到合理回应的。这是把人们视为自由平等公民的必然要求。

这种对政府的要求和约束也适用于美德问题。对个人而言，其自由选择权利只受到公共正义原则的约束，而不会受到各种实质性的善观念和美德标准的压迫，也就是说，个人的内在自由和成长的意愿不会受到强制。基本正义保护个人的自由和平等权利，并确定社会权利的分配和义务的分担的公平尺度，从而也确定了国家行动的限度。它应该成为对所有人都有同等约束力的前提。因为人们的基本权利具有道德基础，是可以普遍要求于所有人的，并不需要考虑个人的各种差异，所以，它可以成为我们彼此要求对方具备的基准美德。

这种基准美德不要求人们进行多深的情感、理智、意志品质塑造就能具备（在这方面，不是要用思想的铅锤去测量人们意志的深度），它是一种正义感的能力。这种正义感的能力，在一个自由民主政体中就能表现出来，因为国家的法律和其他制度安排就是按照这个要求来设置和运行的。如果在一个政体中允许各种特权大行其道，则只会阻碍所有公民的正义感的表达，也会使这种天赋政治美德难以巩固。

所以，基准美德与权利体系是相辅相成的，但权利体系必须与所谓高阶的美德拉开距离。比如，仁爱、无私的品质和追求对美的事物的观照，对科学的执着探索等，这些美德都只能被行为主体主动、内在地加以追求，但必须不违背正义原则。它们属于个人自主选择的领域。国家虽然不能鼓励、促进特定的高阶美德，但是必须为人们追求自己中意的高阶美德提供足够的空间，使各种美德有得到兴盛的可能，鼓励个人本着自己的性格、兴趣、人生抱负和现实条件去自主追求。若国家仅仅鼓励和促进某些特定的高阶美德，就会产生两个弊端：一是并不是所有人都适合培养这些高阶美德，要让所有人都这么做，国家只能使用强制手段，而这与美德的内在塑造成型是不相适应的，因为这损害了公民合理选择的自由权，而且也达不到目的；二是只促进某些美德，则其他美德的兴盛就会处于被抑制状态。关键在于，这会给个人在遵循正义原则的基础上不断尝试新的生活选项的空间施加人为的限制。

3. 权利体系的确立，虽然排除国家对于一些特定的高阶美德的鼓励和促进，但是，这并不意味着高阶美德在权利体系中将不能产生。因为美德的塑造和养成，对个人而言，虽然必须重视他对自己应该成为什么样的人的选择自由，但是，一方面，个人应该认肯自己和他人都一样是自由而平等的公民，并且能够把社会的正义原则作为自己进入公共生活时的基本准则，个人自己的人生抱负和志向必须受到正义原则的调整，最起码不能违背正义原则。在这个基础上，他应该本着自己的性格、能力、志趣等等去自由选择自己的人格目标，并且凭借精神成长的意愿去塑造自己的美德；另一方面，国家虽然不能直接指定一些特定的高阶美德观念，强制人们都去塑造这些美德，但是，第一，国家必定要鼓励和促进符合自己政体性质的正义原则，并为人们能够塑造这种基准美德而提供条件，比如生活资源、机会以及自尊的社会基础的公平分配，这是人们发展和证实自己的能力的基础条件；第二，在国家之内，美德的培养应该由具有紧密人际联系的群体活动如家庭、学校、社群生活来进行。政治的责任是引导这些能培养人们美德的群体活动秉承正义原则，通过家庭成员之间的情感纽带、父母的权威、教师的榜样示范和校园文化的熏陶、社群成员之间的合作和情感呼应，并保证社会活动能够获得互惠的结果，这样才有可能培养出公民友谊、奉献、仁爱等美德，并基于个人的性格特点和志趣，也能培养对美的观照、对科学的探索热情等高阶美德。第三，在社会中，人们可以从自己的人生观和价值观出发，通过说理的方式来阐述自己中意的基本美德；学者们甚至会对自己的美德信念给予十分严密的论证，并主张人只要想追求有价值的、幸福的生活，就应该去培养这些美德。这当然是国家所应该鼓励的，因为这将使人们在选择和培养多样化的美德方面提供参照和思想养料，促使人们生活方式的多样化；但是，国家却无法通过强制性的办法要求所有人都认同某种或某类特定美德观，并要求所有人都全力培养这类特定美德。可以说，这些美德学说为人们所阅读、讨论，就将构成人们在追求自己美德时的文化价值环境。当然，它们要对个人产生影响，还是需要个人通过自己的批判性反思，并结合自己的性格、志向、抱负和兴趣，甚至环境条件等，来自主地吸收或选择。一种美德观念，如果不能化为人们内在的心意态度，是无法培养与之相应的品质的。

三　政治在促进人的自我实现时的作用及限度

美德生长的基础是自由，是精神成长的内在意愿。从国家行动的外在性而言，它的确不能直接作用于人的内心，也不能为所有人设计出一个统一的美德培养的模式，并加以强制推行。但是，这并不表明国家在促进公民的美德方面完全无所作为。

首先，促进基准美德是政治的一项重要任务。基准美德并非是一种特定的美德观念，而是与社会的基本结构相应的美德观念，从合乎正义的社会必然会维护自己的稳定而言，国家必须促进基准美德的普遍培养成型，使之成为社会中大多数人的品质和精神态度，这样，这种社会的基本结构就会得到来自人们的内在心意态度的真诚支持。从这个意义上说，基准美德的确有工具性的意义，所以，它们可以普遍地要求于每个公民。虽然推行这种要求并不能保证每个人都能形成这种美德，但是国家对公民可以有一种最低要求，那就是不能违背这个社会的基本正义原则。

在培养人们的基准美德方面，国家完全可以宣传、鼓励并加以促进。国家应该保障人们能够得到平等对待，构建合作互惠的体系，容纳公民就公共政策的制定参与理性的公共讨论，保障最少得利者的基本生活前景等等，促使人们形成对这个社会的正义原则和社会的合作互惠体系的信赖，对其他公民也会按照正义原则行事能够抱有一种理性的期待，这样，公民将能产生对政体的忠诚。国家在这方面的行动，其目的是形成公民能够发挥其天赋的政治美德的保障条件。

其次，在当代社会中，公民超越自己的狭隘利益的能力是有限度的，因为在市场经济中，他们作为单独决策的主体，必须对自己的生活负责。在这方面，我们也必须明白，人们有着某种自利之心是必然的。但是，这种自利之心必须受到社会普遍交往规则的约束，当人们能自觉地把行为约束在遵循普遍规则的范围内，就获得了一种基础的美德；在政治生活中，官员也有获利或者获得晋升机会的考虑，这是一种正常的自利动机。但是，这种动机必须在为人民服务，对公共利益负责，创造性地履行自己的职责的过程中才能得到正当的满足，一个官员只有能够把其客观责任和主观责任当作自己动机的实质部分，并对其自利动机取得优先地位，才能说有了基本的政治美德。另外，在政府与公民一道决定什么是公共利益的过程中，政府有着自己的利益，其工作、信息的公开度，决策程序的公正性等等都不可能一步到位，公民本身的参与也存在着一个程度问题，而且公民自身利益的诉求、政治见解、专门知识等等的差异都可能很大，所以，虽然在公共参与的过程中，人们的公共品德得到了塑造，但是也只是由于理解和依赖社会的基本正义原则而形成的品质。这些情况，就决定了不可能在公民中能生长出太多的高阶美德。这就是我们在经济政治生活领域中所能要求的美德的范围，对超出这个范围的高阶美德也不能抱有过高的热忱，在这个方面的追求也必须有节制。在这个方面，我们不能成为至善主义者，即不能以政治的手段追求美德的最大化。所以，“高度道德化的政治观过于苛刻：它认为公民及立法者都是不受感情左右、没有私心的公共利益追求者。这种观念是不现实的”。[①] 如果这样要求所有公民，则是一种过度的道德要求，必定会出现一种对民众的美德压迫。蒙田曾经非常正确地写道：“要是我们怀着过分热切强烈的欲望将德行拥进怀里，这德行就会在我们的搂抱下变成恶行……喜善可能过头，行义亦可能过度。”[②]

在政治领域中，我们的权威机构能够做的，只能是“促进公民的忠诚”[③]，因为我们生活在这个政体中，这个政体体现了人民的意志，并且是为广大公民谋福利的。而政体要发挥这方面的功能，就需要获得公民的忠诚。从这个意义上说，对政体的忠诚是公民的一种基本美德，这是权威机构可以正当、合理地要求公民所具备的；同时，在日常政治生活中，我们可以促使公民获得一种升华了的自利之心，我们鼓励官员在服务公众的过程中获得个人的政治判断力、行政管理能力的锻炼和提高，形成公共责

① 斯蒂芬·马塞多：《自由主义美德：自由主义宪政中的公民身份、德性与社群》，马万利译，译林出版社 2010 年版，第 119 页。

② 蒙田：《蒙田随笔全集》，潘丽珍译，译林出版社 1996 年版，第 222 页。

③ 斯蒂芬·马塞多：《自由主义美德：自由主义宪政中的公民身份、德性与社群》，马万利译，译林出版社 2010 年版，第 124 页。

任感和责任担当意识和品质，并得到与其业绩相当的升迁通道，这也是一种在正常范围内的美德。

最后，国家促进人们的美德成长的方式只能是结构性的引导。诚然，美德作为一种优秀品质，是内在的，而国家行动只能针对人们的外在行为，所以无法直接塑造人的内在品质。但是，内在心灵品质的成长、美德的成型，必然要受到人们生活于其中的国家政治结构及其措施的塑造性影响。

我们认为，国家行动当然也可以有其积极目标，那就是要增进人们的物质财富并促进人的全面发展。可以说，这两者都不是特定的善观念，而是人们可以普遍同意的好生活观念。前者是为人们塑造培养自己的内在美德提供物质条件，因为具有了较为丰裕的物质财富，则我们就能够具有更大的自主性去追求发展我们的各种潜在素质，塑造各种优秀品质，也为这种追求提供了资源上的保障；后者则是为人们培养美德提供一种方向上的引导。人的全面发展这一目标，是我们自主培养美德时所必须牢记的一个方向。美德必须有利于人的生活，既不能因为道德原则的严苛性而使自己的心灵偏于枯槁，也不能因为崇尚自由抉择而使生命丧失其崇高的价值追求。我们追求美德，是为了能够得到我们在相应的生活实践中的内在利益。米勒说，“表明一种品质（quality）是一种德性就是去表明拥有这种品质对于支持一种更高的实践并且去实现实践所要促进的那些好（goods）是不可或缺的”①。的确，美德对于我们追求自己的全面发展这个好生活观念是不可或缺的，因为，美德是我们主体的素质基础，我们是本着自己的品质而做出自己的生活行为、追求自己的生活目标的。

人的自我实现或者全面发展，对人们来说，是最高的生活目的，我们无法设想，在我们的生活之中，还有比达到自我实现或全面发展更为实质性的目的。当然，我们也能认识到，完全充分的自我实现作为个体是不可能达到的。完全充分的自我实现只有在作为社会总体的人类中，才有可能实现。马克思在《1844年经济学哲学手稿》中，从哲学的高度揭示了人的自我实现的社会条件包括生产力的高度发展和私有制的消灭。显然这是作为一种社会理想而言的。但是，这并不意味着在现实社会生活中，国家就不能在促进人的自我实现中发挥作用。

---

① 戴维·米勒:《社会正义原则》，应奇译，江苏人民出版社2001年版，第124页。

自我实现或人的全面发展，是指人们能够发展、表达其属人的机能，而不是被谋生的纯粹必然性所束缚，只能表达其动物性机能。也就是说，所谓自我实现，就是能够发展和实现人的文明性的优点，也可以说，就是美德。这表现为以下几个方面：（1）在最理想的人伦关系——共产主义社会中，人们之间的关系已经不可能有对抗性，而是相互依赖，相互促进的关系，每个人都能够享受社会发展的成果，每个人的发展是其他一切人发展的条件。在这种人伦关系中，各种心灵品质的优点即美德才能有得到繁盛的环境条件。但从现实中来看，我们却只能首先使人们之间的交往关系成为人格尊严之间相互尊重的关系，尊重所有人的基本权利，在此基础上，鼓励合理合法的竞争关系。（2）人们能自由决定发展自己的某些方面的潜在素质和能力，并能得到社会所提供的基本条件。在现实的社会历史条件下，国家也许只有致力于解放生产力，发展生产力，并使发展成果惠及广大人民，逐步达到共同富裕，从而使人们能够获得自己发展各种精神能力时的物质条件的支持。这对我们的自我实现来说，肯定是一种必不可少的条件。一个普遍贫穷的社会，肯定不可能是一个越来越多的人能够自我实现的社会。（3）人们可以自我决定发挥自己哪些方面的能力，并尽可能使这种素质和能力能达到其高远、精深、宏大、优美的境界，可以表现为各种科学理论的创造、技术的发明，各种阐理透彻的理论作品，优秀的文学艺术作品的大量涌现，人格渐趋高尚等。一方面，它们使人们的各种属人机能得到了发展的产物，另一方面，它们又能够为其他人所学习、分享，对其心灵品质产生深入的滋养、涵育作用。人摆脱了谋生的需要才能进行的生产，就是各种文化生产。

也就是说，虽然国家不能直接地从事培养人们的高阶美德的工作，但它可以通过创造物质财富，为人的全面发展提供物质条件、制度环境和文化养料，来促进人们的美德培养。大致说来，国家促进人们的美德培养的作用有以下三个方面。

第一，国家要实质性地促进个人美德的成长，从根本上说，就是要调动广大人民群众的工作热情和勤劳精神，创造巨大的物质财富，只有这样，人们才能活得体面和有尊严，只有在这个基础上，人们才将普遍地产生发展和提升自己的精神素质的动机。胡锦涛同志指出：“以经济建设为中心是兴国之要，发展仍是解决我国所有问题的关键。只有推动经济持续健康发展，才能筑牢国家繁荣富强、人民幸福安康、社会和谐稳定的物质基础。"[①] 我们坚定不移地走中国特色社会主义道路，就是要在中国共产党的坚强领导下，聚精会神搞建设，一心一意谋发展，发展是第一要务。十八大报告提出五位一体的社会主义建设任务，即建设"社会主义市场经济、社会主义民主政治、社会主义先进文化、社会主义和谐社会、社会主义生态文明"，都是为"人的全面发展"提供物质基础、制度保障、文化条件、社会结构、生态环境。

现实的建设实践活动，也是培养人们的美好心灵品质的场所。诚实劳动会有力地塑造我们的品德，如发挥创造力、勤劳的习惯、责任意识和主体精神。同时，国家也必须为公平竞争、等价交换等市场秩序提供法律保障，只有这样，劳动者的自主性和对获利机会的敏感才能培养起来，这些都是在生活实践中所形成的工作美德。

第二，国家要注意处理好效率与公平的关系，体现社会正义价值，这将能为人们追求自己的美德观念提供良好的政治环境条件。（1）个人的人格尊严和自由平等权利必须得到法律上的保障，这是前提，这是正义的形式性要求。也就是说，这要求任何人或社群不能把有些人视为纯粹的工具，把他们视作为人格上可以被贬低的对象。这是个人获得自尊和主体性，并自主追求自己的精神修养的前提条件。（2）在当今中国，在社会资源分配问题上，可以在不同的分配层次上作相应的要求。党的十八大报告在这方面有着科学合理的论述，报告主张，我们应该服从国民经济成长的规律和要求，"初次分配和再分配都要兼顾效率和公平，再分配更加重视公平"。进入21世纪以来，我国经济得到了持续的快速发展，这是我们谈论初次分配和再分配中的效率与公平问题的基础。我们国家的总体目标就是要千方百计地增加居民收入，使发展成果能为人民所共享。可以说，这是我们国家所承担的一项政治道德任务，使一个占世界人口大约20%的发展中大国的人民都能过上一种有尊严的、体面的生活，就是一项最大的道德事业。从这个意义上说，效率和公平都是有着道德价值基础的，并没有不相容或者对立的地方。本着这个目标，国家应该原则上做到，"努力实现居民收入增长和经济发展同步、劳动报酬增长和劳动生产率提高同步，提高居民收入在国民收入分配中的比重，提高劳动报酬在初

① 胡锦涛：《坚定不移沿着中国特色社会主义道路前进，为全面建成小康社会而奋斗——在中国共产党第十八次全国代表大会上的报告》，人民出版社2012年版，第19页。

次分配中的比重。”并要“多渠道增加居民财产性收入”。这是把“发展成果由人民共享”真正落到实处。从社会分配正义的角度而言，国家可以采取制度性的方式“规范收入分配秩序，保护合法收入，增加低收入者收入，调节过高收入，取缔非法收入”。[①] 其中“增加低收入者收入”的措施，将是逐渐达到共同富裕的具有道德价值的安排，也是社会正义的内在要求。如果一个国家既能发挥人民群众的创造力、勤劳精神，使国家经济得到快速成长，又能注目于使发展成果为人民所共享，则她的人民必定具有奋发向上、斗志昂扬的精神气质，又必定能形成正义感以及对自己身处其中的政体的信赖和忠诚，参与社会公共事务的热情、责任感和才干。这些美德，都是可以通过由社会基本制度对人们施加塑造性影响，由个体自主地加以培养的。

第三，国家应鼓励人们从事自由的文化创造活动，产出越来越多的能够体现人类情感的普遍范例，有着深刻哲思，体现崇高人格，贬斥假丑恶，弘扬真善美，为人民群众所喜闻乐见的文化产品，满足人民群众日益增长的文化需求。人的自我实现，人的心灵塑造，都需要一种良好的社会文化环境。国家有一种责任，那就是要让人们所接触到的是健康向上的大文化环境，使人们在其中如沐春风，如溉化雨，逐渐把自己的心灵品质提升到普遍性的文明化高度。特别是在今天，人们的物质生活已经达到了相当高的富裕程度，如何使人们避免陷入拜金主义和沦为物欲的奴隶，避免心灵的荒漠化，使人们的心灵获得各种健康的精神价值的灌溉和滋养，做到富而有礼，富而文明，就是我们先进文化建设的重要任务。

人的全面发展是需要靠社会繁荣的文化环境来促进的。人的自我实现，是指人们的属人的机能能够得到发展、表达和证实，这种属人的机能要通过人们的自觉自由的活动才能表现出来，所以，马克思说，“动物只是在直接的肉体需要的支配下生产，而人甚至不受肉体需要的影响也进行生产，并且只有不受这种需要的影响才进行真正的生产”[②]。于是，文化与人的全面发展就表现为这样的一样关系，即文化作品的创造者本身就是在已经存在的文化环境的熏陶下，自己某方面的属人的机能得到发展，从

① 胡锦涛：《坚定不移沿着中国特色社会主义道路前进，为全面建成小康社会而奋斗——在中国共产党第十八次全国代表大会上的报告》，人民出版社 2012 年版，第 36 页。

② 马克思：《1844 年经济学哲学手稿》，中央编译局译，人民出版社 2000 年版，第 58 页。

而使这种素质以作品的方式外化，又进入社会成为文化存在；人们对文化作品的欣赏则是自己与文化作品所体现的人性之美、善意蕴之间的交流与融合，是人格与人格的对话与熏染，欣赏者借此提升了自己的精神品位，深化了自己的思想内涵和情感、意志品质，即达到某种程度的自我实现。正因为文化环境对人们的全面发展有如此重要的作用，所以，国家在促进文化的大发展大繁荣方面负有积极的责任。一方面，要解放和发展蕴藏在人民群众中的丰富的文化创造力，鼓励和支持创作者基于自己的个性和爱好，去培养、训练、提高自己的创作能力，自由感受、自由思考、自由创造。独创性、深刻性、向善性、审美性是一切优秀文化作品的本性，那种受到约束的和千人一面的所谓文化作品是乏味的，不可能有生命力，也不能对人们提高自己的精神素质有帮助；另一方面，由于人们对高品质的文化始终有着新期待，所以，国家可以利用市场机制，激发人们的文化创造力，做大做强文化产业，产出更多的精品力作；同时，又要对文化市场进行监管，对那种表现庸俗趣味、渲染感官刺激、血腥暴力，宣扬淫秽色情的所谓文化作品，要加大查处力度，而遏制其泛滥。理由是，这些所谓文化作品，宣传的不是文化，而是粗鄙；不是文明，而是野蛮；不是人性之美，而是动物本能，它们只能损害促进人的全面发展的文化环境。所以，鼓励和促进优美高尚、人们喜闻乐见的优秀文化作品的创作，遏制和制裁那些庸俗、猎奇、低级趣味的所谓文化艺术作品，是政府在为促进人们的美德培养提供良好的文化环境，这是政府的一项政治责任。

参考文献

一　经典作家著作和党的重要文献

1. 《马克思恩格斯选集》（1—4 卷），中共中央编译局 1995 年版。
2. 《马克思恩格斯文集》（1—10 卷），人民出版社 2009 年版。
3. 《马克思恩格斯全集》（第 3 卷），人民出版社 1965 年版。
4. 《马克思恩格斯全集》（第 19 卷），人民出版社 1963 年版。
5. 《马克思恩格斯全集》（第 20 卷），人民出版社 1974 年版。
6. 《马克思恩格斯全集》（第 23 卷），人民出版社 1972 年版。
7. 《马克思恩格斯全集》（第 25 卷 下），人民出版社 1974 年版。
8. 《马克思恩格斯全集》（第 26 卷 II），人民出版社 1973 年版。
9. 《毛泽东文集》（1—8 卷），人民出版社 1993—1999 年版。
10. 《邓小平文选》（1—3 卷），人民出版社 1994 年版。
11. 《江泽民文选》（1—3 卷），人民出版社 2006 年版。
12. 《中国共产党第十七次全国代表大会文件汇编》，人民出版社 2007 年版。
13. 胡锦涛：《坚定不移沿着中国特色社会主义道路前进，为全面建成小康社会而奋斗——在中国共产党第十八次全国代表大会上的报告》，人民出版社 2012 年版。
14. 《习近平总书记系列重要讲话读本》，中宣部组织编写，人民出版社 2014 年版。

二　中文古籍与中国学人专著

1. 王云五主编：《尚书今注今译》，台北商务印书馆 1969 年版。

2.《春秋左传集解》（全 5 册），上海人民出版社 1977 年版。
3. 朱熹：《四书章句集注》，中华书局 1983 年版。
4.《诸子集成》（1—8 册），上海书店 1984 年版。
5. 司马迁：《史记》，中华书局 1963 年版。
6. 王夫之注：《张子正蒙》，上海古籍出版社 2000 年版。
7. 王国维：《观堂集林》，河北教育出版社 2003 年版。
8. 张觉：《韩非子全译》，贵州人民出版社 1992 年版。
9. 陈奇猷：《〈韩非子〉新校注》，上海古籍出版社 2000 年版。
10. 程颢、程颐：《二程遗书》上海古籍出版社 2000 年版。
11. 钱穆：《孔子传》，生活·读书·新知三联书店 2002 年版。
12. 李零：《郭店楚简校读记》，北京大学出版社 2002 年版。
13. 宋洪兵：《韩非子政治思想再研究》，中国人民大学出版社 2010 年版。
14. 梁治平编：《法律的文化解释》，生活·读书·新知三联书店 1994 年版。
15. 杨泽波：《孟子评传》，南京大学出版社 1998 年版。
16. 宋希仁：《马克思恩格斯道德哲学研究》，中国社会科学出版社 2012 年版。
17. 万俊人：《万俊人学术作品集：寻求普世伦理》，北京大学出版社 2009 年版。
18. 万俊人：《什么是幸福》，广东教育出版社 2011 年版。
19. 万俊人：《正义为何如此脆弱》，经济科学出版社 2012 年版。
20. 万俊人：《政治哲学的视野》，郑州大学出版社 2008 年版。
21. 何怀宏：《底线伦理》，辽宁人民出版社 1994 年版。
22. 何怀宏：《良心论》，北京大学出版社 2009 年版。
23. 何怀宏：《新纲常：探讨中国社会的道德根基》，四川人民出版社 2013 年版。
24. 何怀宏：《中国的忧伤》，法律出版社 2011 年版。
25. 何怀宏：《世袭社会：西周至春秋社会形态研究》，北京大学出版社 2011 年版。
26. 赵汀阳：《每个人的政治》，社会科学文献出版社 2010 年版。
27. 赵汀阳：《坏世界研究：作为第一哲学的政治哲学》，中国人民大学出版社 2009 年版。

28. 赵汀阳:《论可能生活》(第 2 版),中国人民大学出版社 2010 年版。
29. 赵汀阳:《天下体系:世界制度哲学导论》,中国人民大学出版社 2011 年版。
30. 高兆明:《现代化进程中的伦理秩序研究》,人民出版社 2007 年版。
31. 高兆明:《制度伦理研究:一种宪政正义的理解》,商务印书馆 2011 年版。
32. 高兆明:《伦理学理论与方法》,人民出版社 2013 年版。
33. 龚群:《现代伦理学》,中国人民大学出版社 2010 年版。
34. 龚群:《道德乌托邦的重构:哈贝马斯交往伦理思想研究》,商务印书馆 2003 年版。
35. 龚群:《罗尔斯政治哲学》,商务印书馆 2006 年版。
36. 周濂:《现代政治的正当性基础》,生活·读书·新知三联书店 2008 年版。
37. 徐向东编:《美德伦理与道德要求》,江苏人民出版社 2007 年版。
38. 毛兴贵编:《政治义务:证成与反驳》,江苏人民出版社 2007 年版。
39. 达巍编:《消极自由有什么错》,文化艺术出版社 2001 年版。
40. 于野、李强等编著:《马基雅维里:我就是教你恶》,新世界出版社 2005 年版。

三 外国著作中文译本

1. 周辅成编:《西方伦理学名著选辑》(上、下卷),商务印书馆 1964 年版。
2. 柏拉图:《理想国》,郭斌和、张竹明译,商务印书馆 1986 年版。
3. 柏拉图:《法律篇》,张智仁等译,上海人民出版社 2001 年版。
4. 柏拉图:《政治家》,黄克剑译,北京广播学院出版社 1994 年版。
5. 苗力田编:《亚里士多德选集·伦理学卷》,中国人民大学出版社 1999 年版。
6. 颜一编:《亚里士多德选集·政治学卷》,中国人民大学出版社 1999 年版。
7. 亚里士多德:《尼各马可伦理学》,廖申白译注,商务印书馆 2003 年版。

8. 库朗热：《古代城邦——古希腊罗马祭祀、权利和政制研究》，谭立铸译，华东师范大学出版社 2006 年版。
9. 塞涅卡：《道德与政治论文集》，袁瑜琤译，北京大学出版社 2010 年版。
10. 西塞罗：《法律篇》，苏力译，商务印书馆 2004 年版。
11. 马基雅维里：《论李维》，冯克利译，上海世纪出版集团 2005 年版。
12. 马基雅维利：《马基雅维利全集 · 佛罗伦萨史》，王永忠译，吉林出版集团有限责任公司 2011 年版。
13. 马基雅维里：《君主论》，潘汉典译，商务印书馆 1985 年版。
14. 蒙田：《蒙田随笔全集》，潘丽珍译，译林出版社 1996 年版。
15. 霍布斯：《论公民》，应星、冯克利译，贵州人民出版社 2003 年版。
16. 霍布斯：《利维坦》，黎思复、黎廷弼译，商务印书馆 1986 年版。
17. 洛克：《政府论》（下篇），叶启芳、瞿菊农译，商务印书馆 1996 年版。
18. 洛克：《人类理解论》，关文运译，商务印书馆 1983 年版。
19. 卢梭：《论人类不平等的起源和基础》，李常山译，商务印书馆 1962 年版。
20. 卢梭：《论科学和艺术》，何兆武译，商务印书馆 1963 年版。
21. 卢梭：《社会契约论》，何兆武译，商务印书馆 2003 年版。
22. 卢梭：《论政治经济学》，王运成译，商务印书馆 1963 年版。
23. 罗伯斯庇尔：《革命法制与审判》，赵涵舆译，商务印书馆 1965 年版。
24. 康德：《历史理性批判文集》，何兆武译，商务印书馆 1990 年版。
25. 康德：《道德形而上学原理》，苗力田译，上海世纪出版集团 2005 年版。
26. 康德：《实践理性批判》，邓晓芒译，人民出版社 2004 年版。
27. 康德：《实用人类学》，邓晓芒译，上海世纪出版集团 2005 年版。
28. 康德：《论教育学》，赵鹏、何兆武译，上海世纪出版集团 2005 年版。
29. 康德：《法的形而上学原理——权利的科学》，沈叔平译，商务印书馆 1997 年版。
30. 康德：《康德书信百封》，李秋零编译，上海人民出版社 2006 年版。
31. 李秋零主编：《康德著作全集》，中国人民大学出版社 2007 年版。
32. 黑格尔：《精神现象学》（上、下卷），贺麟、王玖兴译，商务印书馆

1979 年版。
33. 黑格尔：《法哲学原理》，范扬、张企泰译，商务印书馆 1961 年版。
34. 叔本华：《伦理学的两个基本问题》，任立等译，商务印书馆 1996 年版。
35. 威廉·冯·洪堡：《论国家的作用》，林荣远等译，中国社会科学出版社 1998 年版。
36. 约翰·穆勒：《功利主义》，徐大建译，上海人民出版社 2005 年版。
37. 约翰·穆勒：《穆勒自传》，郑晓岚等译，华夏出版社 2007 年版。
38. 以赛亚·伯林：《自由论》，胡传胜译，译林出版社 2011 年版。
39. 约翰·密尔：《论自由》，顾肃译，译林出版社 2010 年版。
40. 约翰·穆勒：《代议制政府》，段小平译，中国社会科学出版社 2007 年版。
41. 查尔斯·L. 斯蒂文森：《伦理学与语言》，姚新中等译，中国社会科学出版社 1991 年版。
42. 罗尔斯：《正义论》，何怀宏等译，中国社会科学出版社 1988 年版。
43. 罗尔斯：《政治自由主义》，万俊人译，译林出版社 2000 年版。
44. 麦金太尔：《谁之正义？何种合理性？》，万俊人等译，当代中国出版社 1996 年版。
45. 列奥·斯特劳斯：《自然权利与历史》，彭刚译，生活·读书·新知三联书店 2003 年版。
46. 路易斯·博洛尔：《政治的罪恶》，蒋庆等译，改革出版社 1999 年版。
47. 奥特弗利德·赫费：《政治的正义性——法和国家的批判哲学之基础》，庞学铨等译，上海世纪出版集团 2005 年版。
48. 尼布尔：《道德的人与不道德的社会》，蒋庆等译，贵州人民出版社 1998 年版。
49. 霍布豪斯：《社会正义要素》，孔兆政译，吉林人民出版社 2006 年版。
50. 川岛武宜：《现代化与法》，王志安等译，中国政法大学出版社 1994 年版。
51. 麦金太尔：《追寻美德》，宋继杰译，译林出版社 2003 年版。
52. 彼得·拉斯莱特：《洛克〈政府论〉导论》，冯克利译，生活·读书·新知三联书店 2007 年版。
53. 弗里德里希·迈内克：《马基雅维里主义》，时殷弘译，商务印书馆

2008 年版。

54. 德·阿尔瓦热兹:《马基雅维利的事业》, 贺志刚译, 华东师范大学出版社 2009 年版。

55. 利奥·斯特劳斯:《关于马基雅维里的思考》, 申彤译, 译林出版社 2003 年版

56. 斯蒂芬·马塞多:《自由主义美德》, 马万利译, 译林出版社 2010 年版。

57. 布莱恩·巴利:《作为公道的正义》, 曹海军等译, 江苏人民出版社 2008 年版。

58. 杰弗里·托马斯:《政治哲学导论》, 顾肃等译, 中国人民大学出版 2006 年版。

59. 纳坦·塔科夫:《为了自由: 洛克的教育思想》, 邓文正译, 生活·读书·新知三联书店 2001 年版。

60. 以赛亚·伯林:《自由及其背叛》, 赵国新译, 译林出版社 2011 年版。

61. 以赛亚·伯林:《自由论》, 胡传胜译, 译林出版社 2003 年版。

62. 王启梁编:《在牛津听讲座》, 中国民航出版社 2002 年。

63. 米尔恩:《人的权利与人的多样性——人权哲学》, 夏勇等译, 中国大百科全书出版社 1995 年版。

64. 贝思·J. 辛格:《实用主义、权利和民主》, 王守昌等译, 上海译文出版社 2001 年版。

65. L. W. 萨姆纳:《权利的道德基础》, 李茂森译, 中国人民大学出版社 2011 年版。

66. 威尔·金里卡:《自由主义、社群与文化》, 应奇等译, 上海世纪出版集团 2005 年版。

67. 斯蒂芬·霍尔姆斯:《反自由主义剖析》, 曦中译, 中国社会科学出版社 2002 年版。

68. 德沃金:《认真对待权利》(修订版), 信春鹰等译, 上海三联书店 2008 年版。

69. 德沃金:《认真对待人权》, 朱伟一等译, 广西师范大学出版社 2003 年版。

70. 戴维·米勒:《社会正义原则》, 应奇译, 江苏人民出版社 2001 年版。

71. 汉斯－格奥尔德·加达默尔:《真理与方法》(上、下), 洪汉鼎译,

上海译文出版社 1999 年版。

72. 迈克尔·J. 桑德尔:《自由主义与正义的局限》,万俊人译,译林出版社 2001 年版。

73. 安东尼·德·雅赛:《重申自由主义》,陈茅等译,中国社会科学出版社 1997 年版。

四 英文著作

1. Roderick Martin, *The Sociology of Power*, Routledge & Kegan Paul, 1977.

2. *Locke' s Political Essays*, edited by Mark Goldie, Cambridge University Press, 1997.

3. Rousseau, *The Social Contract And Other Later Political Writings*, ed. & trans. Victor Gourevitch, Cambridge: Cambridge University Press, 1997.

4. Immanuel Kant, *Lectures on Ethics*, trans. LouisInfield, Indianapolis Cambridge: Hackett Publishing Company, 1930.

5. John Stuard Mill, *The Subjection of Women*, London: Everyman' s Liberary, 1985.

6. John Stuart Mill, *A System of Logic*, *Ratiocinative and Inductive*, eighth edition, New York: Harper & Brothers Publishers, 1882.

7. John Gray, *Mill on Liberty*, *A Defense*, London: Routledge and Kegan Paul, 1983.

8. Rawls, *Political Liberalism*, New York: Columbia University Press, 1993.

9. Christine Swanton, *Virtue Ethics: A Pluralistic View*, Oxford University Press, 2003.

10. M. Slote, *From Morality to Virtue*, Oxford: Oxford University Press, 1992.

11. Rawls, *A Theory of Justice* (revised edition), The Belknap Press of Harvard University, 1999.

12. Paul Kelly, *Locke' s Second Treatise of Government*, New York: Continuum International Publishing Group, 2007.

13. K. Joanna, S. Forstrom, *John Locke and Personal Identity*, New York: Continuum International Publishing Group, 2010.

14. Marisa Linton, *The Politics of Virtue in Enlightenment France*, Palgrave, 2001.

15. *The Cambridge Companion to Rawls*, edited by Samuel Freeman, Cambridge University Press, 2003.

16. Ludvig Beckman, *The Liberal State & The Politics of Virtue.* New Brunswick (U. S. A) and London (U. K): Transaction Publishers, 2001.

17. Paul Ricoeur, *The Just*, trans. David Pellauer, Chicago and London: The University of Chicago Press, 2000.

18. Onora O'neill, *Towards Justice And Virtue*, Cambridge [U. K] and New York [U. S. A]: Cambridge University Press, 1996.

19. Max Weber, *Economy and Society*, edited by Guenther Roth and Claus Wittich, Berkeley and Los Angeles: University of California Press, 1978.

20. *Alternatives to Capitalism*, edited by Jon Elster, Karl Ove Moene, Cambridge University Press, 1989.

21. Chantal Mouffe, *The Return of The Political*, London, New York: Verso, 1993.

22. John Plamenatz, *Man and Society*, Vol. 2, London: Longman, 1992.

23. Allen Wood, *Karl Marx*, London: Routledge and Kegan Paul, 1981.

24. *Niccolo Machiavelli, History, Power , and Virtue.* edited by Leonidas Donskis, New York: Amsterdam, 2011.

25. Joseph V. Femia, *Machiavelli Revisited*, Cardiff: University of Wales Press, 2004.

26. James Delaney, *Rousseau and the Ethics of Virtue*, London and New York: Continuum International Publishing Group, 2006.

27. Julia Annas, *The Morality of Happiness*, New York: Oxford University Press, 1993.

28. N. J. H. Dent, *The Moral Psychology of the Virtues*, Cambridge: Cambridge University Press, 1984.

29. Philippa Foot, *Virtues and Vices*, Oxford: Blackwell, 1978.

30. T. Chappell (ed.), *Values and Virtues*, Oxford: Oxford University Press, 2006.

31. Peter Geach, *The Virtues*, Cambridge: Cambridge University Press, 1977.

32. Thomas Hurka, *Virtue, Vice, and Value*, Oxford: Oxford University Press, 2001.

33. Gabriele Taylor, *Deadly Vices*, Oxford: Oxford University Press, 2006.

34. Lisa Tessman, *Burdened Virtues*, New York: Oxford University Press, 2005.

35. G. A. Cohen, *If You're an Egalitarian, How Come You're so Rich?* Cambridge, MA: Harvard University Press, 2000.

36. David Gauthier, *Morals by Agreement*, Cambridge: Cambridge University Press, 1987.

37. Will Kymlicka, *Contemporary Political Philosophy*, Oxford: Clarendon Press. 1990.

38. Derek Parfit, *Reasons and Persons*, Oxford: Oxford University Press, 1986.

39. John E. Roemer, *Theories of Distributive Justice*, Cambridge, MA: Harvard University Press, 1996.

40. Samuel Scheffle, *Boundaries and Allegiances*, Oxford: Oxford University Press, 2001.

41. D. Schmidtz, *Elements of Justice*, Cambridge: Cambridge University Press, 2006.

42. Michael Walze, *Spheres of Justice*, New York: Basic Books, 1984.

43. G. A. Cohen, *Self-Ownership, Freedom, and Equality*, New York: Cambridge University Press, 1995.

44. J. Hospers, *Libertarianism: A Political Philosophy for Tomorrow*, Los Angeles: Nash, 1971.

45. Loren E. Lomasky, *Persons, Rights, and the Moral Community*, New York: Oxford University Press, 1987.

46. J. Narveson, *The Libertarian Idea*, Philadelphia: Temple University Press, 1988.

47. Robert Nozick, *Anarchy, State and Utopia*, New York: Basic Books, 1974.

48. M. Otsuka, *Libertarianism without Inequality*, Oxford: Clarendon Press, 2003.

后　　记

本书最后一章写完，时间已经到了仲秋。叶落金风劲，精华归根荄。秋水澄碧，正可喻心体之洁净；长天空明，最善状境界之无尘。窗外景色如此美好，但我的心情却不感觉释然。书一写完，就进入了公众评判的视野，作者无法掌控。我只愿本书被人们视为一位学人向公众所表述的学习心得和所思所想。若能于世道人心有所补益，是所望焉。

本书是国家社会科学基金项目“美德政治学的功能及其限度”（09BZX051）的最终成果。四年多来，虽然工作岗位有变动，但未有一日而稍懈，无时不念虑此课题，在业余时间钻研旧学，探索新知。在长期的道德哲学和政治哲学研究中，我形成了两个基本信念：一是认为，研究究竟是品质中的什么要素使它成为美德的，人怎样才能塑造优秀的道德品质，成为一个好人或更好的人，这是伦理学的本真使命，所以，美德理论应该成为伦理学的核心部分；二是认为，从近代以来，每个人都成为独立的利益主体，每个人的自由和平等权利在社会政治的意义上得到了确立，因此，权利概念进入了政治哲学和道德哲学的核心地带。我的著述活动，基本上都是围绕详细地论证这两个信念而展开的。而研究美德政治学，就是要使这两个信念相互融贯起来。

通过研究，美德在政治生活中的作用，近现代的政治区别于古代政治的特质，近现代的政治美德以什么为自己的纲维，国家在鼓励和促进美德方面的作用及其限度等问题才逐渐清晰了起来。本书贯彻了以下三个基本原则：（1）在古代，由于统治阶级独占政治权力，人民群众处于政治权力的垂直统治之下，故而古代政治学的主流是通过使政治结构、政治行为道德化，特别要求居上位者具备道德美德，而在政治领域中营造一种高远的道德境界，追求化政治统治为道义之治；但是，在要夺取政权或政权急需稳固之时，则要论证赤裸裸的暴力或绝对权力的超常使用的合理性，鼓吹为了达到取得或稳固国家政权这个目的，可以采取一切手段，包括一切道德上的恶劣手段。但通常，这些夺取和稳固国家政权所需要的超常才干被说成客观、冷峻的理智品质，或者是德行，通过改变美德的内涵而使这些手段在道德上得到辩护。如韩非和马基雅维里就是这样。这些手段，是与古代社会生活的特点、历史发展的阶段、人们政治意识的状况相适应的，有其历史的合理性。但是，随着历史的发展，古代政治学的这两个路向也必然要得到彻底的变革。（2）近代以来权利概念的确立，使得政治哲学和道德哲学都必须以它为基础。个人自由和平等权利的合法行使，使得政治的普遍正义原则与个人志向可以保持一种距离，个人行为只要不损害他人的同样权利，他就可以自由地追求自己的好生活。于是，权利的确立，既可以成为古代政治的高调道德梦幻的清醒剂，又可以成为古代政治的赤裸裸暴力或绝对权力的超常使用的解毒剂。（3）权利有着道德基础，即它立基于尊重所有人的人格尊严以及人们之间的自由能够相容并存之上，于是，尊重基本权利是人们可以彼此要求对方的，所以，能够自尊并彼此尊重人的基本权利的品质就是一种基准的政治美德。任何违背这种基准要求的所谓“高尚美德”，在当代社会中就不再是美德。国家应该鼓励和促进人们获得这种基于权利的基准政治美德，并在这个基础上，为人们发展各种高阶美德如热心公益、服务大众、追求真理的热忱、对美的观照等等提供基本的物质条件和精神文化环境。

本书绝大部分内容已经作为单篇文章发表在《道德与文明》《伦理学研究》《天津社会科学》《社会科学》《华中科技大学学报》《东南大学学报》《南昌大学学报》等刊物上，并且在上述有些期刊上发表了3—4篇，有些刊物还将拙作以十分慷慨的篇幅面世。同时，这些阶段性成果为中国人民大学报刊复印资料《伦理学》全文转载了11篇，为《中国社会科学文摘》全文转摘了2篇。在此，谨向以上刊物隆重致谢。

在本课题的研究过程中，南昌大学社会科学处给予了周到的关心，在开题报告、中期检查、年度报告和结题上提供了细致的服务，并对此课题予以了足额的经费配套。我虽已到外校工作，但南昌大学在课题管理和服务上仍然给我以本校教师同样的待遇，对此，我的感激之情无以言表。

本课题组成员——南昌大学人文学院哲学系的刘经富教授、余友辉副教授、徐福来教授、费尚军副教授，为此课题收集了大量资料，并就本课题的重点问题、重要观点进行了深入细致的讨论；相关成果亦在我正在为之效力的上饶师范学院的江西省重点建设学科“伦理学”学科小组读书会上进行了宣读和讨论。在这种长期坚持的学术报告和讨论中，本课题的主题得以进一步深化，基本观点得以进一步明确。

感谢中国社会科学出版社的凌金良先生，他较早地关注了本课题的研究，并且真诚、热情地督促我尽早完成本课题。本书稿在修改出版过程中，他又以独到的学术眼光和出色的专业水准提出了十分中肯的意见，使本书增色不少，在此，谨对凌金良先生致以诚挚的谢意。

詹世友

2014 年 10 月